大数据应用与技术丛书

JavaScript 数据整理

[美] 阿什利·戴维斯(Ashley Davis)　　著

杨小冬　　　　　　　　　　译

清华大学出版社

北　京

Ashley Davis

Data Wrangling with JavaScript

EISBN: 978-1-61729-484-6

Original English language edition published by Manning Publications, USA © 2019 by Manning Publications. Simplified Chinese-language edition copyright © 2019 by Tsinghua University Press Limited. All rights reserved.

北京市版权局著作权合同登记号　图字：01-2019-1494

图书在版编目(CIP)数据

JavaScript 数据整理/(美)阿什利·戴维斯 著；杨小冬 译. 一北京：清华大学出版社，2019

大数据应用与技术丛书

书名原文：Data Wrangling with JavaScript

ISBN 978-7-302-53729-8

I. ①J… II. ①阿… ②杨… III. ①JAVA 语言－程序设计 IV. ①TP312.8

中国版本图书馆 CIP 数据核字(2019)第 193084 号

责任编辑：王　军
装帧设计：孔祥峰
责任校对：成凤进
责任印制：宋　林

出版发行：清华大学出版社
　　　　　网　　　址：http://www.tup.com.cn, http://www.wqbook.com
　　　　　地　　　址：北京清华大学学研大厦 A 座　　　邮　　编：100084
　　　　　社 总 机：010-62770175　　　　　　　　　邮　　购：010-62786544
　　　　　投稿与读者服务：010-62776969，c-service@tup.tsinghua.edu.cn
　　　　　质 量 反 馈：010-62772015，zhiliang@tup.tsinghua.edu.cn
印 装 者：三河市宏图印务有限公司
经　　销：全国新华书店
开　　本：170mm×240mm　　　印　　张：29.5　　　字　　数：594 千字
版　　次：2019 年 11 月第 1 版　　　印　　次：2019 年 11 月第 1 次印刷
定　　价：98.00 元

产品编号：082771-01

译 者 序

　　我们生活在一个信息爆炸的大数据时代，各种来源、各种形式的数据源源不断地涌现，任何人想要凭借一己之力就将各种数据整理得井井有条并完成相应的分析，可谓是难于上青天。而本书可以为你提供这方面的指导，教会你如何使用 JavaScript 整理数据。

　　数据整理是数据分析过程中最重要的环节，在大数据分析过程中也是如此。在小数据时代，数据整理包括数据清洗、数据转换、归类编码和数字编码等过程。其中，数据清洗处于最重要的位置，是指检查数据一致性、处理无效值和缺失值等操作。在大数据时代，这些工作被弱化了，在有些大数据的算法和应用中，基本不再进行数据清洗了，因为大数据的多样化使得其数据具有一定的不精确性，但数据转换和编码过程还是必不可少的。

　　本书的内容非常宽泛，其中涵盖了大量的工具、技术和设计模式，对于使用 JavaScript 进行高效数据处理来说，这些都是不可或缺的。本书是一本非常实用的操作指南，可以帮助你构建并管理自己的数据整理工具包。学习完本书后，你不仅能够了解如何应用各相关技能，还可以亲自构建一个切实可行的数据处理流程，囊括从数据采集一直到数据可视化的所有数据整理阶段。

　　本书不仅包含严谨的理论介绍，还提供了丰富的示例，其中的所有代码都是可以实际运行的，你可以在相应环境中检查并验证其运行结果。另外，本书还配备了很多插图，生动形象，可谓是图文并茂，使你在学习过程中不会感到枯燥乏味。

　　本书主要面向希望提升数据整理技能的中级 JavaScript 开发人员。要求读者对 JavaScript 开发平台有比较丰富的使用经验，对基本的语法以及如何使用 JavaScript 匿名函数有一定的了解，如果对 Node.js 和异步编码有基本的了解，那么会对学习本书有非常大的帮助。当然，如果你对上述方面有所欠缺，也不必担心，书中都有详细介绍。

　　本书的作者拥有超过 20 年的软件开发经验，曾在多个行业任职，并经常参与相关技术图书的编纂工作。他创建了被称为 Data-Forge 的 JavaScript 数据整理工具包，并在此基础上构建了 Data-Forge Notebook。使用这个记事本样式的桌面应用程序，可以在 Windows、macOS 和 Linux 平台上使用 JavaScript 进行数据转换、分析和可视化。本书是作者多年实践经验的总结，相信通过本书的学习一定会让你受益匪浅。

在这里，我要对清华大学出版社的编辑及其他相关人员表达诚挚的谢意，你们对工作的细致与专注使本书的出版质量更上了一层楼。我还要对我的家人表示深深的感谢，没有你们的理解和支持，就没有本书翻译工作的顺利完成。多少个夜里，我的键盘敲击声伴你们入睡，感谢你们的包容。

本书的全部章节由杨小冬翻译。在本书的翻译过程中，译者力求能够忠于原文，准确表达出作者的原意，同时表述清晰，让读者能够轻松理解对应的内容。当然，由于译者本身的水平有限，书中难免会存在一些错误，欢迎广大读者不吝指正，在此表示感谢。

作 者 简 介

Ashley Davis 既是一位软件开发人员，也是一名企业家。此外，他还会编写一些技术图书。他拥有超过 20 年的软件开发经验，从编写代码到管理团队无不涉猎，甚至还有自主创业的经历。他曾任职于多家公司，行业和规模跨度都非常之大，从小型的初创公司到大型跨国公司，都曾留下他的足迹。与此同时，他还经常编写和发布一些开源代码，以此来回馈社区用户。

需要特别说明的是，Ashley 创建了 JavaScript 数据整理工具包 Data-Forge。在此基础上，他构建了 Data-Forge Notebook。这是一个记事本样式的桌面应用程序，用于在 Windows、macOS 和 Linux 平台上使用 JavaScript 进行数据转换、分析和可视化。此外，Ashley 还是一个嗅觉敏锐的系统交易者，使用 C++和 JavaScript 开发了很多量化交易应用程序。

如果想要了解本书的最新更新、开源库等，请关注 Ashley 的推特账号 @ashleydavis75，也可以在 Facebook 上关注 *The Data Wrangler*，或者通过 http://www.the-data-wrangler.com 注册电子邮件以获取最近更新。

如果想要详细了解 Ashley 的背景资料，请访问他的个人主页 (http://www.codecapers.com.au)，或者访问他的 Linkedin 个人档案 (https://www.linkedin.com/in/ashleydavis75)。

致　　谢

在本书中，我将自己多年来的工作经验分享给大家。这些工作经验来之不易，是我在与各种不同的人合作以及任职于多家公司的过程中一点一滴积累得来的。在这里，我要特别感谢一家公司，那就是 Real Serious Games，是它给了我从事这项工作的机会。我是从这里开始接触并使用 JavaScript，开启了使用 JavaScript 进行数据整理的旅程，同时，也学到了很多知识，积累了丰富的工作经验。

感谢 Manning 出版社让本书能够顺利出版。在这里，我要特别感谢 Helen Stergius，对于我这个初次撰写图书的新手，她表现出充分的耐心，对我所犯的各种错误不厌其烦地一一指正。正是由于她的帮助和指导，我才能将自己脑中的内容和盘托出，形成本书。

此外，我还要感谢整个 Manning 团队，他们对本书的出版发行付出了极大的努力，团队成员包括 Cheryl Weisman、Deirdre Hiam、Katie Petito、Charles Hutchinson、Nichole Beard、Mike Stephens、Mary Piergies 以及 Marija Tudor。

在此，我要对本书的审校人员表达诚挚的谢意，特别是 Artem Kulakov 和 Sarah Smith，他们是我在这一行业中的朋友，不辞辛劳地对本书的内容进行了全面的审校并给出了很多极具价值的反馈意见。最后要说的是，正是他们的激励让我有了源源不断的动力，让我能够克服重重困难，最终完成本书的编写工作。

当然，其他所有审校人员的辛勤工作同样不可或缺，在此一并表示感谢，他们是：Ahmed Chicktay、Alex Basile、Alex Jacinto、Andriy Kharchuk、Arun Lakkakula、Bojan Djurkovic、Bryan Miller、David Blubaugh、David Krief、Deepu Joseph、Dwight Wilkins、Erika L. Bricker、Ethan Rivett、Gerald Mack、Harsh Raval、James Wang、Jeff Switzer、Joseph Tingsanchali、Luke Greenleaf、Peter Perlepes、Rebecca Jones、Sai Ram Kota、Sebastian Maier、Sowmya Vajjala、Ubaldo Pescatore、Vlad Navitski 以及 Zhenyang Hua。此外，还要特别感谢 Kathleen Estrada，她在技术方面对本书进行了校对。

我还要对我的父母以及 Antonella 表示深深的感谢，没有你们的支持和鼓励，就没有本书的最终问世。

　　最后，我要感谢 JavaScript 社区，感谢每一个为使社区和生态系统变得更好而辛勤工作的人。正是大家的积极参与，才使得 JavaScript 及其环境成为这样一个卓越的工作平台。大家携手努力，一定能够让 JavaScript 取得更大的发展并进一步提高其在业界的声誉。我们将不断改进 JavaScript 生态系统，让更多的人从中受益。

序　言

我们生活在一个数据大爆炸的时代，各种数据无处不在，其增长速度是过去我们想都不敢想的。在当今这个时代，企业必须能够快速、高效地处理各种数据，从而更好地了解客户、监控其各种处理流程，同时为正确决策提供强有力的支持。

在数据世界中，如果说 Python 和 R 是高高在上的国王的话，我们为什么要改用 JavaScript 呢？我们是否应该这样做呢？它在企业中扮演着什么样的角色以及为什么要阅读并学习本书呢？

就我本人而言，已经在多种环境中使用过 JavaScript。我曾经做过游戏开发工作，那时候我第一次使用 JavaScript，通过各种 Web 技术来构建用户界面。没过多久，我便开始使用 Node.js 后端来管理指标和遥测数据的收集和处理。我们还创建了一些分析面板，用来可视化所收集的数据。在这一阶段，我们使用了全栈 JavaScript 为公司的产品提供支持。

当时，我的工作主要是为施工和工程项目创建类似游戏一样的三维模拟效果，因此，我们还需要处理来自建筑物流、规划和项目时间表等方面的大量数据。由于自身的 JavaScript 使用背景，我自然而然地使用 JavaScript 来整理和分析我所获得的数据。在工作之余，我还会以算法形式进行股票分析和交易，而对于股票交易来说，数据分析是必不可少的！

JavaScript 中的探索性编码使我能够探索和转换数据，并对其进行分析，与此同时，我也编写了很多有用的代码，便于以后扩展应用到我们的生产环境中。这会带来很大的生产效率提升。我的所有工作都是在 JavaScript 中完成的，而不是先使用 Python，然后使用 JavaScript 重新编写某些部分。对于你来说，做出何种选择似乎是显而易见的，但在当时，普遍的思维方式告诉我，这种工作应该使用 Python 来完成。

当时，由于没有足够的信息或相关资源，我不得不自学这些内容，其中的艰辛恐怕常人不能体会。我撰写本书的初衷是要记录下我学到的知识，希望后来者能够更轻松地掌握相关内容，不必像我一样走很多弯路。

此外，不得不说，我真的非常喜欢使用 JavaScript。我发现，这种语言非常实用并且功能强大，它具备非常强大的生态系统而且日臻成熟。现在，JavaScript 几乎可以在所有平台上运行，这也是让我对这种语言青睐有加的原因之一。具体说来，支持的平台如下：
- 服务器 ✓
- 浏览器 ✓
- 移动设备 ✓
- 桌面设备 ✓

我的梦想(同时也是 JavaScript 的期望)就是只需要编写一次代码，便可在各种应用平台上运行。JavaScript 在很大程度上让这一梦想成为可能。由于 JavaScript 几乎可以在任何地方使用，用于任何工作，因此，我撰写本书的目标就是再为它加一项用途：

- 数据整理和分析 ✓

前　言

　　数据的世界很大，单凭自己就想畅游其中是一件非常困难的事。本书可以作为你的指导，带你了解如何使用 JavaScript 来处理数据。

　　本书是一本非常实用的实际操作指南，内容非常宽泛，为你介绍如何使用 JavaScript 来处理数据。本书详细介绍了整个开发过程，在阅读本书的过程中，你会感觉就像是自己在亲自执行相关工作。

　　书中涵盖大量的工具、技术和设计模式，而这些是使用 JavaScript 高效处理数据所必不可少的。通过本书的学习，你将了解到如何应用这些技能并构建一个切实可行的数据处理流程，其中包括数据整理的所有阶段，从数据采集一直到数据可视化。

　　当然，本书无法涵盖关于数据整理的所有内容，因为这一主题的范围极其广泛，并且不断发展演变，但是，本书的一个主要目标就是帮助你构建并管理自己的数据整理工具包。阅读并认真学习本书以后，你不仅能够构建数据处理流程，还可以掌握相关技能，从而自如地在这个复杂且不断发展的生态系统中遨游，评估各种可帮助你独立创建或扩展系统的工具和库，并能快速推进你自己的开发过程。

本书的目标读者

　　本书主要面向想要提升数据整理技能的中等水平的 JavaScript 开发人员。要想充分理解本书的内容，你应该已经对某种流行的 JavaScript 开发平台(如浏览器、Node.js、Electron 或 Ionic)有着丰富的使用经验。

　　你需要对 JavaScript 有多大程度的了解呢？基本上来说，你应该对基本语法以及如何使用 JavaScript 匿名函数有一定的了解。本书中会用到 Node.js 代码中简洁的箭头函数语法以及基于浏览器的代码中的传统语法(为了向后兼容)。

　　如果对 Node.js 和异步编码有基本的了解，那么会对学习本书有非常大的帮助，不过，即使不了解这些内容也没有关系，本书第 2 章提供了关于使用 JavaScript 创建 Node.js 和基于浏览器的应用的基础知识，并简要介绍如何使用 Promise 进行异步编码。

即使你不具备很好的 JavaScript 技能，也不必过分担心，这是一种非常简单的语言，可以轻松上手，并且在网上可以找到大量相关的学习资料。我相信，在阅读本书的过程中，你可以轻松地学会 JavaScript。如果你想要学习数据整理，同时还需要学习 JavaScript，也不用担心，只需要付出一点点额外的努力就完全没有问题。

此外，你还需要掌握一些基本的计算机技能，以便安装 Node.js 以及本书中涉及的其他工具。要想执行本书中提供的示例代码，你需要具备文本编辑器、Node.js、浏览器，并且能够访问 Internet(用于下载示例代码)。

本书的组织结构：路线图

本书分为 14 章，涵盖了数据整理的各个主要阶段。首先，我会对每个阶段进行较为详细介绍，然后提供更详尽的示例，最后着重解决在将数据处理流程置于生产环境中时要应对的各种问题。

- 第 1 章对整个数据整理过程进行了简单介绍，并解释了为什么需要使用 JavaScript 来完成数据整理工作。

- 第 2 章介绍构建 Node.js 应用和基于浏览器的应用以及使用 Promise 进行异步编码的基本知识。如果你已经对这些基本知识有了很好的了解，就可以跳过该章，继续学习后面的内容。

- 第 3 章主要介绍数据的采集、存储和检索。可以为你解答以下问题：如何检索数据？如何存储数据以便进行高效检索？该章讲解如何从文本文件和 REST API 读取数据，如何解码 CSV 和 JSON 格式，并带你了解 MongoDB 和 MySQL 数据库的基本使用方法。

- 第 4 章简要介绍一些不常见的数据检索方法：使用正则表达式解析非标准格式，通过网页爬取技术从 HTML 页面提取数据，以及必要时采用二进制格式。

- 第 5 章介绍探索性编码和数据分析，这是一种功能强大并且可以有效提升工作效率的技术，能够帮助你快速构建数据处理流程。我们首先在 Excel 中构建原型，然后在 Node.js 中进行编码，最后在浏览器中实现基本的可视化。

- 第 6 章主要关注数据清洗和转换，这些是必不可少的准备工作。我们将了解用于处理问题数据的各种方法。

- 第 7 章回答一个较难的问题：如果数据文件太大，无法在内存中完整存储，那么我们应该如何处理这种文件呢？我们的解决方案是使用 Node.js 流逐步地递增式地处理这种数据文件。

- 第 8 章介绍我们应该如何实际处理大型数据集，方法就是使用数据库。我们将带你了解各种 MongoDB 使用技术，帮你高效地检索可以在内存中存储的数据。我们将使用 MongoDB API 来对数据进行筛选、投影和排序。此外，还将使用递增式处理方法，从而确保可以处理大型数据集，而不会耗尽内存。

- 第 9 章介绍如何使用 JavaScript 进行数据分析。首先介绍基本的构建块，然后带你了解更多高级技术。在这里，你将学到滚动平均数、线性回归的相关知识，掌握如何处理时间序列数据，并了解数据变量之间的关系以及更多其他内容。

- 第 10 章主要介绍基于浏览器的可视化，这也是 JavaScript 为人称道的一点。我们将采用一些真实的数据，并利用 C3 图表库创建一些交互式折线图、条形图和饼图，以及一个散点图。

- 第 11 章介绍如何实现基于服务器端的可视化，并通过无头浏览器使其可以在服务器端正常使用。当你在自己的开发工作站执行探索性数据分析时，这种技术非常有用。此外，它还可用于预呈现图表以便在网页中显示，以及呈现 PDF 报告以便自动分发给用户。

- 第 12 章中，我们通过将前面各章中的多种技术整合成一个接近生产就绪状态并可实际使用的系统，实际构建一个数据处理流程。我们将构建一个空气质量监测系统。一个传感器会将实时数据输入到我们的处理流程中，在流程中经过处理后，会根据设定的条件发布 SMS 警报，并自动生成报告，然后在浏览器中实时更新可视化结果。

- 第 13 章进一步扩展了我们的可视化技能。介绍了 D3 的基本知识，D3 是 JavaScript 生态系统中最著名的可视化工具包。这个工具包非常复杂，不过，我们可以利用它实现很多令人难以置信的自定义可视化效果。

- 第 14 章是本书的最后一章，将带我们进入生产环境。我们将了解进入生产环境时需要面对的各种难题，并学习一些基本的策略，以帮助我们将应用交付给对应的受众。

关于代码

本书涉及的源代码可从 Manning 网站 (https://www.manning.com/books/data-wrangling-with-javascript) 上免费下载，也可通过以下 GitHub 资源库进行下载：https://github.com/data-wrangling-with-javascript。

还可扫封底二维码下载代码。

你可从每个资源库对应的网页中下载每章代码的 ZIP 压缩文件。另外，也可在学习本书的过程中使用 Git 复制每个资源库。可以使用任何现成的代码，并以此为基础完成自己的实践工作或项目，这可以节省大量时间。我已经对每个代码示例进行了一些优化处理，使其尽可能简单，并且尽量完整包含所需的各种内容。

本书中的绝大多数代码都是在 Node.js 上运行的，并且使用的是适用于最新版本 JavaScript 的语法。其余代码则在浏览器中运行。这部分代码原本设计用来在旧版浏览器中运行，因此，对应的语法与 Node.js 代码有一点点不同。在撰写本书时，我使用的是 Node.js 版本 8 和 9，然而，当你阅读本书时，很可能已经发布了新版本。如果你在代码中发现任何问题，欢迎给我提供反馈信息，只需要在相关的资源库网页上提交问题即可。

本书中包含很多源代码示例，这些示例既有编号代码清单形式，也有普通文本行形式。不管是哪种形式，源代码都采用固定宽度字体格式，以便与普通文本区分。有时，代码还会采用粗体格式，以便突出显示与相应章节中之前的操作步骤相比哪些发生了更改，例如向现有代码行中添加新功能时，会对其进行相应的更改。

在很多情况下，我们对原始的源代码已经进行了格式上的调整，添加了一些换行符，并调整了缩进，以便适合本书中可用的页面空间。在少数情况下，这样做仍然不够，那么我们需要在代码清单中包含续行符标记(➥)。此外，当在文本中介绍代码时，通常会将源代码中的注释删掉。很多代码清单都会附带代码注释，用于重点介绍一些比较重要的概念。

图书论坛

购买本书后即可免费访问 Manning 出版社运营和维护的专用 Web 论坛，在这里，你可以针对本书发表自己的评论，询问一些技术上的问题，并且可以从作者和其他用户那里获得相关的帮助。如果想要访问此论坛，请访问 https://forums.manning.com/forums/data-wrangling-with-javascript。此外，你还可以访问以下网址，了解有关 Manning 论坛以及行为规范的更多信息：https://forums.manning.com/forums/about。

Manning 会保证为读者提供一个专门的场所，以供各个读者以及读者与作者之间进行一些有意义的对话和交流。这一承诺并不是对作者参与论坛讨论和交流的强制规定，作者是否参与以及参与的频繁程度完全由作者自己决定，并且是无偿的。我们建议你试着向作者问一些具有挑战性的问题，以引起作者的重视并使其足够专注。对于已经出版发行的图书，可以在出版商的网站上访问对应的论坛以及之前相关讨论的归档文件。

其他在线资源

读者朋友可通过 http://www.the-data-wrangler.com/访问 Ashley Davis 的博客，名为 The Data Wrangler。Data-Forge Notebook 是 Ashley Davis 专门为使用 JavaScript 进行数据分析和转换而开发的产品。从概念上来说，它与古老的 Jupyter Notebook 有些类似，但主要用于 JavaScript。如果读者感兴趣，可以访问 http://www.data-forge-notebook.com/ 了解更多内容。

目　　录

第*1*章

快速入门：建立数据处理流程

本章内容提要：

- 了解数据整理是什么以及为什么要进行数据整理
- 定义数据整理与数据分析之间的区别
- 了解何时适合使用 JavaScript 进行数据分析
- 在你的工具包中收集用于 JavaScript 数据整理的工具
- 从头至尾完成一次数据整理流程
- 简要了解实际的数据处理流程

1.1 为什么要进行数据整理

在现代社会中，数据无处不在。视线所及之处，几乎都能看到数据的身影。如果可以收集数据，那么在收集完数据后，有时必须尝试弄清楚它们表示的含义。

对于企业来说，要制订明智的决策，数据分析是必不可少的一个环节。用户如何响应你的应用或服务？如果你对业务经营方式做出改变，这对以后的业务运营有益还是有害？对于这些问题，企业决策者可通过对数据进行分析来得出答案。更好地利用收集到的数据并从中得出有效、可靠的答案，可以帮助我们在竞争中立于不败之地。

政府部门也需要使用数据，它们会基于一些实际证据来制定政策。随着面向大众的公开数据越来越多，普通老百姓也开始积极参与分析和解读这些数据。

数据整理指的是准备用于查询的数据的过程，人们对这项技能的需求和要求与日俱增，熟练掌握与数据相关的技能越来越重要。在本书中，你将获得自己的数据整理技能，从而更好地支持与数据相关的各种活动。

对于日常的开发任务，这些技能同样非常有用。你的应用性能表现如何？性能瓶颈在什么地方？错误将朝着哪个方向变化？这些是开发人员所关心的问题，当然也可以通过数据分析来解答它们。

1.2　数据整理指的是什么

维基百科对数据整理的定义是：借助工具将数据从一种形式转换为另一种形式以便于使用的过程。这包括转换、聚集、可视化和统计分析。我认为，数据整理指的是处理数据使其进入并通过你的处理流程的整个过程，无论如何，都要经历从数据采集到最终呈现给目标受众的整个过程。

很多相关书籍的介绍中谈的仅仅是数据分析，维基百科中描述它为：处理和检查数据以为决策提供支持的过程。我一般将数据分析视为数据整理过程的一个子集。数据分析师可能并不关心数据库、REST API、流数据、实时分析、准备供生产环境中使用的代码和数据，等等。而对于数据整理人员来说，这些通常是他们工作中不可或缺的组成部分。

数据分析师可能会将大部分时间都花在脱机分析数据上，从而生成报告和可视化结果，帮助决策者做出明智的决策。数据整理人员也需要完成这些工作，但他们还可能会关注生产方面的问题。例如，他们可能需要自己的代码在实时系统中执行，并且能对实时数据进行自动分析和可视化。

数据整理可能包含很多环节。这些环节按照多种不同并且复杂的方式结合在一起。首先，你必须采集数据。数据中可能存在很多的问题，需要你一一解决。你可以通过多种方式对数据进行格式设定，并将其提供给对应的目标受众。在某些中间环节，你必须以某种有效的格式来存储数据。此外，你可能还需要接受流更新并实时处理传入的数据。

最终，数据整理过程会归结为沟通问题。你需要将数据转化为某种简洁明了的图形形式，以便用户理解，使决策者能够快速做出决策。根据你的具体情况和需求，设定数据格式和呈现数据的方式以及需要数据予以解答的问题会有非常大的差别，而这些问题对于获得所需的结果至关重要。

通过数据整理，你可以将数据从一种图形形式转换为另一种图形形式。有时，这一过程显得非常杂乱，特别是在不对数据来源进行控制的情况下。在某些情况下，你需要构建特别的临时数据处理代码，而这些代码仅运行一次。这不会成为你的最佳代码，而且它也不需要成为最佳代码，因为使用过一次以后，你可能再也不会使用它，而你不应将过多精力花费在不会重复使用的代码上。对于这种代码，你只需要证明输出是可靠的就可以了，而不必浪费多余的时间和精力。

在其他情况下，数据整理与任何编码过程一样，可能是井然有序的。有时，你可能理解要求，并且有足够的耐心构建一个处于生产就绪状态的数据处理流程。在编写这种代码时，你需要格外谨慎并充分运用各种技能，因为它会在生产环境中被反复调用数千次。你可能使用过"测试驱动开发(test-driven development)"，而这种方法让你编写出可能最健壮的代码。

更多的情况下，你的数据整理过程应该介于特别的临时处理过程和井然有序的过程之间。你可能会编写一些一次性的抛弃型代码，用于将源数据转换为可用性更强的内容。然后，对于其他必须在生产环境中运行的代码，则要格外小心谨慎。

正如你在图 1.1 中所看到的，数据整理的过程由多个阶段组成。本书将数据整理过程划分为图中所示的这些阶段，会给人一种错觉，那就是这些阶段彼此是完全不同的，但实际上它们很少能完全区分开来，而且也不一定刚好就从一个阶段流转到另一个阶段。在这里，之所以要这样划分，是为了简化这一过程，便于我们进行相应的解释说明。在现实世界中，数据整理过程并不像这样清楚明了。数据整理的各个阶段会相互交叉并彼此交互，通常是纠结、交织在一起的。通过这些阶段，你可以了解、分析、改造和转换你的数据，以便顺利提供给目标受众。

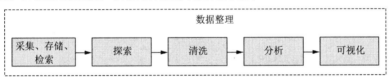

图 1.1　将数据整理过程分为不同的阶段

在数据整理过程中，会涉及各种不同的问题，需要我们一一予以解决。比如，如何筛选或优化数据，以便你可以更高效地对其进行处理？如何对代码进行改进，以更快地处理数据？如何利用编程语言以使工作更高效？如何纵向扩展数据集以及如何处理较大的数据集？

在本书中，你将了解到数据整理的整个过程及其各个组成阶段。在这个过程中，我们会讨论很多相关问题，并告诉你应该如何解决这些问题。

1.3　为什么要写一本关于 JavaScript 数据整理的书

JavaScript 在数据整理方面并不出名。通常，当需要处理数据时，相关人员都会建议你使用其他语言。在过去，我曾经使用过 Python 和 Pandas 来处理数据。一般情况下大家都会使用这两种语言，对吗？那么为什么又要写这本书呢？

Python 和 Pandas 非常适合进行数据分析。对于这一点，我不想做任何争辩。它们具有成熟完备的生态系统。

Jupyter Notebook 是一种非常好的探索性编码环境，但是，现在这种类型的工具已经包含在 JavaScript 中。Jupyter 本身具有一个插件，使其可以运行 JavaScript。除此之外，现在还涌现出各种特定于 JavaScript 的工具，例如 RunKit、Observable，我自己也开发了这种工具，那就是 Data-Forge Notebook。

过去，我曾经使用 Python 来处理数据，然而，我总是感觉这种语言不是非常适合我的开发流程。我并不是说 Python 有什么不好，很多时候我还是非常喜欢这种语言的。我之所以会觉得 Python 不适合我，是因为我的大部分工作都是使用 JavaScript 完成的，我已经非常熟悉和习惯使用这种语言了。我需要我的数据分析代码在 JavaScript 中运行，这样它们就可以在 JavaScript 生产环境中正常使用，而我需要这样。如何使用 Python 实现这一点呢？

你可以使用 Python 执行探索性编码和分析编码，然后将数据转换为 JavaScript 可视化效果，很多人都是这样做的。这是一种非常常见的方法，因为 JavaScript 具备非常强大的可视化生态系统。但是，如果你想要针对实时数据运行分析代码该怎么办？当我发现自己需要在生产环境中运行数据分析代码时，我不得不使用 JavaScript 重新编写这些代码。每次都必须这样做是我无法接受的。对我来说，归根到底就一个原因，没有多余的时间来重新编写代码。

然而，有人有更多的时间来重新编写代码吗？现如今，世界变化非常快，人们的生活和工作节奏也非常快。我们所有人都需要争分夺秒地完成工作。你需要为企业创造更多的价值，而时间是非常宝贵的，在紧张、忙乱、快节奏的工作环境中，浪费时间是绝对不允许的，这会带来非常严重的后果。你希望采用探索性的方式，也就是按照 Jupyter Notebook 的方式来编写数据分析代码，却要使用 JavaScript 并在随后将其部署到 JavaScript Web 应用程序或微服务中。

这引导我走上使用 JavaScript 来处理数据的道路，并构建了一种开源库来帮助实现这一点，那就是 Data-Forge。在这个过程中，我发现 JavaScript 编程人员的数据分析需求并未得到很好的满足。考虑到 JavaScript 编程人员的不断增多、JavaScript 语言的易访问特性以及数量似乎无穷尽的 JavaScript 可视化库，这种状况的存在多少让人有点无法理解。为什么我们过去没有这样想过呢？人们真的认为数据分析无法在 JavaScript 中完成吗？

这些问题使我产生了撰写本书的念头。如果你了解 JavaScript，那么当我告诉你我发现 JavaScript 是一种功能非常强大的语言，可以大幅提升工作效率时，你可能就不会感到吃惊了。当然，我们需要认识到，JavaScript 存在很多的问题，但是，所有优秀的 JavaScript 编码人员都已经能做到扬长避短。

现如今，各种复杂的应用程序都使用 JavaScript 来编写。你可能已经对这种语言有了一定的了解，它的功能非常强大，可以在生产环境中使用。坚持使用 JavaScript 会为你节省大量的时间和精力。那为什么不使用 JavaScript 进行数据整理呢？

1.4　可以通过本书获取哪些知识

在本书中，你将了解到如何使用 JavaScript 进行数据整理。通过大量的示例，从简单到复杂，逐渐提高难度，由此，你的数据处理技能将得到大幅提升。在这个过程中，你会慢慢认识到，有很多现成的工具可供你使用。此外，你还将了解到如何在 JavaScript 中应用其他语言中常用的一些数据分析技术。

我们将介绍在纯 JavaScript 中执行数据整理过程时整个过程的全貌。你将学会构建数据处理流程，即从某一来源获取数据，对其进行处理并转换，最终以某种恰当的形式将数据提供给对应的受众。

在将数据处理流程推广到生产环境以及扩展到大型数据集上时，你通常会遇到很多问题，通过学习本书，你将了解到如何解决这些问题。我们将告诉你可能遇到的各种问题，并为你提供找到解决方案必须要采用的思考过程。

我将向你证明，你不需要使用其他在过去被认为更适合进行数据分析的语言，例如 Python。你将了解到如何使用 JavaScript 执行相关操作。

最终的结论就是要正确评价数据整理这项工作及其与 JavaScript 的交集。数据整理的世界无边无际，但本书将帮助你在这一世界中有目的地遨游，并弄清楚这么做的意义。

1.5　为什么要使用 JavaScript 进行数据整理

我提倡使用 JavaScript 进行数据整理的原因有多个，表1.1对这些原因进行了汇总。

表 1.1　使用 JavaScript 进行数据整理的原因

原因	详细内容
你已经对 JavaScript 有一定的了解	为什么要学习另一种语言来进行数据处理？
JavaScript 是一种功能强大的语言	可以使用 JavaScript 构建各种复杂的应用程序
探索性编码	将原型设计过程与实时重加载结合使用是一种功能强大的用于编写 JavaScript 应用程序的方法
强大的可视化生态系统	通常情况下，Python 编程人员最终都会选择 JavaScript，利用其丰富的可视化库，其中包括 D3，这可能是最为复杂、成熟的可视化库。在后面的第 10 章和第 13 章中，我们将对可视化进行更深入的探究
较为强大的生态系统	JavaScript 拥有最强大的用户驱动的生态系统之一。在本书中，我们将使用很多第三方工具，并建议你进一步探索，逐渐构建自己的工具包
JavaScript 无处不在	在浏览器中，在服务器、桌面设备、移动设备上，甚至是在嵌入式设备上，都可以找到 JavaScript 的身影
JavaScript 易于学习	JavaScript 为人所称道的一点就是易于入门。或许熟练掌握并不容易，但其他各种编程语言也同样存在这种问题
JavaScript 编程人员很容易找到	如果你需要雇用新员工，那么你会发现，JavaScript 编程人员数量庞大
JavaScript 不断发展进化	该语言不断改善，从而变得越来越安全、越来越可靠，并且越来越便捷。在 ECMAScript 标准的每个后续版本中都对 JavaScript 语言进行了优化
JavaScript 与 JSON 密切相关	JSON 数据格式是一种用于网页的数据格式，从 JavaScript 发展演变而来。JavaScript 内置了很多工具，可用于处理 JSON 数据格式，就像许多第三方工具和库一样

1.6　JavaScript 是否适用于数据分析

　　我们找不到任何理由说明 JavaScript 语言不适用于数据分析。对于 Python 或 R 等语言，它们相对于 JavaScript 的最大优势在于具备更多的过来者经验。对于这一点，我认为是它们已经建立了良好的声誉和强大的生态系统，使人们认为它们更适合完成此类工作。如果你希望使用 JavaScript 来处理这些工作，就会发现，JavaScript 也可以出色地完成相应任务。毫无疑问，我就是以这种方式使用 JavaScript 的，而且我认为，一旦开始使用 JavaScript 进行数据分析，其使用范围一定会迅速扩大。

我认为批评 JavaScript 不适用于数据分析也有一定道理。其中一点就是 JavaScript 不具备卓越的性能。与 Python 类似，JavaScript 是一种解释型语言，因此，它们的性能都受到一定的限制。Python 拥有大家熟知的本地 C 库，从而使这种状况得到很大的缓解，C 库可以有效弥补性能上的不足。我想让大家知道的是，JavaScript 也有与此类似的本地库。尽管 JavaScript 始终不是性能表现最好的语言，但是，得益于开发人员在 V8 引擎和 Chrome 浏览器方面注入的创新元素和付出的不懈努力，JavaScript 的性能已经得到显著的改善。

对于采用 JavaScript，另一点争议可能就在于，它不是一种高质量的语言。JavaScript 语言具有一些设计缺陷(实际上，哪种语言没有呢？)，并且在过去经历过多次变更。作为 JavaScript 编码人员，你已经知道了如何解决它给我们带来的各种问题，同时保证工作效率不会受到影响。随着时间的推移以及各种修订版的陆续推出，这种语言会不断发展、改善，成为一种更好的语言。最近一段时间，我花在 TypeScript 上的时间要超过 JavaScript。除了是对 JavaScript 的热爱之外，还由于它带来的"类型安全性(type safety)"和"智能感知(intellisense)"等益处。

Python 具备的一个主要优势是其卓越的探索性编码环境，现在称之为 Jupyter Notebook。不过，请注意，Jupyter 现在可以在 JavaScript 中使用！没错，你可以像专业数据分析师使用 Jupyter 和 Python 那样，结合使用 Jupyter 和 JavaScript 进行探索性编码。当然，这种方式还处在初级阶段，可以得到预期结果，并且你也可以使用它，但是，使用体验还不完善，没有达到你想要的完美程度。

Python 和 R 拥有与数据分析相关的强大且完善的社区和生态系统。JavaScript 也有一个强大的社区和生态系统，只是在数据分析领域还不具备强大的优势。JavaScript 确实拥有强大的数据可视化社区和生态系统。这是很好的开始，这意味着，无论如何，数据分析的输出最终都会在 JavaScript 中进行可视化。一些有关衔接 Python 与 JavaScript 的图书也证实了这一点，但对我来说，以这种方式进行跨语言工作似乎不太方便。

JavaScript 永远也不会取代 Python 和 R 在数据分析领域的角色。它们已经建立起完善的数据分析方法，我并不指望 JavaScript 可以赶超它们。实际上，我并不是想要说服人们放弃使用这些语言。但是，我想要向 JavaScript 编程人员证明，他们不必离开 JavaScript 就可以完成所需的各种操作。

1.7　在 JavaScript 生态系统中畅游

JavaScript 生态系统非常庞大，可能会让新手感到无所适从。经验丰富的 JavaScript 开发人员会将此生态系统视为其工具包的一部分。想要完成什么操作？可能执行你想要对 npm(节点包管理器)或 Bower(客户端包管理器)完成的操作的软件包已经存在。

你是否发现了一种软件包可以完成你所需的大部分而不是全部操作？绝大部分软件包都是开源的。可以考虑对软件包执行分叉(forking)操作并进行所需的更改。

许多 JavaScript 库可以在你进行数据整理时提供帮助。在本书编写之初，npm 列出了 71 种数据分析(data analysis)结果。在本书接近完成之时，这一数字已经增加到 115。这说明可能已经存在能够满足你需求的库。

你会发现很多用于可视化、构建用户界面、创建面板以及构造应用程序的工具和框架。Backbone、React 以及 AngularJS 等流行的库大家都印象深刻。当你构建 Web 应用程序时，这些库可以为你提供很大的帮助。如果你要创建内部版本或自动化脚本，可能需要查看 Grunt、Gulp 或 Task-Mule。或者，也可以在 npm 中搜索任务运行器并选择对你有意义的内容。

1.8　组装你的工具包

在你学习成为一名数据整理人员的过程中，需要组装自己的工具包。每个开发人员都需要用于完成工作的工具，而不断升级工具包是本书的核心主题。对于任何开发人员来说，我给出的最重要的建议就是确保拥有良好的工具，并且知道它们的用法。你的工具必须非常可靠，它们必须能够帮助你提高工作效率，并且你必须知道如何更好地使用它们。

尽管本书会为你介绍许多新的工具和技术，但我们不打算在一些基本的开发工具上浪费时间。我会假定你已经拥有一款文本编辑器和一个版本控制系统，并且知道它们的用法。

在本书的绝大部分内容中，你都将使用 Node.js 来开发代码，不过，你编写的绝大部分代码也可以在浏览器、移动设备(使用 Ionic)或桌面设备(使用 Electron)上运行。为了顺利完成本书的学习，你应该安装 Node.js。本书中使用的软件包和依存项可以使用 npm 安装，它会随附 Node.js 或 Bower，而后者可以使用 npm 来安装。如果想要快速了解 Node.js，请阅读第 2 章的内容以获取相关帮助。

你可能已经拥有一种比较喜欢的测试框架。本书并未介绍自动化单元测试或集成测试，但请记住，我会对最重要的代码执行此操作，并且我认为这是常规编码操作中非常重要的一部分。目前，我结合使用 Mocha 和 Chai 来处理 JavaScript 单元测试和集成测试，不过，还有其他一些非常好的测试框架可供使用。本书的最后一章会为你介绍一种被称为"输出测试(output testing)"的测试方法，这是一种非常简单且高效的测试方法，当你处理数据时，可以用这种方法来测试代码。

对于任何比较重要的编码，你应该已经有一套自己的构建和部署代码的方法。从技术上来说，JavaScript 不需要构建过程，但有时这样做是非常有用的，或者说是非常必要的，当然，这要取决于你的目标环境。例如，我通常会用 TypeScript 来工作，并使用构建过程将代码编译到 JavaScript 中。如果你将代码部署到位于云端的服务器，肯定需要置备和部署脚本。构建和部署不是本书的重点，但第 14 章会对这些内容进行简要的讨论。在其他情况下，我会假定你已经拥有一种方式可将代码转换到目标环境中，或者你稍后会解决这个问题。

在日常编码工作中，很多有用的库都可以提供相关帮助。比如常用的 Underscore 和 Lodash。目前，广泛使用的 jQuery 似乎正在逐渐过时，尽管其中仍然包含很多非常有用的函数。如果要处理数据集合，LINQ 非常有用，它是 Microsoft LINQ 的一个端口，来自 C#语言。我自己的 Data-Forge 库是一种非常强大的数据处理工具。要想在 JavaScript 中处理日期和时间，Moment.js 是必不可少的。cheerio 是一个用于从 HTML 页面爬取数据的库。此外，还有很多用于数据可视化的库，其中包括但不限于 D3、Google Charts、Highcharts 以及 Flot。可用于进行数据分析和统计的库包括 jStat、Mathjs 和 Formulajs。在本书中，将逐步介绍各种库。

我们应该对异步编码予以特别关注。Promise(承诺)是一种富于表现力和凝聚力的异步编码管理方式，在我看来，你无论如何都应该了解它们的使用方法。第 2 章对异步编码和 Promise 进行了简单介绍，如果你想要了解相关信息，请阅读这一章的内容。

对工作来说，最重要的是要有良好的设置，以进行探索性编码。此过程对于检查、分析和了解你的数据非常重要。这通常被称为"原型设计(prototyping)"。此过程就是以一种迭代的方式分步骤快速构建代码，从简单的初级代码开始，慢慢过渡到更为复杂的代码，在本书中，经常会用到这一过程。在对代码进行原型设计的过程中，我们还会深入研究你的数据，以便了解其结构和形状。相关内容将在第 5 章中详细介绍。

在接下来的一节中，将介绍数据整理过程，并充实完善一个数据处理流程，帮助你了解如何将这一问题的所有部分都融合到一起。

1.9　建立数据处理流程

第 1 章其余的部分将简要介绍数据整理过程。最后，会提供一个项目的数据处理流程示例。这是一个完整的数据整理过程，从开始一直到最终结束。注意，这并不是一个典型的数据整理项目的示例，提供典型的数据整理项目是非常困难的，因为每个数据整理项目都有自己独特的方面。在这里，我希望让你感受数据整理过程中涉及的方方面面以及本书将带领你学习的内容。

到目前为止，还没有提供代码示例，不要着急，本书后面部分中包含大量的代码示例，这些代码示例都是可以实际运行的，你可以自己试着运行一下，看看结果如何。在这里，我们旨在了解一个数据整理过程的示例，并为本书的其余部分设置阶段。稍后，将对数据整理的每一部分进行更为详细、深入的解释。

1.9.1　设置阶段

在这里，我要说明的是，我已经获得相关授权，可以使用一个非常有意思的数据集。对于本书中的各个示例，我们将使用"XL Catlin Global Reef Record"中的数据。我们必须要感谢昆士兰大学，他们允许我们访问这些数据。除了使用本书示例中涉及的数据之外，我与 Global Reef Record 项目并无其他关联。

珊瑚礁数据由全球多个珊瑚礁测量团队的潜水者收集获得。潜水者沿着"测量"路线(在数据中被称为一个"样线")移动的过程中，他们的摄像机会自动拍摄照片，而各种传感器会获取相应的读数(见图 1.2)。通过这些数据，可以了解珊瑚礁及其健康状况。将来，会再次开始数据收集过程，并且允许科研工作者将当时的珊瑚礁健康状况与现在的进行比较。

图 1.2　潜水者对珊瑚礁进行相关测量

珊瑚礁数据集构成一个引人注目的样本项目。其中包含与时间相关的数据、地理定位数据、水下传感器采集的数据、照片以及通过机器学习根据图像生成的数据。这是一个非常庞大的数据集，对于这个项目，我提取其中所需的部分并对其进行处理，从而创建一个包含数据可视化效果的面板。有关珊瑚礁测量项目的更多详细信息，请访问以下网址观看相关视频：https://www.youtube.com/watch?v=LBmrBOVMm5Q。

我需要构建一个面板，其中包含各种表格、地图以及图表，用于可视化珊瑚礁数据并进行相关探索。所有这些内容综合到一起，可以简要了解这一过程，我将从头到尾对其进行解释。首先是从原始的 MySQL 数据库捕获数据，处理捕获到的数据，最后创建一个 Web 面板用于显示对应的数据。在这一章中，只是简要介绍相关内容，并不做深入研究，不过，在后面的各章中，将对这里提到的各个方面一一展开，进行较为深入、详细的介绍。

最初，我得到了一个 CSV(逗号分隔值)文件形式的珊瑚礁数据样本。我对 CSV 文件进行认真的研究，对此数据集有了初步的了解。稍后，我获得相应的授权，可以访问整个 MySQL 数据库。最终目的是将这些数据引入到生产系统中。我需要对数据进行组织和处理，以便通过一个可操作的 REST API 在实际的 Web 应用程序中使用，该 API 可以将数据输入到面板中。

1.9.2　数据整理过程

下面，我们来研究一下数据整理过程：该过程由一系列连续的阶段组成，如图1.1所示。通过这一过程，你可以采集相关数据、对其进行探索、了解相关意义并将其可视化。最后，我们将获得某种生产就绪格式的数据，例如 Web 可视化效果或报告。

如果分析图 1.1，我们会以为这是一个简单直接的线性过程，但是，如果你之前有过软件开发经验，可能就会察觉到一些不正常的地方。软件开发一般不会像这样简单直接，各个阶段通常无法明确地分隔开来，因此，不要过分关注这里列出的各个阶段的顺序。我需要按照某种有意义的顺序来列出这些阶段，而对于本书来说，线性顺序是一种非常有用的结构。在第 5 章中，将突破软件开发的线性模型，了解一种迭代形式的探索性(exploratory)模型。

在研究本章中介绍的数据整理过程时，请不要将其认为是一个过程，而是将其作为一个示例，用于显示对于某个特定的项目，数据整理过程究竟是个什么样子。对应你的数据和要求的不同，这一过程会有不同的形式。当你处理其他项目时，毫无疑问，你自己的数据整理过程会与本章中介绍的过程有所不同。

1.9.3　计划

在开始进行数据整理或相关的项目之前,你应该清楚自己在做什么,要求是什么? 要使用什么以及采用哪种方式来构建软件? 可能会出现什么问题, 要如何解决这些问题? 数据看起来是什么样子? 应该针对数据提出哪些问题? 在计划一个新项目时, 你应该自问上面列举的这些问题。

当你进行任何类型的软件开发时, 首先要做好相应的计划, 这一点非常重要。在我看来, 对于很多编程人员来说, 他们存在的最大问题就是没有在开始编码之前进行缜密思考并制订周密的工作计划。根据我的经验, 作为编码人员, 要改善这一局面, 最好的方法之一就是提前做好计划。

为什么这么说呢? 这主要是因为, 周密的计划可以使实施过程得到改善, 并且减少出错, 从而能够获得更好的结果。但是, 也要特别留意, 不要"过度"计划! 如果为将来做出的计划是不可能发生的事情, 那么就会导致过度设计。

在进行计划之前, 你可能需要执行"探索性编码"。这是无法明确地将各个阶段划分开来的一个示例。如果你没有足够的信息来制订计划, 那么可以进行探索性编码, 在对尝试解决的问题有了更好的了解以后, 再返回到计划阶段。

计划是有效的反馈环(见图 1.3)的一个重要部分。制订计划涉及要预先思考可能会出现的各种错误, 并指出如何避免这些错误。避免发生错误可以为你节省大量时间, 消除很多烦恼。每次经历反馈环都会是一次非常有价值的体验, 有助于改善你对项目的了解, 并使你的计划和执行能力得到很大的提升。

为了对此项目执行计划, 我们首先记下对最终产品的一些要求:

- 创建一个 Web 面板, 以便轻松浏览珊瑚礁数据。
- 通过各种表格、图表和地图对获得的珊瑚礁测量数据进行汇总。

通常情况下, 随着你对项目了解的不断深入, 要求也会随着时间的推移逐渐发生变化。如果发生这种情况, 也不必过于担心。要求不断变化是很自然的, 但有一点需要引起注意: 要求变化也可能是计划不善或范围蔓延的征兆。

在这一阶段, 我将对网站的结构进行计划, 如图 1.4 所示。

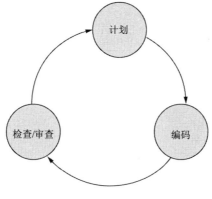

图 1.3　反馈环

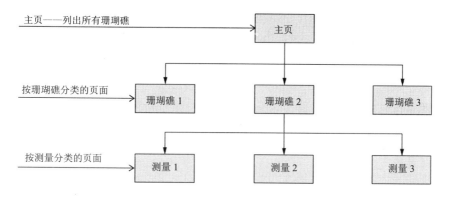

图 1.4　面板网站结构

简单的线框模型可以帮助我们充实计划。图 1.5 就是一个示例。在计划过程中，你需要考虑可能出现的各种问题。这会帮助你提前计划好这些问题的解决方法，但要确保你采取的方法已经过权衡。如果你认为某个问题发生的概率非常小，就不要在这个问题上浪费过多时间和精力。例如，下面列出了在处理珊瑚礁数据集和构建面板时，我可能会遇到的一些问题：

- 由于大小的因素，某些表格包含的记录数超过一百万条。复制 MySQL 数据库可能需要很长的时间，当然，如果需要可以将这一过程缩短为几小时。我并不需要对此过程进行优化，因为它只会出现一次，所以，多花一些时间也没有太大的影响。

- 需要清洗的数据可能存在一些问题，但在探索数据集之前，我无法了解这些问题(有关数据清洗和准备的内容，请参见第 6 章)。

- 如果面板中的可视化内容加载缓慢或者性能下降，你可以预先将数据转换为某种优化的格式(如果想要详细了解相关信息，请参见第 6 章和第 7 章中的内容)。

在计划阶段，非常重要的一点就是要清楚你希望从数据中获取哪些信息。你可以自问以下问题：你需要从数据中知道哪些信息？你会针对数据提出哪些问题？

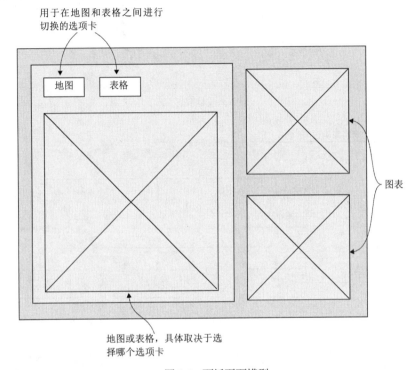

图 1.5　面板页面模型

作为示例，下面列出了可以针对珊瑚礁数据提出的一些问题：
- 所测量的澳大利亚地区的珊瑚礁中，每个珊瑚礁的平均温度是多少？
- 每个珊瑚礁的总覆盖范围(绵延的距离)是多大？
- 每个珊瑚礁的平均下潜深度是多少？

很多情况下，尽管制订了周密的计划，但仍可能会发现，事情并没有按照计划进展。如果出现这种情况，建议你先停下来，花一些时间来重新评估一下当时的情况。如果有必要，可能需要回到计划阶段，然后重新开始整个过程。如果在实施过程中出现问题，或者需要确认是否偏离正轨，那么可以随时返回到计划阶段。

1.9.4　采集、存储和检索

在这一阶段，你将捕获数据并将它以某种适当的格式存储。你需要将数据以某种格式存储在相应的位置，使你可以方便、高效地进行查询和检索。

数据采集始于来自昆士兰大学的一封电子邮件中附带的样本 CSV 文件。我对样本数据进行了"初步的探索"，以便对其有一个基本的了解。样本数据非常小，使用 Excel 就可以加载。

在编写任何代码之前，我需要了解自己要处理的对象。在查看完整的数据集时，我使用了一种被称为 HeidiSQL(见图 1.6)的 SQL 数据库查看器，来连接到远程数据库，探索数据，以及拓展对数据的了解。

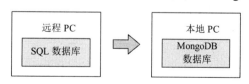

图 1.6　在 HeidiSQL 中检查 SQL 表

由于网速比较慢，远程数据访问无法流畅地完成，给探索性编码带来一定的困难。我需要将数据下载到本地数据库，以便提高访问效率。我希望将数据存储到本地还有另一个原因，那就是这样的话，我可以根据需要对其进行更改，因为我不能对不是我所拥有的数据库进行更改。我计划将数据复制到一个本地 MongoDB 数据库(见图 1.7)。

图 1.7　将数据从 SQL 数据库提取到 MongoDB 数据库

　　我为什么选择 MongoDB 数据库？实际上，做出这样的选择有一些个人的喜好因素。你需要选择一种适合你以及你的项目的数据库。我非常喜欢 MongoDB 数据库，原因如下：

- 其安装非常简单。
- 它非常适合处理 JavaScript 和 JSON 数据。
- 它易于存储和检索数据。
- 查询语言内置到编程语言中。
- 可以存储特殊的临时数据或不规则的数据。
- 其性能非常出色。

　　如果你担心将数据从 SQL 数据库迁移到 MongoDB 数据库会导致数据丢失结构，那么大可不必，因为 MongoDB 数据库可以存储结构化的关系数据，这一点与 SQL 数据库非常相似。不过，这两种数据库也存在一些区别，MongoDB 数据库没有方便易用的 SQL "连接(join)"，并且不会 "强制实施" 结构或关系，不过，你可以使用自己的代码轻松地模拟这些功能。

　　除了上面介绍的内容之外，MongoDB 数据库还有其他一些非常重要的特征，比如，不需要预先定义架构，你不需要提供数据的最终形状。这一点非常棒，因为我到现在还不知道我的数据的最终形状。不使用结构可以减轻设计数据的负担，并使你可以更轻松地对数据进行推算演化，从而更好地了解项目。

　　在后面的第 3 章中，将更加详细地介绍 SQL、MongoDB 以及其他数据源的相关内容。

　　现在，可以开始进行编码了。我必须编写一段脚本，以便从 SQL 数据库复制，复制至 MongoDB 数据库。我首先使用 nodejs-mysql 将一个 MySQL 表从远程数据库加载到内存中。对于大型数据库，这样做是不现实的，但目前这种情况，这样做是完全可行的。在第 8 章和第 9 章中，我们将讨论如何处理由于太大而无法加载到内存中的数据集。

　　将 SQL 表加载到内存中后，你可以使用 MongoDB API 将数据插入本地的 MongoDB 数据库实例中(见图 1.8)。

　　现在，可以对目前已有的代码进行汇编组合，并且有一段 Node.js 脚本，可以将 MySQL 表复制到 MongoDB 数据库中。现在，可以轻松地对此进行扩展，并可以通过一段脚本将整个 MySQL 数据库复制到本地 MongoDB 数据库实例。

　　需要复制多少数据？复制这些数据需要多长时间？这里需要注意的是，还没有开始以任何方式处理数据或对其进行转换。相关操作将在稍后执行。

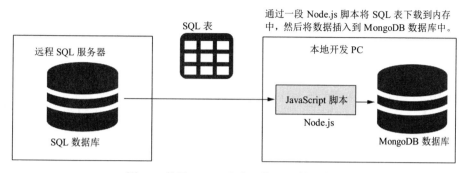

图 1.8　使用 Node.js 脚本下载 SQL 数据库表

复制此数据库花费了很多时间，主要原因是 Internet 连接速度非常慢。像这样运行时间比较长并且依赖于不稳定的外部资源的过程，应该设计为可重新启动的，且容错性较好的。在第 14 章中，我们会再次介绍这些内容。不过，重要的是，在绝大部分时间里，脚本都在执行自己的工作，而没有受到任何干涉，并且没有"花费"太多我自己的时间。我愉快地等待这一过程完成，因为拥有数据的本地副本以后，将来可以更高效地与其进行交互。

现在，我已经拥有了数据库的本地副本，我们可以开始更完整的数据探索了。不过，首先我必须检索数据。

我使用 MongoDB API 来查询本地数据库。与 SQL 不同的是，MongoDB 查询语言已被集成到 JavaScript(或者其他语言，具体取决于你所选择的语言)中。

在这种情况下，你不但可以完成基本查询，还可以通过 MongoDB 查询实现更多的操作，其中包括：

- 过滤记录
- 过滤针对每条记录返回的数据
- 对记录进行排序
- 跳过和限制记录，以便查看缩减的数据范围

这只是采集数据的方法之一，除此之外，还有很多其他方法。有许多不同的数据格式和数据存储解决方案可供使用。在第 8 章中，你将深入了解 MongoDB 数据库的详细信息。

1.9.5　探索性编码

在这一阶段，你将使用代码深入探索自己的数据，并形成对数据的认知和了解。对数据有了更好的了解以后，你可以开始做出一些关于数据结构和一致性的假设。而

这些假设必须要经过检查，使用代码即可轻松地实现！

我们编写代码以研究、试探和梳理数据。这被称为"探索性编码"(通常也称"原型设计")，它可以帮助我们了解我们的数据，同时生成可能非常有用的代码。

在目前这个阶段，我们应该处理较小的数据子集，这一点非常重要。尝试处理整个数据集可能会导致效率低下并且达不到预期目标，当然，这取决于你所拥有的特定数据集的大小。

探索性编码指的是通过迭代和交互式过程(见图 1.9)以递增方式构建代码的过程。编写几行代码，然后运行代码并检查输出，接下来重复此过程。重复这一过程可以逐渐完善你的代码，同时加强你对代码的理解。

图 1.9　探索性编码过程

要想开始查看数据，最简单的方法是使用数据库查看器。之前，我已经使用了 HeidiSQL 来查看 SQL 数据库。现在，我使用 Robomongo(最近重命名为 Robo 3T)来查看我的本地 MongoDB 数据库的内容(见图 1.10)。

使用代码，我可以探索数据，查看第一条和最后一条记录以及它们包含的数据类型。我将开始的几条记录输出到控制台，可以看到以下结果：

```
> [ { _id: 10001,
  reef_name: 'North Opal Reef',
  sub_region: 'Cairns-Cooktown',
  local_region: 'Great Barrier Reef',
  country: 'Australia',
  region: 'Australia',
  latitude: -16.194318893060213,
  longitude: 145.89624754492613 },
{ _id: 10002,
  reef_name: 'North Opal Reef',
  sub_region: 'Cairns-Cooktown',
  local_region: 'Great Barrier Reef',
  country: 'Australia',
  region: 'Australia',
  latitude: -16.18198943421998,
  longitude: 145.89718533957503 },
{ _id: 10003,
```

```
reef_name: 'North Opal Reef',
sub_region: 'Cairns-Cooktown',
local_region: 'Great Barrier Reef',
country: 'Australia',
region: 'Australia',
latitude: -16.17732916639253,
longitude: 145.88907464416826 } ]
```

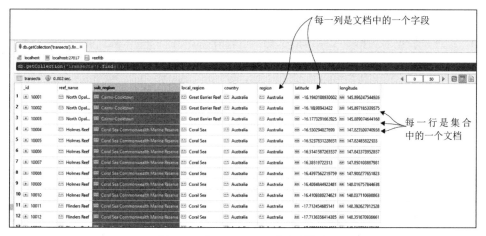

图 1.10　在 Robomongo 中查看集合

通过查看数据，可以了解数据的形状，并且可以提出以下问题：我拥有哪些列？我需要处理多少条记录？还有，通过使用代码，可分析数据并将解答输出到控制台：

```
Num columns: 59
Columns:    _id,transectid,exp_id,start_datetime,…
Num records: 812
```

借助开源数据整理工具包 Data-Forge，可以了解数据的类型以及数据值出现的频率。将结果输出到控制台，从而对数据有了更多的了解：

```
__index__  Type    Frequency           Column
---------  ------  ------------------  ------------------------
0          number  100                  _id
1          number  100                 transectid
2          number  100                 exp_id
3          string  100                 start_datetime
4          string  100                 end_datetime
5          string  100                 campaing
...
```

```
__index__  Value                         Frequency            Column
---------  ----------------------------  -------------------  -------
0          Australia                     31.896551724137932   region
1          Atlantic                      28.57142857142857    region
2          Southeast Asia                16.133004926108374   region
3          Pacific                       15.024630541871922   region
...
```

在本书中(特别是第 9 章)，将详细介绍如何使用 Data-Forge 及它的功能。

现在，我已对数据有了基本的了解，可以开始提出一些关于数据的假设了。是否每一列应该只有一种特定类型的数据？数据是否一致？

实际上，到目前为止，我还无法了解这些内容。我处理的是一个比较大的数据集，我还没有查看任何单个记录。在实际操作中，我无法手动检查每条记录，因为记录实在是太多了。但是，我可以轻松地使用代码来测试我的各个假设。

我编写了一段"假设检查(assumption checking)"脚本，可以检验我对数据做出的假设。这是一段 Node.js 脚本，用于检查数据库中的每条记录，并检查每个字段所包含的值是否为我们预期的类型。在第 5 章中，你可以看到关于假设检查的代码示例。

有时，数据可能会存在严重的不一致问题。在大型数据集中，这些问题很容易长时间得不到发现。我的假设检查脚本使我可以放心地处理数据，降低数据中出现各种令人讨厌的问题的可能性，这样，我就不会因为突然发现大量问题而手足无措。

通过运行假设检查脚本，可以看出我关于数据的假设没有得到证实。我发现 dive_temperature 字段中包含一些意外的值，现在，可通过在 Robomongo 中进行更细致的检查来发现这些值(见图 1.11)。

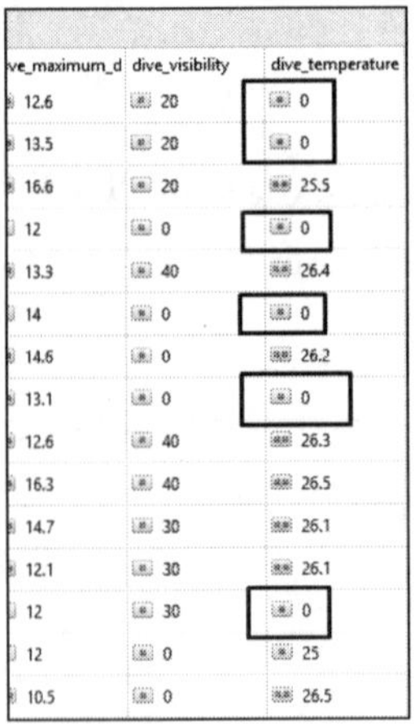

图 1.11　在 Robomongo 中检查错误的温度值

为什么数据被损坏？这很难说清楚。可能是某些传感器存在缺陷或者不能连续工作。你可能很难理解为什么错误的数据会通过某种方式进入你的系统。

如果数据与预期不符会出现什么情况？在这种情况下，需要对数据进行校正，或者调整我们的工作流使之适应这种情况，因此，接下来将介绍数据清洗和准备的相关内容。

你已经完成这一节内容的学习，但是，探索性编码过程还没有结束。在数据整理的所有阶段中，你都可以继续进行探索性编码。不管什么时候，只要你需要对数据尝试一些新的处理、对某个想法进行测试，或者对代码进行测试，都可以返回到探索性编码阶段进行迭代和实验。在第 5 章中，将用一章的篇幅来介绍探索性编码的相关内容。

1.9.6　清洗和准备

你的数据是否采用你所期望的格式？你的数据是否适合在生产环境中使用？在"清洗和准备(clean and prepare)"阶段，你可以校正数据中的问题，以方便下游处理和使用。你还可以对数据进行规范化处理，调整数据结构，使其可以在生产环境中得到更高效的利用。

你收到的数据可能采用各种格式，其中可能包含大量的问题。尽管存在这些情况，你仍然需要对数据进行处理和使用。假设检查脚本已经指出，数据并不符合我的预期。现在，我需要对数据进行清洗，使其具有我所需要的格式。

我知道自己的数据包含无效的温度值。我可以将包含无效温度值的记录从我的数据库中删除，但这样做的话，我可能会丢失其他一些有用的数据。因此，我不会采用这种方法，稍后会通过其他方法来解决这个问题，即根据需要过滤出包含无效温度值的记录。

为了便于举例说明，我们来看另外一个不同的问题：surveys 集合中的日期/时间字段。你可以看到，此字段存储为一个字符串，而不是 JavaScript 日期/时间对象(见图 1.12)。

如果将日期/时间字段存储为字符串，就会产生如下可能性，那就是它们的存储格式可能不一致。实际上，我的样本数据结构良好，但为了举例说明，我们可以想象一下，其中的一些日期在存储时所用的时区信息采用的是澳大利亚的时区。这种问题往往深藏不露，不容易被发现，处理日期/时间数据经常会遇到这样的难题。

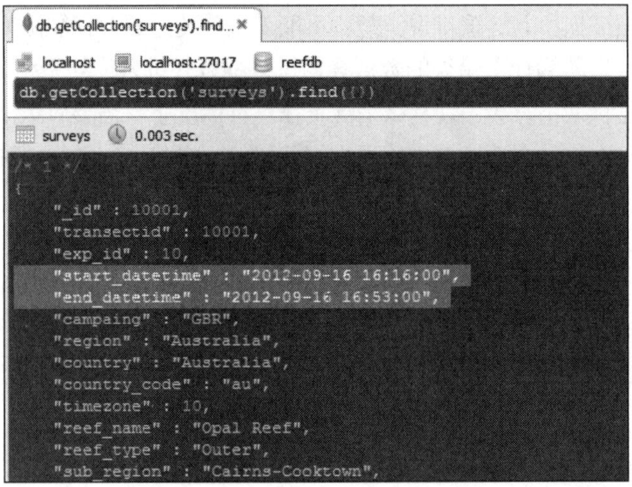

图 1.12　surveys 集合中的日期/时间字段使用的是字符串值

　　为了修复这些数据中的问题，我编写了另一段 Node.js 脚本。对于每条记录，该脚本会对各个字段进行检查，并根据需要修复数据中存在的问题。然后，必须将修复后的数据重新保存到数据库中。这种问题修复起来并不困难，真正困难的是如何在第一时间发现存在的问题。不过，你可能偶尔也会碰到其他一些并不是很容易修复的问题，修复这种问题可能要花费很多时间。在很多情况下，我们不建议脱机修复存在问题的数据，因为在运行时处理这些数据往往效率更高。

　　在这一阶段，你可能还会考虑对数据进行规范化或标准化处理，确保其采用适合分析的格式，简化下游代码，或者提升性能。在第 6 章中，我们会列举更多关于数据问题及其修复方法的示例。

1.9.7　分析

　　在这一阶段，你需要对数据进行分析。你需要针对数据询问一些特定的问题并找出对应的解答。这一阶段的后续步骤就是了解数据并从中得出一些有意义的见解。

　　现在，数据已经过清洗，随时可供使用，接下来就该对其进行分析了。我希望对数据进行大量的分析处理。我希望了解每次测量中经过的总距离。我想要计算每个珊瑚礁的平均水温。此外，我还想了解每个珊瑚礁的平均深度。

　　首先，我查看了对于每个珊瑚礁，潜水者经过的总距离。我需要对数据进行聚合和汇总。聚合操作所采取的形式是按珊瑚礁进行分组。汇总操作则是计算每个珊瑚礁所经距离的合计值。下面列出了此分析的结果。

```
__index__      reef_name      distance
-------------  -------------  ------------------
Opal Reef      Opal Reef      15.526000000000002
Holmes Reef    Holmes Reef    13.031
Flinders Reef  Flinders Reef  16.344
Myrmidon Reef  Myrmidon Reef  7.263999999999999
Davies Reef    Davies Reef    3.297
...
```

可以轻松地对上述代码进行扩展。例如，我已经按珊瑚礁对数据进行了分组，因此，可以添加每个珊瑚礁的平均水温，现在，总距离和平均水温都有了：

```
__index__      reef_name      distance            temperature
-------------  -------------  ------------------  ------------------
Opal Reef      Opal Reef      15.526000000000002  22.625
Holmes Reef    Holmes Reef    13.031              16.487499999999997
Flinders Reef  Flinders Reef  16.344              16.60909090909091
Myrmidon Reef  Myrmidon Reef  7.263999999999999   0
...
```

通过对代码进行细微的更改，我可以询问类似的问题，例如，按国家/地区划分的平均水温是多少？这一次，我们不再按照珊瑚礁进行分组，而是按照国家/地区进行分组，这是一种不同的数据查看方式，结果如下：

```
__index__  country    distance
---------  ---------  -----------------
Australia  Australia  350.4500000000004
Curacao    Curacao    38.48100000000001
Bonaire    Bonaire    32.39100000000001
Aruba      Aruba      8.491
Belize     Belize     38.45900000000001
```

通过上面的介绍，你应该对数据分析有了一个初步的了解，不过，这仅仅是一个开始，后面还将更详细、深入地介绍。在第 9 章中，还会利用更大的篇幅来介绍这一主题，并会提供很多代码示例。

1.9.8　可视化

接下来的这一阶段无疑是最让人兴奋的阶段。在这个阶段，你将对数据进行可视化处理并将其应用到现实生活中。在了解数据的整个过程中，这是最后一个阶段。以某种可视化的方式呈现数据可以带给你其他方式难以觉察的视野。

对数据进行探索和分析之后，下面就该对其进行可视化处理，从而换个角度更深入地了解这些数据。可视化可以让你对数据有一个完整而充分的了解，使你能够轻松地发现一些采用其他方式可能难以发现的内容。你还应该设法通过可视化发现数据中可能存在的任何其他问题。

在这一节中，需要一个更复杂的基础结构(见图 1.14)。为此，需要以下对象：

- 服务器
- 用于呈现数据的 REST API
- 一个简单的 Web 应用程序，用于呈现可视化结果

我使用 Express.js 构建了一个简单的 Web 服务器。此 Web 服务器承载一个 REST API，用于使用 HTTP GET 呈现珊瑚礁数据。此 REST API 是服务器与 Web 应用程序之间的接口(见图 1.13)。

图 1.13　Web 应用程序与图表基础结构

接下来，我要创建一个简单的 Web 应用程序，它使用 REST API 以 JSON 格式检索数据。我的简单的 Web 应用程序可以使用 REST API 从数据库中检索数据，并且我可以在工作中使用这些数据。这里使用 C3 来呈现一个图表。将该图表添加到网页，并使用 JavaScript 注入数据。本书后面将详细介绍 C3。

然而，对于图表的第一次迭代，我遇到了一个大问题。其中显示了每次测量的温度，但数据太多，很难在一个条形图中完全展现出来。这并不是我想要的，实际上，我希望显示每个珊瑚礁的平均温度，因此，需要使用在分析阶段开发的代码，并将该代码转移到浏览器中。此外，对数据进行了过滤，使之显示澳大利亚的珊瑚礁，这可以帮助在一定程度上缩减显示的数据量。

对来自分析阶段的代码做进一步的处理，我过滤出非澳大利亚的珊瑚礁，按珊瑚礁名称进行分组，然后计算每个珊瑚礁的平均温度。随后，将这些数据插入图表中。你可以在图 1.14 中查看相关结果。

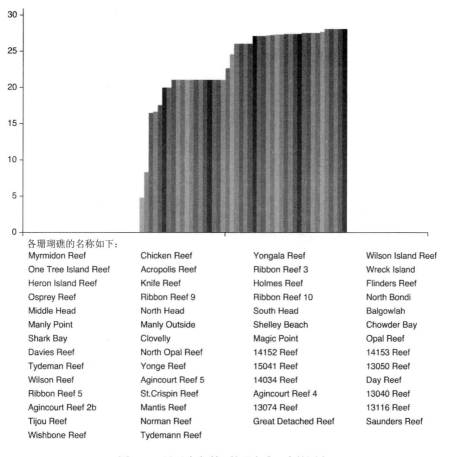

各珊瑚礁的名称如下：

Myrmidon Reef	Chicken Reef	Yongala Reef	Wilson Island Reef
One Tree Island Reef	Acropolis Reef	Ribbon Reef 3	Wreck Island
Heron Island Reef	Knife Reef	Holmes Reef	Flinders Reef
Osprey Reef	Ribbon Reef 9	Ribbon Reef 10	North Bondi
Middle Head	North Head	South Head	Balgowlah
Manly Point	Manly Outside	Shelley Beach	Chowder Bay
Shark Bay	Clovelly	Magic Point	Opal Reef
Davies Reef	North Opal Reef	14152 Reef	14153 Reef
Tydeman Reef	Yonge Reef	15041 Reef	13050 Reef
Wilson Reef	Agincourt Reef 5	14034 Reef	Day Reef
Ribbon Reef 5	St.Crispin Reef	Agincourt Reef 4	13040 Reef
Agincourt Reef 2b	Mantis Reef	13074 Reef	13116 Reef
Tijou Reef	Norman Reef	Great Detached Reef	Saunders Reef
Wishbone Reef	Tydemann Reef		

图 1.14　显示澳大利亚的珊瑚礁温度的图表

1.9.9　转入生产环境

这是数据整理过程的最后一个阶段，在这一阶段，你需要将数据处理流程交付给受众。我们会将 Web 应用程序部署到生产环境。毫无疑问，这是整个过程中最困难的一部分：将某个生产系统上线。这里所说的生产，指的是运营中的系统，并且人们(通常情况下是客户或者普通大众)正在使用。只有进入生产环境以后，数据才能接触到受众。

有时，你可能只需要执行一次性数据分析，然后便将代码丢弃。如果这样就可以完成工作，那么不需要将相应的代码转入生产环境，也就不会遇到此类问题(运气不错)，因为在大部分时间里，你只需要将代码置于需要运行它的地方。

可以将代码迁移到 Web 服务、前端、移动应用程序或桌面应用程序。在将代码转入生产环境以后，它将自动运行，也可以根据需要手动运行。通常情况下，它会实时处理数据，并且它可能会生成报告和可视化结果，或者执行其他需要完成的操作。

在此示例中，我构建了一个面板，用于显示和探索珊瑚礁数据。最终的面板外观与图 1.15 类似。

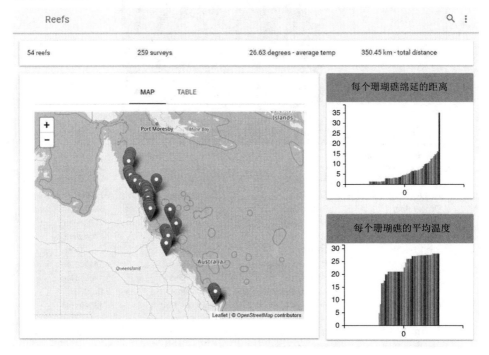

图 1.15　珊瑚礁数据面板

本章到目前为止的代码已经使用 JavaScript 编写，因此，将其放入 JavaScript 生产环境中并不是什么难事。这也是使用 JavaScript 执行所有与数据相关工作的主要优势之一。在逐步完成探索性编码阶段并转入生产环境的过程中，你自然而然地会更关注编码。

制订了计划并确立了方向以后，就可以开始进行测试驱动的开发或另一种形式的自动化测试(详见第 14 章)。

面板中还有一个珊瑚礁表，在表中可以进一步细分，从而更细致地了解每个珊瑚礁(见图 1.16)。为使数据高效地显示在面板中，已经预先将各种数据分析结果存入数据库中。

为了将代码迁移到生产环境中，很可能需要某种形式的构建或部署脚本，也可能同时需要这两者。构建脚本将用于执行以下操作：静态错误检查、串接、压缩以及打包代码以便进行部署。部署脚本用于提取代码并将其复制到运行环境中。通常情况下，当部署服务器或微服务时，需要使用部署脚本。为了在云端承载服务器，可能还需要置备脚本。此脚本用于创建代码的运行环境。它可能会基于某个映像创建一个虚拟机，然后安装依存项，例如 Node.js 和 MongoDB。

将代码迁移到生产环境以后，将会产生一组全新的问题需要处理，如下所述：

● 当数据更新不符合最初的假设时，会出现什么情况？

● 当代码崩溃时，会出现什么情况？

● 如何知道代码是否存在问题？

● 当系统过载时会出现什么情况？

在第 14 章中，将对这些问题进行探索，并了解如何动手解决它们。

欢迎进入数据整理的世界。现在，你已经对数据整理项目的情况有了一个大概的了解，在本书后面的章节中，将探索数据整理过程的各个阶段，但在此之前，你可能还需要获取相关帮助，以便快速了解并掌握 Node.js，这就是第 2 章中将要介绍的内容。

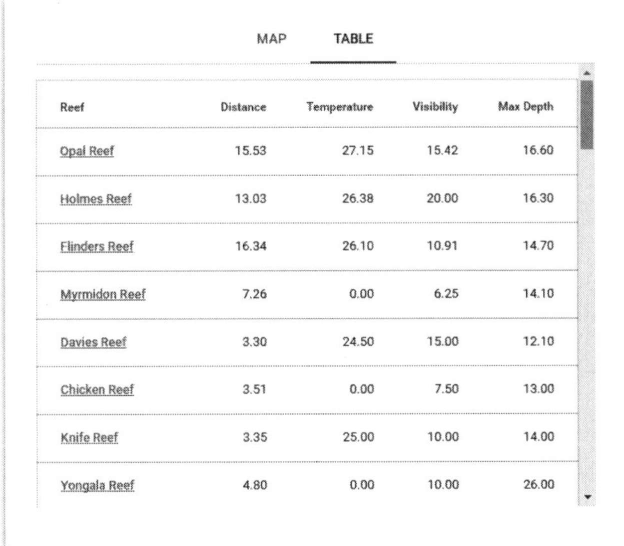

Reef	Distance	Temperature	Visibility	Max Depth
Opal Reef	15.53	27.15	15.42	16.60
Holmes Reef	13.03	26.38	20.00	16.30
Flinders Reef	16.34	26.10	10.91	14.70
Myrmidon Reef	7.26	0.00	6.25	14.10
Davies Reef	3.30	24.50	15.00	12.10
Chicken Reef	3.51	0.00	7.50	13.00
Knife Reef	3.35	25.00	10.00	14.00
Yongala Reef	4.80	0.00	10.00	26.00

图 1.16　面板中的珊瑚礁表

小结

● 数据整理指的是整个数据处理过程，从数据采集到数据处理和分析，然后一直到报告和可视化。

● 数据分析是数据整理的一部分，它可以在 JavaScript 中完成。

- JavaScript 已经是一种非常强大的语言，每次新的标准迭代还会使其进一步改进。
- 与其他任何编码一样，数据整理可以通过多种方式来完成。编码范围非常广泛，从特殊的临时抛弃型编码到井然有序的高质量编码。你在这一范围中具体处于什么位置取决于你拥有的时间以及代码的预期寿命。
- 探索性编码对于进行代码原型设计和了解数据非常重要。
- 数据整理包含很多阶段，具体如下：采集、探索、清洗、分析和可视化。
- 一般情况下，各个阶段并不是完全分隔开来的，它们通常是彼此交织在一起。
- 在各种情况下，你首先都应制订计划。
- 一定要检查关于数据的假设，这一点非常重要。
- 将代码迁移到生产环境后会产生很多新的问题。

第**2**章

Node.js 快速入门

本章内容提要：
- 安装 Node.js 并创建一个项目
- 创建一个命令行应用程序
- 创建一个可重用的代码库
- 使用 REST API 创建一个简单的 Web 服务器
- 初步了解异步编程和 Promise

在本书中，经常会用到 Node.js，第 2 章将介绍如何借助它提高工作效率。你将了解到使用 Node.js 创建项目和应用程序的基本知识。在这里，只介绍一些基本知识，但涵盖的内容足以使你能够在本书其他部分中很好地利用 Node.js。

在本章的最后，将简单介绍异步编程和 Promise 的相关内容。这部分内容相对比较高级，但也是必不可少的，因为一般情况下，Node.js 和 JavaScript 会在很多地方用到异步编码。

如果你之前已经有过 Node.js 和异步编码的使用经验，那么你可能希望跳过本章中的绝大部分内容，而直接转到后面的第 3 章。不过，在跳转到下一章之前，请你至少先了解一下 2.1 节和 2.3 节这两节的内容。

2.1 开启工具包

本书的一个核心主题是在学习的过程中构建自己的数据整理工具包。在这一章中，我们将开始开发自己的工具包，并在以后的学习中不断对其进行扩展。表 2.1 中列出了本章引入的一些工具。

表 2.1   第 2 章中使用的工具

平台	工具	用途
Node.js	命令行应用程序	从命令行运行的应用程序，用于处理各种类型的数据整理任务
	可重用代码模块	在 Node.js 项目中组织和重用代码
带 Express 的 Node.js	静态 Web 服务器	支持在浏览器中显示网页和静态数据
	REST API	支持在 Web 应用程序和可视化结果中显示动态数据
浏览器	网页/Web 应用程序	用于显示数据、可视化结果、报告等内容的 Web 应用程序
Node.js 和浏览器	异步编码	Node.js 与浏览器之间的连接是异步的，因此，JavaScript 中的大部分编码也是异步的
	Promise	Promise 是一种设计模式，可以帮助你管理异步操作

对于 JavaScript 开发人员来说，Node.js 和浏览器是最基本的工具。现如今，JavaScript 可以在很多环境中运行，但本书重点关注的是需要进行数据整理的地方。

● 在开发工作站中，用于定期或临时的数据处理、操纵和可视化。

● 在生产 Web 服务器上，用于自动完成数据处理、访问和报告。

● 在浏览器中进行数据显示、编辑和可视化。

本章将介绍如何在 Node.js 和浏览器中运行代码。在每一节的结尾，我们都会提供模板代码，在本书中以及本书以外的其他地方，都可以使用这些代码，并以此为基础构建自己的数据整理项目。

在本书中，会一直用到工具包，并不断对其进行扩展，会在其中添加我们编写的代码、第三方库以及各种软件包。随着经验的不断增长，你也可以采用其他各种方法、技术和设计模式。这些都是非常智能的工具，同时也是工具包的重要组成部分。在完成本书的学习以后，我希望你可以在日常的数据整理工作中不断补充和完善自己的工具包。

2.2   构建一个简单的报告系统

能够解决问题始终是好事，即使学习的仅仅是基本知识也是如此。我们将针对数据生成一个简单的报告。在这里，不会深入研究任何数据处理操作，而只是进行一些初步的讨论，重点关注的是 Node.js 开发。

对于这里所列举的示例，将重用第 1 章中的珊瑚礁数据。我们还没有准备好解决数据导入问题(在第 3 章中将介绍相关内容)，因此，在这里，我们暂时先在代码中直接嵌入数据。

考虑一下，我们将在这一章中构建什么。首先创建一个命令行应用程序，用于根据数据生成报告(见图 2.1)。我们尽量使内容简单明了，因此，数据将硬编码到脚本中，"报告"只不过是简单的命令行输出。在命令行应用程序之后，将创建一个 Web 服务器，用于承载 REST API。该服务器将承载一个简单的网页，用于从 Web 服务器检索报告并将其显示在浏览器中(见图 2.2)。

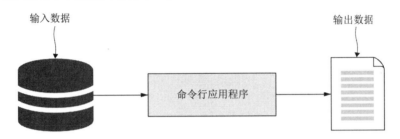

图 2.1　首先创建的内容：一个 Node.js 命令行应用程序，用于根据数据生成报告

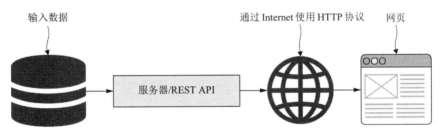

图 2.2　其次创建的内容：在网页中显示数据，而网页通过 REST API 显示

2.3　获取代码和数据

本书随附了一个非常大的示例代码和数据集。你可以运行本书中的许多代码清单，亲自了解一下其运行结果。当我表示"你可以运行这个内容"或者"你应该马上运行这个内容"时，这就是一个指令，告诉你应该找到相应的代码并运行。当你运行代码示例时，你就会从学术活动(阅读并学习本书)转变为实践操作(运行代码以了解其功能和作用)，二者之间有很大区别，这种转变可以帮助你更好地学习和掌握相关内容，并且使你可以牢记相关知识和随时运用。

原样使用提供的代码是不够的，你还应该在原代码基础上进行自己的一些修改，尝试自己感兴趣的一些变化和实验。大胆操作，不用担心因为自己能力不足而使代码遭到破坏。在学习过程中，打破已有代码的结构并实验新的内容是必不可少的环节，这也是学习中的乐趣所在。

本书的每一章(除第一章和最后一章以外)在 GitHub 上都有自己的代码库，其中包含示例代码和数据。这一节只是简单地介绍如何设置代码，以便可以运行。在本书的学习过程中，不管什么时候，只要你需要复习或回顾相关知识，都可以回到这一节。你可以在 GitHub 上找到相关的代码，网址为 https://github.com/data-wrangling-with-javascript。浏览到该网页，你将看到代码库列表。其中包括 Chapter-2、Chapter-3 一直到 Chapter-13 的代码库，以及一些额外的代码库。

2.3.1　查看代码

如果你不喜欢运行代码(但我鼓励你运行代码，以便充分利用本书)，或者希望更简单地开始，也可以在线浏览和读取代码。在浏览器中导航到某一章对应的代码库，你将看到代码和数据文件列表。你可以单击任何文件来查看并读取相关内容。

现在就试一下吧。在你的浏览器中导航到本章对应的代码库，网址为 https://github.com/data-wrangling-with-javascript/chapter-2。

你会看到一些子目录，例如 listing-2.2、listing-2.4 等。第 2 章中的很多代码清单都可以在这些子目录中找到。进入每个子目录以查看其中的代码文件。例如，导航进入 listing-2.2 子目录并打开 index.js。现在，你可以读取本章中代码清单 2.2 对应的代码。

绝大多数代码库都是一个代码清单对应一个文件的形式，例如 listing-2.1.js、listing-2.2.js 等，不过也有一些例外情况，在某些代码库中，例如第 2 章对应的代码库，你会发现很多子目录，其中每个代码清单对应多个文件。

2.3.2　下载代码

在开始学习每一章时，应该从 GitHub 上相应的代码库中下载对应的代码和数据。可以通过以下两种方式之一来执行此操作："下载"代码的 zip 压缩文件，或者"复制"代码库。

第一种也是最简单的一种方法是下载 GitHub 提供的 zip 压缩文件。例如，对于现在学习的第 2 章，在浏览器中导航到以下网址中对应的代码库：https://github.com/data-wrangling-with-javascript/chapter-2。

现在，找到 Clone(复制)或 Download(下载)按钮(通常位于网页的右上角附近)。单击该按钮，此时将显示一个下拉列表，单击 Download ZIP(下载 ZIP 文件)，对应的 ZIP 压缩文件将下载到你的下载目录。解压缩下载的 ZIP 文件，即可得到第 2 章对应的代码副本。

获取代码的另一种方式是复制 Git 代码库。为执行此操作，需要在计算机上安装 Git。然后打开命令行，将目录更改为希望将代码库复制到的位置。例如，我们来使用 Git 复制第 2 章对应的代码库：

```
git clone https://github.com/data-wrangling-with-javascript/chapter-2.git
```

复制操作完成后，你将获得子目录 Chapter-2 中包含的代码的本地副本。

2.3.3　安装 Node.js

本书中的绝大部分代码示例都是在 Node.js 下运行的应用程序，因此，在运行许多代码清单之前，必须先在计算机上安装 Node.js。

在 2.4 节中将简要介绍如何选择适当的版本并安装 Node.js。安装过程通常比较简单，然而，这里并不打算详细介绍，因为根据所用操作系统的不同，具体的安装过程会有一定的差异。

2.3.4　安装依存项

对于本书中的许多示例，需要使用 npm(Node.js 包管理器)或 Bower(客户端包管理器)来安装第三方依存项。

大多数情况下，每个代码清单(不过，有时某些代码清单需要组合在一起)都是一个可以运行的 Node.js 应用程序或 Web 应用程序。每个应用程序都有自己的一套依存项，在运行代码之前，必须先安装这些依存项。

关键是要查找 package.json 和/或 bower.json 文件。这些文件表明，在运行代码之前，必须先安装一些外部软件包。如果你在没有先安装依存项的情况下就尝试运行代码，那么代码无法正常运行。

对于 Node.js 项目，可运行下面的命令来安装 npm 包(在与 package.json 相同的目

录中):

```
npm install
```

对于 Web 应用程序项目，可运行以下命令使用 Bower 来安装包(在与 bower.json
相同的目录中):

```
bower install
```

安装完成后，即可获得运行代码所需的所有依存项。

2.3.5　运行 Node.js 代码

运行代码的具体方式取决于你处理的是 Node.js 项目还是 Web 应用程序项目。

Node.js 项目或应用程序很容易识别，因为其中一般都会包含一个 index.js 文件(作
为应用程序入口点的 JavaScript 代码)和一个 package.json 文件(用于跟踪应用程序的依
存项)。使用名为 index.js 的文件作为入口点文件是 Node.js 项目或应用程序的通用约定。

如果想要运行本书中的 Node.js 示例脚本，需要打开一个命令行，将目录改为
Node.js 项目(与 index.js 或 package.json 相同的目录)，然后运行 node index.js。例如，
你很快就会运行第 2 章对应的代码清单 listing-2.2，命令如下:

```
cd Chapter-2
cd listing-2.2
node index.js
```

对于本书中的其他各章，绝大部分都是一个代码清单对应一个文件，例如，第 3
章中的 listing-3.1，其运行命令如下所示:

```
cd Chapter-3
node listing-3.1.js
```

如果确保在计算机上安装了各个依存项(通过运行 npm install)，并且知道想要运行
哪个脚本，那么运行 Node.js 脚本就会变成一件非常简单的事情。

2.3.6　运行 Web 应用程序

本书中的部分示例属于 Web 应用程序，需要有 Web 服务器来承载。

这种项目一般也很容易区分，因为它们有自己的特征，那就是通常包含一个

index.html 文件(Web 应用程序的 HTML 主文件)或一个根据代码清单命名的 HTML 文件(例如 listing-1.3.html)，通常情况下还会包含一个 bower.json 文件(用于跟踪依存项)以及一个 app.js 文件(Web 应用程序的 JavaScript 代码)。

一些更加复杂的 Web 应用程序需要一个自定义的 Node.js Web 服务器，这些 Web 应用程序通常包含在 Node.js 项目的 public 子目录中。要运行这些 Web 应用程序，可运行 Node.js 应用程序，如下所示：

```
node index.js
```

现在，在浏览器中导航到 http://localhost:3000/，Web 应用程序将呈现在浏览器中。当然，一些比较简单的 Web 应用程序不需要自定义 Node.js Web 服务器。这种情况下，会使用一种被称为 live-server 的工具来承载 Web 应用程序。这是一个简单的命令行 Web 服务器，可以实时地在系统上全局安装，安装命令如下所示：

```
npm install -g live-server
```

我们可以在包含 index.html 文件的目录中运行不带任何参数的 live-server，如下所示：

```
live-server
```

这将为 Web 应用程序启动一个 Web 服务器，然后自动打开浏览器并指向该服务器。对于不需要(或者至少到目前为止还不需要)自定义 Web 服务器的 Web 应用程序和可视化结果来说，这是一种非常便捷的原型设计方法。第 5 章将更加深入、详细地介绍 live-server 及其使用方式。

2.3.7　获取数据

许多代码库还包含数据文件。这些数据文件通常采用的是 CSV(逗号分隔值)或 JSON(JavaScript 对象表示法)格式。如果想要找到这些数据文件，可以搜索具有.csv 或.json 扩展名的文件。

代码清单一般设置为自动读取这些数据文件，但是建议你看一下对应的数据，对其有一个基本的了解。CSV 文件可以在 Excel 或者你喜欢的其他电子表格查看器中加载。除此之外，不管是 CSV 文件还是 JSON 文件，都可以在某种文本编辑器中加载，以查看原始数据。

GitHub 代码库中的数据文件可以与本书中的许多代码示例结合使用，不过，你也可以按照自己需要的方式来使用它们，例如，用于设计你自己的原型、构建数据处理流程和生成可视化结果。

2.3.8　获取第 2 章对应的代码

到目前为止，我们已经对如何获取代码、安装依存项以及运行本书中的各个代码清单有了一个基本的了解。在后面的章节中，关于获取代码和数据的说明一般都会比较简单，不再做详细的介绍，如果你遇到不明白的地方，请返回第 2 章查看相关内容。

现在，请获取第 2 章对应的代码。访问以下网址，下载 zip 压缩文件或者复制 Chapter-2 代码库：https://github.com/data-wrangling-with-javascript/chapter-2。接下来，打开一个命令行，将目录更改为 Chapter-2，此时即可开始运行代码示例：

```
cd Chapter-2
```

在运行某个代码清单对应的代码之前，比如代码清单 2.2(见下一节)，请记住，一定要更改为对应的目录并安装依存项：

```
cd listing-2.2
npm install
```

现在，可以运行对应的代码，如下所示：

```
node index.js
```

让我们开始具体的操作吧！

2.4　安装 Node.js

Node.js 是我们最主要的工具，因此，请务必在你的开发计算机上安装该工具。该工具可以在 Windows、macOS 或 Linux 等系统平台上安装。可从 https://nodejs.org/en/download 下载适合你所用平台的安装程序。安装过程非常简单：运行安装程序，然后按照提示进行操作，它会引导你完成整个安装过程。除此之外，还可以通过各种包管理器来安装 Node.js，例如 Linux 平台上的 apt-get。如果想要详细了解相关内容，请访问以下网址：https://nodejs.org/en/download/package-manager/。

选择要安装的版本

如果你还没有安装 Node.js，首先需要解决的一个重要问题就是：“我应该安装哪个版本的 Node.js？”

如果你的团队已经在生产环境中运行代码，那么上述问题的答案非常简单。安装与你的团队在生产环境中运行的版本相同的 Node.js 版本用于进行开发。这样的话，你的代码能够在生产环境中正确运行的可能性会大大提高。

如果你的团队还没有在生产环境中运行代码，那么你必须决定是安装 LTS(长期支持)版本还是最新版本。如果想要使用成熟、稳定的版本，请安装最新的 LTS 版本；如果想要尝试最新的功能，请安装最新的版本。

如果还是不能确定要安装哪个版本，可以使用适用于所有平台的 NVM(节点版本管理器)，它以某种形式提供，使你可以在同一台计算机上同时管理多个版本的 Node.js。使用节点版本管理器，可以轻松地安装新版本，或者在现有版本之间进行切换。在这里，需要提前说明一下，安装节点版本管理器可能比 Node.js 要复杂一些，但最终可以让 Node.js 安装、升级和版本切换变得更加轻松。对于 Windows 用户，我建议通过 Chocolatey 安装 NVM。

运行多个版本的 Node.js(以及其他任何软件)的另一种方式是使用 Vagrant 实例化虚拟机(Virtual Machine，VM)，或者使用 Docker 实例化容器。可以创建隔离环境，用于安装和运行不同版本的 Node.js，使它们不会相互干扰。如果想要尝试新的软件版本或者模拟某种生产环境，这也是一种非常好的方法，你不必覆盖现有的开发版本。稍后，我们将在本书中使用 Vagrant。更多详细信息，请参见附录 C。

检查你的 Node.js 版本

在使用 Node.js 进行开发之前，我们先来检查一下其安装是否正确以及安装的是否为预期的版本。打开命令行并运行以下命令：

```
node --version
```

你应该看到图 2.3 所示的输出。

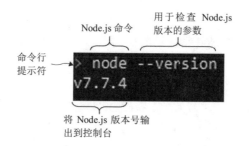

图 2.3   启动命令行，验证你安装的 Node.js 是否为正确的版本

Node.js 应该已经添加到你的路径中，因此，你可以从任何地方运行它。如果无法从命令行运行 Node.js，试着重新启动命令行，或者尝试注销并重新登录。最后，可以试着重启你的计算机。根据你所用的系统，可能需要重启以使更新的路径变得可用，或者也可能需要自行配置路径。

Node.js REPL

对于那些 Node.js 新手来说，现在是尝试 REPL(读取-求值-输出循环)的大好时机，通过 REPL，可以对环境有一个基本的了解。单独运行node 以启动交互式环境。在这里，可以执行 JavaScript 表达式(见图 2.4)，对于测试想法、运行代码段甚至是尝试第三方库来说，这是一种非常好的方法。如果想要退出 REPL，可以键入.exit 并按 Enter 键。

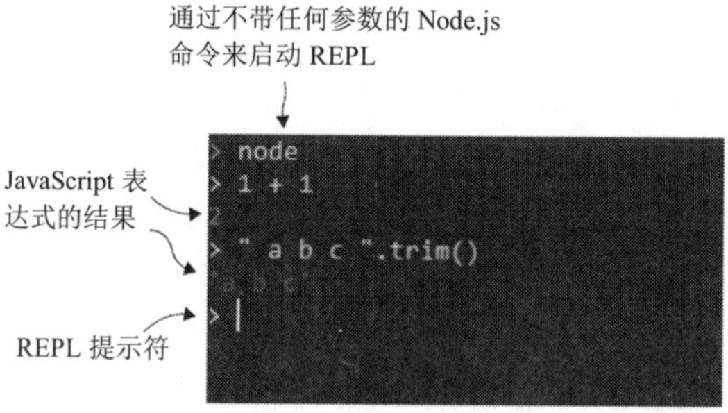

图 2.4   通过 Node.js REPL 可以很好地试运行较小的代码段以及测试第三方库

2.5   使用 Node.js

在这一节中，我们来构建一个 Node.js 应用程序！

首先创建一个项目。然后，开始进行编码：我们将构建一个命令行应用程序，然后创建一个简单的 Web 服务器。

2.5.1　创建一个 Node.js 项目

Node.js 项目实际上就是一个目录，其中包含构成 Node.js 应用程序的 JavaScript 代码和依存项。它由各种文件组成：JavaScript 代码文件、package.json 文件以及一个 node_modules 子目录(见图 2.5)。

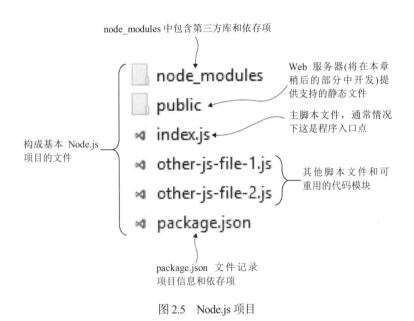

图 2.5　Node.js 项目

Node.js 项目可以包含任意数量的 JavaScript 文件，可能是入口点(可以从命令行运行)、可重用的代码模块，或者也可能是二者的组合(这对于测试代码非常有用)。按照惯例，主入口点通常被称为 index.js。

node_modules 子目录中包含使用 npm(节点包管理器)安装的第三方软件包。文件 package.json 中包含有关项目的详细信息并记录安装的依存项。

npm init

通常情况下，你可通过使用 npm 创建初始 package.json 文件来开启一个 Node.js 项目，如下所示：

```
cd my-project
npm init -y
```

在上面的代码中，-y 参数用于指示 npm 完整填写包文件中的详细信息(请参见代码清单 2.1 中生成的包文件)。如果你计划在将来使该软件包成为公共软件包(例如，使用 npm 分发的软件包)，那么稍后需要返回来对其进行修改。否则，可以省略-y 参数，npm init 会以交互方式提示你提供这些详细信息。

代码清单 2.1　生成的 npm 包文件

```
{
    "name": "Code",
    "version": "1.0.0",
    "description": "",
    "main": "index.js",            ← 标识软件包中的主脚本
    "scripts": {
      "test": "echo \"Error: no test specified\" && exit 1"
    },
    "keywords": [],
    "author": "",
    "license": "ISC"              ←
}
```

列出软件包的名称、版本和许可证。如果你计划发布你的软件包，那么这些信息非常重要

添加第一个 JavaScript 文件

为了快速开始，先来创建一个 Hello world 程序。创建一个空的 index.js 文件，并添加一个 console.log 文件，用于将 Hello world 输出到控制台(如代码清单 2.2 所示)。

代码清单 2.2　你的第一个脚本：Hello world

```
"use strict";

console.log("Hello world");
```

可以在 GitHub 代码库 Chapter-2 的 listing-2.2 子目录中找到此代码，因此，不需要自己手动键入。如果你按照 2.3 节中的说明进行了操作，那么你应该已经将目录更改为 listing-2.2 并安装了各种依存项，不过，为了加深印象，还是再次看一下相关内容：

```
cd listing-2.2
npm install
```

现在，运行代码，如下所示：

```
node index.js
```

如果你只是创建了项目，然后手动键入代码，那么可通过以下命令来运行代码：

```
cd my-project
node your-script.js
```

　　你可能想要知道，对于这样一个简单的代码示例，为什么需要安装依存项。老实说，你并不需要安装依存项！我希望你能养成安装依存项的习惯，因为绝大多数示例都具有依存项，在运行代码之前，你需要运行 npm install 来下载依存项。不过，对于每个项目，你只需要执行一次此操作。安装了依存项后，你便可根据需要多次运行代码清单。

　　运行脚本后，可看到"Hello world"输出到控制台。

　　请注意，我们执行了 node 应用程序并指定了我们的脚本文件的名称(index.js)。运行 Node.js 脚本的一般模式如下所示：

```
node <script-file.js>
```

　　将<script-file.js>替换为你想要运行的脚本。

use strict

　　注意，代码清单 2.2 的第一行可以启用"严格模式"。

　　该语句是在 ECMAScript 5 中引入的，允许你选择使用限制性更强、更安全的语言版本。例如，如果启用了严格模式，则必须先声明变量，然后才能为其赋值。否则，如果在你键入拼写错误的变量名时，很可能会意外地创建新的全局变量。由于 use strict 语句两侧带有引号，因此，早期版本的 JavaScript 会将其忽略。

安装 npm 依存项

　　现在，将一个第三方依存项安装到新创建的 Node.js 项目中。在这里，我选择安装 moment，因为它是最适合处理日期数据的 JavaScript 库，并且我知道，当你需要处理日期和时间数据时，它可以让你的工作变得轻松、简单。

　　如果你要处理的是一个全新的 Node.js 项目，那么可使用下面的命令将 moment 软件包安装到项目中：

```
npm install --save moment
```

　　注意，--save 参数用于在 package.json 文件中保存依存项并跟踪版本号(代码清单 2.3 中显示了更新的文件)。在安装每个依存项时，它们会被全部记录下来，这意味着以后可以使用以下命令轻松地恢复这些软件包：

```
npm install
```

　　listing-2.3 不包含 GitHub 代码库中的代码，但是，如果你想要尝试这样做，可以通过将 moment 依存项安装到 listing-2.2 代码中来实现。

代码清单 2.3　添加了 moment 依存项的 package.json

```
{
  "name": "Code",
  "version": "1.0.0",
  "description": "",
  "main": "index.js",
  "scripts": {
    "test": "echo \"Error: no test specified\" && exit 1"
  },
  "keywords": [],
  "author": "",
  "license": "ISC",
  "dependencies": {
    "moment": "2.18.1"
  }
}
```

在 package.json 的这一部分中记录项目的依存项

显示 moment 代码库 2.18.1 版上的依存项。当你安装 moment 时，会看到与此不同的版本，因为你安装的是最新版本的 moment

安装依存项并跟踪安装的版本是非常好的做法。这意味着，不需要对依存项进行版本控制。由于可以随时恢复软件包(使用 npm install 命令)，因此，可以简化项目，这样，对于新的开发人员或者在将其安装到新的计算机时，可以非常快地复制或复制代码。

查找有用的软件包

可以根据需要使用 npm 安装任意数量的软件包，而且如此多有用处的软件包我们可以信手拈来。可在浏览器中导航到 http://www.npmjs.com，并查看。输入搜索字符串，你会找到现有的代码库和命令行工具，可以帮助你完成所有类型的任务。

2.5.2　创建一个命令行应用程序

对于各种数据处理、转换和分析任务来说，命令行应用程序非常有用。在这里，我们的目标是创建一个简单的应用程序，以根据数据生成报告。

我们已经向 Node.js 项目中添加了一个脚本，用于将"Hello world"输出到控制台。这已经是一个基本的命令行应用程序了，但我们需要它执行更多的操作。你的应用程序的输出将是一个简单的报告，可以在图 2.6 中看到一个相关的示例。

本章主要是用于快速入门，应尽可能地简化各种内容，为此，将直接在脚本中包含数据。这种方法不可扩展，也不太方便，理想情况下，应该从文件或数据库中加载数据，不过，现在还没有介绍如何导入数据，在第 3 章中，将对相关内容进行介绍。

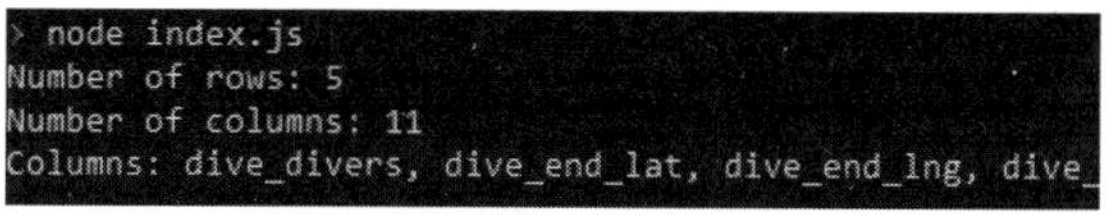

图2.6　简单的命令行应用程序的输出：输出关于数据的基本报告

图2.7 中显示了在 JavaScript 文件中硬编码的数据。将重用第 1 章的珊瑚礁数据中的一小部分。命令行应用程序会输出硬编码数据的简单汇总：行数、列数以及各个列的名称。你可以在代码清单 2.4 中看到相关代码，请确保跳转到代码库并运行此脚本，以查看输出。

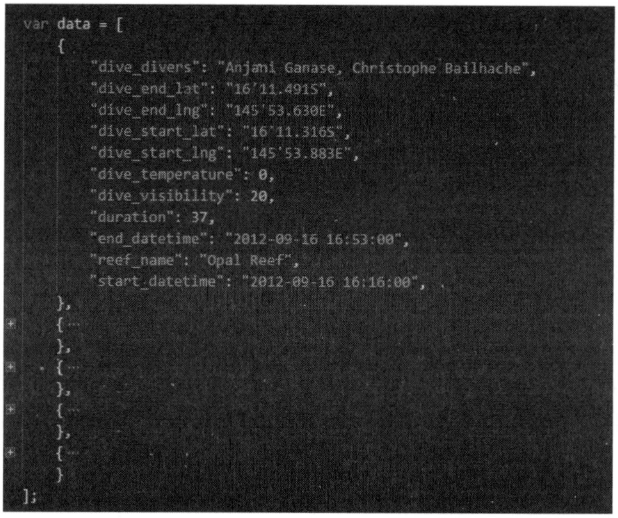

图2.7　嵌入到 JavaScript 文件 index.js 中的简单硬编码数据

代码清单 2.4　一个基本的命令行应用程序，用于根据数据生成简单的报告

```
"use strict";

const data = ... array of data, see GitHub code for details ...    ◄──

function generateReport (data) {
    const columns = Object.keys(data[0]); {
     return {
        numRows: data.length,
        numColumns: columns.length,
        columnNames: columns,
     };
};
};
```

此处为硬编码数据，为简便起见，已省略。在第 3 章中，我们将学习如何导入实际的数据

显示一个辅助函数，用于根据数据生成报告

```
const report = generateReport(data);    ◄──────────────┐   生成报告并
                                                        │   将其输出到
console.log("Number of rows: " + report.numRows); );    │   控制台
console.log("Number of columns: " + report.numColumns));│
console.log("Columns: " + report.columnNames.join(","));│
```

生成此报告并不是什么高深莫测的事情，但这里，重点关注的是一个简单命令行应用程序的创建。

命令行应用程序的一般模式

代码清单 2.5 为你提供了一个一般的模式和模板，可以在将来的命令行应用程序中参考。你可以根据需要在其中添加相应的逻辑。

代码清单 2.5　命令行应用程序的一般模式

```
"use strict";

const yargs = require('yargs');
const argv = yargs.argv;    ◄──────── 使用 yargs 以便访问命令行参数
const assert = require('chai').assert;  ◄──────  对其断言库使用
//                                              chai 以进行验证
// 此处为应用程序特定的模块导入
//


//
// 此处为参数检查和预处理
//


//
// 在此处为应用程序实现代码
//
```

还可以使用命令行应用程序执行更多操作，但就目前来说，这已经足够了。注意，我向模板中添加了额外的 npm 模块。yargs 用于为输入读取命令行参数。chai 断言库用于验证以及错误处理和报告。

2.5.3　创建一个代码库

有时，我们可能会在单个文件中编码一个完整的命令行应用程序，不过，只有当作业足够小的时候，我们才可以这样做。随着脚本不断扩展，可以通过抽取部分代码并将其提取到可重用模块中来降低复杂性。

将 generateReport 函数移到一个单独的代码模块中。为了执行此操作，需要创建一个新的 JavaScript 文件，这里将其命名为 generate-report.js。将 generateReport 函数移到这个新创建的文件中，如代码清单 2.6 所示。通过将该函数指定给一个特别命名的 Node.js 变量 module.exports，可以将其从代码模块中导出。

代码清单 2.6　将 generateReport 函数移到可重用的代码模块中

```
"use strict";

function generateReport (data) {
    const columns = Object.keys(data[0]);
    return {
        numRows: data.length,
        numColumns: columns.length,
        columnNames: columns,
    };
};

module.exports = generateReport;    ◀── 将函数导出，以便可以在其他代码模
                                        块中重复使用
```

现在，可以使用 Node 的 require 函数将代码模块导入到命令行应用程序(或其他代码模块)中，如代码清单 2.7 所示。这与之前在导入第三方 npm 库时看到的情况非常相似，不过，为导入我们自己的库，必须指定绝对路径或相对路径。在代码清单 2.7 中，使用路径./generate-report.js 来加载我们的模块，因为这指示模块位于相同的目录中。代码清单 2.6 和代码清单 2.7 可以组合在一起，你会发现，在代码库中，它们是组合在一起的，如果想要尝试运行它们，只需要运行 index.js 脚本。

代码清单 2.7　将 generateReport 函数导入到命令行应用程序中

```
"use strict";

const data = ... array of data, see GitHub code for details ...
                                                    要求我们的可重
                                                    用 函 数 来 自
const generateReport=require('./generate-report.js');  ◀── generateReport
                                                    代码模块
```

```
const report = generateReport(data);
```
◄── 现在，可以像该脚本中定义的函数一样
使用此函数

```
console.log("Number of rows: " + report.numRows);
console.log("Number of columns: " + report.numColumns);
console.log("Columns: " + report.columnNames.join(", "));
```

代码库的一般模式

代码清单 2.8 是一个模板，可以用于创建可重用的工具包函数。

代码清单 2.8　导出可重用工具包函数的一般模式

```
"use strict";

// 此处为导入内容。

module.exports = function (... parameters ...) {

    //
    // 代码
    //

    // 返回结果
};
```

请注意，在代码清单 2.8 中，只导出了一个函数。还可以导出一个对象，这允许导出一个函数库。代码清单 2.9 中显示了这种情况的一个示例。

代码清单 2.9　导出可重用函数库的一般模式

```
"use strict";

// 此处为导入内容

module.exports = {
    someFunction1: function (param1, param2, etc) {
        //
        // 代码
        //

        // 返回结果
    },
    someFunction2: function (param1, param2, etc) {
        //
```

```
        // 代码
        //

        // 返回结果
    },
};
```

2.5.4　创建一个简单的 Web 服务器

我们已经在 Node.js 中创建了一个命令行应用程序，接下来，将介绍如何创建一个简单的 Web 服务器。之所以需要使用 Web 服务器，原因就在于，有了 Web 服务器以后，可以构建 Web 应用程序和可视化结果。首先，将创建一个最简单的 Web 服务器(图 2.8 中显示了对应的输出)。然后，将添加对静态文件的支持，而这可以为构建 Web 可视化结果提供基础。最后，将添加一个 REST API，它使我们能够基于动态数据创建 Web 可视化结果，例如从数据库加载的数据或者在服务器中经过动态处理的数据。

Web 服务器的第一次迭代会非常简单和基础，离生产就绪还远，但对于开始进行 Web 可视化结果原型设计已经足够了。不过，在某个时刻，我们会对其进行扩展，将你的 Web 可视化结果提供给成千上万的用户，只是现在我们只关注基本的功能，关于生产方面的问题将留到第 14 章来解决。

你应该会注意到，Node.js Web 服务器仍然属于命令行应用程序。我们会根据已经学到的内容继续进行构建，而现在，将逐步提高复杂性并创建一个"客户端/服务器 (client/server)"类型的应用程序。

安装 Express

为了构建 Web 服务器，需要使用 Express：它是一种用于构建 Web 服务器的非常流行的 Node.js 框架。可以在全新的 Node.js 项目中使用 npm 来安装 Express，命令代码如下所示：

```
npm install --save express
```

不过，如果你要在 GitHub 代码库中运行代码清单 2.10 中的示例代码，需要在 listing-10 子目录中运行 npm install，以恢复已经注册的 Express 依存项。

最简单的 Web 服务器

通过实例化 Express 应用程序并指示其侦听传入的 HTTP 请求，即可创建最简单的 Web 服务器。你的第一个 Web 服务器只能处理一个路由，并返回文本"This is a web page!"。在代码清单 2.10 中，你可以看到这个 Web 服务器是多么简单，其中显示了你的首个(最简单的)Web 服务器的 index.js 文件。

代码清单 2.10   最简单的 Web 服务器

```
"use strict";

const express = require('express');    需要 Express 库并实例化我
const app = express();                 们的 Express 应用程序

  app.get("/", (req, res) => {         为网站定义一个路由
    res.send("This is a web page!");
});

app.listen(3000, () => {               启动服务器并侦听
    console.log("Web server listening on port 3000!");   传入的 HTTP 请求
});
```

你应该尝试运行此代码。更改为 listing-2.10 子目录，通过 npm install 安装依存项，然后运行 node index.js。现在，我们已经得到了一个 Node.js Web 服务器！在浏览器中导航到 http://localhost:3000，查看显示的网页。你会在浏览器中看到"This is a web page!"字样(如图 2.8 所示)。

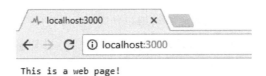

图 2.8   最简单的 Web 服务器的输出

提供静态文件支持

创建一个可以输出"This is a web page!"字样的网页并没有什么太大的用处，不过，可以轻松地对其进行扩展，使其提供"静态文件"支持。静态文件是简单的 Web 资源，例如 HTML、JavaScript 以及 CSS 文件，同时它们也是任何网页的基础。在 Node.js 项目下面，包含一个 public 子目录，在这里，会保存 Web 应用程序的静态资源(见图 2.9)。

为了向 Web 服务器中添加静态文件，将使用 Express 静态文件中间件。可以在代码清单 2.11 中看到扩展后的 Web 服务器对应的代码。

index.html 是
主网页

网站的所有其他
静态文件也都存
储在这里

图 2.9　从 public 子目录提供静态文件

代码清单 2.11　向 Web 服务器中添加静态文件

```
"use strict";

const express = require('express');
const path = require('path');

const app = express();

const staticFilesPath = path.join(__dirname, "public");
const staticFilesMiddleWare = express.static(staticFilesPath);
app.use("/", staticFilesMiddleWare);
app.listen(3000, () => {
    console.log("Web server listening on port 3000!");
});
```

public 目录包含要显示
到网页的静态文件

将网站的根目录设置为 public 目录

实例化 Express 静态文件中间件

现在，Web 服务器可以提供静态文件支持，而我们可以创建一个基本的 HTML 页面对其进行测试。在代码清单 2.12 中，可以看到扩展后的"最简单的网页"对应的 HTML 文件，此文件位于 public 子目录中，名为 index.html。

代码清单 2.12　最简单的网页

```
<!doctype html>
<html lang="en">
    <head>
        <title>Simplest web page</title>
    </head>
    <body>
    This is a static web page!
    </body>
</html>
```

现在，再次运行 Web 服务器，并在 Web 浏览器中导航到 http://localhost:3000。此时，应该会看到浏览器中显示 "This is a static web page!"。有关 Express 的更多详细信息，请参见 Express 网页，网址为 http://www.expressjs.com。

提供静态数据文件支持

现在，已经拥有用于构建 Web 服务器的工具，而构建的 Web 服务器可以承载基本的 Web 可视化结果。甚至可以通过一种简单的方式为 Web 浏览器提供数据，以便呈现可视化结果！

除了常规的 Web 资源外，还可将 "静态数据"(如 CSV 文件和 JSON 文件)放入 public 子目录，从这里，可以使用 AJAX HTTP 请求将它们加载到网页中。你可能已经注意到，在图 2.9 中，我还将一个 CSV 数据文件放入 public 子目录中。

一种更简单的 Web 服务器创建方式

现在，你已经拥有全部所需内容，可以开始基于静态数据构建 Web 可视化结果。而我们现在需要的是一个 REST API，它使我们的 Web 应用程序可以从数据库访问数据，或者在将数据提供给浏览器之前对其进行动态处理。

但是，如果你不需要 REST API，那么可能也不需要创建 Node.js Web 服务器，例如我们在代码清单 2.11 中所做的那样。实际上，你可以设法通过一个简单的命令行 Web 服务器(如 live-server)提供静态 Web 资源和静态数据支持。在第 5 章中，将使用 live-server 快速对 Web 可视化结果进行原型设计。

添加 REST API

如果想要快速入门或者进行原型设计，那么使用静态数据是非常好的方法，甚至你可能只需要这些内容即可！然而，如果你需要从数据库访问数据，或者在将数据提供给浏览器之前对其进行动态处理，则需要使用 REST API。在接下来的示例中，我们将使用之前创建的 generateReport 函数在服务器中生成报告。我们并没有执行什么特别的操作，只是在网页中显示格式化的数据，在图 2.10 中可以看到相关的示例。

图 2.10　在服务器上生成一个基本的报告并将其显示在浏览器中

为了构建 REST API，必须定义通过 URL 寻址的"路由"，以通过 HTTP 请求检索动态数据。可以在图 2.11 中看到 REST API 的一个示例，其中，我们在浏览器中导航到 http://localhost:3000/rest/data，以查看从 REST API 检索的数据。

通过调用 Express get 函数，可以向现有 Web 服务器中添加路由。必须指定路由，并为其提供处理程序。例如，在代码清单 2.13 中，将路由指定为/rest/report，而作为响应，你以 JSON 格式返回你的数据。现在，你可以说自己的 Web 服务器已能为路由 /rest/data 处理 HTTP GET。

代码清单 2.13　向你的 Web 服务器中添加 REST API 以动态生成报告

```
"use strict";

const express = require('express');
const path = require('path');
const generateReport = require('./generate-report.js');

const app = express();

const staticFilesPath = path.join(__dirname, "public");
const staticFilesMiddleWare = express.static(staticFilesPath);
app.use("/", staticFilesMiddleWare);

const data = ... hard-coded data ...

app.get("/rest/data", (req, res) => {              为路由/rest/data 定义处
    const report = generateReport(data);           理程序
    res.json(report);
});

app.listen(3000, () => {
    console.log("Web server listening on port 3000!");
});
```

成报告以
应 HTTP
T 请求

示对请求
响应，返
JSON 格
的报告

在代码清单 2.13 中，将返回根据硬编码数据生成的报告。这种情况下，数据永远也不会发生变化，因此，从技术角度看，没有必要使用 REST API。我们可能已经使用了静态数据，不过，我希望你应该感到庆幸，因为我们现在已经准备好对此 Web 应用程序进行扩展，以使用实际的数据库，而不是硬编码数据，在第 3 章中，将对相关内容进行更深入的探索。

图 2.11   在浏览器中查看来自 REST API 的 JSON 数据

可以根据需要向 Web 服务器中添加任意数量的路由，只需要多次调用 get 函数即可。注意，通常情况下，HTTP GET 用于从 Web 服务器检索数据。通过使用 Express post 函数处理 HTTP POST 请求，我们也可将数据推送到 Web 服务器。

如果我们拥有库，例如传统的 jQuery、更加现代化的 Axios，或者来自 AngularJS 的$http 服务，那么可以轻松地使用 AJAX。代码清单 2.14 中显示了用于查询 REST API 以及在浏览器中显示数据的代码。为方便起见，已经将 JavaScript 代码直接嵌入 HTML 文件中。

代码清单 2.14   用于显示从 REST API 检索的报告的简单网页

```html
<!doctype html>
<html lang="en">
    <head>
            <title>Simple report</title>
    </head>
    <body>
        <script src="bower_components/jquery/dist/jquery.js"></script>
        <script>
```

包含 jQuery (可以通过$变量获得)，以便我们可以使用其 AJAX API 与你的 REST API 进行交互

```
                    $.getJSON("/rest/data", function (report) {
                      document.write(
                         "Num rows: " + report.numRows + "\r\n" +
                      "Num columns: " + report.numColumns + "\r\n" +
                      "Columns: " + report.columns.join(', ')
                      );
                    });
                </script>
            </body>
        </html>
```

向 REST API
发出 HTTP
GET 请求，以
JSON 数据的
形式检索报告

将格式化
的报告写
入浏览器
的文档

现在，运行此代码要比之前有一点复杂。像之前一样，需要为 Node.js 项目安装依存项：

```
cd listing-2.13-and-2.14
npm install
```

但是现在，在 public 子目录下还有一个 Web 应用程序项目。我们将使用 Bower 安装其依存项：

```
cd public
bower install
```

现在，可改回 Node.js 项目并启动 Web 服务器：

```
cd ..
node index.js
```

在浏览器中导航到 http://localhost:3000，你现在查看的是一个 Web 应用程序，该应用程序使用 AJAX 从 Web 服务器检索数据。

回过头来看看，现在能创建用于处理数据或其他任务的命令行工具。可以构建一个简单的 Web 服务器，用于承载 Web 应用程序或可视化结果。已经将 Web 应用程序扩展为使用 REST API，这使我们可以对数据进行服务器端处理，或者将 Web 应用程序连接到数据库，稍后，将在本书中查看这两种操作的具体情况。这些都是我们将在本书中使用的基本工具，但是，除此之外，需要介绍异步编码的相关内容。

2.6　异步编码

为什么异步编码非常重要？为什么需要尽早解决这一问题？之所以说异步编码非

常重要，是因为 JavaScript 和 Node.js 高度依赖异步编码范式，而且我们将在本书中多次使用异步编码。本章其余部分将简要介绍异步编码的相关知识。这是一个非常难的主题，但对我们来说，现在就着手学习这一主题是非常重要的。

在 JavaScript 中编码时，我们经常会发现自己在执行异步编码。浏览器与 Web 服务器之间的连接的性质是异步的，而 Node.js 主要是围绕这一概念设计的。我们已经在本章中执行了异步编码。你注意到了吗？在最后的几个代码清单中，当我们通过调用 listen 函数启动 Web 服务器时，实际上已经开始执行异步编码了。

同步编码和异步编码之间的差别是什么？在同步编码中，每一行代码都按顺序完成：下一行代码开始执行时，前一行代码的作用已经完成。在绝大多数编程语言中，默认都采用这种编码方式。以这种方式进行编码时，可以轻松地了解发生了什么事，还可以轻松地预测将要出现什么情况。之所以如此，是因为在同步编码中，操作步骤是以某种可预测的方式按顺序发生的。然而，在异步编码中，我们发现代码的执行可以不与主代码流保持一致。这种不按顺序执行的可能性使得了解代码流变得非常困难，而且更难预测最终的代码序列会是什么样子。

异步编码在 Node.js 中尤其常见。某些情况下，例如，对于文件操作，Node.js 同时提供了同步选项和异步选项。那么你应该使用哪种选项呢？实际上，这取决于你的具体情况。如果采用同步编码能够成功完成操作，那当然好，因为相对而言，这种编码方式要更简单一些，操作也更轻松。但在其他一些情况下，例如，使用 REST API 和数据库时，你必须执行异步编码，因为 API 没有为你提供其他备选方案。

在本书中，我会尽可能多地尝试仅使用异步编码，即使有时候可以使用函数的同步形式，也会使用异步形式。之所以这样做，有两方面的原因。首先，我希望体现一致性，从长远看，我希望这样可以减少不一致或混淆的情况。其次，在生产系统中工作时，我更倾向于使用异步编码。此外，绝大多数 API 都规定使用这种编码方式，它是 Node.js 文化的一部分。Node.js 最初就是设计为异步形式的：我们就是通过这种方式使用它来构建响应迅速且性能良好的服务器，而且，如果不在异步编码模式下运行，那么在 Node.js 中可能寸步难行。

在接下来的几节中，将为大家解释同步编码与异步编码之间的差别，以及为什么要使用异步编码，什么时候必须使用异步编码。将简要介绍在执行异步编码时将面对的三个主要难题，然后，将解释如何使用 Promise 来缓解或解决这些问题。最后，将简单地介绍两个新的 JavaScript 关键字，即 async 和 await，最新版本的 Node.js 中提供的这两个关键字可以让异步编码变得更轻松。

2.6.1　加载单个文件

我们来考虑一下可以想到的最简单的异步编码示例：加载一个文件。假定你想加载一个名为 bicycle_routes.txt 的数据文件。你可能想要转换文件中的数据，将数据提供给 Web 应用程序，或者根据数据生成报告。不管你要执行哪种操作，首先都必须加载文件。

图 2.12 显示了如何以同步方式执行此操作。我们调用 Node 的 readFileSync 函数以启动文件加载。然后，文件将加载到内存中。在此之后，控制权返回到 readFileSync 函数调用后面的代码行。你的代码将从那里继续执行，而我们可以使用从文件中加载的数据。

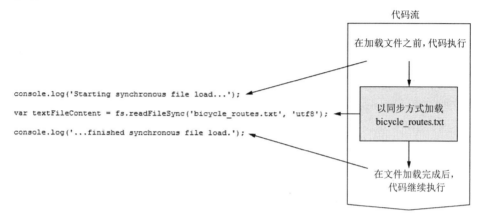

图 2.12　加载文件时的同步代码流

同步编码非常简单，也很容易解释。不过，它有一个非常大的问题，那就是在同步操作期间，它会阻止主线程执行任何其他工作(见图 2.13)。

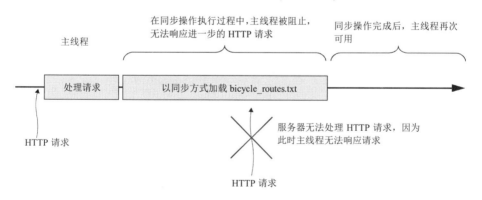

图 2.13　在同步操作执行过程中，主线程被阻止

在基于 UI 的应用程序中，如果出现阻止操作，UI 将无法响应。如果在 Node.js 中出现这种情况，你的服务器将变得无法响应，也就是说，在同步操作执行过程中，服务器无法再响应 HTTP 请求。如果操作快速结束，就像在这个没有太大意义的示例

中，并不会产生什么差异：传入的 HTTP 请求排入队列，当主线程解除阻止后会立即对其进行处理。

但是，如果同步操作很长，或者有多个同步操作需要逐个完成，那么传入的 HTTP 请求最终会超时，这样，你的用户在浏览器中看到的将是错误消息，而不是你想要显示的网页。

你使用的同步操作越多，这个问题就会越严重。随着你使用的同步操作越来越多，服务器处理并发操作的能力会逐渐降低。

在其他一些语言和环境中，同步编码可能是标准的编码方式，这种情况下，我们可通过将此类占用大量资源的操作委派给一个工作线程来避免发生这种问题。但一般情况下，我们无法在 Node.js 中像这样使用线程，Node.js 通常被认为是单线程的。

为了避免阻止主线程，必须使用异步编码。在下一个示例中，将使用 Node 的异步文件加载函数：readFile。调用此函数将启动文件加载操作，并立即返回到调用代码。发生这种情况时，文件的内容会以异步方式加载到内存中。当文件加载操作完成时，将调用你的回调函数，并为你提供文件中的数据(见图 2.14)。

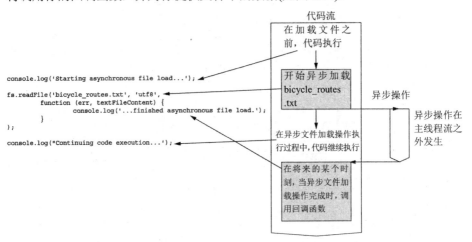

图 2.14　加载文件时的异步代码流

回调是一个 JavaScript 函数，当单个异步操作完成时，会自动调用该函数。对于普通(例如非 Promise)的回调，不管操作失败还是成功，最终都会调用回调函数。如果操作失败，会向回调函数传递一个错误对象，指出操作失败。我们很快还会回过头来进一步了解错误处理的相关内容。

现在，使用的是异步编码，文件加载操作不会锁定主线程，主线程可以继续处理其他工作，例如，响应用户请求(见图 2.15)。

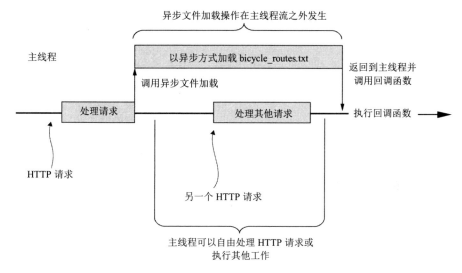

图 2.15　异步操作执行过程中不会阻塞主线程

大家明白了吗？真正理解异步编码可能比较困难，但如果想要使用 Node.js，这是必不可少的。我已经使用单个文件加载作为 Node.js 中的异步编码和回调的简单示例，然而，Node.js 应用程序通常包含很多这样的异步操作。继续此示例，将其扩展为加载多个文件。

2.6.2　加载多个文件

我们无法创建只包含一个异步操作的 Node.js 应用程序。任何具有一定大小的 Node.js 应用程序一般都由多个异步操作组成，这些操作可能采用一个接一个的序列形式，也可能交织在一起构建对 HTTP 请求的响应。

将示例扩展为加载多个文件。假定有一系列文件需要加载。这些文件按照国家/地区加以区分，例如 bicycle_routes_usa.txt、bicycle_routes_australia.txt、bicycle_routes_england.txt 等。我们需要加载这些文件并将它们组合在一起，以访问完整的数据集。以同步方式执行此操作会产生很大的问题，它会长时间锁定主线程，使其无法处理其他工作(见图 2.16)。

使用异步编码，可以通过两种不同的方式来处理这种情况。可按顺序逐一执行异步操作，也可并行执行这些操作。这使这些异步操作看起来有点像一系列同步操作(见图 2.17)，只是当它们正在执行时不会阻止主线程。

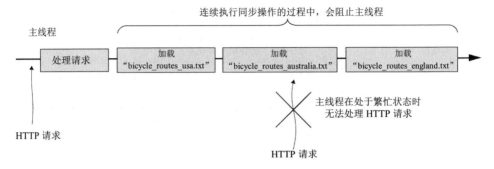

图 2.16 主线程被多个连续的同步操作阻止

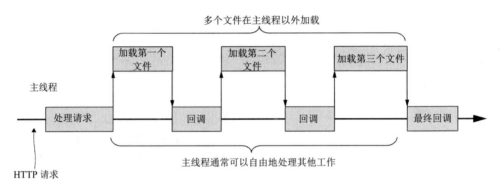

图 2.17 顺序异步操作在主线程以外执行

在这里，我们已经接触到在 JavaScript 中执行基于回调的异步编码时你会遇到的第一个大问题。在图 2.17 中，每个回调都必须调用后续异步操作，并设置其回调。这就导致了回调函数嵌套：按照新的缩进级别定义每个回调的代码。随着异步操作链变得越来越长，缩进也变得越来越深。嵌套函数以及大量的缩进使得代码的可读性和可维护性变得非常差，这是一个比较严重的问题。这个问题非常普遍，并且有一个专门的名称，那就是"回调地狱"。

为获得更好的性能和处理能力，我们或许应该并行执行多个异步操作(见图 2.18)。这会减少执行所有操作所需的时间。这意味着，CPU 和 IO 系统可以尽快工作，将所有文件都加载到内存中，但在此过程中不会阻止主线程。

引入并行异步操作以后，我们会遇到关于执行基于回调的异步编码的下一个大问题。注意，当我们并行运行异步操作时，会额外增加一定的复杂性：回调函数可按照任意顺序进行调用！

如何才能知道什么时候所有回调都已完成？由于它们可以按照任意顺序完成，因此，在所有三个回调全部完成以后才能执行的任何后续操作必须合理地进行编码，使其可以被任意回调触发。执行的最后一个回调将触发后续操作。这里引入的新问题主要是如何管理多个独立的回调。

使用传统回调解决这些问题通常会使代码在形式上不够优美,而且容易损坏。不过,我们很快就会学到 Promise 的相关内容,它可以通过比较优雅、便捷的方式处理这些问题,不过,首先需要了解异步错误处理的工作方式。

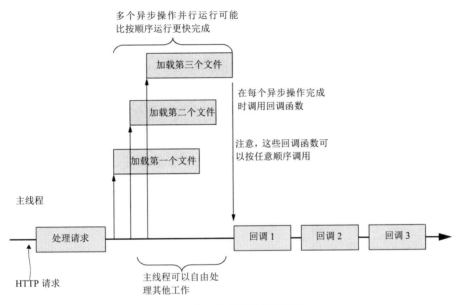

图 2.18 多个异步操作并行运行

2.6.3 错误处理

在传统的异步编码中,是无法使用 try/catch 语句来检测和处理错误的。之所以不能使用这种语句,是因为它无法在异步代码中检测错误。实际上,我们必须通过检查 error 对象来处理错误,可以选择将该对象作为第一个参数传递给回调函数。如果此参数为 null,则表明没有发生任何错误,否则,可以查询该 error 对象,以确定错误的性质。

在处理单个异步操作时,这种简单机制没有问题。但是,如果我们执行多个连续的异步操作,情况就会变得更复杂,任何一个异步操作都可能失败,并且它们可按任意顺序执行。

当我们执行并行异步操作或者并行操作和顺序操作的组合时,情况还会变得更复杂,并且越来越难以管理。请考虑一下,当第二个文件加载失败时会出现什么情况(见

图 2.19)。如果出现这种情况，依赖于所有三个文件的任何后续操作必然也要失败。如何实现这种结果呢？再次说明一下，回调函数可按任何顺序进行调用，因此，每个回调函数都需要检测组合操作是成功还是失败，但是，只有最终的回调才应调用错误处理逻辑。管理 Node.js 回调可能会比较困难，但不要气馁。我们很快就会介绍 Promise，这是一种非常好的方式，可以出色地处理这些情况。

异步错误处理为我们带来关于执行基于回调的异步编码的第三个(也是最后一个)大问题：每个回调函数必须处理其自己的错误。例如，在图 2.19 中，三个回调函数中的每一个都必须定义自己的错误处理程序。如果我们可以在所有回调函数之间共享单个错误处理程序，那么情况会好很多。管理多个回调函数的逻辑会逐渐变得越来越复杂，因为它现在必须了解是否有任何操作失败。

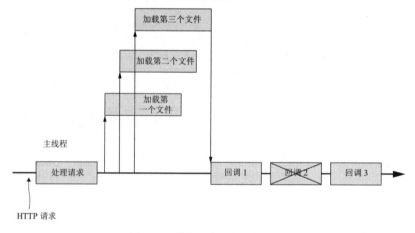

图 2.19　其中一个异步操作失败

考虑到执行异步编码时需要面对的上述种种困难，无怪乎异步编码被认为是一件非常困难的事情。不过，现在我们会为你引入 Promise，它可以帮助你管理和简化异步编码。

2.6.4　使用 Promise 进行异步编码

随着异步编码的复杂性快速增加，Promise 设计模式可以提供非常大的帮助。Promise 使我们能够将异步操作链接到一起，并使其相互交织。它可以帮助我们同时管理大量操作，并自动将所有回调函数组织到一起。

通过 Promise，可解决在执行基于回调的异步编码时遇到的以下问题。

(1) 回调地狱——Promise 有助于最大限度地减少回调嵌套。

(2) 回调顺序——Promise 会自动将多个回调交织到一起，这意味着你不必再关注它们的完成顺序。

(3) 错误处理——Promise 允许在异步操作链的任意位置插入错误处理程序。我们可以根据需要，在任意数量的异步操作之间共享错误处理程序。

或许我们应该首先考虑 Promise 到底是什么。Promise 是一种对象，它可以将一个异步操作封装起来，并承诺在将来的某个时间提供成果(或错误)。Promise 为我们提供了一个专门的词汇来表达看起来几乎是一个同步操作序列的异步操作链。Promise 词汇中的主要关键字包括 then、all 和 catch。

then

then 用于将一个异步操作序列链接到一起(见图 2.20)。

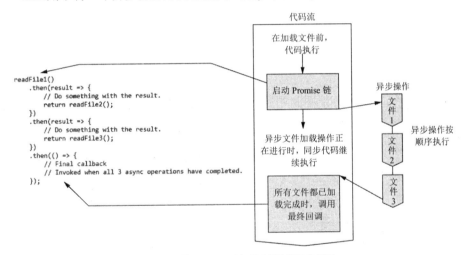

图 2.20　使用 then 语句执行顺序异步操作

我喜欢将 Promise 链可视化为由 then 箭头连接的框序列，如图 2.21 所示。每个框表示异步操作序列中的一个阶段。

all

Promise.all 用于管理并行运行的异步操作。它会自动将回调交织在一起，而仅调用一个最终回调(见图 2.22)。使用 all，你不必再担心如何协调可能按照任意顺序调用的多个回调。

在 then 与 all 之间，我们已经有了一个功能强大的工具包，可用于管理异步操作。

可以通过各种方式将它们组合在一起，以便只需要少量的处理便可将任意复杂度的序列拼接到一起。如果要查看更复杂的示例，见图 2.23。

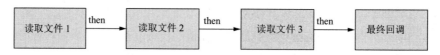

图 2.21   可视化 Promise 链

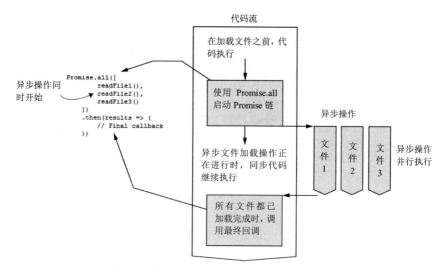

图 2.22   使用 Promise.all 并行执行异步操作

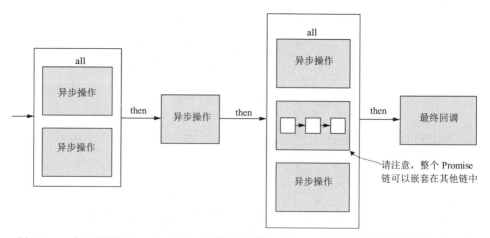

图 2.23   一个更复杂的 Promise 示例，说明如何使用 then 和 all 将复杂的异步逻辑链交织在一起

catch

最后，还有一个 catch 语句，它用于进行错误处理。使用 Promise，可以在链的结

尾附加一个错误处理程序(见图 2.24)。这使我们可以在所有异步操作之间共享错误处理程序，万一任意操作失败(例如，图 2.24 中的文件 2 加载失败)，就会调用它。我喜欢将 Promise 错误处理可视化为 Promise 链外的一种短路，如图 2.25 所示。

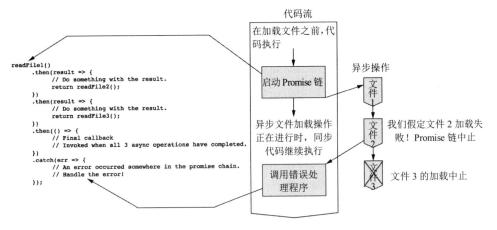

图 2.24　使用 catch 向 Promise 链中添加错误处理程序

catch 使我们能够对异步错误处理进行很好的控制。它让我们在异步操作的世界中又回到 try/catch 语句。

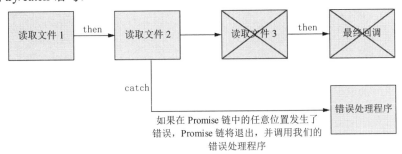

图 2.25　出现错误时将中止 Promise 链并调用错误处理程序

在此示例中，我将错误处理程序放在 Promise 链的结尾，在实际操作中，你可以将错误处理程序放置在 Promise 链中的任意位置，具体取决于你希望什么时候检测和报告错误。

始终至少提供一个错误处理程序

即使你在 Promise 链中不需要错误处理程序，也始终应该在 Promise 链的结尾包含至少一个错误处理程序，这一点非常重要。如果你不这样做，则可能会遇到无法及时察觉错误的风险，因为你没有任何代码来捕获并报告错误！

2.6.5　在 Promise 中封装异步操作

现在，你已经了解了如何使用 Promise 及其如何帮助你简化异步操作的管理，可以寻找机会使用它们了。

很多情况下，你会发现，一些第三方 API 提供的异步函数已经使用了 Promise。在这些情况下，如果你调用异步函数，该函数会为你返回一个 Promise，从这里，你可以根据需要链接其他操作以及处理错误。

经过在各种第三方库中多年的酝酿之后，Promise 于 2015 年正式引入 JavaScript 第 6 版(也称为 ES6)。现在，Promise 已经可以在 Node.js 中使用，不过，Node.js API 尚未升级以为它们提供适当的支持。据我所了解到的情况，所有 Node.js API 异步函数仍然是基于回调的。许多第三方库尚未提供 Promise 支持。

不过，不用担心，尽管目前使用的 API 不直接支持 Promise，仍然可以使用它们。只是我们需要自己执行一些转换操作。

我们来回顾一下以异步方式加载单个文件的示例，并使用 Promise 对其进行转换。将创建一个新的函数，称为 readFilePromise，该函数可以封装 Node 的 readFile 函数。可以按照下面所示使用这个新函数：

```
readFilePromise("bicycle_routes.txt")    ◀──  启动基于 Promise 的异步文件
    .then(content => {                         加载操作
        console.log(content);            添加一个 then 处理程序，当文件加载后
    })                                   会调用该处理程序。该文件的内容将作
                                         为一个参数提供给该处理程序
    .catch(err => {
        console.error("An error occurred.");    添加一个 catch 处理程序，用于检
        console.error(err);                      查文件加载过程中可能发生的错
    });                                          误，例如，当文件不存在时
```

readFilePromise 函数会创建并返回一个 Promise 对象。然后，我们可以与这个 Promise 对象进行交互，以管理异步操作。

通过一个启动异步文件加载操作的异步函数来实例化一个 Promise 对象。会向该异步函数传递两个参数。第一个参数是一个 resolve 函数，当异步操作已经完成而准备好解析 Promise 时，会调用该函数。这会触发链接到该 Promise 的下一个 then 处理程序。第二个参数是一个 reject 函数，如果出现错误，可以调用该函数。可以使用此函数让 Promise 失败，并触发 Promise 链中最近的 catch 处理程序。可以通过下面的代码示例了解上述过程。

```
function readFilePromise (filePath) {
    return new Promise(          ←————— 创建并返回一个 Promise 对象
        (resolve, reject) => {   ←————— 传入一个异步函数，用于启动异步操作
            fs.readFile(filePath, "utf8",  ←————— 启动基于回调的文件加载操作
                (err, content) => {        ←————— 从文件加载操作中处理回调
                    if (err) {
                        reject(err);
                        return;            ——┐ 对于发生的任何错误，我们将对该 Promise 执行
                    }                        │ reject 操作，以触发 Promise 链中最近的 catch 错误
                                             │ 处理程序

                    resolve(content); ←————— 操作成功！我们对该 Promise 执行
                }                            resolve 操作，以触发 Promise 链中
            )                                的下一个 then 处理程序
        }
    );
};
```

我们创建一个新的函数，用于将异步文件加载封装在一个 Promise 中

对于需要执行这种转换的任何情况，都可以轻松地应用这种在 Promise 中封装基于回调的异步函数的技术。下面列出了你可以使用的一般模式：

```
创建并返回一个 Promise 对象
    function myPromiseBasedFunction (param1, param2, etc) {
        return new Promise(
            (resolve, reject) => {
                ... Start your async operation ...  ←————— 启动异步操作。可以在此
                                                            处放置任何代码，用于启
                                                            动异步操作
                if async operation fails
                    reject(error);          ——┐ 如果异步操作失败，则对该 Promise 执
                                               │ 行 reject 操作，并传入一个错误对象，
                                               │ 用于描述错误
                when async operation completes
                    resolve(optionalResult);  ——┐ 当异步操作完成(没有失败)时，则对该
                                                  │ Promise 执行 resolve 操作，并可选择
                                                  │ 传入一个值，作为异步操作的结果
            }
        );
    };
```

提供一个异步函数，用于启动异步操作

2.6.6　使用 async 和 await 进行异步编码

如果你使用的是 Node.js 版本 7 或更高版本，那么可能需要使用新的 async 和 await 关键字。这些新的关键字为 Promise 提供了"语法糖(syntactic sugar)"，这意味着它们不再是 API 构造，JavaScript 语言本身已经更新为支持 Promise！

这些新的关键字使得 Promise 链就像是一个同步操作序列。例如，读取、转换，然后写入数据文件，如代码清单 2.15 所示。

代码清单 2.15   使用 await 重新编写的 Promise 链

```
try {
    let textFileContent=await readFilePromise("input-file.csv");
    let deserialiedData=parseCsv(textFileContent);
    let transformedData=transform(deserialiedData);
    let serializedCsvData=serializeCsv(transformedData);
    await writeFilePromise("output-file.csv",serializedCsvData);

    console.log("File transformation completed!");
}
catch (err) {
    console.error(err);
}
```

请注意 await 关键字的使用，它用于在继续执行后续代码之前等待某个异步操作最终完成

代码清单 2.15 中的代码是异步的，但没有被回调或被 Promise 搞得乱七八糟。我们兜了一大圈，最后又回到与同步代码非常接近的形式。

这依赖于一种解释器方面的小技巧，也就是帮你将 await 代码转换为 Promise，因此，最终结果仍然是一个 then 回调序列，结尾处包含一个 catch 错误处理程序。但是，你不会看到这种复杂层面，原因是解释器会为你完成这类工作。

迫不及待地要使用 await 关键字？

async 和 await 是新引入的关键字，如果你使用的是旧版本的 Node.js，可能没有使用这些关键字的选项，或者你可能需要在浏览器中使用它们。

现在，可以通过 Babel 来使用 async/await 关键字。Babel 是一种 JavaScript 转译器，可以将新版本 JavaScript 代码转换为适合在旧版 JavaScript 解释器中运行的形式。如果想要使用 Babel，将需要实施一个构建脚本。

到目前为止，已经介绍了在 Node.js 中创建命令行应用程序和 Web 服务器的基本知识。此外，你已经对使用 Promise 进行异步编程有了一个简单的了解。现在，已经准备好开始实际的数据整理过程了！

小结

- 你学会了如何启动项目以及安装第三方库。

- 你实际创建了一个简单的命令行应用程序。
- 你重新构造了应用程序的各个部分，将其转换为可重用的代码模块。
- 你使用 REST API 创建了一个简单的 Web 服务器。
- 你了解了在 Node.js 中进行异步编码的重要性，以及如何通过 Promise 更好地管理异步编码。

第3章

采集、存储和检索

本章内容提要：
- 围绕被称为核心数据表示的设计模式将数据处理流程结构化
- 通过文本文件和 REST API 导入和导出 JSON 以及 CSV 数据
- 使用 MySQL 和 MongoDB 数据库导入和导出数据
- 创建灵活的处理流程以在不同的格式之间转换数据

第 3 章中介绍的主题对于数据整理过程来说至关重要，那就是能够从某些来源采集数据，然后将其存储在本地，以便可以有效且高效地处理和使用它们。

最初，需要从某些地方导入数据，这个过程称为"采集"。然后，可能需要将数据导出到数据库，使其便于处理和使用，这个过程称为"存储"。接下来，可能需要将数据导出到其他各种格式，以便进行报告、共享或备份。最后，必须能够访问数据，以对其进行处理和使用，这个过程称为"检索"。

在第 1 章中，介绍了一个数据整理过程的示例，其中，数据从 MySQL 数据库导入，然后导出 MongoDB 数据库。这只是数据整理过程的一种可能情况。在具体情况下要如何工作，取决于你的数据获取方式、项目的要求以及你选择使用的数据格式和存储机制。

本章将讨论如何构建一个灵活的数据处理流程，使其能够处理各种不同的数据格式和存储机制。在这里，只是向你展示各种可能性的范围。在任何实际的项目中，你可能并不需要处理各种各样的数据格式。例如，你可能只需要处理其中的两到三种数据格式。但是，我认为了解所有可用的选项并不是什么坏事，在某些情况下会给你带来好处，毕竟你不可能了解边边角角的所有内容，而我们需要一个流程能够处理各种来源的各种数据。

　　本章的内容只是基本的介绍，主要是数据处理流程的一些基本知识。随着逐步深入地学习并尝试这些技术，你可能想要了解如何将它们扩展到大量的数据。本章中涉及的技术可以比较好地处理大型数据集，但是，在某些情况下，数据可能会非常大，以致于无法利用这些技术进行正确的处理。在第 7 章和第 8 章中，会介绍如何处理大型数据集，届时，将回过头来讨论这些扩展问题。

3.1　构建你的工具包

　　本章将介绍在不同位置之间移动数据时所需的工具。我们将用到 Node.js 以及各种第三方库。表 3.1 列出了我们将要使用的工具。

　　注意，这里列出的只是其中的一部分，除此之外还有很多其他工具。这些模块均使用 Node.js 包管理器(Node.js Package Manager，NPM)进行安装，可算作 Node.js 开发人员随手可用的众多工具大餐的开胃菜。

表 3.1　第 3 章中用到的工具

类型	数据源	数据格式	工具	方法
导入	文本文件	JSON	Node.js API	fs.readFile、JSON.parse
		CSV	Node.js API、Papa Parse	fs.readFile、Papa.parse
	REST API	JSON	request-promise	request.get
		CSV	request-promise、Papa Parse	request.get、Papa.parse
	数据库	MongoDB	promised-mongo	\<database\>.find
		MySQL	nodejs-mysql	\<database\>.exec
导出	文本文件	JSON	Node.js API	fs.writeFile、JSON.stringify
		CSV	Node.js API、Papa Parse	fs.writeFile、Papa.unparse
	数据库	MongoDB	promised-mongo	\<database\>.insert
		MySQL	nodejs-mysql	\<database\>.exec

　　在这一章，乃至整本书中，都会不断构建工具包。这一点非常重要，因为我们将在未来的项目中反复用到其中的工具。在处理各种示例的过程中，会创建一个 Node.js 函数库，用于在 JavaScript 中处理数据。

3.2 获取代码和数据

本章的数据主题与之前的完全不同，主要是地震方面的内容，大部分数据下载自美国地质调查局网站。除此之外，还有从 Seismi 地震数据可视化项目下载的一些数据。注意，Seismi 网站好像已经不再正常运营了。

本章中的代码和数据可以在本书的 GitHub 上的 Chapter-3 代码库中获得，网址为 https://github.com/data-wrangling-with-javascript/chapter-3。请下载对应的代码并安装所需的依存项。如果需要相关帮助，可以返回到第 2 章中 2.3 节了解对应的下载和安装方法。

Chapter-3 代码库以及本书的其他绝大多数代码库与你在第 2 章中看到的代码库有一些区别。它们在同一目录的单个 JavaScript 文件中包含每个代码清单的代码，并且，它们根据代码清单编号进行命名，如 listing-3.1.js、listing-3.3.js 等。只需要在代码库的根目录中运行一次 npm install，即可同时为所有代码清单安装所有的第三方依存项。toolkit 子目录包含将在这一章中创建的工具包函数。

在本章稍后的内容中，将处理和使用数据库。数据库的设置可能会比较复杂，因此，为了方便起见，第 3 章对应的 GitHub 代码库包含启动虚拟机的 Vagrant 脚本，以及数据库和示例数据。在本章后面的内容中，将对 Vagrant 进行更详细的介绍。

3.3 核心数据表示

下面要介绍核心数据表示(Core Data Representation，CDR)。这是一种用于结构化数据处理流程的设计模式。CDR 允许我们利用可重用的代码模块组合成灵活的数据处理流程。使用这种设计模式，可以生成几乎无限种数据处理和转换流程。

数据处理流程中的各个阶段会使用 CDR 进行沟通，你可能会说，CDR 就像粘合剂，将我们的数据处理流程绑定到一起(见图 3.1)。CDR 是数据的一种共享表示，其目的是允许数据处理流程的各个阶段相互沟通，使它们能够明确地分隔开来，彼此之间没有硬性的依存关系。这种分隔形式使我们能够构建可重用的代码模块，以后可以重新排列这些代码模块，从而创建其他数据处理流程。

这种阶段分隔形式还为我们提供了很好的灵活性，只需要重新排列各个阶段或者添加和删除阶段，即可改变数据处理流程的结构。这些修改很容易完成，因为各个阶段只依赖于 CDR，它们不需要任何特定的前导阶段序列。

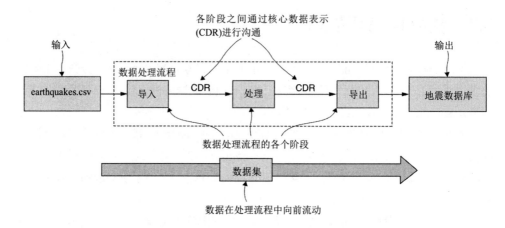

图 3.1   一个包含多个阶段的数据处理流程，各阶段之间通过核心数据表示进行沟通

在这一章中，将使用 CDR 来桥接导入和导出代码之间的间隙。这使我们可以将可重用的数据模块组合成不同的数据转换流程。可以混合和匹配导入和导出代码，以构建将数据从任何一种格式转换为另一种格式的处理流程。

3.3.1   地震网站

首先来看一个示例，以帮助你了解 CDR。假定我们正在维护一个网站，用于报告全球的地震活动。该网站从各种来源收集全球地震活动的相关数据，并将其整理到一个统一的位置。对于相关研究人员以及关注相关事件的普通人来说，能够有一个集中的位置来获取相关新闻资讯和数据是非常有帮助的。

数据来自哪里？假定网站必须从各种不同的来源以多种不同的格式读取数据。这种情况下，灵活性非常关键。我们必须接受其他网站和组织以各种不同的格式提供的数据。

此外，我们还希望成为出色的数据共享者，因此，不但要通过网页和其他可视化形式展示数据，还希望以各种机器可读的格式提供数据。简单地说，既要能够将各种格式的数据导入数据处理流程，也要能够从数据处理流程导出各种格式的数据。

下面来看一下一种特定数据格式的导入和导出。假定已经将数据文件 earthquakes.csv 导入 CDR 中。其显示形式如图 3.2 和图 3.3 所示。

CDR 应该简单易懂：毕竟它只是一个由数据组成的 JavaScript 数组。每个数组元素对应于数据文件 earthquakes.csv 中的一行(如图 3.2 所示)。每个数组元素包含一个 JavaScript 对象，或者一条记录(如果你愿意)，并且每个字段对应于数据文件

earthquakes.csv 中的一列(如图 3.3 所示)。

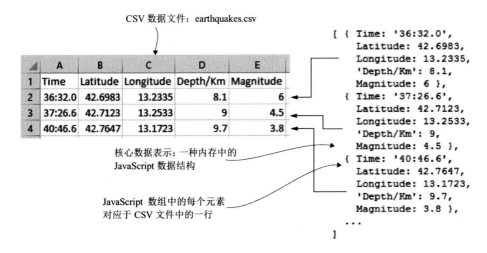

图 3.2 JavaScript 数组中的元素对应于 earthquakes.csv 文件中的各行

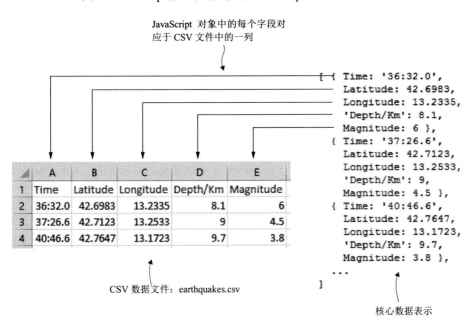

图 3.3 JavaScript 对象中的字段对应于 earthquakes.csv 文件中的各列

为了创建数据转换流程,必须导入某种格式的数据,然后将其导出为另一种格式。以 earthquakes.csv 为例进行说明,需要将其导入到 MongoDB 地震数据库中。为了执行此操作,需要编写代码以从 CSV 文件导入数据,然后编写另一段代码以将数据导出到 MongoDB 数据库。很快就会看到相应的代码,现在,仔细看图 3.4 中数据是如何通过位于中间的核心数据表示从导入阶段传输到导出阶段的。

我们不仅仅关注 CSV 文件和 MongoDB 数据库。我已经提到过,这些只是作为特定的示例,来说明 CDR 如何连接用于导入和导出的代码。要不断维护这个地震网站,并且需要接受和共享各种格式的数据!

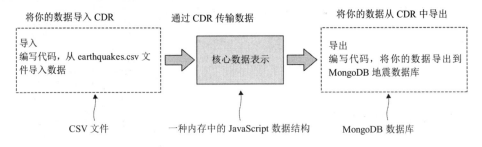

图 3.4　导入和导出代码通过核心数据表示传输数据

3.3.2　涉及的数据格式

表 3.2 显示了将在本章中使用的数据格式范围。最后,你应该学会通过核心数据表示导入和导出其中每一种常见数据格式的基本方法。

表 3.2　第 3 章涉及的数据格式

数据格式	数据源	注释
JSON	文本文件、REST API	JSON 格式内置到 JavaScript 中。使用方便,绝大多数 REST API 都使用这种格式
CSV	文本文件、REST API	相比于 JSON,CSV 是一种更紧凑的格式,能与 Excel 兼容
MongoDB	数据库	无固定模式的数据库,灵活并且使用方便。非常适合在你尚不了解数据的格式时使用
MySQL	数据库	标准的关系数据库。成熟、健壮并且可靠

我想要向你传达的主要观点就是,可以根据需要轻松地将各种数据格式插入到我们的工作流程中。

在本书中,你将了解到一组常见但有限的数据格式,不过,其中可能并没有涵盖你喜欢的数据格式。例如,有人曾要求我介绍 XML、Microsoft SQL、PostgreSQL 以及 Oracle 的相关内容。然而,本书的目标并不是涵盖可以想象得到的每种数据源,涉

及的内容太多了，很快就会让人感到厌烦，因此，我们仅关注一组有代表性并且常用
的数据格式。

之所以要包含 CSV 格式，是因为它在数据分析项目中非常常见。而包含 JSON 格
式的原因在于，它在 JavaScript 中非常常见(并且相当方便)。我使用 MongoDB 来代表
非 SQL 类的数据库。最后，我用 MySQL 来代表 SQL 类的数据库。

3.3.3　强大功能和灵活性

你是否已经了解了 CDR 设计模式的强大功能？看一下图 3.5，了解各种数据格式
如何彼此契合并组合在一起。请注意可以导入到 CDR 中的数据格式范围，然后再关
注可以从 CDR 导出的数据格式范围。通过将模块化的导入和导出代码链接到一起(使
用 CDR 进行沟通)，现在，可以构建各种各样的数据转换流程。

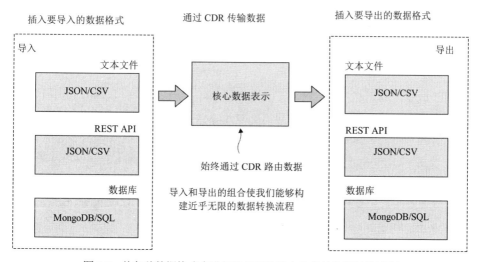

图 3.5　从各种数据格式中进行选择以构建自定义的数据转换流程

需要导入 JSON 并导出 MongoDB？没问题，可以实现。从 REST API 导入并导出
为 CSV 又如何呢？我们同样也可以完成。使用 CDR 设计模式，可以轻松地将所需的
各种数据转换接合到一起，以从左侧的任意数据格式导入(见图 3.5)，导出为右侧的任
意数据格式。

3.4   导入数据

首先，将数据导入 CDR。我们先要了解如何从文本文件和 REST API 加载数据。
这两种都是企业和数据科学场景中常见的数据源。从文本文件或 REST API 加载文本
数据以后，需要根据某种特定的数据格式对其进行解析或解释。这种特定的数据格式
通常是 JSON 或 CSV，这两种都是常见的文本格式。最后，将从两种不同类型的数据
库加载数据，那就是 MongoDB 和 MySQL。

3.4.1   从文本文件加载数据

首先从文本文件开始，这可能是最简单的数据存储机制，它们易于理解并且比较
常用。在这一节中，我们将了解如何将文本文件加载到内存中。最后，需要根据数据
格式对文件中的数据进行解析或解释，不过，首先要关注如何从文件加载数据，在了
解了如何从 REST API 加载文本数据以后，将回过头来介绍如何进行解析。

> **二进制文件是什么情况？**
>
> 对于数据存储来说，通常情况下文本文件要好于二进制文件，因为它们通常更易
> 于读取，这意味着你可以在文本编辑器中打开文件并读取其内容。对于二进制文件来
> 说，这是不可能的。单单使用眼睛根本无法读取二进制文件，除非具有适合于特定格
> 式的查看器，因此，你无法了解文件中包含的内容。这是二进制文件的一个主要缺点。
>
> 但是，二进制文件却是非常重要的，原因就是，通常情况下，它们要比文本文件
> 更加紧凑，表示形式更加有效。这使它们的处理速度更快，并且占用的内存空间更少。
> 在第 4 章中，将更详细地介绍如何使用二进制文件。

图 3.6 中显示了将文本文件导入核心数据表示的一般流程。在流程图向右的方向，
注意路径分支，在这里，将传入的数据解释为某种特定的格式，并将其解码到 CDR。
不过，现在，先将文本文件加载到内存中。

在 Node.js 中，使用 fs.readFile 函数将文件的内容读取到内存中。解析文件的方式
会因数据格式而有所不同，但对于每种情况来说，将文本文件读取到内存中的过程是
相同的，代码清单 3.1 显示了一个相关的示例。你可以运行此代码，它会将数据文件
earthquakes.csv 的内容输出到控制台。

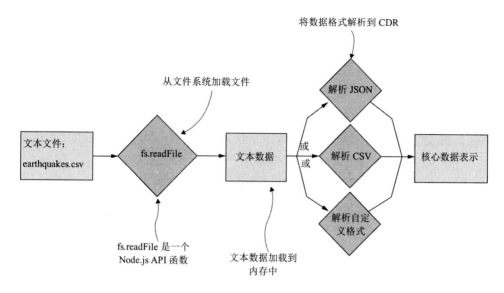

图 3.6　将文本文件导入 CDR

代码清单 3.1　将文本文件读取到内存中(listing-3.1.js)

调用 Node.js readFile 函数以将数据文件
earthquakes.csv 读取到内存中

```
const fs = require('fs');     ◄—— 需要提供 Node.js fs 文件系统(fs, filesystem)模块

fs.readFile("./data/earthquakes.csv", "utf8",
    (err, textFileData) => {   ◄—— 当文件加载完成时，调用 Node.js 调用的异步回调函数
        if (err) {
            console.error("An error occurred!");     错误处理，以防出现
            return;                                   文件不存在的情况或
        }                                             者发生其他错误

        console.log(textFileData);   ◄—— 将加载的数据输出到控制台以检查加载了
    }                                    哪些内容。你经常会看到此操作步骤
).
```

代码清单 3.1 是在 Node.js 中加载文本文件的一个基本示例，但为了便于管理异步操作，现在，将这个模块封装到一个 Promise 对象中。我们将需要样本代码，以便在每次加载文本文件时使用。在本书中，会多次重用此代码，因此，将其设定为一个可重用的工具包函数。

代码清单 3.2 是工具包中的第一个函数。它包含在一个被称为 file.js 的文件中，而

这会定义一个被称为 file 的 Node.js 代码模块。现在，其中只包含一个被称为 read 的函数。

代码清单 3.2　通过一个基于 Promise 的函数来读取文本文件(toolkit/file.js)

定义我们的 read 工具包函数

```
const fs = require('fs');

function read (fileName) {
    return new Promise((resolve, reject) => {
        fs.readFile(fileName, "utf8",
            function (err, textFileData) {
                if (err) {
                    reject(err);
                    return;
                }

                resolve(textFileData);
            }
        );
    });
};

module.exports = {
    read: read,
};
```

实例化并返回一个 Promise 对象，用于封装基于回调的异步操作

调用 Node.js readFile 函数以将文件的内容加载到内存中

如果发生错误，则拒绝该 Promise

如果文本文件成功加载，则解析该 Promise。该 Promise 的结果是从文本文件加载的数据

导出该工具包函数以便在其他 Node.js 模块中使用

代码清单 3.3 是一个使用新的 read 函数的示例。需要提供 file 模块，并且现在可以调用 file.read 以将数据文件 earthquakes.csv 加载到内存中。你可以运行该代码，它会将文件的内容输出到控制台。你应该将代码清单 3.1 中的代码与代码清单 3.3 中的代码进行比较。这可以帮助你了解基于回调的异步编码与基于 Promise 的异步编码之间的差别。

代码清单 3.3　使用基于 Promise 的 read 函数加载文本文件(listing-3.3.js)

需要从 file.js 获取 file 代码模块

```
const file = require('./toolkit/file.js');

file.read("./data/earthquakes.csv")
```

调用工具包函数以将数据文件 earthquakes.csv 读取到内存中

```
.then(textFileData => {
    console.log(textFileData);
}) //
.catch(err => {
    console.error("An error occurred!");
});
```

链接一个回调函数以处理操作成功的情况

将文件的内容输出到控制台以检查其是否成功加载

处理可能发生的任何错误，例如文件不存在

加载大型文件

如果加载的文本文件太大而无法读取到内存中，会出现什么情况？

如果出现这种情况，Node.js 会引发一个内存不足错误。尽管占用大量内存有时不会产生什么不良的影响，但最终这可能会成为一个非常严重的问题。在第 7 章和第 8 章中，我们将讨论大型数据集的相关内容，届时会介绍这一问题。此外，在第 14 章中，我还将讨论如何进行错误处理以及编写有弹性的代码。

从文本文件加载数据展示了一种将文本数据读取到内存中的方式，接下来，我们来为你介绍另一种方式。

3.4.2　从 REST API 加载数据

通过前面的介绍我们已经知道，可以从文本文件加载数据，现在我们来看看如何使用 HTTP 从 RESTAPI 加载数据。对于通过 Internet 从网站或 Web 服务检索数据来说，这是一种非常常见的方式。跟前面一样，在这里还是先了解一下如何将数据加载到内存中，然后返回来看一下如何根据数据格式对数据进行解释。

图 3.7 说明了从 REST API 导入数据的一般流程。为了通过 HTTP 获取数据，我们需要使用第三方库 request-promise。Node.js API 已经内置对 HTTP 通信的支持，但是，我更喜欢使用更高级别的 request-promise 库，因为它更简单，使用更方便，并且为我们将操作封装在 Promise 中。

若要从 REST API 检索数据，需要安装第三方库 request-promise。如果你是按照 GitHub 中的代码进行操作并且在代码库中运行了 npm install，那么你应该已经安装了此依存项。如果你需要在全新的 Node.js 项目中安装此依存项，可以运行以下命令：

```
npm install --save request-promise request
```

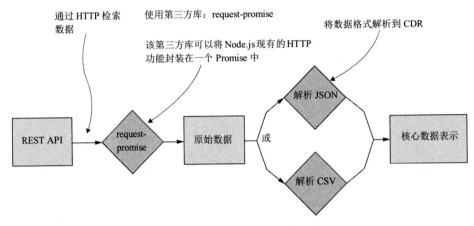

图 3.7　将数据从 REST API 导入 CDR

注意，同时安装了 request-promise 和 request，因为二者互为对等依存项，彼此相互依赖。

作为示例，将从以下位置提取数据：https://earthquake.usgs.gov/earthquakes/feed/v1.0/summary/significant_month.geojson。你现在应该打开该链接，然后你会看到 JSON 数据在 Web 浏览器中是什么样子。

代码清单 3.4 显示了通过 HTTP GET 检索数据最简单的代码，即使用 request-promise 的 request.get 函数向 REST API 发出请求。你可以运行此代码，检索到的数据将输出到控制台，以便对其进行检查。

代码清单 3.4　从 REST API 检索数据(listing-3.4.js)

这是用于访问 REST API 的 URL

```
const request = require('request-promise');     ◄── 需要使用 request-promise 第三方
                                                     库从 REST API 请求数据
const url = "https://earthquake.usgs.gov" +
    "/earthquakes/feed/v1.0/summary/significant_month.geojson";


request.get(url)     ◄── 向 REST API 执行 HTTP GET 请求
    .then(response => {
        console.log(response);
    })
    .catch(err => {                              处理可能发生的任何错误
        console.error(err);
    });
处理响应。这是从 REST API 返回的数据
```

3.4.3　解析 JSON 文本数据

现在,已经可以通过两种方式将文本数据加载到内存中,从文本文件或者从 REST API,接下来,必须确定如何对内容进行解码。处理和使用原始文本数据可能会非常痛苦,需要耗费大量的时间,而且很容易出错。但是,当处理诸如 JSON 或 CSV 等常见的或标准化的数据格式时,就可以使用现有的库来导入或导出数据,从而获得很大的优势。

JSON 是从文本数据解析的第一种数据格式。它是使用 JavaScript 时会遇到的最常用数据格式之一。这种格式非常容易理解,并且与 JavaScript 紧密相关。处理 JSON 格式所需的工具已经内置到 JavaScript API 中,这使得 JSON 成为我们特别喜欢的一种格式。

解析 JSON 文本文件

在尝试导入数据文件之前,最好先在文本编辑器中打开该文件,通过观察确认数据确实是我们预期的内容。尝试处理已损坏或者存在其他问题的数据文件是没有意义的,在开始编码之前,我们可以轻松、快速地进行此项检查。这样做并不会检查出所有可能的问题,但是,在编码之前先进行简单的目视检查确实可以发现很多数据问题,这一点可能连你自己都会感到吃惊。图 3.8 显示的是在 Notepad++(这是我在 Windows 计算机上使用的一种编辑器)中加载的 earthquakes.json 数据文件。

现在,将 earthquakes.json 数据文件导入核心数据表示。使用 Node.js 和 JavaScript API 提供的工具可以非常轻松地完成此操作。JSON 格式是一种序列化的 JavaScript 数据结构,因此,它以某种直接的方式与核心数据表示紧密相关。为了读取文件,使用工具包函数 file.read。然后使用内置的 JavaScript 函数 JSON.parse 将文本数据解码到 CDR。图 3.9 对这一过程进行了说明。

代码清单 3.5 显示了一种用于将 JSON 文件导入核心数据表示的新函数。使用函数 file.read 读取文件的内容,然后使用 JSON.parse 解析 JSON 数据。

代码清单 3.5　一种用于导入 JSON 文本文件的函数(toolkit/importJsonFile.js)

定义用于导入 JSON 文件的工具包函数

```
const file = require('./file.js');   ◄── 需要使用 file 工具包模块

//
// 用于导入 JSON 文件的工具包函数。
//
function importJsonFile (filePath) {
```

```
return file.read(filePath)    ◄——  使用我们的 file.read 工具包函数将 JSON 文本文件读
                                      取到内存中
    .then(textFileData => {
        return JSON.parse(textFileData);    ◄——  使用 JSON.parse 将 JSON
                                                  文本数据解析到 CDR
    });
};
```

调用回调函数以处理从文件加载的文本数据

```
module.exports = importJsonFile;    ◄——  导出此工具包函数以便可以使用它来
                                          处理其他 Node.js 模块
```

```
earthquakes.json ☒
 1      [
 2          {
 3              "Time": "2016-08-24 03:36:32.000",
 4              "Latitude": 42.6983,
 5              "Longitude": 13.2335,
 6              "Depth/Km": 8.1,
 7              "Magnitude": 6
 8          },
 9          {
10              "Time": "2016-08-24 03:37:26.580",
11              "Latitude": 42.7123,
12              "Longitude": 13.2533,
13              "Depth/Km": 9,
14              "Magnitude": 4.5
15          },
16          {
17              "Time": "2016-08-24 03:40:46.590",
18              "Latitude": 42.7647,
19              "Longitude": 13.1723,
20              "Depth/Km": 9.7,
21              "Magnitude": 3.8
22          },
```

图 3.8   在 Notepad++中查看 earthquakes.json

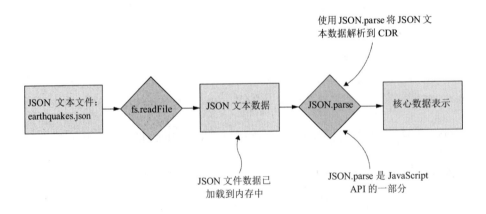

图 3.9   将 JSON 文本文件导入 CDR

代码清单 3.6 显示了如何使用新函数导入 earthquakes.json。你可以运行此代码，解码的数据会将其输出到控制台，这样就可以通过观察来验证数据是否已正确解析。

代码清单 3.6　从 earthquakes.json 导入数据(listing-3.6.js)

需要使用我们的 importJsonFile 工
具包函数

```
const importJsonFile = require('./toolkit/importJsonFile.js');

importJsonFile("./data/earthquakes.json")    ← 使用我们的工具包函数将
    .then(data => {                                earthquakes.json 导入 CDR
                        ← 调用回调函数以接收从 JSON
                          文件导入的数据
        console.log(data);
    })
    .catch(err => {
        console.error("An error occurred.");
        console.error(err.stack);
    });
```

将数据输出到控制台以便我们对其进行验证

处理可能发生的任何错误

从 REST API 解析 JSON 数据

从 REST API 导入 JSON 数据的过程与从文本文件导入相关数据非常类似。不过，需要更改数据加载的位置。此时，可以使用 request-promise 从 REST API 加载数据，而不是使用 file.read 函数。代码清单 3.7 为工具包提供了一个新的函数，用于从 REST API 导入 JSON 数据。

代码清单 3.7　从 REST API 导入 JSON 数据(toolkit/importJsonFromRestApi.js)

定义用于将 JSON 数据从 REST API 导
入 CDR 的工具包函数

```
const request = require('request-promise');    ← 需要使用 request-promise 第三方
                                                   库以从 REST API 请求数据

function importJsonFromRestApi (url) {
    return request.get(url)    ← 使用 HTTP GET 从 REST API 提取数据
        .then(response => {
            return JSON.parse(response);
        });
};

module.exports = importJsonFromRestApi;    ← 导出此工具包函数以便在其他
                                               Node.js 模块中使用
```

代码清单 3.8 显示了如何调用 importJsonFromRestApi 以从示例 REST API 导入数据，该 REST API 就是之前在代码清单 3.4 中使用的 REST API。此代码与代码清单 3.6 类似，但它不是从文件加载数据，而是从 REST API 加载数据。运行此代码，你会看

到它是如何操作的，那就是获取数据，然后将解码的 JSON 数据输出到控制台以检查
其是否按预期工作。

代码清单 3.8　从 REST API 导入地震数据(listing-3.8.js)

```
const importJsonFromRestApi=require('./toolkit/importJsonFromRest-
Api.js');                          ← 需要使用 importJsonFromRestApi 工具包函数

const url="https://earthquake.usgs.gov/earthquakes/feed/v1.0
/summary/significant_mont[CA]h.geojson";

importJsonFromRestApi(url)  ← 使用工具包函数从 REST API 导入 JSON 数据
    .then(data => {    ← 调用回调函数以接收从 REST API 加载的数据
        const earthquakes = data.features.map(feature => {
            const earthquake = Object.assign({},
            feature.properties,            ← 更改传入数据的
            { id: feature.id }                结构以适应 CDR
        );
        return earthquake;
        });
        console.log(earthquakes);  ← 将数据输出到控制台以便我们对其进行验证
})
.catch(err => {
        console.error("An error occurred.");  ┐ 处理可能发生的
        console.error(err.stack);             ┘ 任何错误
});
```

在代码清单 3.8 中，请注意如何对传入数据进行重组以使其适合 CDR。传入的
JSON 数据并未完全按照我们希望的方式进行结构化处理，因此，我们需要动态地将
其重写为某种表格格式。

3.4.4　解析 CSV 文本数据

将要介绍的下一种格式是 CSV(逗号分隔值)格式。这种简单的格式在数据科学领
域非常常用。它以直接的方式表示表格数据，并且与 JSON 相比，是一种更紧凑的表
示形式。

令人遗憾的是，Node.js 或 JavaScript 并没有随附解析 CSV 文件所需的工具，但是，
可以从 npm 轻松地获取所需的内容。在这种情况下，我们将安装一种非常出色的第三

方库，叫做 Papa Parse，它非常适合解析 CSV 文件。

1. 解析 CSV 文本文件

与 JSON 一样，首先应该对 CSV 文件的内容进行检查，确认其结构良好并且没有损坏。可以在 Notepad++中查看 CSV 文件，就像之前查看 JSON 文件那样，但值得注意的是，CSV 文件也可以加载为电子表格！图 3.10 显示的是在 Excel 中加载的 earthquakes.csv 数据文件。

	A	B	C	D	E
1	Time	Latitude	Longitude	Depth/Km	Magnitude
2	36:32.0	42.6983	13.2335	8.1	6
3	37:26.6	42.7123	13.2533	9	4.5
4	40:46.6	42.7647	13.1723	9.7	3.8

图 3.10　在 Excel 中加载的 earthquakes.csv

你应该注意到，也可以从常规的 Excel 电子表格导出 CSV 文件，这意味着我们在处理 CSV 文件时可以使用 Excel 的所有功能。我发现，当需要与使用 Excel 的用户交换数据时，CSV 格式非常有用。

我们来将该 CSV 文件导入核心数据表示。这要比处理 JSON 格式的文件困难一些，原因就是我们必须安装第三方库 Papa Parse，以便完成解析 CSV 数据的工作，仅此而已。与 JSON 不同的是，CSV 格式并不直接与 CDR 紧密相关，因此，需要在导入过程中重新对其进行结构化处理。幸运的是，Papa Parse 可以帮我们执行这项操作。

与 JSON 一样，首先将 CSV 文本文件读取到内存中，在此之后，我们使用 Papa Parse 将文本数据解码到 CDR。图 3.11 对此过程进行了说明。你可能已经了解了 CSV 文件的结构，但为方便初学者，图 3.12 中显示了 Notepad++中打开的 CSV 文件的结构分解。

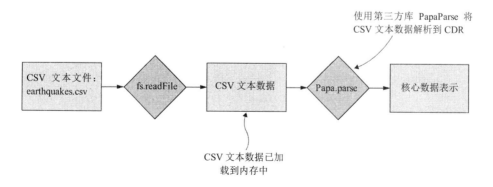

图 3.11　将 CSV 文本文件导入 CDR

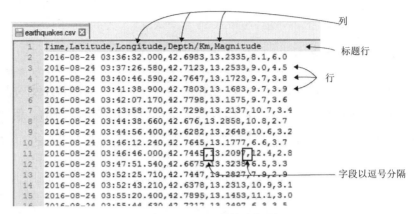

图 3.12 CSV 文件的结构分解

CSV 文件是一种旧的纯文本文件：文件的每一行是一个数据行。然后，每一行被划分为若干以逗号分隔的字段，这种数据格式就因此而得名。

如果你使用本章对应的 GitHub 代码库，并且已经运行了 npm install，那么应该已经将 Papa Parse 安装到 Node.js 项目中。如果没有，你可在全新的 Node.js 项目中安装 Papa Parse，如下所示：

```
npm install --save papaparse
```

代码清单 3.9 中显示了我们的又一个工具包函数，此函数可将 CSV 文件导入核心数据表示。再次使用工具包函数 file.read 将文件加载到内存中，然后使用 papa.parse 解析加载的 CSV 数据。

代码清单 3.9 一个用于导入 CSV 文本文件的函数(toolkit/importCsvFile.js)

定义用于将 CSV 文件导入 CDR 的工具包函数

```
const papa = require('papaparse');          ← 需要使用 Papa Parse 第三方库来解析 CSV 数据
const file = require('./file.js');          ← 需要使用我们的 file 工具包模块

function importCsvFile (filePath) {
  return file.read(filePath)                ← 将 CSV 文本文件读取到内存中
    .then(textFileData => {                 ← 回调函数接收从 CSV 文件加载的文本数据
      const result = papa.parse(textFileData, {   ← 调用 papa.parse 以将 CSV 数据解析到 CDR
        header: true,                       ← 指示 Papa Parse 将 CSV 数据的第一行识别为标题
        dynamicTyping: true,                ← 启用 Papa Parse 的自动类型转换
      });
```

```
        return result.data;   ◄────── 从 Papa Parse 结果中提取解析的数据
    });
};
module.exports = importCsvFile;   ◄────── 导出此工具包函数以便在其他代码模块中使用
```

请注意 Papa Parse 所使用的选项。header 选项使 Papa Parse 可将 CSV 文件的第一行识别为标题行，这一行用于指定表格数据的列名称。

dynamicTyping 选项用于启用 Papa Parse 的自动类型转换功能。该功能可以根据值在外观上所表现出来的类型特性，自动为每个字段值选择一种类型。之所以需要启用此功能，是因为 CSV 格式与 JSON 不同，它没有专门的数据类型支持。CSV 文件中的每个字段只是一个字符串值，但 Papa Parse 会指出实际的数据类型。此功能非常方便，并且在绝大多数时间都适用。不过，有时，它也会选择错误的数据类型，或者由于某些原因，你可能希望加大自己的控制力度，从而能够应用你自己的习惯约定。

代码清单 3.10 使用了我们的新函数来导入 earthquakes.csv 数据文件。你可以运行此代码清单，然后会发现解码的数据已输出到控制台，以便你检查导入是否成功。

代码清单 3.10　从 earthquakes.csv 数据文件导入数据(listing_3.10.js)

需要使用我们的 importCsvFile 工具包函数
```
└──► const importCsvFile = require('./toolkit/importCsvFile.js');


importCsvFile("./data/earthquakes.csv")   ◄────── 将 earthquakes.csv 文本文件导入 CDR
    .then(data => {
        console.log(data);   ◄────── 将数据输出到控制台以便我们可以对其进行验证
    })
    .catch(err => {
        console.error("An error occurred.");   ┐ 处理可能发生的任
        console.error(err.stack);              ┘ 何错误
    });
```
回调以接收从 CSV 文件导入的数据

2. 从 REST API 解析 CSV 数据

对于 CSV 格式来说，与 JSON 一样，也有两种加载 CSV 数据的方式，从文本文件或者从 REST API。若要从 REST API 加载 CSV 数据，我们需要将 file.read 替换为 request-promise，这样就可以从 REST API 加载数据，而不是从文本文件加载。代码清单 3.11 中显示了一个新的函数 importCsvFromRestApi，该函数可自动执行此项操作，我们可以使用它从 REST API 导入 CSV 数据。

代码清单 3.11   一个用于从 REST API 导入 CSV 数据的函数(toolkit/importCsvFromRestApi.js)

需要使用 Papa Parse 来解析 CSV 数据

```
    const request = require('request-promise');          需要使用 request-promise 来
                                                         发出 REST API 请求
    const papa = require('papaparse');

    function importCsvFromRestApi (url) {                 定义一个新的工具包函数以从
        return request.get({                             REST API 导入 CSV 数据
            uri: url,                                     向 REST API 发出请求以通过
            json: false                                   HTTP GET 检索数据
        })
          .then(response => {
            const result = papa.parse(response,{
                header: true,                             使用 Papa Parse 将 CSV
                dynamicTyping: true                       数据解析到 CDR
            });

            return result.data;
        });
    };

    module.exports = importCsvFromRestApi;                导出此工具包函数以便在其他
                                                         Node.js 代码模块中使用
```

代码清单 3.12 使用函数 importCsvFromRestApi 从 REST API 导入 CSV 数据，对应的网址为 https://earthquake.usgs.gov/fdsnws/event/1/query.csv。你可以运行下面的代码清单 3.12，它通过网络提取对应的 CSV 数据，对其进行解码，然后将其输出到控制台以便对其进行检查。

代码清单 3.12   从 REST API 导入 CSV 数据(listing-3.12.js)

```
    const importCsvFromRestApi= require('./toolkit/importCsvFrom-
RestApi.js');                                            需要使用我们的工具包函数以将
                                                         CSV 数据从 REST API 导入 CDR

    const url = "https://earthquake.usgs.gov/fdsnws/      显示用于返回 CSV 数据的
       ➥ event/1/query.csv?starttime=2017-01-            示例 REST API 的 URL
       01&endtime=2017-03-02";
    importCsvFromRestApi(url)                             使用我们的工具包函数以从 REST API 导入数据
        .then(data => { //#D                             将导入的数据输出到控
            console.log(data); //#D                      制台以检查其是否正确
```

```
}) //#D
.catch(err => {
    console.error(err);
});
```

处理可能发生的任何错误

从文本文件加载和解析数据的相关内容到此结束。请注意，除了上面介绍的 CSV 和 JSON 两种数据格式以外，我们可能还需要加载其他数据格式，但这里只介绍了这两种格式，因为它们是最常用的数据格式。在实际操作中，你可能还需要处理 XML 文件、YAML 文件以及其他更多文件格式，不过，你能想到的要添加的任何新格式都可以通过 CDR 插入你的数据处理流程中。

第 4 章还会回过头来关注文本文件，介绍如何使用正则表达式处理不常用的文本文件格式，以应对必须导入自定义或专用数据格式的情况。

3.4.5　从数据库导入数据

对于导入数据来说，最后还需要了解如何从数据库导入"核心数据表示"。数据库对于数据整理来说非常重要，这一点你应该明白。它们通常是数据处理流程不可分割的组成部分，并且是高效且有效地处理大量数据所必不可少的。一般情况下，可使用特定的第三方访问库通过某种网络协议来访问数据库，如图 3.13 所示。有许多数据库产品可供使用，但这里将重点介绍其中最常用的两种，那就是 MongoDB 和 MySQL。

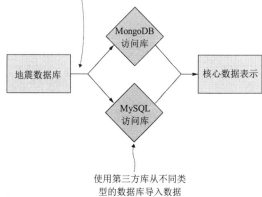

图 3.13　将数据从数据库导入 CDR

3.4.6 从 MongoDB 导入数据

MongoDB 是一种非常流行的非 SQL 数据库，我非常喜欢使用这种数据库，因为它可以将便捷性、灵活性和高性能完美地融合到一起。MongoDB 作为一种非 SQL 数据库，是没有固定模式的。MongoDB 不会为数据施加固定的模式，因此，我们不需要预先定义数据库的结构。

我发现，在处理尚不了解的数据时，这种数据库非常有用。使用 MongoDB 时，我可以将数据抛入数据库，省去了稍后进行结构化处理的问题。但是，使用 MongoDB 并不意味着拥有非结构化的数据，事实情况远非如此，我们可以在 MongoDB 中轻松地表达结构，只是我们不需要提前定义相应的结构。与其他任何数据导入作业一样，在编写导入代码之前，首先应该对数据进行检查。图 3.14 显示了通过 Robomongo 数据库查看器查看示例地震数据库时的情况。

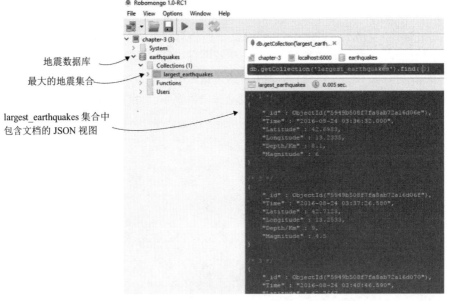

图 3.14　使用 Robomongo 数据库查看器查看 MongoDB 地震数据库

你可以通过多种方式从 MongoDB 数据库检索数据。这里将使用 promised-mongo，这是一种第三方库，可以模拟 Mongo Shell 并提供一种非常出色的基于 Promise 的 API。之所以在这里使用 promised-mongo，原因在于，通过它，我们可以更轻松、快速地熟悉 MongoDB，而且它与我们可以在 Mongo Shell 和 Robomongo 中使用的命令比较类似。在后面的第 8 章中，会再次介绍 MongoDB 的相关内容，届时，将使用正式的 MongoDB 访问库。

使用 promised-mongo 将数据从 MongoDB 数据库导入核心数据表示，如图 3.15 所示。注意，与处理文本文件不同的是，这里不需要额外的解析步骤，由数据库访问库处理相关事项。

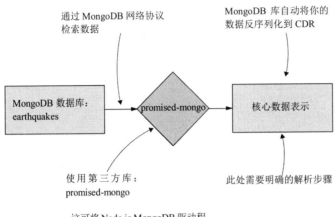

图 3.15 将数据从 MongoDB 地震数据库导入 CDR

如果你使用 GitHub 代码库并且运行了 npm install，那么你应该已经安装了 promised-mongo。否则，可以在全新的 Node.js 项目中进行安装，命令代码如下：

```
npm install --save promised-mongo
```

MongoDB 数据库安装过程非常简单：你可以访问 www.mongodb.com 下载安装程序并了解更多相关信息。为了方便起见，第 3 章对应的 GitHub 代码库包含一段 Vagrant 脚本，可用于在已安装 MongoDB 数据库的情况下启动虚拟机。此外，还提供了示例地震数据。如果想要使用此脚本，你需要安装 Vagrant 以及 Virtual Box，相关内容将在附录 C 说明。

Vagrant 允许你创建虚拟机，用于模拟生产环境。我已经使用了 Vagrant，使你可以快速启动一个带有数据库的虚拟机，而这会为你提供一个便捷的数据源，以便尝试代码清单 3.13 和代码清单 3.14 中的示例代码。如果你不想使用 Vagrant，但又想尝试此代码，那么需要在你的开发计算机上安装 MongoDB，并手动将数据加载到数据库中。

安装了 Vagrant 和 Virtual Box 以后，你可以按照下面所示启动虚拟机：

```
cd Chapter-3/MongoDB
vagrant up
```

　　虚拟机需要一定的时间完成准备工作。当准备工作完成后，你将拥有一个包含地震数据的 MongoDB 数据库，并且可以随时访问。Vagrant 已经将默认的 MongoDB 端口 27017 映射到我们的本地计算机上的端口 6000(假定该端口没有被使用)。这意味着，我们可以通过端口 6000 在本地计算机上访问该 MongoDB 数据库，就像它在该端口运行一样，而不是在虚拟机上运行(实际上它就是在虚拟机上运行的)。

　　使用完 MongoDB 虚拟机以后，不要忘记将其销毁，使其不再继续占用你的系统资源，命令如下：

```
cd Chapter-3/MongoDB
vagrant destroy
```

　　代码清单 3.13 中包含我们的下一个工具包函数。它使用 MongoDB find 函数将数据从 MongoDB 集合导入核心数据表示。

代码清单 3.13   一个用于从 MongoDB 集合导入数据的函数(toolkit/importFromMongoDB.js)

定义用于从 MongoDB 导入数据的工具包函数

```
function importFromMongoDB (db, collectionName) {
    return db[collectionName].find().toArray();          从指定数据库中的指定集合
};                                                       检索数据库记录

module.exports = importFromMongoDB;          导出此工具包函数以便在其
                                             他 Node.js 模块中使用
```

　　代码清单 3.14 显示了如何使用函数从 largest_earthquakes 集合导入数据。运行此代码，它会从数据库中检索数据，并将其输出到控制台以供你检查。

代码清单 3.14   从 MongoDB 导入最大的地震集合(listing-3.14.js)

需要使用 promised-mongo 第三方库以便访问
MongoDB 数据库

```
                                                       需要使用我们的工具包函数以将数
const mongo = require('promised-mongo');               据从 MongoDB 数据库导入 CDR
const importFromMongoDB = require('./toolkit/importFromMongoDB.js');

const db = mongo(
    "localhost:6000/earthquakes",          使用端口 6000 连接到地震数据库，该端口
    ["largest_earthquakes"]                已经映射到我们的 MongoDB 虚拟机。通常
);                                         情况下，MongoDB 的默认端口为 27017


importFromMongoDB(db, "largest_earthquakes")          从 largest_earthquakes 集合
                                                      导入数据
```

```
    .then(data => {
        console.log(data);
    })
    .then(() => db.close())    ◄── 完成数据导入后，关闭数据库连接
    .catch(err => {
        console.error(err);
    });                               处理可能发生的
                                      任何错误
将导入的数据输出到控制台以检查其是否正确
```

在代码清单 3.14 中，请注意如何使用连接字符串 localhost:6000/earthquakes 连接到 MongoDB 数据库。这表示连接到 Vagrant 虚拟机上运行的名为 earthquakes 的 MongoDB 数据库，并且该 MongoDB 数据库实例已映射到本地主机计算机上的端口 6000。

如果想要连接到其他数据库，必须更改此连接字符串。例如，如果你在自己的本地计算机上安装了 MongoDB 数据库(而不是使用 Vagrant 虚拟机)，那么你可能会发现，MongoDB 使用的是默认端口 27017。如果是这种情况，那么你需要改为使用连接字符串 localhost:27017/earthquakes。考虑到 localhost 和 27017 是默认设置，你甚至可以删除这两部分，而仅使用 earthquakes 作为连接字符串。

你还可通过 Internet 连接到 MongoDB 数据库，只需要在连接字符串中提供有效的主机名即可。例如，如果你在主机名为 my_host.com 的计算机上有一个可通过 Internet 访问的数据库，那么你的连接字符串可能为 my_host.com:27017/my_database。

3.4.7　从 MySQL 导入数据

在弄明白如何从 SQL 样式的数据库导入数据之前，不能说已完整地了解了从数据库导入数据的相关知识。SQL 是商业领域中最主要的数据库，SQL 数据库中可以包含大量的数据。在这里，将介绍如何从 MySQL(一种常用的 SQL 数据库)导入数据。

就像在之前所做的那样，在开始编写代码之前，首先应该在某种数据库查看器中对数据进行一下检查。如图 3.16 所示，你可以看到在 HeidiSQL 数据库查看器中显示的地震数据库和 largest_earthquakes 集合。

要从 MySQL 读取数据，需要使用被称为 nodejs-mysql 的第三方库。图 3.17 显示了从地震数据库检索数据并将其导入到核心数据表示的整个过程。

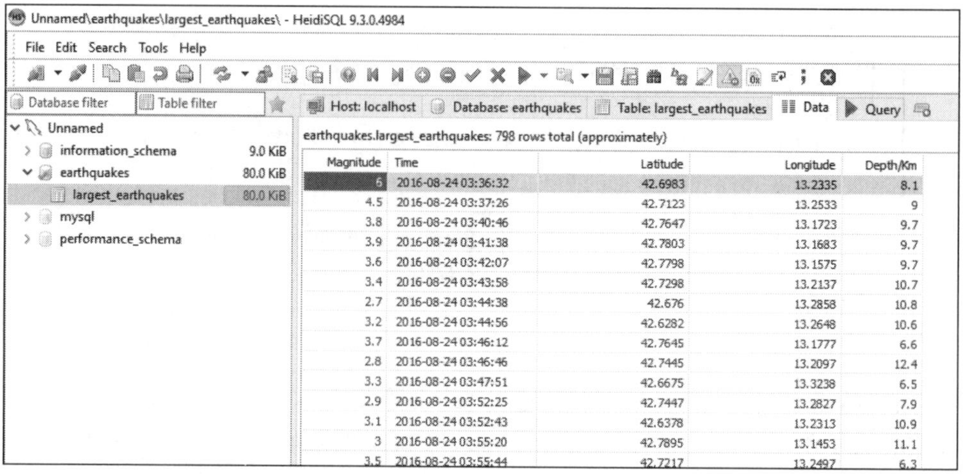

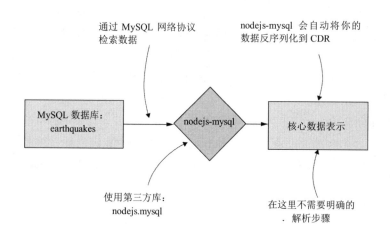

图 3.16　使用 HeidiSQL 数据库查看器查看 largest_earthquakes 表

通过 MySQL 网络协议检索数据

nodejs-mysql 会自动将你的数据反序列化到 CDR

MySQL 数据库：earthquakes

nodejs-mysql

核心数据表示

使用第三方库：nodejs.mysql

在这里不需要明确的解析步骤

图 3.17　将数据从 SQL 数据库导入到 CDR

如果你使用 GitHub 代码库，并且运行了 npm install，那么你应该已经安装了 nodejs-mysql。否则，可以在全新的 Node.js 项目中进行安装，命令代码如下：

```
npm install --save nodejs-mysql
```

相比于 MongoDB，MySQL 的设置要稍微困难一些。安装 MySQL 后，开始导入数据之前，你必须定义模式，而使用 MongoDB 数据库时不必执行此操作。你可以访问 http://www.mysql.com，下载 MySQL 安装程序及安装说明。

为方便起见，第 3 章对应的 GitHub 代码库包含另一个 Vagrant 脚本，可以启动一个安装了 MySQL 数据库的虚拟机，并且其中附带一个地震数据库，可用于尝试代码

清单 3.15 和代码清单 3.16 中的代码。你将需要安装 Vagrant 和 Virtual Box，在前面的
MongoDB 相关示例中，你可能已经安装了这两项。

使用下面的命令启动虚拟机：

```
cd Chapter-3/MySql
vagrant up
```

虚拟机需要一定的时间完成准备工作。当准备工作完成后，你将拥有一个包含地
震数据的 MySQL 数据库，并且可以随时访问。Vagrant 已经将默认的 MySQL 端口 3306
映射到我们的本地计算机上的端口 5000(假定该端口未被使用)。你可以通过端口 5000
在本地计算机上访问该 MySQL 数据库，就好像它是在该端口运行一样，而不是在虚
拟机上运行(实际上它就是在虚拟机上运行的)。

使用完虚拟机后，不要忘记将其销毁，使其不再继续占用你的系统资源，命令代
码如下：

```
cd Chapter-3/MySql
vagrant destroy
```

有关设置和使用 Vagrant 的更多详细信息，请参见附录 C。

代码清单 3.15 定义了函数 importFromMySql，其中包含针对地震数据库执行 SQL
命令并将数据导入核心数据表示所必需的简单代码。

代码清单 3.15　一个用于从 MySQL 数据库导入数据的函数(toolkit/importFromMySql.js)

定义用于从 MySQL 数据库导入数据的工具包函数　　　　　　　　　执行 SQL 命令以从指定数据库中的指定表检索数据

```
function importFromMySql (db, tableName) {
    return db.exec("select * from " + tableName);
};
```

```
module.exports = importFromMySql;
```
导出此工具包函数以便在其他 Node.js 模块中使用

代码清单 3.16 显示了如何使用 importFromMySql 函数。它可以连接到地震数据库
并从 largest_earthquakes 表导入数据。运行此代码，它会从 MySQL 数据库检索数据，
并将其输出到控制台以便我们进行检查。

代码清单 3.16　从 MySQL 数据库导入最大的地震表(listing-3.16.js)

需要使用工具包函数以从 MySQL 数据库导入数据

```
const importFromMySql = require('./toolkit/importFromMySql.js');
const mysql = require('nodejs-mysql').default;
```

配置与 MySQL 地震数据库的连接

```
const config = {
    host: "localhost",
    port: 5000,        ◀──  连接到端口 5000 的数据库，该数据库映射到在虚拟
                            机中运行的 MySQL 数据库
    user: "root",
    password: "root",
    database: "earthquakes",   ◀──  指定要连接到的数据库的名称
    dateStrings: true,
    debug: true
};


const db = mysql.getInstance(config);   ◀──  连接到数据库


return importFromMySql(db, "largest_earthquakes")   ◀──  使用工具包函数从
                                                         largest_earthquakes 表
    .then(data => {                                      导入数据
        console.log(data);
    })
    .catch(err => {
        console.error(err);        ◀──  处理可能发生的任何错误
    });
```

将导入的数据输出到控制台以检查其是否正确

3.5　导出数据

现在，我们已经了解了如何将数据导入到内存中。在本章的后半部分中，将介绍数据处理流程的另一端，那就是导出数据。我们将学习如何将数据从数据处理流程导出为各种数据格式和存储机制。与之前学习数据导入一样，首先介绍文本文件，最后介绍 MongoDB 和 MySQL 这两种数据库。

3.5.1　你需要有可供导出的数据

通过前面导入数据的代码示例，我们将导入的数据输出到控制台以检查是否所有内容都符合预期。导出过程有一点点不同。在导出数据之前，我们需要有可供导出的示例数据！

在本章剩余部分中，将使用 earthquakes.csv 作为示例数据。图 3.18 显示了导出代码示例的一般模式。首先使用之前创建的工具包函数 importCsvFile 将 earthquakes.csv 加载到 CDR。在此之后是导出过程的其余环节，具体取决于要导出的数据格式。代码清单 3.17 显示了代码中的一般导出过程。你可以看到，在导入 earthquakes.csv 后，有一段代码是空白的，用于插入我们的导出代码。

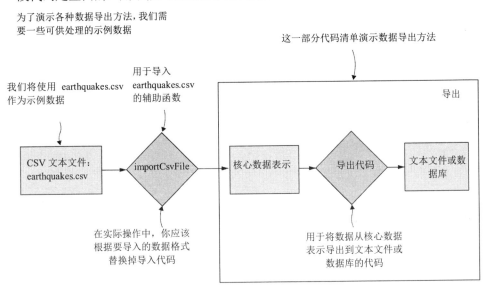

图 3.18　数据导出示例的一般格式

代码清单 3.17　你的数据导出示例代码的一般模式

需要使用我们的 importCsvFile 工具包函数

```
const importCsvFile = require('./importCsvFile');

importCsvFile("./data/earthquakes.csv")          使用工具包函数加载数据，以便有
                                                 可以导出的内容
    .then(earthquakesData => {
                                                 调用用于接收加载的数据的回调函数，
        //                                       将在这里添加导出代码
        // ... 此处为导出代码 ...
        //
    })
    .catch(err => {
        console.error("An error occurred.");     处理可能发生的任何
        console.error(err.stack);                错误
    });
```

3.5.2 将数据导出到文本文件

要将数据导出到文本文件，首先要对保存在核心数据表示中的数据进行序列化。开始时，必须选择数据格式；在这里，会将数据导出为 JSON 或 CSV 格式。数据已在内存中序列化为文本。然后使用 Node.js 函数 fs.writeFile 将文本数据写入文件系统中。图 3.19 对这一过程进行了说明。

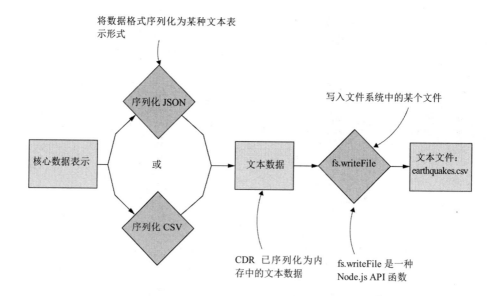

图 3.19 从 CDR 导出到文本文件

就像在使用 Node 的 fs.readFile 函数时所做的那样，我们需要创建一个函数，用于将 fs.writeFile 封装在一个 Promise 中。我们希望将与文件相关的函数放到一起，因此，将新的 write 函数添加到现有的文件模块中，如代码清单 3.18 所示。

代码清单 3.18 一个用于写入文本文件的基于 Promise 的函数(toolkit/file.js)

```
const fs = require('fs');

//
// ... read 工具包函数 ...


function write (fileName, textFileData) {    ← 定义 write 工具包函数
```

实例化并返回一个 Promise，用于封装基于回调的异步操作

```
    return new Promise((resolve, reject) => {
        fs.writeFile(fileName, textFileData,    ← 执行 Node.js 函数以写入文件
            (err) => {
                if (err) {
                    reject(err);    ← 如果发生错误则拒绝 Promise
                    return;
                }

                resolve();    ← 如果文本文件成功保存则解析 Promise
            }
        );
    });
};
```

```
module.exports = {
    read: read,        导出此工具包函数以便在其他 Node.js
    write: write,      模块中使用
};
```

在接下来的几节中，将使用新的工具包函数将数据写入 JSON 和 CSV 文件。

3.5.3 将数据导出到 JSON 文本文件

为将数据从 CDR 导出到 JSON，需要使用内置的 JavaScript 函数 JSON.stringify。将数据序列化为文本后，将文本写入 earthquakes.json，如图 3.20 所示。代码清单 3.19 显示了用于将数据导出到 JSON 文件的新函数 exportJsonFile。

代码清单 3.19 一个用于将数据导出到 JSON 文本文件的函数(toolkit/exportJsonFile.js)

```
const file = require('./file.js');    ← 需要使用 file 工具包模块
```

定义用于导出 JSON 文件的工具包函数

```
function (fileName, data) {
    const json = JSON.stringify(data, null, 4);    ← 使用 JSON.stringify 从
    return file.write(fileName, json);              CDR 转换为 JSON 文本
};
             使用 file.write 工具包函数将
             JSON 数据写入文件系统

module.exports = exportJsonFile;    ← 导出工具包函数以在其他
                                      Node.js 模块中使用
```

代码清单 3.20 使用 exportJsonFile 函数将数据导出到 JSON 文件。你可以运行此代码，会发现它将在 output 文件夹中生成一个名为 earthquakes.json 的文件。

代码清单 3.20　将数据导出到 earthquakes.json (listing-3.20.js)

需要使用工具包函数导入 CSV 文件

需要使用工具包函数导出 JSON 文件

```
const importCsvFile = require('./toolkit/importCsvFile.js');
const exportJsonFile = require('./toolkit/exportJsonFile.js');

importCsvFile("./data/earthquakes.csv")
    .then(data=>exportJsonFile("./output/earthquakes.json", data))
    .catch(err => {
        console.error("An error occurred.");
        console.error(err.stack);
    });
```

将示例数据从 CDR 导出到 earthquakes.json

将 earthquakes.csv 中的示例数据导入到 CDR

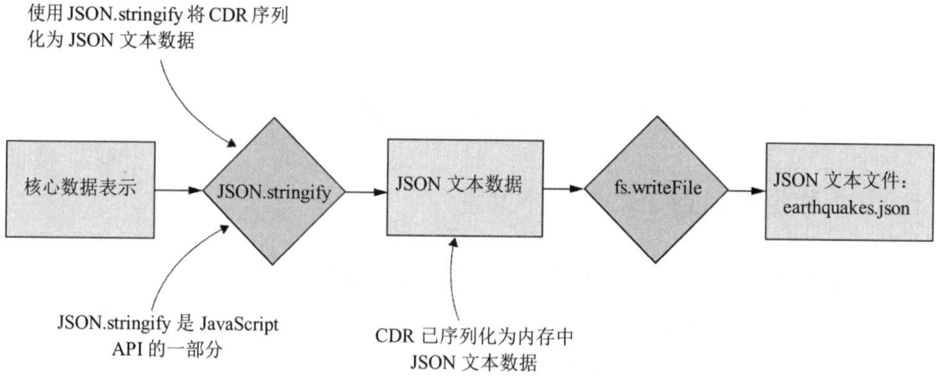

使用 JSON.stringify 将 CDR 序列化为 JSON 文本数据

核心数据表示 → JSON.stringify → JSON 文本数据 → fs.writeFile → JSON 文本文件：earthquakes.json

JSON.stringify 是 JavaScript API 的一部分

CDR 已序列化为内存中 JSON 文本数据

图 3.20　从 CDR 导出到 JSON 文本文件

3.5.4　将数据导出到 CSV 文本文件

CSV 导出并没有内置到 JavaScript 中，因此，还是需要借助 Papa Parse 来实现此功能。这次使用函数 papa.unparse 将数据序列化为 CSV 文本。然后使用 file.write 函数将数据写入 earthquakes.csv。图 3.21 对这一过程进行了说明。代码清单 3.21 显示了使用 papa.unparse 将数据导出到 CSV 文件的函数 exportCsvFile。

代码清单 3.21　一个将数据导出到 CSV 文本文件的函数(toolkit/exportCsvFile.js)

需要使用 Papa Parse 序列化为 CSV 格式

```
const papa = require('papaparse');           需要使用 file 工具包模块
const file = require('./file.js');

function exportCsvFile (fileName, data) {
    const csv = papa.unparse(data);          使用 papa.unparse 从 CDR 转换为 CSV 文本数据
    return file.write(fileName,csv);         使用 file.write 工具包函数将 CSV 数据写入
};                                           文件系统

module.exports = exportCsvFile;              导出工具包函数以便在其他 Node.js 模块中
                                             使用
```
定义用于导出 CSV 文件的工具包函数

代码清单 3.22 使用 exportCsvFile 函数将数据导出到 CSV 文件。运行此代码,它将在 output 文件夹中生成文件 earthquakes-export.csv。

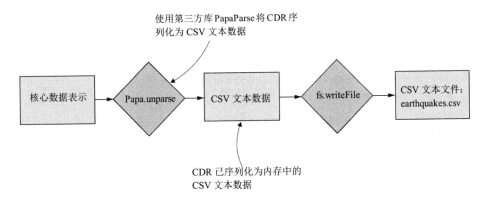

图 3.21　从 CDR 导出到 CSV 文本文件

代码清单 3.22　将数据导出到 earthquakes.csv (listing-3.22.js)

将 CDR 中的示例数据导出　　　　　　　　　　　　　需要使用工具包函数以导
到 earthquakes-export.csv　　　　　　　　　　　　入 CSV 文件

```
const importCsvFile = require('./toolkit/importCsvFile.js');
const exportCsvFile = require('./toolkit/exportCsvFile.js');
                                             需要使用工具包函数来导出
                                             CSV 文件
importCsvFile("./data/earthquakes.csv")
    .then(data =>        将示例数据从 earthquakes.csv
                         导入 CDR
        exportCsvFile("./output/earthquakes-export.csv", data)
    )
    .catch(err => {
```

```
        console.error("An error occurred.");
        console.error(err.stack);
    });
```

3.5.5　将数据导出到数据库

对我们来说，要有效地使用和处理数据，将数据导出到数据库是必不可少的。使用数据库，可以根据需要轻松、高效地检索经过过滤和排序的数据。

图 3.22 为我们显示了一般流程。核心数据表示被输入到数据库访问库中。通常情况下，访问库通过网络与数据库连接以便存储数据。

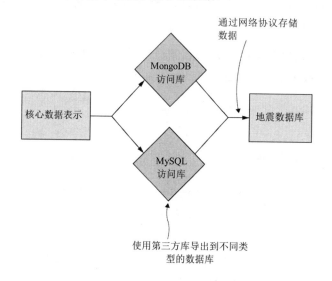

图 3.22　从 CDR 导出到数据库

3.5.6　将数据导出到 MongoDB

可以使用先前安装的第三方库 promised-mongo 将数据导出到 MongoDB 数据库。图 3.23 对这一过程进行了说明。

代码清单 3.23 中显示了一个用于导出到 MongoDB 数据库的工具包函数，这还是一个非常简单的函数。这几乎不值得用一个单独的函数来处理，但为了完整起见，我还是将其包含在这里。对于特定的数据库和集合，它会调用 insert 函数来插入一个记录数组。

代码清单 3.23　一个用于将数据导出到 MongoDB 的函数(toolkit/exportToMongoDB.js)

定义用于将数据导出到 MongoDB 的工具包函数

在数据库集合中插入记录数组。insert 函数可以获取一个记录数组，或者每一条记录

```
function exportToMongoDB (db, collectionName, data) {
    return db[collectionName].insert(data);
    };

module.exports = exportToMongoDB;
```

导出此工具包函数以便在其他 Node.js 模块中使用

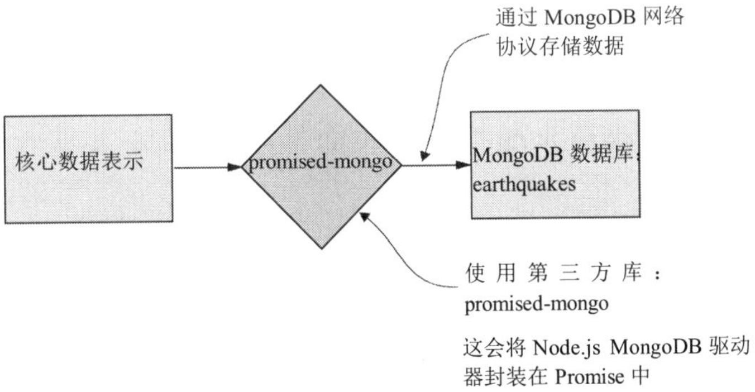

通过 MongoDB 网络协议存储数据

使用第三方库：promised-mongo

这会将 Node.js MongoDB 驱动器封装在 Promise 中

图 3.23　从 CDR 导出到 MongoDB 数据库

代码清单 3.24 中显示了一个特定的示例。此代码连接到一个运行在 Vagrant 虚拟机上的 MongoDB 实例。数据库访问端口已映射到我们的开发计算机上的端口 6000。示例数据从 earthquakes.csv 导入，然后调用函数 exportToMongoDB 并将数据存储在 MongoDB 数据库中。你可以运行此代码，它会在数据库中创建并填充一个名为 largest_earthquakes_export 的新集合。

代码清单 3.24　导出到 MongoDB largest_earthquakes 集合(listing-3.24)

需要使用工具包函数以导入一个 CSV 文件

需要使用工具包函数以导出到 MongoDB 数据库

```
const importCsvFile = require('./toolkit/importCsvFile.js');
const exportToMongoDB = require('./toolkit/exportToMongoDB.js');
const mongo = require('promised-mongo');

const db = mongo("localhost:6000/earthquakes",
    ["largest_earthquakes_export"]
);

importCsvFile("./data/earthquakes.csv")
```

需要使用 promised-mongo：用于访问数据库的第三方库

连接到数据库

从 earthquakes.csv 导入示例数据

```
    .then(data =>
        exportToMongoDB(db, "largest_earthquakes_export", data)
)
    .then(() => db.close())   ←── 操作完成后关闭数据库连接
    .catch(err => {
    console.error("An error occurred.");
        console.error(err.stack);
    });
```

处理可能发生的任何错误

将数据导出到地震数据库中的
largest_earthquakes_export 集合

3.5.7　将数据导出到 MySQL

可以使用先前安装的第三方库 nodejs-mysql 来将数据导出到 MySQL 数据库中。
图 3.24 对这一过程进行了说明。

代码清单 3.25 中显示了用于导出到 MySQL 数据库的函数。该过程与导出到
MongoDB 数据库的过程有一点点不同。对于 MongoDB 数据库，我们只需要调用一次
insert 函数即可插入较大的记录集合。但我们无法使用此库执行该操作，实际上，我们
必须执行多个 SQL insert 命令。在代码清单 3.25 中，请注意如何使用 JavaScript reduce
函数逐个对这些 SQL 命令进行顺序排列。

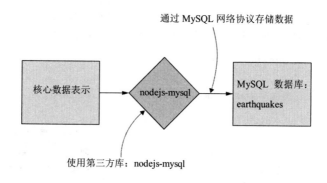

通过 MySQL 网络协议存储数据

核心数据表示 → nodejs-mysql → MySQL 数据库：earthquakes

使用第三方库：nodejs-mysql

图 3.24　从 CDR 导出到 MySQL 数据库

代码清单 3.25　一个用于将数据导出到 MySQL 的函数(toolkit/exportToMySql.js)

定义一个用于将数据导出到 MySQL 数据库的工具包函数

```
function exportToMySql (db, tableName, data) {
    return data.reduce(
            (prevPromise, record) =>
```

使用 reduce 函数访问每条记录

```
                    prevPromise.then(() =>
                        db.exec(
                            "insert into " + tableName + " set ?",
                         record
                        )
                    ),
                Promise.resolve()
            );
    };
```

在数据库中插入一条新记录

使用 Promise 对一系列异步插入操作进行顺序排列

```
module.exports = exportToMySql;
```

导出此工具包函数以便在其他 Node.js 模块中使用

将数据插入 MySQL 数据库之前，需要创建数据库表。对我来说，这是使用 SQL 不好的地方之一：在插入数据前，必须创建表并定义模式。但对于 MongoDB 来说，不必执行此类准备工作。

代码清单 3.26 显示了在 MySQL 数据库中创建 largest_earthquakes_export 表的过程，使用的模式与我们的示例数据的格式匹配。你必须运行此代码，以为数据创建数据库模式。

代码清单 3.26　在 MySQL 数据库中创建 largest_earthquakes_export 表(listing-3.26.js)

为 MySQL 数据库配置连接

需要使用 nodejs-mysql：用于访问 MySQL 数据库的第三方库

```
const mysql = require('nodejs-mysql').default;

const config = {
    host: "localhost",
    port: 5000,
    user: "root",
    password: "root",
    database: "earthquakes",
    dateStrings: true,
    debug: true
};

const db = mysql.getInstance(config);

const createDbCmd =
```

指定将使用地震数据库

连接到 MySQL 数据库

显示用于创建 largest_earthquakes_export 表的 SQL 命令

```
"create table largest_earthquakes_export ( Magnitude double, Time
➥datetime, Latitude double, Longitude double, `Depth/Km` double )";


db.exec(createDbCmd)        ◄────── 执行命令以创建表
    .then(() => {
            console.log("Database table created!");
    })
    .catch(err => {
        console.error("Failed to create the database table.");
        console.error(err.stack);
    });
```

表成功创建后，调用回调函数

处理可能发生的任何错误

创建数据库表后，现在可向其中导出数据。在代码清单 3.27 中，从文件 earthquakes.csv 中导入示例数据，然后使用 exportToMySql 函数将其导出到 MySQL 数据库。可以运行此代码，它将使用数据填充 SQL 表 largest_earthquakes_export。

代码清单 3.27　导出到 MySQL largest_earthquakes 表(listing-3.27.js)

需要使用工具包函数以导出
到 MySQL 数据库

需要使用工具包函数以从
CSV 文件导入数据

```
const importCsvFile = require('./toolkit/importCsvFile.js');
const exportToMySql = require('./toolkit/exportToMySql.js');
const mysql = require('nodejs-mysql').default;

const config = {
    host: "localhost",
    port: 5000,
    user: "root",
    password: "root",
    database: "earthquakes",
    dateStrings: true,
    debug: true
};


const db = mysql.getInstance(config);
```

需要使用 nodejs-mysql：用
于访问 MySQL 数据库的
第三方库

指定我们要使用地震数据库

连接到 SQL 数据库

配置与 MySQL 数据库的连接

```
importCsvFile("./data/earthquakes.csv")          加载用于导出的示例数据
    .then(data =>
        exportToMySql(db, "largest_earthquakes_export", data)
    )
    .catch(err => {
        console.error("An error occurred.");
        console.error(err.stack);                使用工具包函数以将示例数
    });                                          据导出到数据库中的
                                                 largest_earthquakes_export 表
```

处理可能发生的任何错误

现在，导入和导出各种数据格式的相关内容已介绍完毕。那么如何在实践中运用这些知识呢？现在，可以混合并匹配数据格式，而且可以构建各种不同的数据处理流程。

3.6 构建完整的数据转换

图 3.25 显示了从 CSV 文件到 MongoDB 数据库的完整数据转换过程。我们在前面已经接触到了这种数据转换。请注意导入代码如何以核心数据表示为中间环节与导出代码重叠。

我们再来看一看这种转换对应的代码。代码清单 3.28 明确标识了转换的导入和导出组成部分。这些代码已很好地定义成工具包函数。

代码清单 3.28 从 CSV 文件到 MongoDB 集合的示例数据转换

```
const importCsvFile = require('./toolkit/importCsvFile.js');
const exportToMongoDB = require('./toolkit/exportToMongoDB.js');

// ... 实例化代码 ...

importCsvFile("./data/earthquakes.csv")          从 earthquakes.csv 文件导入
    .then(data => exportToMongoDB(db, "largest_earthquakes", data))
    .then(() => {
        // ... 清理代码 ...             导出到 MongoDB largest_
    })                                  earthquakes_export 集合
    .catch(err => {
        console.error("An error occurred.");
        console.error(err.stack);
    });
```

希望你已经开始了解如何混合并匹配各种数据格式，然后将它们组合到一起以构建数据处理流程。

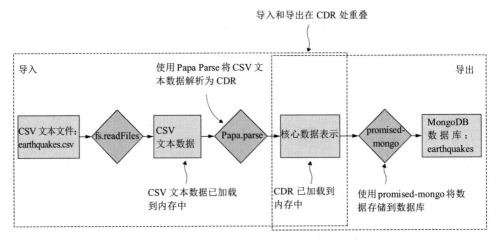

图 3.25   一个从 CSV 文件到 MongoDB 数据库的示例数据转换

3.7   扩展流程

现在，再次回到核心数据表示模式。如代码清单 3.28 所示，你能够轻松地将其中的导入和导出函数替换为用于处理其他任何数据格式的函数。这就构成了非常灵活的模式，使你可以构建能够想象到的几乎任何数据转换。

现在，你可以为到目前为止已经介绍的任何数据格式构建数据转换。请看一下图 3.26。从左侧选取一种导入格式。从右侧选取一种导出格式。然后，在通过 CDR 传输数据的 JavaScript 代码中将这些格式连接到一起。

核心数据表示模式是可扩展的。并未限制你仅仅使用本章中介绍的数据格式。你也可以使用自己的数据格式，既可以是诸如 XML 或 YAML 的标准格式，也可以是各种自定义格式，然后将它们集成到工作流程中。

图 3.27 对到目前为止我们已经了解的数据处理流程类型进行了归纳总结。即以某种格式获取输入数据，然后通过可以解码这种格式的代码传递数据。此时，数据以核心数据表示的形式保留在内存中。现在，通过导出代码传递 CDR 数据，以便在所需的位置获取数据。我相信你可以想象到如何向目前的格式混合体中添加新的数据格式。例如，假定你要创建用于导入和导出 XML 数据格式的工具包函数。现在，你已经拓展了自己创建数据转换流程的能力，例如，从 XML 到 CSV、从 XML 到 MongoDB，以及从 MySQL 到 XML，等等。

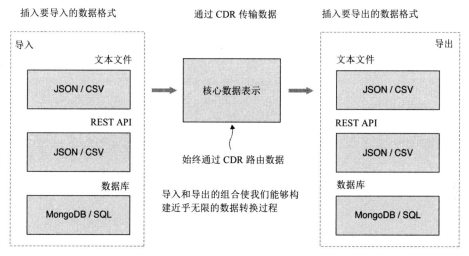

图 3.26　核心数据表示设计模式是一种构造数据转换流程的方法

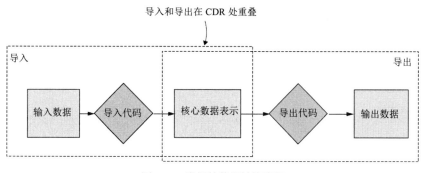

图 3.27　常规的数据转换流程

　　在接下来的章节中，将在核心数据表示模式的基础上进行构建。正如你在图 3.28 中看到的，将展开转换流程的中间部分。在这里，将向数据处理流程中添加数据清洗、转换和分析等阶段。其中的每个阶段都针对核心数据表示进行操作。每个阶段采用 CDR 数据作为输入，对其执行相应的处理，然后输出转换后的 CDR 数据，将其传递到下一阶段。

　　使用核心数据表示模式，可以用本章中学到的技术总共创建 36 种不同的数据转换。这里的 36 是怎么得来的呢？它是由导入数据格式数(6)与导出数据格式数(6)相乘得来的。如果你向目前的格式混合体中添加任何新的格式，那么可以创建的数据转换数也会随着增加。假如你向目前的格式混合体中添加了 XML 格式，那么你将获得 49 种不同的数据转换！

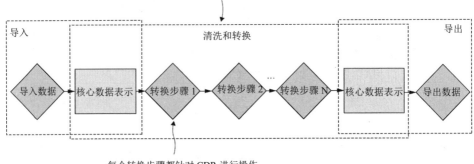

图 3.28　对基本的数据转换流程进行扩展，以包含数据清洗和转换阶段

　　采集、存储和检索是构建数据处理流程的基础。现在，你已经了解了数据整理的这些方面，接下来可以继续了解更多更为高级的主题。不过，现在你还没有完全掌握数据导入的相关内容，在接下来的第 4 章中，我们将介绍关于数据导入过程的其他更高级的方面，例如处理自定义数据、网页爬取以及处理二进制数据。

小结

- 你了解到可以使用通过核心数据表示传输数据的代码将灵活的数据处理流程连接到一起。
- 你知道如何导入和导出 JSON 以及 CSV 文本文件。
- 我们讨论了如何通过 HTTP GET 从 REST API 导入 JSON 和 CSV 数据。
- 你完成了关于使用 MongoDB 和 MySQL 数据库导入和导出数据的示例。

第4章

处理不常见的数据

本章内容提要：
- 处理各种不常见的数据格式
- 使用正则表达式解析自定义文本文件格式
- 使用网页爬取技术从网页提取数据
- 处理二进制数据格式

前一章中介绍了如何将各种常用的标准数据格式导入核心数据表示，以及如何从核心数据表示导出这些数据格式。有时，你可能遇到一些不常见的数据格式，而导入这种数据时可能需要用到一些不太常见的方法，在这一章中，将介绍这些不太常见的数据导入方法。

接着前面的第 3 章，我们假定你正在维护一个关于地震的网站，并且需要接收来自各种数据源的新数据。在这一章中，将探索你可能需要或者希望提供支持的几种不太规则的数据格式。表 4.1 中显示了将要介绍的新数据格式。

表 4.1　第 4 章中介绍的数据格式

数据格式	数据源	注释
自定义文本	文本文件	有时，数据会采用一些自定义或专用的文本格式
HTML	Web 服务器 /REST API	对于 HTML 网页来说，如果不存在其他更为便捷的访问机制，可使用网页爬取技术从网页中爬取数据
自定义二进制	二进制文件	有时，数据会采用一些自定义或专用的二进制格式。或者，我们可能会选择使用二进制数据作为一种更紧凑的表示形式

在这一章中，将向工具包中添加一些新的工具，分别用于使用正则表达式处理数据、执行网络爬取以及解码二进制文件。表 4.2 中列出了这些工具。

表 4.2　第 4 章中使用的工具

数据源	数据格式	工具	函数
自定义文本	自定义文本	request-promise 库	request.get、正则表达式
网页爬取	HTML	request-promise 和 cheerio 库	request.get、cheerio.load
二进制文件	自定义	Node.js 文件系统 API 和缓存类	fs.readFileSync fs.writeFileSync 各种缓存函数
二进制文件	BSON	bson 库	serialize 和 deserialize

4.1　获取代码和数据

在这一章中，将继续使用第 3 章中的地震数据。本章对应的代码和数据可以在本书的 GitHub 上的 Chapter-4 代码库中获得，对应的网址为：https://github.com/data-wrangling-withjavascript/chapter-4。请下载对应的代码并安装各种依存项。如果你需要相关帮助，可以参考前面第 2 章中的 2.3 节。

与第 3 章的情况一样，第 4 章对应的代码库在同一目录中通过单独的 JavaScript 文件提供每个代码清单的代码，它们根据代码清单编号进行命名。你只需要在代码库的根目录中运行一次 npm install，就可以为所有代码清单安装所有第三方依存项。

4.2　从文本文件导入自定义数据

有时，你可能会偶然遇到某种自定义、专用或特殊的文本格式，对于这种格式，不存在现成可用的 JavaScript 库。如果出现这样的情况，你必须编写自定义解析代码，以便将数据导入核心数据表示。

尽管存在各种解析方法，包括手动实施你自己的解析器，但在这一节中，我将为你演示如何使用正则表达式进行解析。将示例文件 earthquakes.txt 加载到内存中后，我们将使用正则表达式来解释数据，并将感兴趣的部分提取到核心数据表示，如图 4.1 所示。

作为正则表达式的第一个示例，将解析从美国地质调查局(USGS)网站下载的

earthquakes.txt 文本文件。正如你在图 4.2 中看到的，earthquakes.txt 文件看起来类似于一个 CSV 文件，不同的是，它使用管道符号作为字段分隔符，而不是使用逗号作为分隔符。

　　正则表达式是一种非常强大的工具，JavaScript 对它们提供本地支持。它们可以帮助你处理各种特殊或自定义的文件格式，因此，你不需要为遇到的每种自定义格式手动编写解析器。

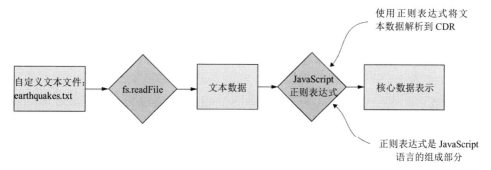

图 4.1　将自定义文本文件格式导入核心数据表示

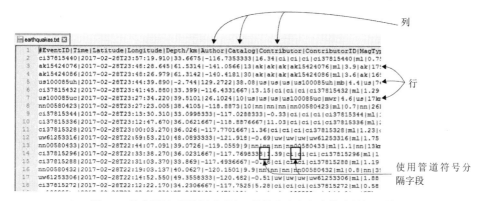

图 4.2　从美国地质调查局网站下载的自定义文本格式数据文件

　　在使用正则表达式时，我们的第一"停靠港"应该是一种在线测试工具，例如 https://regex101.com。图 4.3 中显示了这种工具，它使我们能够在接近完成代码编写之前，创建正则表达式并对其进行测试。

　　在此示例中，将使用一个简单的正则表达式，实际上，它们可以比这个复杂得多，而我们可以使用这些复杂的正则表达式来解析更复杂的数据格式。使用 regex101.com 的一个主要优势在于，在对正则表达式完成原型设计并进行测试后，我们可导出可用的 JavaScript 代码并将其包含在自己的应用程序中。

　　从 regex101.com 导出代码后，必须对其进行修改，以使其从 earthquakes.txt 文本文件中读取数据。代码清单 4.1 中显示了生成的代码和修改内容。你可从第 4 章对应的 GitHub 代码库中运行此代码，它会输出已经通过正则表达式解码的数据。

代码清单 4.1　从自定义文本文件 earthquakes.txt 导入数据(listing-4.1.js)

```
const file = require('./tookit/file.js');

function parseCustomData (textFileData) {          ← 定义用于解析自定义数据
    const regex= /(.*)\|(.*)\|(.*)\|(.*)\|(.*)\|(.*)\|(.*)\|(.*)\|    格式的辅助函数
 ➥(.*)\|(.*)\|(.*)\|(.*)\|  (.*)$/gm;              ← 定义正则表达式以便模式匹
                                                     配每一行

    var rows = [];
     var m;                                          此循环匹配文本文件
                                                     数据中的每种模式

    while ((m = regex.exec(textFileData)) !== null) { ←
        // 这是必不可少的，可以避免零宽度匹配项的无限循环

        if (m.index === regex.lastIndex) {
            regex.lastIndex++;
        }

        m.shift();

        rows.push(m);              ←  保存其他组，每一个都是一个数据行
    }

    var header = rows.shift();     ← 提取标头行，以使你了解列名称
     var data = rows.map(row => {                     转换各行。每一
        var hash = {};                                行都是一个按列
        for (var i = 0; i < header.length;++i) {      排序的数组。根
            hash[header[i]] = row[i];                 据列名称将每一
        }                                             行变换为一个记
        return hash;                                  录索引
    });
    return data;     ←  返回导入的数据
};

file.read("./data/earthquakes.txt")  ← 从 earthquakes.txt 文件读取数据
    .then(textFileData => parseCustomData(textFileData))
```

丢弃匹配项中的第一组。这始终是整个匹配的模式

调用辅助函数并解析自定义数据格式

```
    .then(data => {
        console.log(data);
    })
    .catch(err => {
        console.error("An error occurred.");
        console.error(err.stack);
    });
```

将导入的数据输出到控制台
以检查是否所有内容都正确

处理可能发生的任何错误

正则表达式

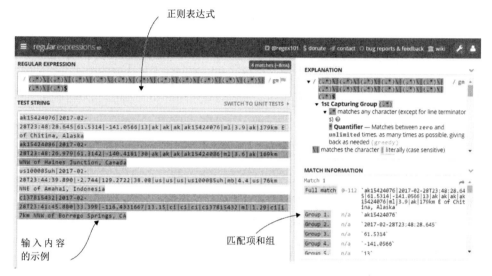

图 4.3　使用 regex101.com 对正则表达式进行测试

　　注意，与之前我们在第 3 章中看到的文件读取示例不同，在代码清单 4.1 中，我们没有保存一个单独的工具包函数。原因是什么呢？这是因为，这里处理的是一种自定义格式，很可能我们永远也不会再遇到，因此，可能没必要创建一个可重用的工具包函数。一般情况下，仅当确信在将来还会再次遇到对应的数据格式时，我们才需要将相应的函数添加到工具包中。

　　在这个示例中，我们没有将任何代码添加到工具包中，但我们向工具包中添加了一项"技术"。你应该将正则表达式视为一种功能强大的技术，用于解析不常见的数据格式。我们的第一个正则表达式示例仅仅是抛砖引玉，它能够实现的功能还有很多，后面，我们还会介绍其他一些示例，看一看正则表达式还可以在其他哪些方面大显身手。

　　使用正则表达式，我们可以创建更复杂的模式以拆分数据文件的每一行。你是否希望确保 Time(时间)列中都是日期/时间值？那么，创建一种更高级的模式，使其仅对该数据列识别日期/时间值。这同样适用于其他列。你可以让此模式仅接受对于相应列有效的数据。通过这种方式，可以很好地验证传入的数据是否符合你预期的假设。

除此之外，正则表达式还非常适合挑选出嵌套数据。假定你获得一个关于客户评论的数据转储(通过表单或者可能通过电子邮件添加)，而你需要挑选出相关的详细信息，例如客户电子邮件以及他们对特定产品的打分。

有一件事情你绝对希望使用正则表达式来完成，那就是解析应用程序或服务器生成的日志文件。这是正则表达式非常常见的一种用法，比如，当你希望从日志文件中提取运行时指标以及其他详细信息时。

当你开始使用正则表达式时，会发现自己的模式很快就变得非常复杂。这是使用正则表达式所带来的一个不好的方面：你可能会迅速创建无法读取的模式，并且以后很难修改。我希望你自行判断正则表达式是否对你有用，如果有用，那么就可以对其进行更深入的探索。

4.3　通过网页爬取导入数据

有时，我们可能会发现某个网页上的数据非常有用。我们希望获取该数据，但是无法通过一种便捷的方式来访问相关内容。我们经常会发现，网页中嵌入了一些重要的数据，而公司或组织没有通过某种便于我们下载的方式(如 CSV 文件下载或 REST API)来分享这些内容。

理想情况下，所有组织都应该采用某种可以轻松导入我们的数据处理流程的格式来分享其数据。然而，非常遗憾，很多时候组织都不这么做，某些情况下，我们不得不对网页进行爬取，然后从中提取数据，以此来获取我们所需的数据。

网页爬取是一项单调乏味的工作，并且很容易出错。你所使用的网页爬取脚本取决于要爬取的网页的结构：如果网页结构发生变化，那么你的脚本将失效。因此，网页爬取脚本一般都比较脆弱，只在一定时间内有效。由于这些原因，应该只在其他方法都不适用的情况下才将网页爬取作为数据来源，你应该尽可能地使用其他更可靠的方法。

如果只能通过网页爬取来访问数据集，也不用担心，尽管有上面所述的警告说明，我们还是可以在 JavaScript 中轻松地完成此操作。第一部分与第 3 章中介绍的从 REST API 导入数据是一样的：我们可以使用 request-promise 检索网页。在此示例中，我们将从以下 URL 地址爬取地震数据：https://earthquake.usgs.gov/earthquakes/browse/

largest-world.php。

将网页下载到内存中后，我们将使用第三方库 cheerio 从网页中提取数据，并将其转换到核心数据表示。图 4.4 对这一过程进行了说明。

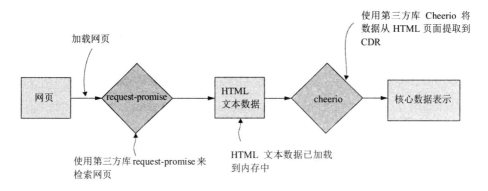

图 4.4　通过网页爬取导入数据

4.3.1　识别要爬取的数据

在启动任何网页爬取项目之前，我们首先应该使用 Web 浏览器对相应的网页进行检查。图 4.5 中显示了最大的地震活动网页在 Chrome 浏览器中的显示情况。

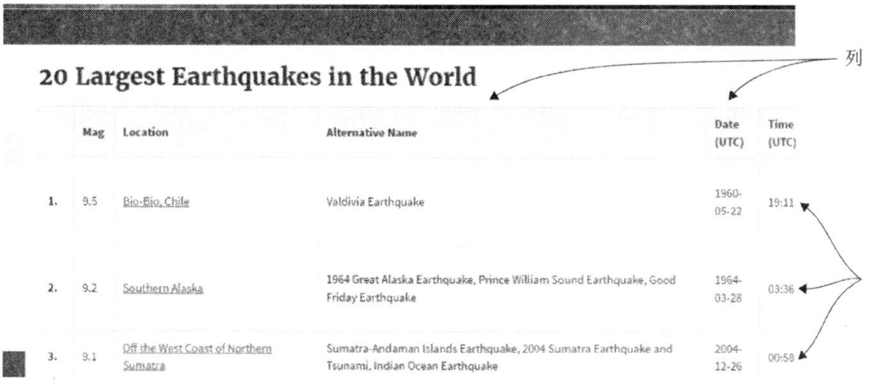

图 4.5　在进行网页爬取之前先在 Web 浏览器中查看最大的地震活动网页

在开始编写代码之前，我们必须先确定用于识别页面中嵌入数据的 HTML 元素和 CSS 类。图 4.6 显示了使用 Chrome 的调试工具检查页面元素层次结构的结果。我们应该注意的是 tbody、tr 和 td 三种元素，这些元素构成了包含数据的 HTML 表。

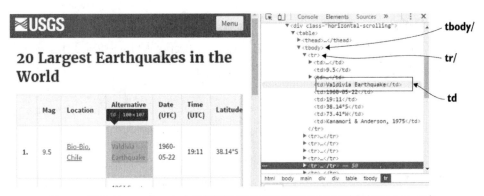

图 4.6　使用 Chrome DevTools(开发者工具)识别包含要爬取的数据的 HTML 元素

4.3.2　使用 cheerio 进行网页爬取

现在，我们可以识别网页中的数据，并且已经准备好进入代码。如果你安装了第 4 章代码库所需的全部依存项，那么你应该已经安装了 cheerio。如果没有，你可以在全新的 Node.js 项目中安装，命令代码如下：

```
npm install --save cheerio
```

cheerio 是一种非常棒的库，它基于 jQuery 建模，因此，如果你已经熟悉 jQuery，那么就可以轻松掌握 cheerio。代码清单 4.2 是一个可以实际运行的代码示例，用于爬取最大的地震活动网页，并将网页中的嵌入数据提取到核心数据表示。你可以运行此代码，它会将爬取的数据输出到控制台。

代码清单 4.2　通过网页爬取导入数据(listing-4.2.js)

需要使用 request-promise。我们使用此第三方库
来检索要爬取的网页

```
const request = require('request-promise');
const cheerio = require('cheerio');            ← 需要使用 cheerio，我们使用此第三
                                                  方库来从 HTML 网页提取数据


function scrapeWebPage (url) {    ← 定义一个辅助函数以从网页提取数据

    return request.get(url)    ← 使用 request-promise 通过 HTTP 检索网页

        .then(response => {    ← 调用回调函数以处理检索到的数据

            const $=cheerio.load(response);    ← 将网页的 HTML 加载到 cheerio 中
```

```
const headers = $("thead tr")
  .map((i, el) => {
    return [$(el)
      .find("th")
        .map((i, el) => {
          return $(el).text();
        })
        .toArray()];
  })
  .toArray();
```

使用 cheerio 第三方库提取表标头并转换为一个数组

```
const rows = $("tbody tr")
  .map((i, el) => {
    return [$(el)
      .find("td")
        .map((i, el) => {
          return $(el).text();
        })
        .toArray()];
  })
  .toArray();
```

使用 cheerio 第三方库提取表行并转换为一个数组

```
  return rows.map(row => {
    const record = {};
    headers.forEach((fieldName, columnIndex) => {
      if (fieldName.trim().length > 0) {
        record[fieldName] = row[columnIndex];
      }
    });
    return record;
  });
  });
}; #
```

提取标头和数据行，将它们组合在一起，然后转换为 CDR

显示要爬取的网页的 URL

```
const url = "https://earthquake.usgs.gov/earthquakes/browse/
    ➥ largest-world.php";
scrapeWebPage(url)
  .then(data => {
    console.log(data);
```

调用辅助函数以爬取示例网页

将导入的数据输出到控制台以对其进行检查

```
})
 .catch(err => {
     console.error(err);
});
```
———处理可能发生的任何错误

　　注意，这是另一个示例，与解析自定义文本文件类似，不需要向工具包中添加可重用的函数。爬取网站是一种自定义工作，同样的代码可能很少有机会再次使用。在这里，你会发现，向工具包中添加的是一种技术，也就是爬取网站的能力，而不是可重用的代码。

> **使用无头浏览器进行网页爬取**
>
> 　　如果你要执行的网页爬取任务比较复杂，例如，需要进行身份验证、浏览器交互，甚至是等待浏览器的 JavaScript 评估完成，那么仅靠这种简单的方法不足以完成此类任务。
>
> 　　你将需要使用某种无头浏览器来完整模拟网页。所谓无头浏览器，其实就是一种 Web 浏览器，但它没有可见的用户界面，仅由代码驱动。这是一种更加高级和灵活的方式，可以有效执行网页爬取。在后面的第 11 章中，将详细讨论使用无头浏览器的相关内容。

4.4　使用二进制数据

　　尽管可能比较少见，但作为 JavaScript 开发人员，偶尔可能还是要使用某种二进制数据格式。

　　考虑到我们已经拥有一些非常出色的数据格式可供使用，例如 JSON 和 CSV，那么为什么还要使用二进制数据？

　　第一个要考虑的因素就是，可能提供给我们处理和使用的数据本身就是二进制数据。在地震网站的上下文中，假定提供给我们一个二进制数据转储来存储地震数据。在这种情况下，我们需要对二进制数据进行解包，使其可供我们使用。

　　这是我们可能需要处理或使用二进制数据的一个原因，除此之外，还有一个原因。相对于 JSON 或 CSV 数据，二进制数据要紧凑得多。例如，我们很快就将看到一个名为 earthquakes.bin 的二进制文件，其大小只是对应的 JSON 文件的 24%。采用这种文件格式可以显著节省磁盘空间和网络带宽。

　　选择二进制数据格式的另一个原因可能是出于性能方面的考虑。如果你手动编码二进制序列化器并对其进行优化，那么实现的性能要高于 JSON 序列化。但是，我不对这一原因抱有太大的希望。内置的 JSON 序列化器已经进行了很好的优化，速度非常快。要使用二进制数据，你需要用心和更努力才行。

如果你不得不或者需要使用一种更为紧凑的数据格式，可能就会用到二进制数据文件。但是，在转为使用二进制数据格式以改善性能之前，请认真思考一下。要实现性能提升，其难度可能比你的预期要大很多，如果处理不善，很可能会导致性能变得更糟！

这里给出了一个很好的原因，说明我们不应该使用二进制文件。基于文本的数据格式便于用户读取，不需要使用特殊的查看器应用程序就可以打开和读取。千万不要低估这一点的重要性！当我们想要尝试了解或调试某个数据文件时，在某种文本编辑器中打开并查看该文件可以提供非常大的帮助。

4.4.1　解包自定义二进制文件

假定为你提供了二进制文件 earthquakes.bin，而你需要将其导入数据库中。那么你将如何对该文件进行解码？

首先，你需要了解二进制文件的结构。这不是一种基于文本的格式，因此，你不能在某种文本编辑器中仔细读取以了解相关内容。假定二进制文件的提供者已经为我们解释了文件的布局。他们已经说过，这是一个接一个打包在一起的一个二进制记录序列(见图 4.7)。该文件首先指定其中包含的记录数，在图 4.7 中，你可以在文件的开头看到 Num records(记录数)字段。

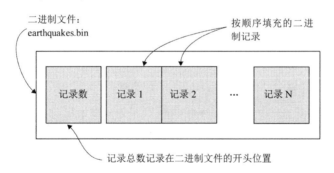

图 4.7　earthquakes.bin 是一个包含按顺序一个接一个填充的记录的二进制文件

数据提供者还解释说，每条记录通过一系列值描述一次地震活动(见图 4.8)。这些值都是双精度数值(JavaScript 的标准数值格式)，表示每次地震活动的时间、位置、深度和震级。

为处理二进制文件，我们需要使用 Node.js 文件系统函数。我们将使用同步函数，例如，readFileSync，因为它们可以让代码变得更简单，不过，在实际生产环境中，可以异步执行函数，因为这样可以提升服务器的性能。在前面的第 3 章中，我们以字符串形式将文本文件读取到内存中，不过，在这里，我们会将二进制文件 earthquakes.bin 读取到 Node.js Buffer 对象中。

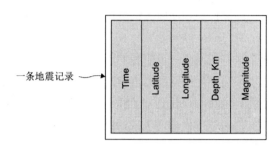

图 4.8　每条数据记录是一个描述一次地震活动的填充值序列

你可以在图 4.9 中看到此过程对应的操作步骤。首先调用 readFileSync 函数以将 earthquakes.bin 加载到某个缓冲区中(1)。然后，从缓冲区中读取记录数(2)。接下来，启动一个循环，按顺序从缓冲区中读取每条记录(3)。提取记录的字段并使用这些字段构造一个 JavaScript 对象(4)，将该对象添加到记录数组。

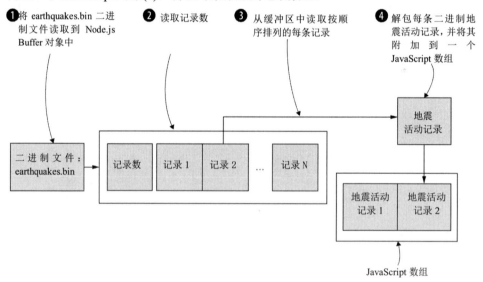

图 4.9　使用 Node.js Buffer 对象从 earthquakes.bin 二进制文件读取记录

图 4.10 描述了代表一条地震活动记录的 JavaScript 对象的构造。如图所示，从缓冲区中读取时间(1)、维度(2)以及其他字段内容(3)，并将其指定给 JavaScript 对象。

正如你在代码清单 4.3 中看到的，用于解包 earthquakes.bin 二进制文件的代码非常简单。你可以运行此代码，它将解码示例二进制文件并将数据输出到控制台。

代码清单 4.3　使用 Node.js Buffer 对象解包 earthquakes.bin 二进制文件(listing-4.3.js)

```
const fs = require('fs');                                  将二进制文件读取到Node.js
const buffer = fs.readFileSync("./data/earthquakes.bin");  Buffer 对象中

const numRecords = buffer.readInt32LE(0);        从缓冲区中读取记录数

let bufferOffset = 4;
const records = [];
                                                 按顺序从缓冲区中循环读取
                                                 每条数据记录
for (let recordIndex=0;recordIndex<numRecords;++recordIndex){

    const time = buffer.readDoubleLE(bufferOffset);

    const record = {                              从缓冲区中
        Time: new Date(time),                     读取字段，并
        Latitude: buffer.readDoubleLE(bufferOffset + 8),    创建一个表
        Longitude: buffer.readDoubleLE(bufferOffset + 16),  示地震活动
        Depth_Km: buffer.readDoubleLE(bufferOffset + 24),   的 JavaScript
        Magnitude: buffer.readDoubleLE(bufferOffset + 32),  对象
    };
        bufferOffset += 8 * 5;        读取每条记录后，按照设定的偏移量移动缓冲区

        records.push(record);         将地震活动对象添加到一个数组中，以便可以收集从
}                                     二进制文件加载的所有记录

console.log(records);        将反序列化记录数组输出到控制台
```

这是否适合大型文件?

答案很简单，那就是不适合。这种方法非常简单，但很遗憾，它无法扩展到大型文件。以这种方式加载大型文件会导致内存不足错误。

为了处理大型文件，你需要使用 Node.js 流(在后面的第 7 章中介绍)，它允许你通过区块以交互方式处理大型文件。处理每个区块的方法与代码清单 4.3 中的代码类似。每个区块将加载到一个缓冲区中，你可以在其中提取记录。然后，逐个区块对整个文件进行处理，在任意给定的时刻只有一个区块加载到内存中。

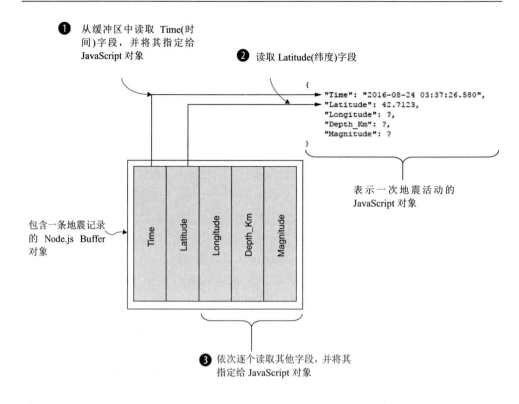

图 4.10　将一个二进制地震活动记录中的字段读取到 JavaScript 对象

4.4.2　填充自定义二进制文件

前面的示例中，给我们的是一个名为 earthquakes.bin 的二进制文件，需要对该文件进行解码以使用其中包含的数据。你可能想要知道，这样的文件在一开始是如何创建的。

从本质上来说，填充 earthquakes.bin 的过程与之前对其进行解包的过程刚好相反。首先，我们获取一个表示地震活动的 JavaScript 对象数组。正如你在图 4.11 中看到的，按顺序填充地震活动对象的各个字段以构成一条二进制记录。首先，填充 Time(时间)字段(1)，紧跟着填充 Latitude(纬度)字段(2)，以此类推，直到所有字段都填充(3)到缓冲区中。

在图 4.12 中，你可以看到每条记录一个挨一个紧密填充到缓冲区中。首先创建一个 Node.js Buffer 对象(1)。在将记录写入缓冲区之前，我们必须首先计算记录数(2)，因为这使我们能够知道，在稍后对二进制文件进行解码时，应该会有多少条记录。然后将每条地震活动记录按顺序填充到缓冲区中(3)。最后将缓冲区写出到二进制文件

earthquakes.bin (4)。这样，就生成了在前面的示例中提供的文件。

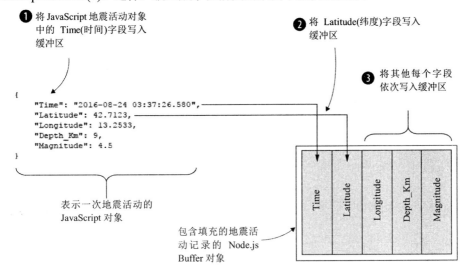

图 4.11 将字段从 JavaScript 地震活动对象填充到 Node.js 缓冲区中

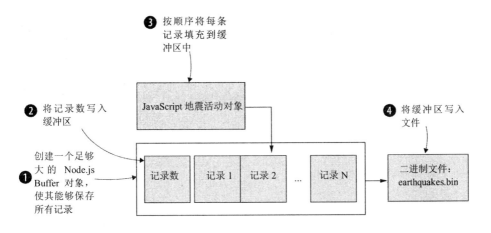

图 4.12 将地震活动记录写入二进制文件 earthquakes.bin

代码清单 4.4 中显示了用于将 earthquakes.json 转换为自定义二进制格式的代码，此代码要比解包文件所需的代码稍微复杂一点，但也不是复杂太多。你可以运行此代码，它将从 earthquakes.json 文件读取示例数据，将数据填充到二进制缓冲区，然后生成输出文件 earthquakes.bin。如果你想要测试输出的 earthquakes.bin 是不是一个有效的文件，可以通过代码清单 4.3 中的代码反向运行，测试它最后是否可以被解包。

代码清单 4.4　使用 Node.js 缓冲区填充二进制文件 earthquakes.bin (listing-4.4.js)

```
const fs = require('fs');
const moment = require('moment');

const records = JSON.parse(
    fs.readFileSync("./data/earthquakes.json",'utf8')
);
```
加载我们将要转换为二进制格式的 earthquakes.json 文件

```
const bufferSize = 4 + 8 * 5 * records.length;
```
确定保存所有地震活动记录所需的缓冲区大小
```
const buffer = new Buffer(bufferSize);
```
创建将用于填充数据的 Buffer 对象

```
buffer.writeInt32LE(records.length);
```
将记录数写入缓冲区

```
let bufferOffset = 4;

for (let i = 0; i < records.length; ++i) {
```
按顺序将每条记录写入缓冲区

```
    const record = records[i];
    const time = moment(record.Time).toDate().getTime();
    buffer.writeDoubleLE(time, bufferOffset);
    bufferOffset += 8;

    buffer.writeDoubleLE(record.Latitude,bufferOffset);
    bufferOffset += 8;

    buffer.writeDoubleLE(record.Longitude,bufferOffset);
    bufferOffset += 8;

    buffer.writeDoubleLE(record.Depth_Km,bufferOffset);
    bufferOffset += 8;

    buffer.writeDoubleLE(record.Magnitude,bufferOffset);
    bufferOffset += 8;
}
```
将某条记录的字段写入缓冲区并按照设定的偏移量向前移动

```
fs.writeFileSync("./output/earthquakes.bin", buffer);
```
将缓冲区写入二进制文件 earthquakes.bin

注意，此处引入了一个对 moment 的依存项。这是一个非常棒的库，用于处理日期和时间，这个库我们是在前面的第 2 章中首次安装的。

创建我们自己的自定义二进制数据格式会存在一定问题。代码比较杂乱，并且，如果我们想要处理大型文件，代码会变得非常复杂。输出格式的可读性比较差，因此，除非我们记录下该格式的结构，否则会面临忘记其工作方式的风险。这可能会使我们将来很难对数据进行解码。

但是，如果你想要同时具有两种格式的优点，可以使用另一种选项。你希望既有 JSON 格式的便捷性和可靠性，又有二进制数据的紧凑性，那么，让我来为你介绍一种新的格式，那就是 BSON(发音为 bison)。

4.4.3 将 JSON 替换为 BSON

BSON 也就是二进制 JSON，它是 JSON 的一种二进制编码序列化形式。尽管不能在文本编辑器中打开 BSON 文件，但它是一种自我描述的格式，这一点与 JSON 比较类似。你不需要文档记录就可以了解或者记住如何对数据文件进行解码。

BSON 是一种标准的、成熟的数据格式。它是 MongoDB 下的一种格式。它几乎是 JSON 的一种直接替代，并且可以轻松地在 JSON 与 BSON 之间进行转换。

BSON 使你能够以一种更为紧凑的方式来存储 JSON 数据格式。如果你想要节省磁盘空间或者网络带宽，那么使用这种格式可能会非常有用。不过，BSON 不会带来任何性能提升，因为它要比 JSON 序列化稍慢一点。如果要使用 BSON，那么你必须在大小和性能之间做一个取舍折中。

4.4.4 将 JSON 转换为 BSON

假定有一个名为 earthquakes.json 的 JSON 文件，该文件占用了非常大的磁盘空间。接下来，要将该文件转换为 BSON 格式，以减少占用的磁盘空间。

在这组示例中，将使用 bson 库。如果你为 Chapter-4 代码库安装了所需的依存项，那么应该已经具有该第三方库，如果没有，可以在全新的 Node.js 项目中安装，命令代码如下：

```
npm install --save bson
```

代码清单 4.5 中显示了如何将 earthquakes.json 文件转换为 BSON 文件。其中，我们对 BSON 对象进行实例化，然后使用其 serialize 函数将我们的 JavaScript 数据转换为二进制 BSON 格式。得到的结果是一个 Node.js Buffer 对象，我们将在其中写入新的数据文件 earthquakes.bson。你可以运行代码清单 4.5 的代码，它会将示例文件 earthquakes.json 转换为 BSON 文件 earthquakes.bson。

代码清单 4.5　将 JSON 数据转换为 BSON (listing-4.5.js)

```
const fs = require('fs');
const moment = require('moment');
const BSON = require('bson');


const records = JSON.parse(                              加载我们要转换为
    fs.readFileSync("./data/earthquakes.json","utf8")    BSON 格式的
);                                                        earthquakes.json 文件
for (let i = 0; i < records.length; ++i) {              对于每条记录，将 Time(时间)
    const record = records[i];                          值从字符串解析为 Date 对象。
    record.Time = moment(record.Time).toDate();         与 JSON 不同的是，BSON 可以
}                                                        存储实际的 Date 对象
实例化一个 BSON 对象
    const bson = new BSON();              将我们的数据序列化为
    const serializedData = bson.serialize(records);      Node.js Buffer 对象
                                                         将缓冲区内容写入二进
                                                         制文件 earthquakes.bson
    fs.writeFileSync("./output/earthquakes.bson",serializedData);
```

4.4.5　反序列化 BSON 文件

稍后，当需要对 earthquakes.bson 文件进行解码时，可以使用 bson 库将其重新反序列化为 JavaScript 数据。首先将文件加载到一个 Node.js Buffer 对象。然后实例化一个 BSON 对象，并使用其 deserialize 函数解码缓冲区中的数据。最后将复原的 JavaScript 数据结构输出到控制台，以确认数据是否正确。对应的代码如代码清单 4.6 所示，你可以针对示例 BSON 文件运行此代码，以将其转换为对应的 JSON 表示形式。你甚至可能还想针对之前通过代码清单 4.5 中的代码生成的 BSON 文件运行以下代码清单。通过执行这两个代码清单，你应该能够实现文件的来回转换，即执行代码清单 4.5，然后执行代码清单 4.6，接着执行代码清单 4.5，如此反复。

代码清单 4.6　反序列化 BSON 数据(listing-4.6.js)

```
const fs = require('fs');
const BSON = require('bson');
                                             将 earthquakes.bson 文件加
                                             载到 Node.js Buffer 对象
const loadedData=fs.readFileSync("./data/earthquakes.bson");


const bson = new BSON();      实例化一个 BSON 对象         对数据进行
const deserializedData=bson.deserialize(loadedData);      反序列化
```

```
console.log(deserializedData);
```
◄──── 输出反序列化的数据，以便我们可以检查它
是否正确加载

　　在前一章中，你了解了如何导入和导出各种数据格式。在这一章中，你对这一内容进行了扩展，涵盖一些更深奥、更少见的数据采集和存储方法。现在，我们已经掌握了一些重要的数据整理基本知识。在接下来的第 5 章中，我们将继续了解探索性编码对于设计代码原型和了解数据的价值。

小结

- 讲述如何处理一些不常见的数据格式。
- 讨论如何使用正则表达式解析自定义文本文件格式。
- 执行了网页爬取，以使用 request-promise 和 cheerio 第三方库从网页提取数据。
- 完整执行了填充和解包自定义二进制格式的示例。
- 讲述如何使用 BSON 来处理二进制数据格式。

第*5*章

探索性编码

本章内容提要：

- 了解快速的反馈环如何帮你提高工作效率
- 设计原型以探索数据并拓展我们的理解
- 开始使用 Excel 进行原型设计
- 继续使用 Node.js 和浏览器进行原型设计
- 设置实时的重新加载编码流程，其中代码更改会自
  动流至数据和可视化输出

在这一章中，我们将使用探索性编码来深入研究数据，并加强对数据的认知和理解。我们将使用一个非常容易理解的小型示例数据集，但在现实世界中，随着数据集变得越来越大，探索和了解数据的需求也会逐渐增长。

本章是数据整理过程的一个缩影。我们将完整执行整个数据整理过程，首先是数据采集，然后是探索和理解，接着是分析，最后是可视化。不过，在这里，我们的重点是快速进行原型设计，重在获得一个简化、高效的反馈环，以便我们可以快速编码并立即查看结果。

数据整理过程的探索阶段的输出如下：

- 改善对数据的理解
- 可能便于在生产环境中使用的 JavaScript 代码

5.1 扩展工具包

在这一章中，我们将通过一系列方式来扩展数据整理工具包。将使用 Excel 进行初始原型设计和可视化。在达到 Excel 的限制以后，我们将转到 Node.js 进行探索和分析，稍后转到浏览器进行可视化。

本章中使用的主要工具是快速反馈环(fast feedback loop)。拥有快速迭代并减少反馈环的行程对于提高工作效率至关重要。在这一章中，会将这一理念发挥到极致，其极致程度超过通常的实际流程，但差距并不是很大，它与我们通常的工作方式类似。

为了简化反馈环，我们将使用 Nodemon 和 live-server，二者都会自动观察并执行代码。这使我们可以自由地编写代码，并在编写过程中随时查看结果。表 5.1 列出了本章将使用的所有工具。

表5.1 第5章中使用的工具

平台	工具	用途
Excel	查看器/编辑器	查看和编辑数据
	Excel 图表	可视化数据
	Excel 公式	探索性编码
JavaScript	console.log	不要小看这种工具，控制台日志记录是你最重要的调试工具
	Data-Forge	JavaScript 数据整理工具包
Node.js	Formula.js	Excel 公式的 Node.js 实现
	Nodemon	实时代码重新加载
浏览器	live-server	简单的 Web 服务器和实时代码重新加载
	Flot	可视化

5.2 分析交通事故

本章的数据主题是"昆士兰交通事故"。假定我们怀有以下问题：在昆士兰，死亡交通事故是呈上升还是下降趋势？我们希望将此数据引入我们的处理流程，对其进行探索，了解其内容，绘制趋势图并预测未来的情况。

通过 Excel 和后期编码，可以加深对数据的了解。我们将创建一个快速迭代编码过程，几乎可以即时获得结果和可视化效果，在键入代码或修改数据时，这些结果会自动更新。

我们的目标是了解这些交通事故中死亡事故的趋势，并预测将来此类事故是会上升还是下降。剧透警告：图 5.1 显示了本章的最终结果，即在浏览器中生成的简单可视化结果。

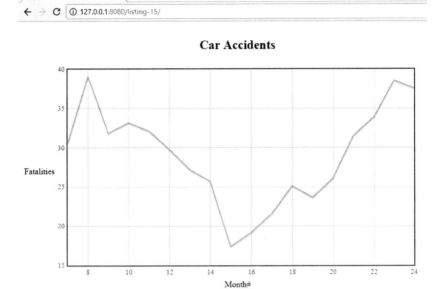

图 5.1　原型设计显示 2001 年和 2002 年的死亡事故趋势的 Web 可视化结果

5.3　获取代码和数据

本章中用到的数据下载自昆士兰政府数据网站。原始数据集非常大，包括所有私家车碰撞事故。为了使数据更易于处理，同时简化这一章的内容和结构，我以月为单位将这些数据汇总为多个区块。本书 GitHub 中的 Chapter-5 代码库中提供了对应的代码和汇总的数据，网址为 https://github.com/data-wrangling-with-javascript/chapter-5。

由于在这一章中我们还会在浏览器中进行工作，因此，你必须按照下面所示，在代码库的根目录中安装 Bower 依存项：

```
bower install
```

npm 是一个用于 Node.js 开发的包管理器，而 Bower 是一个用于浏览器开发的包管理器。

如果你想要使用完整的原始数据，可以在以下网址找到这些数据：https://data.qld.gov.au/dataset/crash-data-from-queensland-roads。有关获取代码和数据的一般帮助，请参考第 2 章中的 2.3 节。

5.4　迭代和反馈环

本章的重点是要获取一个快速反馈环。快速反馈环究竟是什么，它为什么非常重要？

你是否曾经编写过非常大的代码主体，而在对其进行测试之前感到有些担心呢？很大的代码体会隐藏更多的错误，而且更难以测试。

在编码的过程中，错误会不知不觉地引入并隐藏在代码中。在不反馈的情况下编写代码的时间越长，积累的错误就会越多。故障排除和调试代码的过程通常会耗费大量的时间。可以通过在第一时间(也就是在错误刚刚出现以后)捕获错误来挽回大量的工作效率损失。

通常情况下，应该在快速的循环中进行编码，通过多次迭代进行扩展(见图 5.2)：编写代码、获取反馈、解决问题，以此类推。每次循环迭代必须较小，并且必须可以轻松测试我们编写的新代码。

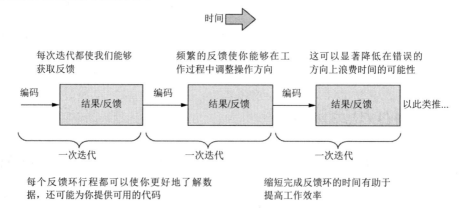

图 5.2　探索性编码是一个迭代序列，促使你逐步向目标迈进并帮助你始终瞄准目标

这些迭代应该是许多非常重要的小型迭代。每次迭代的输出都是可以运行的代码，因此，我们输入的是可以运行的代码，输出为可以运行的代码，然后输出为可以运行的代码，以此类推。在这一过程中，我们不允许使用损坏的代码进行迭代。问题可以快速显现出来，错误不会积累。这种小更改和反馈序列最终将汇总成非常大但可靠的代码体。这样，我们可以确信，代码能够在生产环境中正确运行。看到我们的代码能够在整个流程中连续运行，也是非常有意义的，并且非常鼓舞人心。

如果我们能够通过执行某些操作来减少一次迭代的时间，则可以提高工作效率。

自动化和简化会非常有帮助，在这一章中，我们将介绍如何使用 Nodemon(适用于 Node.js)和 live-server(适用于浏览器)来执行此操作。

反馈环可以帮助我们尽快了解代码是否可以正确运行并获得合乎实际的结果。此外，它还可以帮助我们重点关注我们的目标：在每次迭代中，我们都可以轻松评估自己所处的环节以及将要进入的环节。这使我们可以瞄准目标并以更为直接的途径实现目标。它会提示我们解决各种问题并快速跨越各种障碍。它可以帮助我们集中注意力完成相应工作并始终处于正轨。

5.5　了解数据的第一个步骤

下面介绍一种简单的思维工具，称为"数据理解表(data understanding table)"。让我们在理解数据的过程中填充此表。作为第一个步骤，我们先在某种查看器中查看数据以了解其结构。

一开始，我们对数据一无所知，只是可以预期行数和列数。最初，我们的数据理解表是空的。处理数据以后，我在表中填充了内容，如表 5.2 所示。

表 5.2　数据理解表：在 Excel 中查看数据后我们获悉的内容

列	数据类型	期望值	说明
Year	整型	2001、2002 等	事故发生的年份
Month	字符串	January、February 等	事故发生的月份
Crashes	整型	零或正值 非负值	本年/本月发生的事故数
Fatalities	整型	零或正值 非负值	本年/本月发生的死亡事故数
……	……	……	……

图 5.3 显示了 Excel 中打开的 monthly_crashes_full.csv 文件。第一眼查看此文件时，我们首先扫描标头行，以了解表格数据的列名称。接下来，我们扫描数据中的初始行，对数据类型以及可以预测的值范围进行有根据的推测。随着对数据的逐步了解，我们可以开始相应地填写数据理解表。

在这个极其简单的示例中，我们通过在查看器中查看数据，几乎了解了所有所需的内容。但是，文件的其余部分没有义务遵循这些规则！对于此示例，输入数据已经非常整洁干净。在其他项目中，数据的形式不会这样好，可能包含很多问题！第 6 章将对这一问题进行处理。

你可以使用 Excel 建立对数据的初始理解

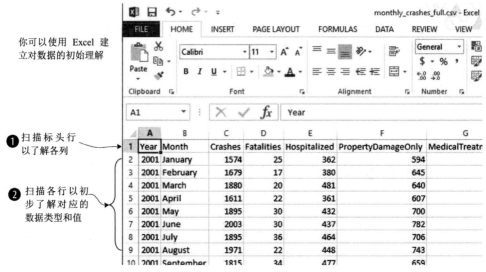

① 扫描标头行以了解各列

② 扫描各行以初步了解对应的数据类型和值

图 5.3 使用 Excel 建立对数据的初始理解

5.6 使用缩减后的数据样本

当我们开始处理数据集时，通常最好首先使用经过缩减的样本。特别是在处理的数据量非常大时，更应该这样做，在后面的第 7 章和第 8 章中，我们将对相关内容进行更为详细的讨论。大型数据集使用起来比较困难，并且会使迭代陷入困境，从而导致工作效率下降。因此，我们应该尽量只使用较小的数据样本进行原型设计。我们可以同时建立对数据的了解并进行编码，最后，当我们确定代码足够健壮、可靠时，可以扩展到完整的数据集。

这份从昆士兰政府数据网站下载的原始数据文件其大小超过 138MB。处理这么大的文件并非易事。我已经做了一些准备工作，并将原始数据聚合到 monthly_crashes_full.csv 文件中。利用我为你准备好的数据，我们已在本章中使用一个较小的数据样本。文件 monthly_crashes_full.csv 的大小为 13KB。我们的数据已经很小了，但是，对其进行进一步的缩减也不是不可能。通过在 Excel(或某种文本编辑器)中加载数据并删除前 200 行之后的所有内容，可以进一步缩减数据大小。

将缩减后的数据保存为新文件 monthly_crashes-cut-down.csv。请务必要小心谨慎，不要覆盖你的原始数据！你一定不希望丢失自己的源数据！我们也可以使用 Excel 快速删除不需要的任何列。一些无关紧要的外来数据是我们不需要的，可以将其删除。

我们已经对数据进行了显著的缩减。现在，monthly_crashes-cut-down.csv 的文件大小约为 1KB。使用轻型数据集意味着我们可以快速地执行相关操作，不必等待可能因为数据量太大而无法快速完成的任何进程或工具，从而不会因此而降低操作速度。

5.7　使用 Excel 进行原型设计

首先，我们使用 Excel 进行原型设计和数据探索。在转到 Node.js 之前，我们仅使用 Excel 进行快速原型设计，这可以在一开始省省时间。我们已经使用它来查看和缩减数据。现在，我们来使用 Excel 对公式和可视化结果进行原型设计。

我们将在数据集中创建一个新的 Trend(趋势)列。使用 Excel 的 FORECAST 函数，我们将根据六个月的数据来预测死亡事故的数量。FORECAST 函数需要使用 x 和 y 值作为输入。我们已经拥有 y 值：那就是现有的 Fatalities(死亡事故数)列。但是，我们还没有明显的一列可用作 x 值，因此，我们必须生成新的一列，其中包含一系列数字。我已经将这一列命名为 Month#(月数)，因为它用于标识序列中的月数。

我们可以在 Excel 中创建此列，方法是输入一个简短的序列(1, 2, 3, 4)，选中该序列，然后将其拖动到所需的列长度。Excel 会根据我们的数字序列进行推断以填充整个列。

现在，我们可以继续操作并添加新的 Trend(趋势)列。创建新的一列，并在六个空行之后输入 FORECAST 公式，如图 5.4 所示。Trend 列中的每一行以六行作为偏移量，因为它是根据之前六个月的数据进行计算的。

图 5.4　使用 FORECAST 公式预测下个月的死亡事故数

现在，我们选中带有 FORECAST 公式的单元格并向下拖动，直到 Trend(趋势)列的末尾。图 5.5 显示了填写完整的 Trend(趋势)列。该列中的每个值都是根据之前六个月的数据预测的对应月的死亡事故数。

	A Month#	B Year	C Month	D Crashes	E Fatalities	F Hospitaliz	G Trend	
1	Month#	Year	Month	Crashes	Fatalities	Hospitaliz	Trend	
2	1	2001	January	1574	25	362		前六个月对应的单
3	2	2001	February	1679	17	380		元格为空，因为
4	3	2001	March	1880	20	481		Trend 列是根据之前
5	4	2001	April	1611	22	361		六个月的数据进行
6	5	2001	May	1895	30	432		预测的
7	6	2001	June	2003	30	437		
8	7	2001	July	1895	36	464	30.6	
9	8	2001	August	1971	22	448	39.13333	
10	9	2001	September	1815	34	477	31.86667	新计算的 Trend 列
11	10	2001	October	2020	33	510	33.2	
12	11	2001	Novembe	1917	28	468	32.13333	
13	12	2001	December	1759	27	489	29.8	
14	13	2002	January	1503	23	354	27.2	
15	14	2002	February	1696	20	403	25.73333	
16	15	2002	March	1992	25	468	17.4	
17	16	2002	April	1859	24	486	19.2	
18	17	2002	May	1989	27	512	21.6	
19	18	2002	June	1849	20	473	25.13333	
20	19	2002	July	1986	27	443	23.66667	
21	20	2002	August	2143	35	536	26.13333	
22	21	2002	Septembe	1876	31	495	31.53333	
23	22	2002	October	1819	37	490	33.93333	
24	23	2002	Novembe	1811	30	473	38.6	
25	24	2002	December	1788	23	467	37.6	

图 5.5　添加了 Trend 列的每月撞车事故数

我们现在可以使用 Excel 的制图功能来可视化 2001 到 2002 年时间段内汽车碰撞产生的死亡事故的趋势，如图 5.6 所示。从该图中可以看到，死亡事故数量在前半段逐渐减少，之后又再次上升，看起来就像趋势在图的末尾又开始转向。

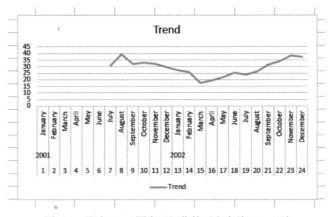

图 5.6　通过 Excel 图表可视化的死亡事故 Trend 列

我们已经对数据有了非常深入的了解，但还没有接触到任何代码。这是一种非常快速了解数据的方式，相对于直接进行深层次的研究并尝试生成基于 Web 的可视化结果，基于数据生成可视化结果的速度要快得多。使用 Excel 可以完成很多工作，因此，我们不应低估它的重要作用。有时，只用它就足够了。

那为什么还要使用代码呢？在开始了解基础知识时，你可能已经注意到，使用 Excel 时需要手动完成一些数据准备工作。我们需要拖出 Month#和 Trend 列，当数据量非常大时，此类工作会变得相当冗长乏味，但是，我们可以使用代码来简化这种工作。此外，我需要手动调整数据，以便生成图 5.6 所示的外观优美的图表。

然而，使用代码的主要原因在于，你可以纵向扩展并自动执行冗长乏味且耗费人力的数据准备工作。我们可能还希望使用 Web 提供一种交互式可视化结果。最后，我们需要让代码在生产环境中运行。我们希望在 Node.js 服务器上运行数据分析代码，或者在 Web 浏览器中显示交互式图表。接下来，我们就会将 Excel 放在一边，开始将精力放在如何使用 JavaScript 进行探索性编码上。

5.8 使用 Node.js 进行探索性编码

由于我们希望纵向扩展并处理大量数据，现在我们转向 Node.js 进行探索性编码。在这一节中，我们将使用我们的 Excel 原型设计，并使其可以在 Node.js 中运行。在执行此操作的过程中，我们将使用代码来探索数据。可以增进对数据的了解，同时编写有用的代码。

在学习本节内容的过程中，将逐步完善 Node.js 脚本。由于本章的重点是迭代式编码，因此，会完整执行这一过程的每一个细小步骤来不断地升级脚本，直至实现我们的目标，即输出一个 CSV 文件，其中包含计算得出的 Trend 列，类似于图 5.5 所示的内容。随着本章学习内容的逐步推进，你会依次看到并运行 listing-5.1.js、listing-5.2.js，等等，一直到 listing-5.12.js，从而可以按此过程逐步完善脚本。对应的代码文件可在 GitHub 代码库中获取。

我们将重新生成之前在 Excel 中创建了原型设计的 Trend 列。我们将从命令行运行 Node.js 脚本。它将以 monthly_crashes-cut-down.csv 文件作为输入，生成一个名为 trend_output.csv 的新 CSV 文件，其中包含计算得出的 Trend 列数值。

在这里，我们将使用一种非常重要的工具，那就是 Nodemon。这种工具基于 Node.js 构建，可以在我们工作的同时查看并自动执行代码。这样就可以自动完成我们的反馈环的运行代码(run code)部分。这种自动化可以简化我们的迭代，使我们可以快速移动。

图 5.7 显示了基本的编码设置。左侧是代码窗口(使用 Visual Studio Code)。右侧是运行 Nodemon 的命令行(使用 Windows 上的 ConEmu)。当我在左侧编辑并保存代码时，可以看到代码自动在右侧执行。通常情况下，我会在桌面计算机上的多个显示器上运

行此设置。我经常也会在笔记本电脑上工作，不过，在这种情况下，由于屏幕空间较小，想要实现上面所说的并排布局会比较困难。

图 5.7　在左侧编码，在右侧查看输出

Nodemon 会一直观测脚本文件，检测是否发生了更改。如果检测到更改，它会自动执行代码并生成新的输出(这一过程在图 5.8 中进行了演示说明)。这使我们可以在编码的过程中随时查看运行结果。

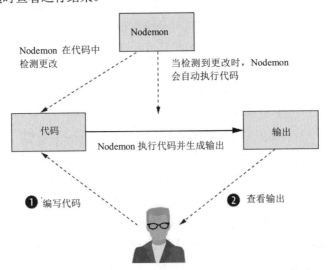

图 5.8　Nodemon 检测你的代码，如果你进行了更改，它会自动执行代码

5.8.1　使用 Nodemon

目前为止，我们已经在本书中使用了多个安装到 Node.js 项目中的 npm 模块。Nodemon 以及随后将要使用的 live-server 是我们遇到的头两个将"全局"安装到系统的工具，它们并不是"局部"地安装到项目中。为此，我们需要在使用 npm 进行安装时添加一个-g(global)参数。下面，我们将运行 npm 并全局安装 Nodemon：

```
npm install -g nodemon
```

现在，我们可以在命令行中使用 Nodemon 来代替 Node.js。例如，通常情况下，你会按照下面所示来运行 Node.js 脚本：

```
node listing-5.1.js
```

现在，我们可以将 Node.js 替换为 Nodemon，替换后的代码如下所示：

```
nodemon listing-5.1.js
```

通常情况下，当我们运行 Node.js 时，脚本运行完成后它会立即退出。但是，Nodemon 不会退出，而是在脚本完成后立即暂停，然后等待脚本发生修改。当 Nodemon 检测到文件发生更改时，它会再次执行代码。此循环将持续执行，直到你按 Ctrl+C 键退出 Nodemon。

下面，我们来看一看我们的第一个脚本文件 listing-5.1.js，本节后面的操作过程将以此脚本文件为基础不断发展完善。在这里，我们的重点是脚本的"拓展完善"。首先，我们会使用一些简单的内容(输出文本)，然后以递增方式逐步对代码进行完善，直到实现我们的目标，并输出 CSV 文件 trend_output.csv。

代码清单 5.1　输出到控制台(listing-5.1.js)

```
'use strict;'


console.log("Hello world");
```

代码清单 5.1 的结构和内容都非常简单。我始终相信，无论做什么事，都应该由易到难，从一些简单的操作开始，然后逐步拓展，实现更复杂的操作。你可以运行此代码，并且很容易验证它是可以正常运行的。

通常情况下，即便是一开始，我也不会使用这么简单的代码，不过，这里我希望以 console.log 开始，因为它是一个非常重要的工具。console.log 函数与你关系密切，使用频率非常高。在前面的第 3 章和第 4 章中，我们已经大量使用过这一函数，用来对数据进行验证，在本书后面的内容中，我们还将继续使用它。

现在，使用 Nodemon 从命令行运行此脚本：

```
nodemon listing-5.1.js
```

确保你已准备好更改代码并从 Nodemon 查看输出。可将代码编辑器和输出窗口并排排列，如图 5.7 所示。

现在，将文本 Hello world 更改为其他内容，如 Hello data analysis。Nodemon 会拾取该更改，并执行代码，此时，你应该看到与图 5.9 类似的输出。这个简单的测试使你可以检查 live-reload 编码流程是否正常工作。

使用 Nodemon 代替 node 来运行脚本

第一次执行脚本

Nodemon 已经调用你的脚本；现在它等待发生更改，以便再次执行代码

脚本在更改后已经再次执行

图 5.9　Nodemon 在工作时自动执行代码

5.8.2　对你的数据进行探索

下面我们来执行一些实际的数据分析。首先，我们将使用之前在第 3 章中创建的 importCsvFile 工具包函数加载"输入 CSV 文件"(monthly_crashes-cut-down.csv)。我们将使用 console.log 输出所加载的内容，如代码清单 5.2 所示。运行此代码并在控制台中检查输出。

代码清单 5.2　加载"输入 CSV 文件"并将其内容输出到控制台(listing-5.2.js)

```
const importCsvFile = require('./toolkit/importCsvFile.js');

importCsvFile("./data/monthly_crashes-cut-down.csv")
    .then(data => {
        console.log(data);        ← 将数据输出到控制台以便对其进行检查
    })
    .catch(err => {
        console.error(err && err.stack || err);
    });
```

将数据输出到控制台使我们第一次从代码的角度来查看数据。不过，很遗憾，这里的数据非常多，输出已经超出了屏幕可以显示的范围。我们使用的已经是经过缩减

的数据样本，但是内容仍然过多，我们一次只想查看少量的记录，正如你在图 5.10 中
看到的。

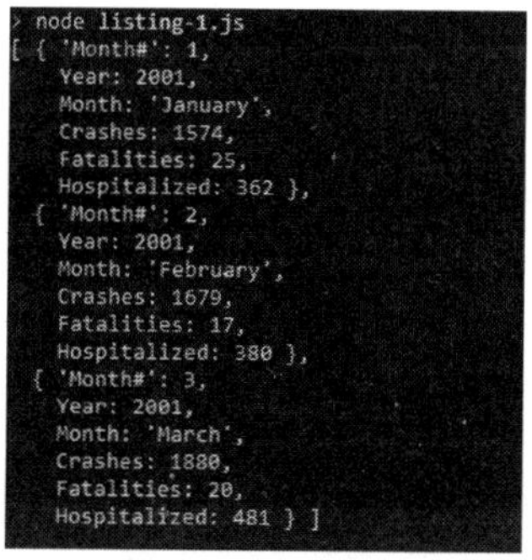

图5.10 我们不希望获得过多的输出，而是一次只想查看一小部分记录

现在，我们来使用 JavaScript 数组 slice 函数，通过删减得到一小部分数据以进行
检查。你应该运行代码清单 5.3 中的代码，以查看经过缩减的数据样本。此代码生成
的输出如图 5.10 所示。

代码清单 5.3 通过删减得到一小部分数据并将其输出以进行检查(listing-5.3.js)

```
const importCsvFile = require('./toolkit/importCsvFile.js');

importCsvFile("./data/monthly_crashes-cut-down.csv")
    .then(data => {
        const sample = data.slice(0, 3);      ← 使用 JavaScript 数组 slice 函数
        console.log(sample);                     提取前三行数据
    })
    .catch(err => {
        console.error(err && err.stack || err);
    });
```

我们还可以使用 slice 函数从数据的中间提取内容，只需要像下面这样指定开始索
引即可：

```
var sample = data.slice(15, 5);
```

slice 函数也接受负数索引，这种情况下将从数组的末尾提取数据。这使我们可以
查看位于数据集末尾的记录。例如，我们使用负数索引 - 3 来查看数据集中最后的三
条记录，如下所示：

```
var sample = data.slice(-3);
```

下面，我们来深入研究并细致地检查数据。可以查看输出(例如，查看图 5.11 所

示的输出),并且可以根据我们的数据理解表进行核对,以查看来自数据集开头、中间和末尾的记录与我们当前对数据的理解是否一致。如果不一致,那么你可能需要更新数据理解表。

现在,检查数据中出现的数据类型。可以使用 JavaScript 的 typeof 运算符来显示每个字段的类型。图 5.11 显示了第一条记录中每个字段的类型。

代码清单 5.4 所示的代码可生成图 5.11 中所示的输出。查看第一条记录,并使用 typeof 运算符检查第一条记录中每个字段的 JavaScript 类型。我们即将开始验证关于数据的假设。可运行代码清单 5.4,将在结果中看到数据集中出现的数据类型。

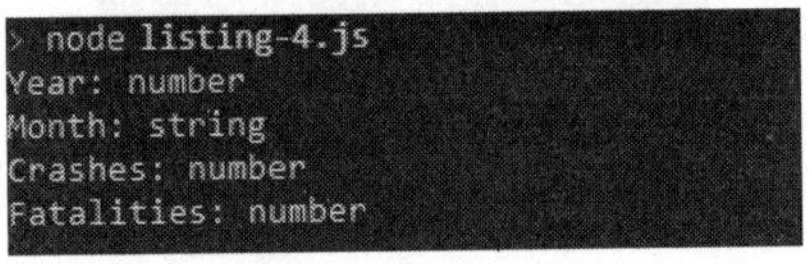

图 5.11   使用 JavaScript 的 typeof 运算符检查第一条记录中每个字段的类型

代码清单 5.4   使用代码检查数据类型(listing-5.4js)

```
const importCsvFile = require('./toolkit/importCsvFile.js');


importCsvFile("./data/monthly_crashes-cut-down.csv")
    .then(data => {                                          使用 JavaScript 的
        const sample = data[0];                              typeof 运算符检查每
         console.log("Year: " + typeof(sample.Year));        个数据字段的类型
         console.log("Month: " + typeof(sample.Month));
         console.log("Crashes: " + typeof(sample.Crashes));
         console.log("Fatalities: " + typeof(sample.Fatalities));
    })
    .catch(err => {
        console.error(err && err.stack || err);
    });
```

已经通过检查确认,数据的第一行满足初始假设,并且数据类型与我们的预期完全相符。不过,这仅仅是数据的第一行,文件的其余部分可能并不满足假设!我们应该花一些时间来运行快速检查,以确保在处理这一行后面的内容时不会出现任何问题。在代码清单 5.5 中,已经对脚本进行了修改,以针对所有数据进行迭代,并使用 Node.js 的 assert 函数来检查每一行。

代码清单 5.5   使用 assert 函数检查数据集是否符合假设(listing-5.5.js)

```
const assert = require('assert');
const importCsvFile = require('./toolkit/importCsvFile.js');
```

```
importCsvFile("./data/monthly_crashes-cut-down.csv")
    .then(data => {
        data.forEach(row => {
            assert(typeof(row.Year) === "number");
            assert(typeof(row.Month) === "string");
            assert(typeof(row.Crashes) === "number");
            assert(typeof(row.Fatalities) === "number");
        });
    })
    .catch(err => {
        console.error(err && err.stack || err);
    });
```

检查确认每一行中的各个字段都采用预期的数据类型

你可以运行代码清单 5.5 中的代码以验证假设，这是一个非常重要的步骤，但在此示例中，它并没有执行太多的操作。这是因为，数据已经非常整洁干净，并且组织得井井有条。在第 6 章中，会再次使用假设检查脚本。

数据已经满足假设，但是，我们可能并未提前了解这一点。运行这样的数据检查脚本可以防止在处理后面的内容时出现问题。将来，当扩展到完整的数据集时，还会再次用到此脚本。如果将来你需要接收更新的数据，那么也会用到此脚本，因为不能保证将来接收到的数据一定遵循相同的规则！

5.8.3　使用 Data-Forge

现在，我想介绍 Data-Forge，这是我的开源 JavaScript 数据整理工具包。它就像一把锋利的瑞士军刀，披荆斩棘，帮我们处理各种数据，并且具有很多非常有用的函数和功能，尤其适合对数据进行探索。在这一章中，将使用 Data-Forge，特别是其 rollingWindow 函数，将使用该函数来计算 Trend(趋势)列的值。在本书后面的内容中，将更深入地了解 Data-Forge。

如果你安装了 Chapter-5 代码库对应的依存项，那么应该已经安装了 Data-Forge，如果没有，可以在全新的 Node.js 项目中进行安装，命令代码如下：

```
npm install --save data-forge
```

将使用 Data-Forge 执行的第一项操作是读取 CSV 文件并输出列名称。此操作的输出如图 5.12 所示。

图 5.12   使用 Data-Forge 从 CSV 文件输出列名称

Data-Forge 有一个 readFile 函数，可以用于加载我们的数据集。Data-Forge 既可以读取 JSON 文件，也可以读取 CSV 文件，因此，我们需要调用 parseCSV 函数以明确告诉 Data-Forge 以 CSV 数据的形式处理文件。然后，我们调用 getColumnNames 函数来检索列名称。可运行代码清单 5.6 中的代码，它会输出列名，如图 5.12 所示。

代码清单 5.6   使用 Data-Forge 加载 CSV 文件并列出列名称(listing-5.6.js)

```
const dataForge = require('data-forge'); ← 需要在脚本中使用 Data-Forge

dataForge.readFile("./data/monthly_crashes-cut-down.csv")
    .parseCSV() ← 指示 Data-Forge 将数据文件解析为 CSV 格式
    .then(dataFrame => {
        console.log(dataFrame.getColumnNames()); ← 将列名称输出到控制台
    })
    .catch(err => {
        console.error(err && err.stack || err);
    });
```
将数据文件读取到内存中

当使用 Data-Forge 读取 CSV 文件时，它会提供一个 DataFrame 对象，其中包含数据集。DataFrame 对象包含很多函数，可以对数据执行切片、切割以及转换操作。我们使用 Data-Forge 的 head 和 tail 函数从数据集的开头和结尾提取并显示数据行。Data-Forge 会提供格式良好的输出，如图 5.13 所示。

图 5.13   使用 Data-Forge 查看数据集开头和结尾的行

代码清单 5.7 使用 head 和 tail 函数来查看数据。使用这两个函数会生成一个新的

DataFrame 对象，其中只包含数据的前 X 行或后 X 行。然后，使用 toString 函数生成一个格式良好的表，如图 5.13 所示。可运行此代码并自行查看输出。

代码清单 5.7　使用 Data-Forge 查看数据集开头和结尾的行(listing-5.7.js)

```
const dataForge = require('data-forge');

dataForge.readFile("./data/monthly_crashes-cut-down.csv")
    .parseCSV()
    .then(dataFrame => {
        console.log("=== Head ===");
        console.log(dataFrame.head(2).toString());      ← 提取并输出数据的
                                                            前两行

        console.log("=== Tail ===");
        console.log(dataFrame.tail(2).toString());      ← 提取并输出数据的
                                                            最后两行
    })
    .catch(err => {
        console.error(err && err.stack || err);
    });
```

　　Data-Forge 提供的一项非常有用的功能是汇总数据集中包含的数据类型。图 5.14 显示了一个整洁有序的 Data-Forge 数据类型汇总。

　　图 5.14 中的输出是通过 Data-Forge 函数 detectTypes 生成的，该函数用于扫描数据集并生成一个新表，其中显示数据中不同数据类型的使用频率。

　　在图 5.14 中，你可能已经注意到，使用的数据类型全部是字符串。毫无疑问，这是不正确的！之前，当我们使用 importCsvFile 工具包函数加载数据时，数据具有我们期望的数据类型：Crashes、Fatalities 和 Hospitalized 列都是数值类型。之所以会出现上述问题，是因为我们使用了 Papa Parse 来解析 CSV 文件，并且我们使用了其自动类型检测功能。

　　CSV 数据格式与 JSON 有所不同，它不提供任何特殊的数据类型支持，每个字段都被认为是一个字符串。Papa Parse 内置了额外的智能功能，可以在对值进行观察后尝试推断出它们貌似什么类型，但是 CSV 数据格式本身没有内置的数据类型理解功能，因此，Data-Forge 不会自动检测它们(注意：现在，你可以在最新版本的 Data-Forge 中启用 dynamicTyping，它将在后台使用 Papa Parse)。我们必须明确决定希望如何对数据进行解释，并使用 parseFloats 函数指示 Data-Forge 执行相应的操作，如代码清单 5.8 所示。

```
> node listing-8.js
__index__  Type    Frequency  Column
---------  ------  ---------  -----------
0          string  100        Month#
1          string  100        Year
2          string  100        Month
3          string  100        Crashes
4          string  100        Fatalities
5          string  100        Hospitalized
```

图 5.14 使用 Data-Forge 汇总数据集中的数据类型，发现它们全都是字符串

代码清单 5.8 使用 Data-Forge 解析数据类型(listing-5.8.js)

```
const dataForge = require('data-forge');

dataForge.readFile("./data/monthly_crashes-cut-down.csv")
    .parseCSV()
    .then(dataFrame => {
        dataFrame = dataFrame.parseFloats([
            "Month#",
            "Year",
            "Crashes",
            "Fatalities",
            "Hospitalized"
        ]);
        console.log(dataFrame.detectTypes().toString());
    })
    .catch(err => {
        console.error(err && err.stack || err);
    });
```

指示 Data-Forge 将特定的列解析为浮点数

输出 DataFrame 对象中的类型

图 5.15 显示了使用 Data-Forge 解析数值列后，我们的输出是什么样的。除了 Month 列外，其他所有列都是数值类型。

```
> node listing-8.js
__index__  Type    Frequency  Column
---------  ------  ---------  -----------
0          number  100        Month#
1          number  100        Year
2          string  100        Month
3          number  100        Crashes
4          number  100        Fatalities
5          number  100        Hospitalized
```

图 5.15 使用 Data-Forge 解析数据类型后，我们从数据集中看到了期望的数据类型

5.8.4 计算趋势列

我们已经对数据进行了探索并有了相应的了解。此外，我们也对关于数据的假设进行了检查。接下来是非常有趣的一部分。我们将计算 Trend 列的值。我之所以要在这一章中引入 Data-Forge，不仅仅是因为它非常适合进行数据探索，还因为它可以让我们的下一个任务变得更容易。

Trend 列是根据 Fatalities 列计算得出的，因此，我们需要提取 Fatalities 列，并针对这一列运行我们的 Excel FORECAST 公式。执行此操作将生成 Trend 列，不过，随后我们必须将该列重新插入数据集中，并将其另存为新的 CSV 文件 trend_output.csv。

首先，我们可提取 Fatalities 列并将其输出到控制台。我们不需要输出整个列，因此，我们再次使用 Data-Forge head 函数以便仅显示前面的几行数据。对应的输出如图 5.16 所示。

我们使用 getSeries 函数从 DataFrame 对象提取 Trend 列。这将返回一个 Data-Forge Series 对象，其中包含提取的列中的数据。然后，head 函数将提取前面的几行数据，而我们使用 toString 函数对输出进行格式化，使其在显示时整洁明了。你可以运行代码清单 5.9，得到的输出结果应该与图 5.16 中的一样。

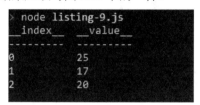

图 5.16 使用 Data-Forge 提取并显示 Fatalities 列的前几行

代码清单 5.9 使用 Data-Forge 提取并显示 Fatalities 列的前几行(listing-5.9.js)

```
const dataForge = require('data-forge');

dataForge.readFile("./data/monthly_crashes-cut-down.csv")
    .parseCSV()
    .then(dataFrame => {
        dataFrame = dataFrame.parseFloats([
            "Month#",
            "Year",
            "Crashes",
            "Fatalities",
            "Hospitalized"
        ]);
```

```
      console.log(dataFrame
        .getSeries("Fatalities")                  提取 Fatalities 列并输出前三行
        .head(3)
        .toString()
      );
    })
    .catch(err => {
      console.error(err && err.stack || err);
    });
```

现在，我们已经提取了 Fatalities 系列，接下来就可以计算趋势了。我们可以使用出色的 npm 模块 Formula.js 轻松地将 Excel 公式移植到 Node.js。如果你安装了 Chapter-5 GitHub 代码库对应的依存项，那么你应该已经安装了 Formula.js。如果没有，可在全新的 Node.js 项目中进行安装，命令代码如下：

```
npm install --save formulajs
```

Formula.js 是绝大多数 Excel 公式函数的一种 JavaScript 实现。它可以非常便捷地在 Excel 中进行数据分析原型设计，然后在 Node.js 中精确地重新生成相应的内容。

使用 Formula.js，可以重新创建之前在 Excel 中原型设计出来的 FORECAST 公式。第一步是针对前六个月的数据对该公式进行测试，得到一个预测值，如图 5.17 中的输出所示。

图 5.17　使用 Formula.js 根据前六个月的数据预测死亡事故数

从 DataFrame 对象中提取 Month# 和 Fatalities 系列，选择每一列的六行数据(表示前六个月的数据)，并将这些值作为 FORECAST 函数的输入。代码清单 5.10 中显示了上述操作对应的代码。运行此代码，它将根据输入的六个月的记录预测将来的死亡事故数，并显示得出的结果，如图 5.17 所示。

代码清单 5.10 使用 Formula.js 重新生成 Excel FORECAST 公式并根据之前六个月的数据预测下个月的死亡事故数(listing-5.10.js)

```
const dataForge = require('data-forge');
const formulajs = require('formulajs');

dataForge.readFile("./data/monthly_crashes-cut-down.csv")
    .parseCSV()
    .then(dataFrame => {
```

```
dataFrame = dataFrame.parseFloats([
    "Month#", "Year", "Crashes", "Fatalities",
    "Hospitalized"
]);
const monthNoSeries=dataFrame.getSeries("Month#");
const xValues = monthNoSeries.head(6).toArray();
const fatalitiesSeries = dataFrame.getSeries("Fatalities");
const yValues = fatalitiesSeries.head(6).toArray();
const nextMonthNo=monthNoSeries.skip(6).first();
const nextMonthFatalitiesForecast =
    formulajs.FORECAST(nextMonthNo, yValues, xValues);
console.log('Forecasted fatalities: ' +
    nextMonthFatalitiesForecast);
})
.catch(err => {
    console.error(err && err.stack || err);
});
```

提取 Month#系列作为 FORECAST 函数的 X 值输入

提取 Fatalities 系列作为 FORECAST 函数的 Y 值输入

获取下一个 Month# 作为 FORECAST 函数的输入

预测下个月的死亡事故数

将预测值输出到控制台

不过，现在我们的操作还没有完成。我们仅仅计算了一个预测值，你仍然需要计算整个 Trend 列。

马上，我们就将计算更多的预测值，而 Data-Forge 会帮我们完成大部分繁重的工作。如果你无法完全了解这里究竟发生了什么，请不要过于担心，我们将在后面的章节中对 Data-Forge 进行更详细的介绍。

目前，只需要了解我们要使用 Data-Forge 的 rollingWindow 函数以六个月区块(称为数据窗口)为单位进行数据迭代，对于每个六个月数据区块，我们将预测一个新值，形成对将来值的滚动性预测。此过程的输出将作为计算得出的 Trend 列。

这就是我们之前在 Excel 中手动执行的操作，现在，我们将使用代码来完成同样的操作。然后，计算得出的 Trend 列将重新整合到 DataFrame 对象中并输出到控制台，正如你在图 5.18 中所看到的。

在代码清单 5.11 中，请注意我们是如何使用 setIndex 将 Month#列设置为 DataFrame 对象的索引。为 DataFrame 对象设置索引允许使用 withSeries 函数将新的 Trend 列整合到该对象中，你可以在下面的代码清单末尾看到该函数。再次强调一下，不必过分地想要了解 rollingWindow 函数在这里是如何使用的，在后面的章节中，我们还会回过头来对其详细介绍。你可以运行此代码，将看到图 5.18 所示的输出。

图 5.18 包含计算得出的 Trend 列的 DataFrame 对象

代码清单 5.11 使用 Data-Forge rollingWindow 函数计算 Trend 列(listing-5.11.js)

```javascript
const dataForge = require('data-forge');
const formulajs = require('formulajs');


dataForge.readFile("./data/monthly_crashes-cut-down.csv")
    .parseCSV()
    .then(dataFrame => {
        dataFrame = dataFrame
            .parseFloats([
                "Month#", "Year", "Crashes",
                    "Fatalities", "Hospitalized"
            ])
            .setIndex("Month#");
        const fatalitiesSeries = dataFrame.getSeries("Fatalities");
        const fatalitiesSeriesWithForecast =
            fatalitiesSeries.rollingWindow(6)
                .select(window => {
                    const fatalitiesValues = window.toArray();
                    const monthNoValues =
                        window.getIndex().toArray();
                    const nextMonthNo =
                        monthNoValues[monthNoValues.length-1]+1;
                    return [
                        nextMonthNo,
                        formulajs.FORECAST(
                            nextMonthNo,
```

使用 Month#作为 DataFrame 对象的索引。这样就可以将计算得出的 Trend 系列重新合并到 DataFrame 对象中

使用 Data-Forge 的 rollingWindow 函数以六个月区块为单位对数据集进行迭代

根据每六个月的数据窗口生成一个预测值

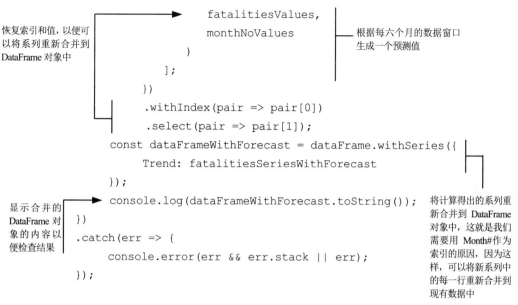

恢复索引和值, 以便可以将系列重新合并到 DataFrame 对象中

根据每六个月的数据窗口生成一个预测值

```
                        fatalitiesValues,
                        monthNoValues
                    )
                ];
            })
            .withIndex(pair => pair[0])
            .select(pair => pair[1]);
        const dataFrameWithForecast = dataFrame.withSeries({
            Trend: fatalitiesSeriesWithForecast
        });
        console.log(dataFrameWithForecast.toString());
    })
    .catch(err => {
        console.error(err && err.stack || err);
    });
```

显示合并的 DataFrame 对象的内容以便检查结果

将计算得出的系列重新合并到 DataFrame 对象中, 这就是我们需要用 Month# 作为索引的原因, 因为这样, 可以将新系列中的每一行重新合并到现有数据中

5.8.5　输出新的 CSV 文件

我们几乎要得到所需的结果了! 我们最后必须要做的就是将数据输出为新的 CSV 文件。使用 Data-Forge 的 asCSV 和 writeFile 函数可以让这一操作变得非常简单, 如代码清单 5.12 所示。如果你运行此代码, 它会输出一个名为 trend_output.csv 的 CSV 文件。

代码清单 5.12　借助 Data-Forge 计算 Trend 列并输出新的 CSV 文件(listing-5.12.js)

```
const dataForge = require('data-forge');
const formulajs = require('formulajs');

dataForge.readFile("./data/monthly_crashes-cut-down.csv")
    .parseCSV()
    .then(dataFrame => {
        dataFrame = dataFrame
            .parseFloats(["Month#", "Year", "Crashes",
                "Fatalities", "Hospitalized"]
            )
            .setIndex("Month#");
        const fatalitiesSeries = dataFrame.getSeries("Fatalities");
        const fatalitiesSeriesWithForecast =
            fatalitiesSeries.rollingWindow(6)
                .select(window => {
```

```
                const fatalitiesValues = window.toArray();
                const monthNoValues =
                    window.getIndex().toArray();
                const nextMonthNo =
                    monthNoValues[monthNoValues.length-1] + 1;
                return [
                    nextMonthNo,
                    formulajs.FORECAST(
                        nextMonthNo,
                        fatalitiesValues,
                        monthNoValues
                    )
                ];
            })
            .withIndex(pair => pair[0])
            .select(pair => pair[1]);
        const dataFrameWithForecast = dataFrame.withSeries({
            Trend: fatalitiesSeriesWithForecast
        });
        return dataFrameWithForecast
            .asCSV()          ◀──────── 指示 Data-Forge 以 CSV 格式序列化数据
            .writeFile("./output/trend_output.csv");  ◀───── 将CSV数据写入你
    })                                                       的输出文件
    .catch(err => {
        console.error(err && err.stack || err);
    });
```

现在，我们已经生成了新的 CSV 文件 trend_output.csv，其中包含计算得出的 Trend
列，我们可将其重新迁移到 Excel，以查看其显示情况。在 Excel 中打开此 CSV 文件，
如图 5.19 所示，检查其是否显示良好，并且新列是否与我们的预期相符。

你甚至可以根据这些生成的数据创建一个图表，以便通过某种可视化形式快速了
解其内容和显示情况。现在，我们暂时不执行此操作，我们将获取此 CSV 文件并以某
种 Web 可视化形式显示。接下来，我们将关注的重点转到浏览器！

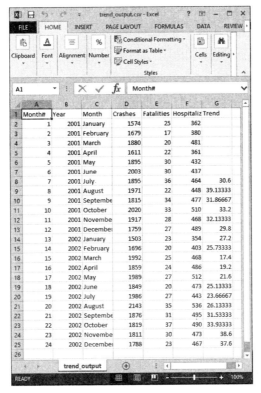

图 5.19 借助 Data-Forge 从 Node.js 生成的最终 CSV 文件。注意计算得出的 Trend 列

5.9 在浏览器中进行探索性编码

使用 Node.js 生成包含计算得出的 Trend 列的新 CSV 文件 trend_output.csv 以后，接下来，我们来为这些数据创建交互式 Web 可视化形式。为了生成这种可视化形式，我们将使用适用于 JavaScript 的 Flot 图表库，该图表库既简单又高效。

在这一节中，我们将通过一个 HTML 文件来逐步完善 Web 可视化形式。正如我们在前一节中所做的，我们首先以一个简单的代码开始，然后逐步扩展完善，直至实现我们的目标。我们的目标是生成图 5.20 所示的可视化形式。在本章后面的内容中，你可以按照 listing-5.13.html、listing-5.14.html 以及 listing-5.15.html 的顺序依次完成各个代码清单，从而实现代码的逐步发展完善。这些文件可以在 GitHub 代码库中获得。

在这一节中，我们要用到的主要工具被称为 live-server。它是一种简单的命令行 Web 服务器，尽管不适合在生产环境中使用，但对于快速原型设计来说还是非常棒的。

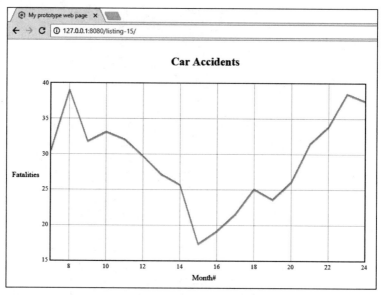

图 5.20 Web 可视化形式的最终输出，反映出死亡事故数随时间变化的趋势

live-server 可提供一个即时可用的 Web 服务器，其工作方式如图 5.21 所示。我们不需要手动编码 Web 服务器即可开始对基于 Web 的可视化形式进行原型设计，这非常棒，因为我们在进行原型设计时需要快速移动。

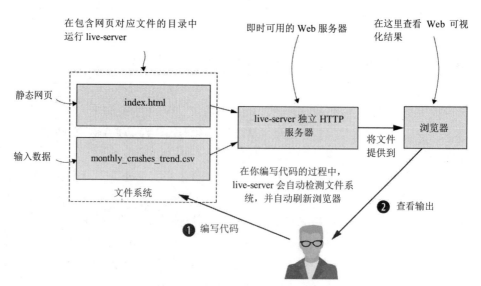

图 5.21 针对某个即时可用的 Web 服务器运行 live-server 以快速对 Web 可视化结果进行原型设计

与 Nodemon 类似，live-server 可以帮助实现工作流程自动化。它会监测代码，如果检测到代码更改，会自动刷新对应的网页。

图 5.22 中显示了本节对应的编码设置。左侧是我们要发展完善的可视化代码。右侧是显示对应网页的浏览器。

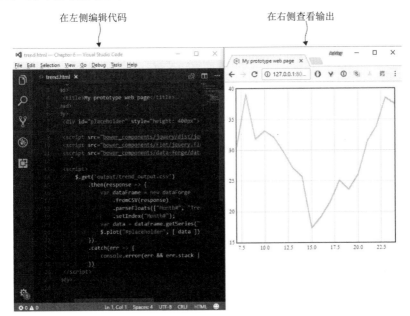

图 5.22　使用 live-server，你可以编辑代码，当你做出更改时，会看到网页即时刷新

当我们在左侧处理代码时，live-server 会在右侧自动刷新可视化结果，以显示更新后的结果。

如果想要使用 live-server，你应该进行全局安装，命令代码如下：

```
npm install -g live-server
```

现在，可从命令行运行 live-server，不过，在启动即时可用的 Web 服务器之前，我们需要创建一个简单的网页。在持续不断完善编码的过程中，我们首先从简单的代码开始，确保它可以正常运行，然后在我们对代码进行迭代的过程中，要使其保持始终可运行。因此，我们将从一个最简单的网页开始，如代码清单 5.13 所示。我们将使用 JavaScript 来创建 Web 可视化形式，因此，网页包含一个脚本部分，可将文本"Hello world"写入网页。

代码清单 5.13　通过最简单的网页快速开始进行 Web 可视化结果迭代式编码(listing-5.13.html)

```
<!doctype html>
<html lang="en">
    <head>
        <title>My prototype web page</title>
    </head>
```

```
<body>
    <script>
        //
        // 此处为你的 JavaScript 代码
        //
        document.write("Hello world");
    </script>
</body>
</html>
```

现在启动 Web 服务器。在命令行中转到代码库对应的目录，然后运行 live-server，如下所示：

```
cd Chapter-5
live-server
```

创建网页进行原型设计就是这么简单！live-server 会自动打开默认浏览器，而我们可以浏览 listing-5.13.html 来查看网页。

接下来，对代码进行一些更新。我们需要使用 jQuery 和 Flot。如果你已经在 Chapter-5 代码库中安装了 Bower 依存项，那么应该已经安装了它们。如果没有，可在全新的 Web 项目中进行安装，命令代码如下：

```
bower install --save jquery flot
```

现在，我们已经安装了 jQuery，可将其包含在网页中，以使用其 get 函数检索之前使用 HTTP GET 生成的 CSV 文件 trend_output.csv(如代码清单 5.14 所示)。当修改代码时，live-server 会检测更改并刷新网页，因此，我们只需要编写代码，然后可以看着浏览器自动刷新以运行最新代码。

代码清单 5.14　使用 HTTP GET 从你的 CSV 文件检索数据(listing-5.14.html)

```
<!doctype html>
<html lang="en">
    <head>
        <title>My prototype web page</title>
    </head>
    <body>
        <script src="/bower_components/jquery/dist/jquery.min.js"></script>

        <script>
            $.get("./output/trend_output.csv")
```

将 jQuery 添加到网页

使用 jQuery 的 get 函数通过 HTTP GET 从 live-server 检索 CSV 文件

```
        .then(response => {
            console.log(response);  ←
        })
        .catch(err => {
            console.error(err && err.stack || err);
        })
    </script>
  </body>
</html>
```

将加载的数据输出到 Chrome
DevTools 控制台，以便可以检查
获取的数据是否正确

在这里，我们仍在进行演进式编码。每次只执行一个小的任务，在逐步演进的过程中不断进行测试。记住，我们的目标是按照便于管理的较小增量，从一个可运行的代码演进到下一个可运行的代码。代码清单 5.14 中的代码会将数据输出到浏览器的控制台。之所以要执行此操作，是为了检查确认浏览器中的代码已正确接收到数据。

在 live-server 仍然运行的情况下，在浏览器中导航到代码清单 5.14 对应的网页，并打开 DevTools 工具以在控制台上检查输出。例如，在 Chrome 浏览器中，你可以通过按 F12 键并导航到 Console(控制台)选项卡来打开 DevTools(如图 5.23 所示)。

按 F12 键打开 Chrome
DevTools

在浏览器中查看
console.log 输出

图 5.23　在 Chrome 的 DevTools 控制台中查看 console.log 输出

在浏览器中进行编码的过程中，我们应该始终将 DevTools 保持打开状态。这样就能看到代码中可能出现的任何 JavaScript 错误，并且可使用日志记录来验证代码是否按预期工作。

另一个用于检查数据的选项是使用 document.write 将数据添加至网页，不过，此操作的输出非常混乱，如图 5.24 所示。

好了，我们应该马上将此数据转换到图表中！为了简化操作，我们将为浏览器安装 Data-Forge，并使用它为 Flot 图表库转换数据。如果你已经为代码库安装了 Bower 依存项，那么 Data-Forge 应该已经安装，如果没有，可以在全新的 Web 项目中进行安装，命令代码如下：

```
bower install --save data-forge
```

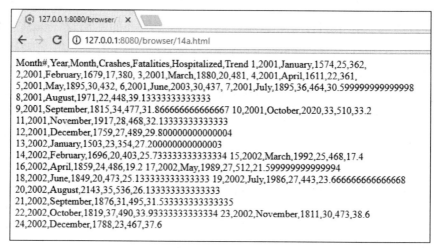

图 5.24　将 CSV 数据直接输出到网页中，但不是最完美的可视化形式

在网页中包含 Data-Forge 脚本后，现在可根据数据创建一个 DataFrame 对象，按照 Month#对其编制索引，然后从代码清单 5.12 中生成的 CSV 文件中提取 Trend 列。接下来使用 Flot 来为 Trend 列绘制图表。我们将使用 toPairs 函数来获取索引/值对数组。每个索引/值对都包含索引(使用 Month#作为索引)和数据(来自 Trend 列)。然后使用 Flot 的 plot 函数将图表绘制到网页的占位符元素中，如代码清单 5.15 所示。

代码清单 5.15　使用 Data-Forge 从数据集中提取 Trend 列并在 Flot 图表中对其进行可视化(listing-5.15.html)

```html
<!doctype html>
<html lang="en">
    <head>
    <title>My prototype web page</title>
</head>
<body>
    <table style="text-align:center">
        <tr>
```

```
            <td></td>
            <td><h2>Car Accidents<h2></td>
            <td></td>
        </tr>

        <tr>
            <td>Fatalities</td>

        <td>
            <div
                id="placeholder"
                style="width: 700px; height: 400px"
                >
            </div>
        </td>

        <td></td>
    </tr>

    <tr>
        <td></td>
        <td>Month#</td>
        <td></td>
    </tr>
```

在网页中包
含 Flot 和
Data-Forge
脚本

```
</table>
<script src="/bower_components/jquery/dist/jquery.min.js"></script>
<script src="/bower_components/Flot/jquery.flot.js"></script>
<script src="bower_components/data-forge/data-forge.dist.js">
</script>

<script>
    $.get("./output/trend_output.csv")
        .then(response => {
            var dataFrame = new dataForge
                .fromCSV(response)
            .parseFloats(["Month#", "Trend"])
            .setIndex("Month#");
```

将数据加载到
DataFrame 对象中

```
        var data = dataFrame
            .getSeries("Trend")
            .toPairs();
        $.plot("#placeholder", [ data ]);
    })
    .catch(err => {
        console.error(err && err.stack || err);
    })
</script>
</body>
</html>
```

按照 Flot 的要求，将数据转换为"索引/值"对

使用 Flot 将数据绘制到占位符元素中

在 live-server 运行的情况下，导航到代码清单 5.15 对应的网页，现在你应该看到图 5.25 中显示的最终结果。我们已经使用 Flot 图表库绘制了 Trend 列的图表。就目前的情况来说，这是一个基本的可视化结果，但对于这样一个简短、快速的原型设计会话来说，这已经是非常棒的结果了。

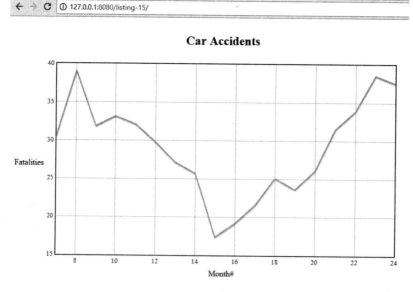

图 5.25　原型设计的最终产品：Flot 图表库中 Fatalities 数据的基本可视化结果

如果你想要知道为什么代码清单 5.15 中图表的占位符 div 要嵌入 table 中，我可以告诉你，这纯粹是为了追求美观，并没有其他实际作用。table 元素用于排列图表的标题以及 X 轴和 Y 轴的标签。

5.10 将所有内容整合到一起

在本章的介绍中，我们将编码区分为 Node.js 编码和浏览器编码。然而，在实际操作中，我们一般不能将这两项活动分隔开来。我们可以运行 Nodemon 并在 Node.js 中编写代码，同时，运行 live-server 并为 Web 可视化结果编写代码。这就构成了一个完整的编码流程，如图 5.26 所示。Nodemon 会拾取对 Node.js 代码所做的更改，然后这些更改会自动流转至"输出 CSV 文件"。live-server 会检测对 CSV 文件以及网页代码所做的更改，然后这些更改会自动流转并生成浏览器可视化结果。

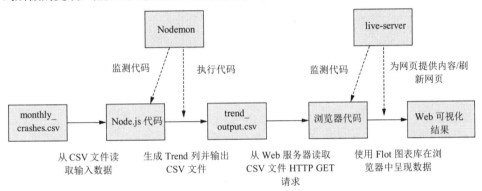

图 5.26 完整的处理流程：从 Node.js 一直到浏览器，通过 Nodemon 和 live-server 自动执行代码

在这里，你已经出色地完成相关操作，但这并不是全部。回顾一下，在这一章中，你处理的仅是缩减后的数据样本。而我们的目标是更好地了解数据，同时更好地了解想要解决的问题。

通过本章的学习，你已经在编码的同时建立起相关的知识体系。在学习的过程中，你构建了一些简单的代码，稍后，当我们扩展到完整的数据集并将此 Web 可视化结果运用到生产环境中时，会用到这些代码。但就现在来说，你已经实现了自己的目标，那就是通过探索性编码更好地了解数据，并在此过程中生成有用的代码。在接下来的第 6 章中，你将更深入地研究数据中可能存在的问题，并了解如何更正或解决问题。

小结

- 你了解了如何构建快速、简化的反馈环，以便快速迭代及提升工作效率。

- 你发现了在开始编写代码之前如何在 Excel 中对数据分析和可视化进行原型设计。
- 你使用 Formula.js 在 Node.js 中重新生成了 Excel 数据分析。
- 你实际体验了如何使用 Flot 构建一个快速的基于 Web 的可视化结果。
- 你了解到可以使用 Nodemon 和 live-server 构建一个能够在你工作的同时自动刷新的编码流程。

第6章

清洗和准备

本章内容提要:
- 了解有可能在数据中发现的错误的类型
- 识别数据中存在的问题
- 实施用于修复或解决有关错误数据问题的战略
- 准备好数据以供在生产环境中有效利用

当我们处理或使用数据时,能够信任数据并有效地使用它,这一点至关重要。几乎每个数据整理项目在开始时都需要集中全力解决各种问题,并准备好数据以供使用。

你可能听说过,数据清洗和准备占到整个数据整理工作的80%!此说法的准确性我不能确定,但可以肯定的是,准备工作通常在整个工作中占相当大的比例。

在这一阶段投入足够的时间可以帮助我们顺利完成后面的操作,而不会陷入发现已处理的数据不可靠或存在问题的困境。如果出现使用的数据不可靠或存在问题的情况,那么你的大部分工作,包括数据理解和决策等,可能都是基于错误的输入完成的。对我们来说,出现这种情况是相当糟糕的:必须回过头来解决这些错误或问题。解决问题的过程通常要付出相当大的代价,然而,如果我们在清洗阶段提早做好准备,及时发现并解决相关问题,就可以有效降低出现上述情况的风险。

在这一章中,我们将学习如何识别并修复有问题的数据。你会看到,导致数据出错的情况多种多样,因此,我们不能指望在这里面面俱到。实际上,我们主要是了解一些常规的战略,学会如何处理有问题的数据,并将这些战略应用到具体的示例。

6.1　扩展我们的工具包

在这一章中，我们将深入了解用于对数据进行切片、切割和转换的 JavaScript 和 Data-Forge 函数。此外，我们还会用到第 3 章中的一些工具包函数，例如，用来加载和保存 CSV 文件的 importCsvFile 和 exportCsvFile 函数。

表 6.1 中列出了我们将在本章中介绍的各种工具。

表 6.1　第 6 章中用到的工具

API/库	函数/运算符	说明
JavaScript	Map	在转换输入数组的每个元素以后构建一个新的数组
	Filter	在过滤掉不需要的元素以后构建一个新的数组
	Concat	将两个或更多数组连接成一个数组
	Delete	从 JavaScript 对象删除一个字段的 JavaScript 运算符
	Reduce	将一个数组折叠成一个值；可用于聚合或汇总一个数据集
Data-Forge	select	与 JavaScript 的 map 函数类似，在转换输入 DataFrame 对象的每一行后构建一个新的 DataFrame 对象
	where	与 JavaScript 的 filter 函数类似，在过滤掉不需要的数据行以后构建一个新的 DataFrame 对象
	concat	与 JavaScript 的 concat 函数类似，将两个或更多 DataFrame 对象连接成一个 DataFrame 对象
	dropSeries	从一个 DataFrame 对象中删除整个命名系列。使用此函数可以从你的数据集中删除整个数据列
	groupBy	根据你指定的标准将数据行组织成不同的组
	aggregate	与 JavaScript 的 reduce 函数类似，将一个 DataFrame 对象折叠成一个值；可用于聚合或汇总一个数据集
Globby	globby	用于读取文件系统并确定哪些文件与特定通配符匹配的函数。我们将使用此函数将多个文件合并成一个文件

在这里，要用到的主要工具是数据处理流程相关工具。在了解各种不同的数据转换方式时，请始终记住，我们的目标是构建一个灵活的数据处理流程。至于采用什么样的结构，这完全由你决定，不过，在本章的结尾处，将介绍一种出色且灵活的方式来使用 Data-Forge 将数据转换链接到一起。

6.2　准备珊瑚礁数据

采集数据时，采集到的数据并不总是与预期相符。回到之前在第 1 章和第 2 章中使用的珊瑚礁数据。这些数据存在一些问题，在开始使用这些数据之前，可能需要先解决这些问题。

不过，首先来看一下与数据清洗和准备相关的一些一般问题。我们将了解到存在问题的数据来自哪里，以及如何识别。然后，将介绍一些用于处理有问题的数据的常规方法。在此之后，我们将看到一些基于珊瑚礁数据集的特定示例。

有一点需要提前说明，那就是我们并不一定需要数据完美无瑕！一方面，真正实现这一点非常困难(所谓的完美到底由谁来定义呢？不同的人可能会有不同的标准)，另一方面，数据只要能够满足我们特定的使用目标就可以了。我们希望有效使用一定程度上没有问题的数据，也就是说，这些数据对于业务需求来说是准确的。下面来了解一下相关内容吧。

6.3　获取代码和数据

可 在 GitHub 上 的 Chapter-6 代码库中获取相应的代码和数据，网址为https://github.com/data-wrangling-with-javascript/chapter-6。示例数据位于代码库中的 data 目录下。代码生成的输出位于 output 目录在下(但没有包含在代码库中)。如果想要寻求关于获取代码和数据的帮助，请参考前面第 2 章中的 2.3 节。

6.4　数据清洗和准备的需求

为什么我们需要对数据进行清洗和准备？从本质上来说，就是要解决数据中存在的各种问题。我们之所以要执行这些操作，主要原因如下：

- 为了确保不会根据已损坏或不正确的数据得出错误的结论以及制定错误的决策。
- 为了避免负面的业务影响，例如，如果客户发现数据损坏或不正确，那么我们会失去他们的信任。
- 使用干净、准确、可靠的数据可以让工作变得更加轻松、直接。
- 应该在工作初期解决各种数据问题，因为这时解决所需的成本要低得多。问题保留的时间越长，解决所需的成本就越高。

- 可能需要脱机准备数据，以便能够在生产环境中高效使用。为了即时获得相关结果，以迅速采取应对措施，要使用的数据已采用可实现卓越性能的最佳格式。

必须要花费一定的精力来解决数据中存在的各种问题，这样做的原因有很多，但我们往往会忽略一个问题，那就是为什么数据在一开始是损坏的？

6.5 损坏的数据来自何处?

数据中包含错误的原因多种多样。很多时候，我们并不会控制数据来源，不过，如果对此进行控制，就可以确保数据在收集时经过充分的验证。如果能够在收集时确保数据是整洁干净的，那么可以为我们节省大量的时间和精力。

但是，即使对数据来源进行了控制，也不能保证总是可以得到高质量的数据。例如，如果从电子传感器读取数据，它们有时可能会返回不合逻辑或错误的读数。它们可能存在断断续续的问题，在某些时间段停止工作，从而使数据不完整。

可能通过软件来收集或合成数据。该软件中潜在的错误可能导致生成的数据中存在问题，而我们甚至对此还一无所知！此类错误可能在很长的时间内都被忽略，不能引起足够的重视。

生成数据时所用的软件本身可能就存在错误，而我们知道，这些错误会导致生成的数据中存在各种问题。那么是否能修复这些错误呢？很遗憾，我们可能真的无法修复这些错误。为什么无法修复程序中的错误呢？原因多种多样。首先，我们可能无法访问源代码，因此无法更新程序。或者，可能我们使用的是非常复杂的旧代码，对于是否进行更改犹豫不决，因为如果进行更改，可能导致更多错误(如果你曾经使用过旧代码，那么应该知道我指的是什么)。当你无法更改代码，或者更改代码非常困难时，就只好想办法来解决数据中存在的问题了。

绝大多数情况下，我们会从一些外部来源采集数据，而我们无法对这些外部来源进行有效的控制。因此，必须在使用数据之前先解决其中的问题。当然，希望数据中的问题不要太多，超出我们能够处理的范围。

不管通过哪种方式采集数据，似乎总是无法避免数据中存在问题，因此，需要进行数据清洗和准备。必须花费足够的时间来检查数据是否存在错误，并根据需要解决存在的问题，对数据做一些准备工作以便在生产环境中高效利用。

6.6　如何将数据清洗纳入数据处理流程?

第 3 章中介绍了核心数据表示(CDR)设计模式。在这种模式中,我们可以通过一种共享数据表示将各个阶段连接起来,从而组合成灵活的数据处理流程。

在第 3 章的结尾,数据转换流程的概念模型看起来与图 6.1 类似。导入代码在核心数据表示中生成数据,而核心数据表示将数据输出到导出代码。

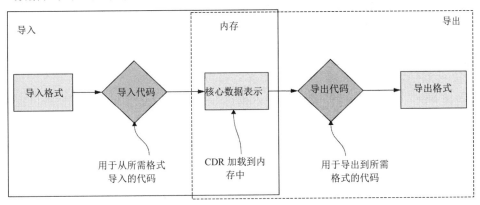

图 6.1　一个基本的数据处理流程:数据通过核心数据表示从一种格式转换为另一种格式

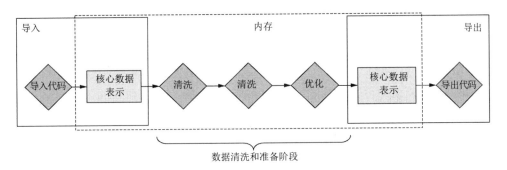

图 6.2　一个更完整的数据处理流程,添加了清洗和准备阶段

图 6.3　数据处理流程中的各个阶段使用核心数据表示链接到一起

在这一章中，我们将对数据处理流程的概念模型进行扩展，使其包含多个转换阶段，用于清洗、准备和转换数据。图 6.2 显示了如何将任意清洗和准备阶段纳入数据处理流程。它演示了如何在导入和导出之间包含任意数量的数据转换阶段。可以使用该模型构建一个数据处理流程，用于从任何一种格式导入数据，通过多个阶段转换数据，然后将其导出为任何其他格式。

我们将在转换阶段之间的空间使用核心数据表示。图 6.3 演示了核心数据表示如何连接模块化数据转换阶段。任何转换阶段的输入和输出是采用共享格式的一堆数据。可将多个阶段链接到一起，通过可重用的代码模块构建灵活的数据处理流程。

6.7　识别有问题的数据

你可能会问：如何检测有问题的数据？你可以通过多种方式来执行此操作。

在早期，可在文本编辑器或查看器中查看数据，然后通过眼睛发现问题。无论如何，都需要执行此操作，以了解数据的形式，也可以帮助我们快速检测任何比较明显的问题。这种方法可以帮助我们快速入门，并且适用于较小的数据集，但很明显不能扩展到大型数据集。肉眼很善于找出问题，但也很容易出错，因此，我们很可能会错过一些问题。

方法是通过肉眼分析一小部分数据，然后针对其结构和格式做出一些假设。接下来编写一个脚本，用于在整个数据集中检查这些假设。这就是第 5 章中讨论的假设检查脚本。运行此脚本可能需要大量时间，但这是值得的，因为运行完以后你就会知道自己做出的假设是否得到证实。此脚本的作用是告诉你数据中是否存在问题。

可能需要优化假设检查脚本以加快处理速度，尤其当你需要在生产环境中运行假设检查脚本时，优化后，可将数据更新流纳入实时数据处理流程中。第 12 章将介绍实时数据处理流程的更多内容。

关于检测有问题的数据，可以考虑的最后一种方法就是将问题众包(crowd-source)出去，让数据使用者来查找并报告损坏的数据。你可能需要考虑对生产版本进行检测，也就是在正式发布之前，为一小部分用户提供一个新版本，让他们帮忙找出可能存在的问题。这种方法是否有效取决于你的产品：你将需要一个非常大的数据集(否则你为什么要众包呢)以及庞大的活跃用户群。

6.8　问题的种类

我们在数据中看到的问题的种类有很多，而且各有各的特点。为了举例说明，下面列出了一些示例：

- 额外的空格——空行或者字段值前后带有空格。
- 缺失数据——空、null 或 NaN 字段。
- 非预期数据——你的代码是否能够处理新的非预期值？
- 数据不准确——传感器读数出现一定数量的中断。
- 不一致——全称和缩写形式之间的不一致，例如 Street 和 St、Mister 和 Mr，数据采用不同的货币导致不一致，大小写不一致。
- 字段格式不正确——电子邮件、电话号码、拼写错误的类别等。
- 数据损坏——缺少时区信息的日期/时间或者错误的传感器读数。
- 不相关的数据——数据对我们没有任何用处。
- 冗余的数据——重复的数据。
- 效率低下的数据——数据没有经过整理，无法有效使用。
- 数据过多——拥有的数据太多，超出了我们的处理能力。

很快我们就会深入研究用于解决上述部分问题的代码的具体示例。

6.9　如何处理有问题的数据

识别出有问题的数据后，如何处理这些数据呢？

这取决于具体情况以及数据的规模，不过，我们提供了各种处理有问题数据的方法，可以根据需要随意选择。请考虑下面的选项：

- 可以修复数据——如果可能的话。
- 可以优化数据——如果数据格式导致无效或效率低下。
- 可以忽略问题——需要询问以下问题：可能出现的最糟的情况是什么？
- 可以解决问题——或许可以在生产环境中处理遇到的问题，而不是脱机处理？
- 可以过滤出损坏的数据——或许数据的修复成本太高，对我们来说得不偿失。
- 可以重新生成数据——如有可能，或许可以修复问题的来源，然后从头开始重新捕获或生成数据。如果一开始生成数据的成本很低，那么重新生成数据的成本可能要低于修复数据的成本。

在讨论如何处理有问题的数据时，还必须考虑在哪里处理数据。本章中绝大部分情况下都假定是脱机修复数据，不过，需要注意的是，这些方法中的绝大多数也适合通过实时数据处理流程在线使用，例如我们将在后面的第 12 章中介绍的示例。

难道我们不应该始终脱机修复数据吗？当然，脱机修复数据会有助于提高生产系统的性能，但在某些情况下，脱机修复数据可能并不可行。例如，想象一下，你有一个非常大的数据集，其中包含很多错误，但是，这些错误仅适用于少数用户，而且访问频率不是很高。这种情况下，更有效的方法可能是通过一个实时系统及时修复此类错误，也就是所谓的"懒惰"模式，然后将修复后的记录重新存储到数据库中。这种方式使生产系统可以随着时间的推移慢慢更正自身存在的错误，不需要大量的线下时间和资源，也不会过分影响用户群。

6.10 修复有问题的数据的技术

到目前为止，还没有搞清楚需要执行哪些操作来修复损坏的数据。数据中可能会存在大量的问题，不过幸运的是，有一组简单的策略来帮助我们修复损坏的数据，我们可以根据需要选择适合的策略。

表 6.2 列出一些用于修复有问题的数据的技术，接下来将它们添加到工具包中。

表 6.2 用于修复有问题的数据的技术

技术	如何操作	操作的原因
修改数据	迭代并更新行和列	用于规范化和标准化数据 用于修复损坏的数据
删除数据	过滤掉行和列	删除不相关和冗余的数据 减少过多的数据
聚合数据	合并、组合和汇总数据	优化数据以便高效访问 减少过多的数据
拆分数据	将数据拆分为多个数据集	提高访问效率

在本章后面的部分中，将探索上述技术对应的代码示例。

6.11 清洗数据集

接下来，将要为你列举一些代码示例。首先，我们要看看最常用的技术：重新写入数据行以修复发现的问题。然后介绍一种常用的替代技术：过滤掉一些行或列，从而删除损坏或不相关的数据。

在这些示例中，我们将使用一些非常重要的 JavaScript 函数，请留心注意。此外，还会介绍如何在 Data-Forge 中完成此类工作。为了加载数据，需要使用之前在第 3 章中创建的用于导入和导出 CSV 文件的工具包函数。

6.11.1　重新写入有问题的行

在珊瑚礁数据中，要修复的第一个问题是日期/时间问题。使用日期/时间值可能会导致很多问题，不过，在对问题有了充分的了解之后，对应的解决方案通常会比较简单。在这种情况下，问题在于，日期/时间被存储为不包含时区信息的字符串表示形式(见图 6.4)。珊瑚礁数据库包含来自许多不同时区的记录，因此，我们需要在日期中编码正确的时区信息，这一点非常重要。很多生产问题都是由于日期采用了不适合产品用户的错误时区所导致的。

	A	B	C	D	E	F
1	transectid	exp_id	start_datetime	end_datetime	country	timezone
2	10001	10	16/09/2012 16:16	16/09/2012 16:53	Australia	10
3	10002	10	17/09/2012 10:54	17/09/2012 11:54	Australia	10
4	10003	10	18/09/2012 13:30	18/09/2012 14:10	Australia	10
5	10004	10	20/09/2012 12:43	20/09/2012 13:26	Australia	10

日期　　　　　　　　　　时区

图 6.4　日期和时区存储在单独的列中

在这里，我们的目标是将所有日期/时间值转换为标准 UTC 格式，并在其中编码正确的时区信息(如图 6.5 所示)。我们将使用 JavaScript 日期/时间库 moment 来实现此目标。它是你将遇到的最方便的 JavaScript 库之一。你可能还记得，我们在前面的第 2 章中第一次安装了这个库，然后在第 4 章中也用到了它。它是一个非常有价值的工具，可以很好地处理日期和时间值。

在此示例中，我们已经拥有了需要的所有信息，因为每条记录都将时区编码为一个单独的字段。需要将这两个字段组合成一个国际化的日期/时间值，可以按照正确的时区反映正确的日期/时间。可以使用 moment 库轻松地完成此操作，如图 6.5 所示。

为了重新写入数据集中的每一行，将使用 JavaScript 的 map 函数。此函数接收的输入为一个数组，也就是输入数据集。此外，还会将一个转换函数传递到 map 函数中。此函数会对数据集中的每条记录应用修改。map 函数的输出是一个经过修改的数据集，也就是转换每条记录并构建新数组所得到的结果。

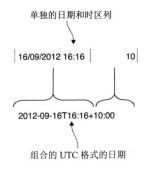

图 6.5 将单独的日期和时区列合并为包含时区的 UTC 格式的日期

可以说，map 函数通过对每条记录应用指定的修改来重新写入数据集。在下面的图 6.6 中，你可以看到如何将 transformRow 函数应用于输入数组的每个元素以构建输出数组。

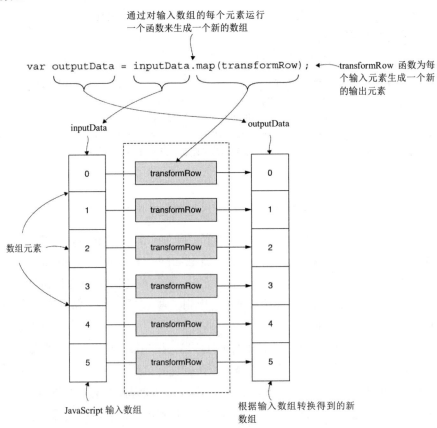

图 6.6 使用 JavaScript 的 map 函数将一个数据数组从一种结构转换为另一种结构

代码清单 6.1 显示了使用 map 函数修复珊瑚礁数据集中的日期/时间值的代码。其中有一些非常重要的函数需要引起我们的注意，那就是 transformData 和 transformRow。其中，transformData 函数用于转换整个数据集。而 transformRow 函数用于修复数据集中的每条记录。我们使用 moment 库将每条记录中的日期/时间的字符串表示形式与时区值组合到一起。

从本质上来说，map 函数就是拆分输入数组，然后通过 transformRow 函数传递每条记录以便对其进行修改。最后，将修改后的记录组合成一个新的数组，输出一个新的数据集，其中损坏的数据已经得到修复。运行下面的代码清单，待它生成输出文件 (surveys-with-fixed-dates.csv)后，将该文件加载到 Excel 或某文本编辑器中，以验证它是否正确输出。

代码清单 6.1　重新写入行以修复有问题的数据(listing-6.1.js)

```javascript
const moment = require('moment');
const importCsvFile = require('./toolkit/importCsvFile.js');
const exportCsvFile = require('./toolkit/exportCsvFile.js');
```
使用第 3 章中创建的工具包函数导入和导出 CSV 文件
```javascript
const importDateFormat = "YYYY-MM-DD HH:mm";
const inputFileName = "./data/surveys.csv";
const outputFileName="./output/surveys-with-fixed-dates.csv";
```
使用的输入和输出文件的名称

显示函数以修复一行数据
```javascript
function parseDate (inputDate, timezoneOffset) {
    return moment(inputDate, importDateFormat)
        .utcOffset(timezoneOffset)
        .toDate();
}
```
使用 moment 解析日期。此操作用于对我们的数据进行修复。使用 moment 以正确的时区读取日期会生成一个格式正确的 UTC 日期

```javascript
function transformRow (inputRow) {
    const outputRow = Object.assign({},inputRow);
    outputRow.start_datetime =
        parseDate(inputRow.start_datetime, inputRow.timezone);
    outputRow.end_datetime =
        parseDate(inputRow.end_datetime, inputRow.timezone);
    return outputRow;
}
```
使用 Object.assign 函数复制一条记录。执行此操作只是为了安全起见；我们会使原始数据集保持不变(至少在概念上是这样)，因此，不重新写入原始记录。出于性能方面的考虑，你可能希望忽略此操作，但要小心谨慎；如果忽略，那么你会丢失源数据的内存中副本，因此，请确保不要将其用于其他任何用途

```javascript
function transformData (inputData) {
    return inputData.map(transformRow);
}
```
显示函数以修复整个数据集。使用 map 函数来转换 JavaScript 数组

将输入文件读取到内存中
```
importCsvFile(inputFileName)
    .then(inputData => {
        const outputData = transformData(inputData);
        return exportCsvFile(outputFileName,outputData);
    })
    .then(() => {
        console.log('Done!');
    })
    .catch(err => {
        console.error('Error!');
        console.error(err && err.stack || err);
    });
```
转换内存中的数据

从内存中写出输出文件

在代码清单 6.1 中，请注意我们是如何重用之前在第 3 章中创建的 CSV 导入和导出函数的。现在，使用这些函数从 CSV 文件 surveys.csv 中加载输入数据，然后，在损坏的数据得到修复后，将数据保存到新的 CSV 文件 surveys-with-fixed-dates.csv。

这种技术可用于重新写入整个行，或者就像代码清单 6.1 中那样，重新写入特定的字段。使用这种技术是为了修复数据，但是你可能还会说，我们执行此操作是为了使生产代码变得更简单一些，因为它现在只需要处理组合的日期/时间值。

1. 行转换的一般模式

可以从这种技术归纳总结出一种可重用的模式，用于重新写入任何表格数据集。代码清单 6.2 显示了这种归纳总结的模式。可将你自己的代码插入 transformRow 函数中。

代码清单 6.2　重新写入有问题的行的一般模式(摘录自 listing-6.2.js)

```
function transformRow (inputRow) {
    const outputRow = Object.assign({},inputRow);
    //
    // 待办事项：在此处插入用于转换数据行的代码
    //
    return outputRow;
}
```
在此处添加你自己的转换逻辑以及用于转换每一行的代码

```
function transformData (inputData) {
    return inputData.map(transformRow);
}

importCsvFile(inputFileName)
    .then(inputData => {
        const outputData = transformData(inputData);
        return exportCsvFile(outputFileName,outputData);
    })
    .then(() => {
        console.log("Done! ");
    })
    .catch(err => {
        console.error("Error!");
        console.error(err && err.stack || err);
    });
```

导入原始
数据文件

转换整个
数据集

导出转换后的
数据文件

2. 使用 Data-Forge 重新写入损坏的数据

我们也可以使用 Data-Forge，通过一种类似于普通的旧 JavaScript 的方式来重新写入数据集。为什么我们应该使用 Data-Forge 来执行此操作呢？原因在于，像这样的数据转换可以很好地被纳入灵活、便捷、顺畅的 Data-Forge 数据处理流程中。在本章的末尾，你将看到一个更完整的 Data-Forge 示例，显示如何在一个更大的数据处理流程的上下文中将所有这些内容都融合到一起，但现在，我们来使用 Data-Forge 重新编写代码清单 6.1。

你会注意到，代码清单 6.3 与代码清单 6.1 类似。其中使用了类似的 transformData 和 transformRow 函数。实际上，transformRow 与代码清单 6.1 中的函数完全相同。不过，transformData 有一些差异。在这个示例中，它接收 Data-Forge DataFrame 对象作为输入，并返回一个经过修改的新 DataFrame 对象作为输出。与 JavaScript 的 map 函数不同的是，我们将使用 Data-Forge 的 select 函数来转换数据集。map 和 select 函数从概念上来说是等效的：它们都是拆分一个数据序列，对每条记录进行修改，然后合并输出以创建一个新的序列。可运行下面的代码清单，它会输出文件 surveys-with-fixed-dates-using-data-forge.csv。

代码清单 6.3　使用 Data-Forge 重新写入有问题的记录(listing-6.3.js)

```
const moment = require('moment');
const extend = require('extend');
const dataForge = require('data-forge');        ← 需要使用 Data-Forge 库
```

```
const importDateFormat = "YYYY-MM-DD HH:mm";
const inputFileName = "./data/surveys.csv" ;
const outputFileName =
    "./output/surveys-with-fixed-dates-using-data-forge.csv";

function parseDate (inputDate, timezoneOffset) {
    return moment(inputDate, importDateFormat)
        .utcOffset(timezoneOffset)
        .toDate();
}

function transformRow (inputRow) {
    const outputRow = Object.assign({}, inputRow);
    outputRow.start_datetime = parseDate(
        inputRow.start_datetime, inputRow.timezone
    );
    outputRow.end_datetime = parseDate(
        inputRow.end_datetime, inputRow.timezone
    );
    return outputRow;
}

function transformData (inputDataFrame) {
    return inputDataFrame.select(transformRow);
}

dataForge.readFile(inputFileName)
    .parseCSV()
    .then(inputDataFrame => {
        const outputDataFrame=transformData(inputDataFrame);
        return outputDataFrame
            .asCSV()
            .writeFile(outputFileName);
    })
    .then(() => {
        console.log("Done! ");
    })
    .catch(err => {
```

显示用于修复整个数据集的辅助函数。请注意，使用 Data-Forge 的 select 函数来重新写入 DataFrame 对象(而不是使用代码清单 6.1 中所用的 JavaScript 的 map 函数)

使用 Data-Forge 将输入文件作为一个 DataFrame 对象读取到内存中

转换内存中的 DataFrame 对象

使用 Data-Forge 将输出 DataFrame 对象写出到一个文件中

```
        console.error("Error!");
        console.error(err && err.stack || err);
    });
```

代码清单 6.3 与代码清单 6.1 并没有太大差别，而且它还没有为你真正展示出 Data-Forge 的强大功能。使用 Data-Forge 带来的优势有很多，其中一个就是，可以轻松地链接数据转换并构建一个数据处理流程。在了解如何使用 Data-Forge 将各个环节链接到一起组合成一个更为复杂的数据处理流程之前，我们先来看看示例的其余部分。

6.11.2　过滤数据行

在珊瑚礁数据中，要解决的第二个问题就是，我们仅对澳大利亚的珊瑚礁感兴趣。这是我们想要重点关注的，数据的其余部分与数据分析不相关，因此，要删除包含不感兴趣的内容的数据行。如果某些数据对我们没有用，或者当我们检测到重复或冗余内容时，可以过滤出相应的数据。对于损坏的数据，如果无法通过经济高效的方式对其进行修复，那么我们可能也需要将这些数据过滤出来。

正如第 5 章中讨论过的，使用缩减后的数据集会使流程更为简化并加快处理速度。此外，你感兴趣的数据会更加清晰明确，因为不会由于不相关的数据而杂乱无章。你应该明确删除数据中不需要的部分。与以往一样，需要小心谨慎，不要直接覆盖源数据。有时，数据可能需要一天才能删除完，因此，操作时务必要小心谨慎，建议保存未经修改的原始数据的一份副本。

在这里，我们的目标是删除澳大利亚以外的珊瑚礁的相关数据。我们将使用 JavaScript 的 filter 函数来实现此目标。将针对数据数组调用 filter 函数，并传入一个用户定义的"谓词"函数，用于指定要过滤掉的记录。如果要保留记录，则谓词函数必须返回布尔值 true，如果返回 false，则会删除相应的记录。与前面使用的 map 函数类似，filter 函数也会拆分输入数组，然后根据谓词函数的结果，组合成一个新的数组，但会减掉过滤出来的任何记录。

可以这样说，filter 函数通过删除不再需要的记录来重新写入数据集。在图 6.7 中，你可以看到如何对输入数组的每个元素应用 filterRow 谓词函数，以确定相应的记录是否应该包含在输出数组中。

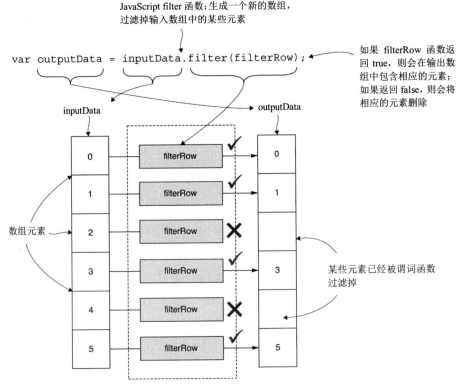

图 6.7　使用 JavaScript 的 filter 函数生成一个新数组，其中过滤掉某些元素

代码清单 6.4 演示了如何使用 JavaScript 的 filter 函数从珊瑚礁数据集中删除一些行。在这里，我们再次看到了之前的代码清单中的 transformData 函数，不过，这一次使用 filter 函数来转换数据集，而不是使用 map 函数。

代码清单 6.4　过滤掉不需要的或有问题的数据(摘录自 listing-6.4.js)

```
function filterRow (inputRow) {
    return inputRow.country==='Australia';          使用谓词函数过滤掉一些
}                                                   数据行。在此示例中，将过
                                                    滤掉国家/地区不是澳大利
                                                    亚的任何数据行

function transformData (inputData) {
    return inputData.filter(filterRow);             使用 JavaScript 数组过滤函数删
};                                                  除不符合过滤条件的数据行
```

请注意 filterRow 函数：这是我们的谓词函数，将针对每条记录调用，用于确定相应的记录是应该保留还是过滤掉。对于位于澳大利亚的珊瑚礁的每条记录，filterRow 函数将返回布尔值 true，从而使这些记录得以保留。与此相反，对于其他不是位于澳

大利亚的珊瑚礁的记录,该函数会返回布尔值 false,从而将它们从数据集中删除。

filter 函数会拆分输入数组,并针对每条记录调用 filterRow 函数。该函数会生成一个新的数组,其中仅包含经过过滤后保留下来的那些记录,也就是说,输出数组仅包含 filterRow 函数返回 true 的那些记录。它会输出一个新的数据集,其中不包含我们想要删除的记录。你应该运行下面的代码清单 6.5,并检查其输出的文件 surveys-but-only-Australia.csv。

过滤数据行的一般模式

对于从数据集中过滤掉一些数据行的情况,可总结出一个一般的模式。代码清单 6.5 就是这样的一个模板,你可以在其中插入自己的过滤代码。记住,对于想要保留的记录,谓词函数必须返回布尔值 true,而对于想要删除的记录,谓词函数必须返回布尔值 false。

代码清单6.5 过滤掉有问题的数据的一般模式(listing-6.5.js)

```
function filterRow (inputRow) {           ◄
    // 待办事项: 此处插入谓词函数
    // 返回 true 将保留相应的数据行, 返回 false 会将相应的数据行删除
    const preserveRow = true;
    return preserveRow;
}                                          ◄
                                                    在此处添加谓词函数。返回 true 将保留相
                                                    应的数据行, 返回 false 会将相应的数据
function transformData (inputData) {                行删除
    return inputData.filter(filterRow);
};


importCsvFile(inputFileName)
    .then(inputData => {
        const outputData = transformData(inputData);
        return exportCsvFile(outputFileName, outputData)
    })
    .then(() => {
        console.log("Done!");
    })
    .catch(err => {
        console.error("Error!");
        console.error(err && err.stack || err);
    });
```

使用 Data-Forge 过滤行

我们再次看一下如何使用 Data-Forge，这一次我们将了解如何使用它来过滤数据行。我们在这里看到的内容与在普通的旧 JavaScript 中实现此操作的方式类似。二者如此相似，那么你可能想要知道，为什么还要多此一举使用 Data-Forge 呢？在本章的结尾，你会明确看到这么做的原因，届时，会展示如何将多个 Data-Forge 函数链接到一起以构建一个更复杂的数据处理流程。

代码清单 6.6 中的 filterRow 函数与代码清单 6.4 中的一样。不过，其中的 transformData 函数使用 Data-Forge 的 where 函数来过滤记录，而不是使用我们在代码清单 6.4 中所用的 JavaScript filter 函数。where 和 filter 函数执行相同理念的任务：它们针对每条记录执行一个谓词函数，确定哪些记录应该保留，哪些记录应该删除。代码清单 6.6 中的 transformData 函数接收一个 DataFrame 对象作为输入，返回一个经过修改的新 DataFrame 对象作为输出。输出 DataFrame 对象中仅包含希望保留的记录；所有其他记录都已经被过滤掉了。当你运行此代码时，它会生成输出文件 surveys-but-only-Australia-using-data-forge.csv。检查输出文件，你会发现，输出的内容与代码清单 6.4 输出的相同。

> **代码清单 6.6   使用 Data-Forge 过滤掉不需要的或有问题的数据(摘录自 listing-6.6.js)**

```
function filterRow (inputRow) {
    return inputRow.country === 'Australia';     ┤ 这用于删除不在澳大利亚的
                                                   珊瑚礁记录的谓词函数
}


function transformData (inputDataFrame) {
    return inputDataFrame.where(filterRow);   ◄── 使用 Data-Forge 的 where 函
                                                  数过滤掉不是来自澳大利亚
}                                                 的珊瑚礁对应的记录
```

当目前为止，我们还没有真正见识到 Data-Forge 的强大功能。不要着急，马上就为你展示！

6.11.3   过滤数据列

在珊瑚礁数据中，我们要解决的第三个问题是如何删除特定的列。实际上，这与前面删除数据行的问题非常类似。不过，这一次不是删除整个记录，而是从每条记录中删除单个字段，每条记录的其余部分保持不变。

为什么要执行此操作呢？原因与前面删除行是相同的，那就是删除损坏的、不相关的或冗余的数据，同时使数据集变得更加紧凑，更易于处理和使用。再次强调一下，一定要小心谨慎，出于安全方面的考虑，不要直接覆盖源数据，建议在某个位置保存源数据的一个副本。

这里，我们的目标是从每条记录中删除 reef_type 字段，也就是从整个数据集中删除 reef_type 列。我们并不需要这一列，它会让数据变得比较散乱。

之前介绍了如何使用 JavaScript 的 filter 函数过滤掉整个条目，而从数组中的每个条目删除一个字段并不像过滤整个条目那样便捷。但是，JavaScript 提供了一个 delete 运算符，可以帮我们执行所需的操作：它可以从一个 JavaScript 对象中删除一个字段(见图 6.8)。

为了使用 delete 运算符，必须对数据集进行迭代，将其应用于每条记录，如代码清单 6.7 所示。注意，在 transformData 中，我们再次使用 map 函数来转换整个数据数组。transformRow 函数会访问每条记录，并使用 delete 运算符删除 reef_type 字段。运行此代码，它会生成输出文件 surveys-with-no-reef-type.csv。输出数据与输入数据相同，只是所需的列被删除掉了。

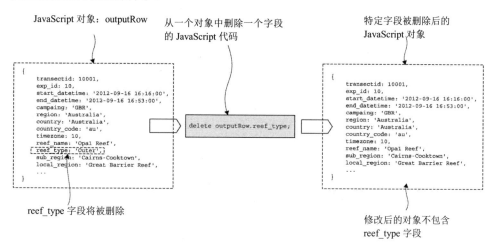

图 6.8 从数组中的每个元素删除一个字段的效果就是从表格数据中删除一"列"

代码清单 6.7 删除整列(摘录自 listing-6.7.js)

```
function transformRow (inputRow) {
    const outputRow = Object.assign({},inputRow);     生成数据的一个副本，以
                                                        免修改输入数据
    delete outputRow.reef_type;
    return outputRow;          使用 JavaScript 的 delete 运算符从一行数
                               据中删除 reef_type 字段
}


function transformData (inputData) {
    return inputData.map(filterColumn);      使用 JavaScript 的 map 函数从所有行中
                                              删除该字段。此操作的效果就是从表格
                                              数据中删除 reef_type 列
}
```

使用 Data–Forge 过滤列

与之前的介绍顺序一样，先使用普通的 JavaScript 执行操作，然后使用 Data-Forge 执行同样的操作。这里，也可以使用 Data-Forge 从数据集中删除整列。在前面的示例中，使用 Data-Forge 与使用普通的旧 JavaScript 并没有太大的差别，但在这个示例中，任务变得更简单一些。

代码清单 6.8 显示了如何使用 Data-Forge 的 dropSeries 函数从 DataFrame 对象中删除一个指定系列(例如，数据的一列)。这要比从每条单独的记录中分别删除该字段要容易一些。当你运行此代码时，它会生成输出文件 surveys-with-no-reef-type-using-data-forge.csv。此代码清单生成的输出与代码清单 6.7 生成的输出相同，只是由于使用了 Data-Forge，生成过程变得更便捷一些。

代码清单 6.8　使用 Data-Forge 删除整个一列(摘录自 listing-6.8.js)

```
function transformData (inputDataFrame) {
    return inputDataFrame.dropSeries("reef_type");
}
```

使用 Data-Forge 的 dropSeries 函数从 DataFrame 对象中删除 reef_type 列。这要比前面使用 JavaScript 的示例简单得多，代码也更简洁

这是第一个可以很好地演示 Data-Forge 如何简化数据处理流程的示例，但这仅仅是一个开始，Data-Forge 还有其他很多函数，可以帮助我们通过简短的代码完成数据划分、转换和重建操作。

6.12　准备好数据以便有效使用

我们已经对数据进行了清洗，并解决了在数据中发现的各种问题。但是，要想准备好数据以便有效采用，我们可能还需要执行其他一些操作。我们可能仍然拥有过多的数据，需要对其进行缩减，或者数据可能不适合进行分析。接下来，我们来看一些示例，了解如何聚合或分割数据以使其更容易使用。

6.12.1　聚合数据行

我们来看看如何根据珊瑚礁名称来聚合数据。如果想要查看每个珊瑚礁的统计数据，只需要将特定珊瑚礁的所有记录折叠成每个珊瑚礁一个汇总记录的形式。

在这里，会尽量简化操作，并查看每个珊瑚礁累计绵延的总距离。需要在每个珊瑚礁的所有记录中对 transects_length 字段进行求和。对于数据分析来说，该操作非常

简单，但对于本章中的示例来说，这已经足够了。第 9 章将研究一些更高级的数据分析技术。

图 6.9 显示了源数据的一部分，及其与聚合数据的比较情况。注意，对于左侧的每个数据行，一个珊瑚礁对应多条记录，而在右侧，已经将其精简为一个珊瑚礁对应一行。

为对数据进行聚合，我们需要执行下面的操作：

(1) 基于 reef_name 字段将源数据整理成不同的区块。

(2) 对于每组记录，计算 transects_length 字段的总和。

(3) 最后，创建一个新的数据集，其中每个珊瑚礁对应一条记录，并且包含聚合数据。

代码清单 6.9 显示了用于聚合我们的珊瑚礁数据的代码。请注意对 Data-Forge 的 groupBy 函数的调用：此函数会将 DataFrame 对象转换为一系列组。传递到 groupBy 的函数指定如何将数据组织成不同的组。这表明，我们希望按照 reef_name 对数据进行分组。groupBy 函数的输出是一个 Data-Forge Series 对象，表示组系列。每个组本身都是一个 DataFrame 对象，其中包含原始数据的一个子集。然后，调用 select 函数将这些组转换为一个新的汇总记录集合。这里调用 sum 函数对该组的 transects_length 字段求和。

这里执行的操作非常多，所以，请花费一些时间来仔细阅读代码，以完全领会它们所代表的意义。你可以运行此代码，它会生成文件 surveys-aggregated.csv，就像图 6.9 右侧所示的示例一样。

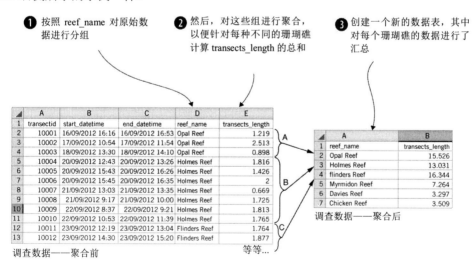

图 6.9　聚合数据：按照珊瑚礁名称进行分组，然后针对每个组的 transects_length 字段求和

代码清单 6.9　使用 Data-Forge 聚合数据(摘录自 listing-6.9.js)

```
function transformData (inputDataFrame) {
    return inputDataFrame
        .parseFloats("transects_length")
        .groupBy(inputRow => inputRow.reef_name)
        .select(group => {
            return {
                reef_name:group.first().reef_name,
                transects_length: group
                    .deflate(row => row.transects_length)
                    .sum(),
            };
        })
        .inflate();
}
```

按照 reef_name 字段对数据行进行分组

确保 transects_length 的 CSV 数据已经解析为浮点值(否则，我们将无法立即对这些值进行求和)

将一个组转换为一个新的数据行，即对特定珊瑚礁的汇总

每个新的汇总记录从组中提取珊瑚礁的名称

使用默认函数从组中提取 transects_length 值的系列

使用 Data-Forge 的 sum 函数将组的所有 transect_length 值加总到一起。这会生成一个值，表示调查过程中沿特定的珊瑚礁经过的距离

groupBy 输出一个 Data-Forge Series 对象。为输出到 CSV 文件，我们需要将其转换回 DataFrame 对象，因此我们调用 inflate 函数以将 Series 对象转换为 DataFrame 对象

这是另一个仅使用 Data-Forge 的示例。你可以使用普通的旧 JavaScript 来编写此代码，但编写的代码会更长，阅读起来也更困难。

使用 Data-Forge 允许我们更加简洁地表达诸如此类的转换。代码越短，意味着错误越少，因此，使用 Data-Forge 编写代码会产生更好的结果。注意到 parse-Floats、groupBy 和 select 函数如何一个挨一个串联到一起了吗？我们已经了解了如何将多个 Data-Forge 函数一个挨一个串联到一起，以快速构建数据处理流程。

6.12.2　使用 globby 组合来自不同文件的数据

现在，想象一下，我们收到的珊瑚礁数据是一组文件。假定珊瑚礁数据按国家/地区划分为 Australia.csv、United States.csv 等文件。在使用这些数据之前，我们需要先从本地文件系统加载这些文件并将它们组合到一起。

存在多种用于组合数据的方法，例如：

● 连接文件的行。

● 逐行合并。

● 通过匹配某个字段连接数据(与 SQL 连接运算一样)。

在这一节中，会尽量使操作保持简单，并重点关注连接方法。目标是将多个文件读取到内存中，在内存中将它们连接到一起，然后将它们写出到一个较大的数据文件中。将使用一个称为 globby 的 JavaScript 库来查找各个文件。我们已经可以使用工具包中的函数来执行文件导入和导出。为执行连接操作，我们将使用 JavaScript 的数组concat 函数。上述操作对应的流程如图 6.10 所示。

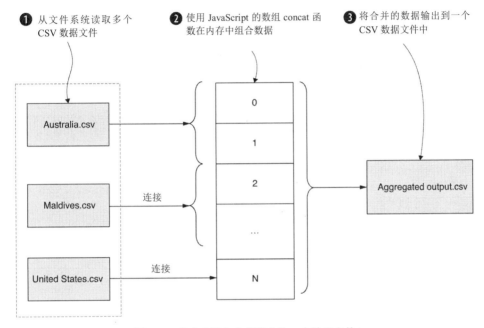

图 6.10　将多个输入文件聚合为一个输出文件

如果要连接多个文件，我们需要执行以下操作：

(1) 查找多个 CSV 文件并将其读取到内存中。

(2) 使用 JavaScript 的数组 concat 函数将所有记录连接成一个数组。

(3) 将连接的数组写入一个合并的输出文件中。

如果你为 Chapter-6 代码库安装了依存项，那么你应该已经在项目中安装了globby，如果没有，可在全新的 Node.js 项目中进行安装，命令代码如下：

```
npm install --save globby
```

代码清单 6.10 显示了使用 globby 以及我们的工具包函数 importCsvFile 将多个文件加载到内存中的代码。我们使用 JavaScript 的 reduce 函数将所选的导入文件缩减为一个连接的 JavaScript 数组。对于每个导入的文件，调用 concat 函数将已导入记录附加到合并的数组中。你应该运行此代码并查看其创建的合并输出文件

surveys-aggregated-from-separate-files.csv。

代码清单 6.10　使用 globby 聚合多个文件(listing-6.10.js)

```
const globby = require('globby');                                              需要使用
const importCsvFile = require('./toolkit/importCsvFile.js');                    globby 库
const exportCsvFile = require('./toolkit/exportCsvFile.js');


const inputFileSpec="./data/by-country/*.csv";                                  此通配符定义我们要合
const outputFileName =                                                         并到一起的输入文件的
    "./output/surveys-aggregated-from-separate-files.csv";                     列表
调用 globby
   globby(inputFileSpec)
        .then(paths => {                   globby 提供与文件规              依次处理每个文件以便
                                           范匹配的路径列表                异步加载并合并它们
            return paths.reduce((prevPromise, path) => {
                return prevPromise.then(workingData => {
                    return importCsvFile(path)   ◄── 依次导入每个 CSV 输入文件
使用 concat 函数将各个数据
行合并成一个数组                        .then(inputData => {
                          return workingData.concat(inputData);
                    });
                });
            },Promise.resolve([]));
        })
        .then(aggregatedData => {
            return exportCsvFile(outputFileName,aggregatedData);
        })                                                               将聚合的数据输出到一个输
        .then(() => {                                                    出 CSV 文件
            console.log("Done!");
        })
        .catch(err => {
            console.error("An error occurred.");
            console.error(err);
        });
```

　　注意，在代码清单 6.10 中，所有导入的文件都将异步加载。在这里，使用 reduce
函数的主要目的是将异步操作序列合并到一个 Promise 中，这使我们能够使用这一个
Promise 来管理整个异步操作链。在这里，原本还可以使用 Promise.all，并行处理各个
文件，而不是按顺序依次进行处理，但是，我想要通过这种方式来演示如何使用 reduce
函数。如果理解此处的操作有困难，请回过头阅读前面第 2 章中关于异步编码和

Promise 的介绍。

注意，Data-Forge 有一个 concat 函数，可以用于连接多个 DataFrame 对象的内容。

6.12.3　将数据拆分为单独文件

我们已经了解了如何将多个输入文件合并为一个数据集。接下来，我们来看看反过来如何操作，也就是将一个大型数据集拆分成多个文件。可能需要执行此操作，以便能够处理较小的一部分数据，或者，如果我们能够使用根据特定条件拆分的数据，可能会使我们的工作变得更简单一些。

对于此示例，将执行与前一个示例完全相反的操作，那就是根据国家/地区来拆分我们的数据，如图 6.11 所示。对于如何处理和使用数据，这提供了更大的灵活性。在此示例中，假定想要针对每个国家/地区单独使用对应的数据。或者，如果拥有大量的数据，每次只处理一个批次可能会提高工作效率，在后面的第 8 章中，还会对这项技术进行相关的介绍。

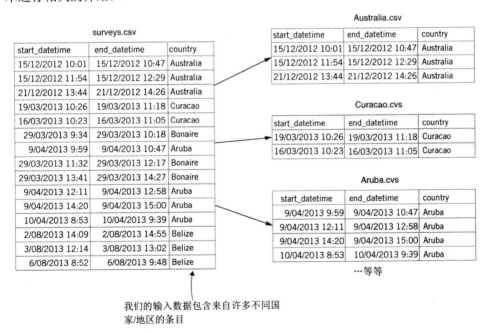

图6.11　按国家/地区将一个文件拆分成多个文件

代码清单 6.11 中的代码定义了一个称为 splitDataByCountry 的函数。它首先会调用 getCountries 函数，该函数会查询数据以确定代表国家/地区的唯一列表。然后，对于每个国家/地区，它会针对该国家/地区过滤数据集，并导出一个仅包含过滤后的数据的新 CSV 文件。

这里的过滤和导出逻辑与之前在代码清单 6.6 中看到的内容类似，前面的示例只是使用 Data-Forge 过滤行，这里又添加了一层，即对于所有国家/地区进行迭代，并针对每个国家/地区导出一个单独的 CSV 文件。如果你运行此代码，它将针对每个国家/地区生成一个输出文件：Australia.csv、United States.csv，等等。

代码清单 6.11　将数据拆分成多个文件(listing-6.11.js)

```
const dataForge = require('data-forge');

const inputFileName = "./data/surveys.csv";

function filterRow (inputRow, country) {
    return inputRow.country === country;       ◀── 这是一个谓词函数,用于过滤掉不是
}                                                  特定国家/地区的所有数据行

function transformData (inputDataFrame, country) {
    return inputDataFrame.where(inputRow => {     这是一个辅助函
        return filterRow(inputRow, country);      数,用于从输入
    });                                           DataFrame 对象中
}                                                 删除与我们的断言
                                                  不匹配的所有行

function getCountries (inputDataFrame) {          这是一个辅助函数,用于确定我
                                                  们的数据集中表示的国家/地区
使用 Data-Forge   return inputDataFrame            的列表
的 distinct 函数       .getSeries("country")
删除重复的国          .distinct();
家/地区,仅返      }
回唯一的国家/
地区集合

function splitDataByCountry (inputDataFrame) {
    return getCountries(inputDataFrame)

获取要用于拆分数据
的国家/地区列表
```

```
        .aggregate(Promise.resolve(), (prevPromise,country)=>{
            return prevPromise.then(() => {
                const outputDataFrame = transformData(
                    inputDataFrame,
                        country
                    );
                const outputFileName = "./data/by-country/" +
                    country + ".csv";

                return outputDataFrame
                    .asCSV()
                   .writeFile(outputFileName);
            });
        });
    }
```

迭代处理每个国家/地区，根据国家/地区对数据进行过滤，并输出数据子集

生成一个新的数据集，其中仅包含特定国家/地区的数据

输出一个新的 CSV 文件，其中包含相应国家/地区的数据

```
dataForge.readFile(inputFileName)
    .parseCSV()
    .then(splitDataByCountry)
    .then(() => {
        console.log("Done! ");
    })
    .catch(err => {
        console.error("Error! ");
        console.error(err && err.stack || err);
    });
```

在代码清单 6.11 中，请注意 Data-Forge 的 aggregate 函数的用法。此函数的工作方式与我们在本章前面部分中看到的 JavaScript 的 reduce 函数类似，这里使用此函数的原因也与前面一样，那就是将一系列异步操作序列化为一个合并的 Promise。可参考前面的第 2 章，回顾一下异步编码和 Promise 的相关内容。

6.13　使用 Data–Forge 构建数据处理流程

我之所以选择使用 Data-Forge，一个主要原因在于，它能够链接各个操作以快速构建灵活的数据处理流程。之所以说灵活，是因为 Data-Forge 函数的链接方式很容易重新排列和扩展。我们可以轻松地插入新的数据转换，删除不再需要的数据转换，或

者修改现有的数据转换。

通过这一章的学习，你已经对 Data-Forge 链接的工作方式有一定的了解，希望你能认识到它可以为数据整理工具包带来的强大功能，在这里，我还是想要更明确地说明这一点。我们来看一个新的 Data-Forge 示例，它由前面的很多代码清单组合而成。它显示了如何将这些数据转换链接到一起，构成一个数据处理流程。

代码清单 6.12 中显示了更为复杂的数据处理流程的代码。在此代码清单中，你可以看到截至目前在本章中所用到的许多函数，其中包括 where、groupBy、select 等。你可以运行下面的代码清单，并检查其生成的输出文件 data-pipeline-output.csv。

代码清单 6.12   使用 Data-Forge 构造的一个更复杂的数据处理流程(摘录自 listing-6.12.js)

```
dataForge.readFile(inputFileName)          ← 在数据处理流程的开头，将 survey.csv
    .parseCSV()          ← 从数据文件解析 CSV 数据        文件加载到内存中
    .then(dataFrame => {
        return dataFrame.dropSeries([
                "exp_id",                    删除我们不感兴趣的列。此操作会使数据变得
                "dive_observations",        更紧凑一些
                "obs_topography"
            ])
            .parseDates([
                "start_datetime",
    解析包含日期的列          "end_datetime"
                ],
                importDateFormat
            )                                          应用一个过滤器，
                                                       因为我们仅对 2014
              .where(row =>                            年的数据行感兴趣
                moment(row.start_datetime).year()===2014
              )
删除损坏的行，因为这些    .parseFloats("dive_temperature")    ←    将感兴趣的列解析
行会影响分析的准确性    .where(row => row.dive_temperature !== 0)    为浮点值
            .groupBy(row => row.country)
按照国家/地区对行    .select(group => ({
进行分组           country: group.first().country,
                dive_temperature: group                转换每个组并
                    .select(row => row.dive_temperature)   使用每个国家/
                    .average()                         地区的平均温
            }))                                        度创建新行
            .inflate()    ←    填充到一个 DataFrame 对象，groupBy 函数的输出是一
以 CSV 格式    .asCSV()          个 Series 对象，但是，我们希望将其返回到一个
输出数据                          DataFrame 对象，以便输出到 CSV 文件
```

```
                    .writeFile(outputFileName);
    });
```

在数据处理流程的结尾，将 CSV 数
据写入一个文件

　　在这一章中，我们介绍了相当多的内容，并了解了各种数据清洗和准备技术，在
尝试使用数据进行分析或者将其转入生产环境之前，数据清洗和准备是必不可少的。
稍后，在第 9 章中，将介绍实际的数据分析，但首先需要处理之前一直回避的一个问
题，那就是如何处理大量的数据？这是接下来的第 7 章和第 8 章将要介绍的主题。

小结

- 你学会了使用 JavaScript 的 map 函数以及 Data-Forge 的 select 函数来重新写入
  数据集，以修复有问题的数据。
- 你了解了如何使用其他各种函数来过滤掉有问题或不相关的数据。用到了
  JavaScript 的 filter 函数、delete 运算符以及 Data-Forge 的 where 和 dropSeries
  函数。
- 列举了一些聚合示例，可以用于汇总和缩减你的数据集。用到了 JavaScript 的
  reduce 函数以及 Data-Forge 的 groupBy 和 aggregate 函数。
- 介绍了如何使用 globby 库合并来自多个文件的数据。
- 介绍了如何根据特定的条件将数据拆分成多个文件。用到了 JavaScript 的 filter
  函数以及 Data-Forge 的 where 函数。

第 7 章

处理大型数据文件

本章内容提要:

- 使用 Node.js 流
- 以增量方式处理文件以处理大型数据文件
- 处理大量 CSV 和 JSON 文件

在这一章中,我们将了解如何处理大型数据文件。那么,到底有多大呢?对于本章的学习,我从美国海洋和大气总署(NOAA)下载了一个非常大的数据集。该数据集包含来自全球各个气象站的测量数据。该数据集压缩后的下载文件大小约为 2.7 GB。该文件解压缩后可获得 28GB 的数据。原始数据集中包含超过 10 亿条记录。不过,在这一章中,我们只会用到该数据的一部分,但即使是缩减后供本章使用的示例数据也仍然非常大,无法加载到内存中由 Node.js 进行处理,为了处理这种规模的数据,我们需要使用一些新的技术。

将来,我们会对此数据进行分析,在后面的第 9 章中,还会再次使用这些数据。但是,按照现在的情况,无法使用常规的技术来处理这些数据。为了扩展的数据整理流程并处理大型文件,需要使用一些更高级的技术。在这一章中,将对工具包进行扩展,引入使用 Node.js 流对 CSV 和 JSON 文件进行增量处理的技术。

7.1 扩展工具包

在这一章中,将使用很多新工具,以使用 Node.js 流对大型数据文件进行增量处理。我们会再次使用熟悉的 Papa Parse 库来解析我们的 CSV 数据，但是，这一次将在流模式中使用它。为了处理流 JSON 数据，将为你介绍一个新库，名为 bfj (Big-Friendly JSON)。

表 7.1 中列出了将在这一章中用到的各种工具。

表 7.1　第 7 章中用到的工具

API/库	函数/类	注释
Node.js fs	createReadStream	打开一个流文件以供增量式读取
	createWriteStream	打开一个流文件以供增量式写入
	stream.Readable	实例化此类，以创建自定义可读数据流
	stream.Writable	实例化此类，以创建自定义可写数据流
	stream.Transform	实例化此类，以创建可以对通过流传递的数据进行修改的双向转换流
Papa Parse	parse/unparse	再次用到 Papa Parse，但这次是在流模式中，用于进行 CSV 数据序列化和反序列化
Bfj (Big-friendly JSON)	walk	使用第三方库 bfj 进行流 JSON 反序列化
Data-Forge	readFileStream	在流模式中读取一个文件，允许对其进行增量式转换
	writeFileStream	在流模式中写入一个文件

7.2　修复温度数据

对于这一章来说，将使用从 NOAA 下载的大型数据集。你可从此处下载原始数据集，不过，我建议你不要这样做，因为下载文件大小约为 2.7GB，而解压缩后的数据大小可以达到 28GB。可以通过以下 FTP 地址来获取这些文件：ftp://ftp.ncdc.noaa.gov/pub/data/ghcn/daily/。

我提前完成了一些准备工作，将这个自定义数据集转换为 28GB 的 weather-stations.csv 文件以及一个 80 GB 的 weather-stations.json 文件，可以使用这两个文件来测试本章中的代码清单。很显然，我不能直接使用这么大的文件，因为它们实在是太大了，不过，我对这些文件进行了删减，生成了一些缩减版本，你可以在第 7 章对应的 GitHub 代码库中获取这些缩减版本(详见下一节)。

我想要对该数据集进行分析，但遇到了一个问题。在对数据的一个样本进行初始目测检查以后，我发现温度字段不是以摄氏度为单位。起初，我以为这些值肯定是以华氏度为单位的。但在实践检验并深入调查数据集的文档以后，我发现温度值是以十分之一摄氏度为单位来表示的。这是一种不常见的度量单位，但很显然，当最初写入这些记录时，这种度量单位是很流行的，而为了保持数据集的一致性，将其一直保留了下来。

无论如何，我都认为使用摄氏度为单位感觉更自然一些，在澳大利亚，这是标准的温度度量单位。我需要在如此众多的数据文件中转换所有温度字段！本章基本上是前面第 6 章的延续，只不过我们现在需要使用新的技术来处理这么大的文件。

为什么不使用数据库？

此时此刻，你可能会问：在处理如此大量的数据时，难道不应该使用数据库吗？

是的，你说的很对！应该使用数据库。但是，有时不得不处理和使用一些大型数据文件。比如这些文件是来自一位客户，而客户只能提供这种形式的文件。我们必须学会处理它。

在后面的第 8 章中，还会回到这个问题，届时，会将大型数据文件导入数据库中，以更有效地处理和使用这些数据。

7.3　获取代码和数据

本章对应的代码和数据可以在本书 GitHub 中的 Chapter-7 代码库中找到。不用担心，GitHub 中的示例数据已经过大幅缩减，比最初的原始数据集要小的多得多。你可以在 https://github.com/data-wrangling-with-javascript/chapter-7 中找到对应的数据。

示例数据位于代码库中的 data 子目录下。代码生成的输出位于 output 目录下，但不包含在代码库中，因此，请运行代码清单以生成对应的输出。如果你需要有关获取代码和数据的帮助，可以回过头来参考前面第 2 章的 2.3 节。

7.4　什么情况下常规的数据处理方法会出现问题

到目前为止，本书中介绍的各种方法在很大程度上都是可以运行的：它们相对比较简单，直接明了，因此，使用它们可以高效地完成相关工作。使用这些技术会为你的工作带来非常大的帮助。但有时提供给你的可能是一个非常大的数据文件，要你对该文件进行处理。在这种情况下，常规的那些比较简单的技术就会出现问题，这是因为这些简单的技术无法扩展并应用于超大数据文件。

我们来了解一下为什么会这样。图 7.1 显示了常规的数据处理流程的工作方式。

(1) 将整个数据文件 input.json 加载到内存中。

(2) 在内存中处理整个文件。

(3) 输出整个数据文件 output.json。

将整个数据文件加载到内存中并不难，而且它使数据整理过程简单直接。不过很遗憾，它不适用于大型文件。在图 7.2 中，你可以看到，我们的可用内存不足以存储 large-file.json 文件。处理过程在第一步就失败，无法一次性将整个文件读取到内存中。随后，也就无法处理或输出文件。处理过程无法顺利完成。

在内存中处理整个文件会给我们带来很大的便利，我们应尽可能地采取这种方式。但是，如果你知道自己需要处理的是大型数据集，那就应该尽早开始做一些准备工作。很快，我们就会为你介绍如何处理大型文件，但首先来了解一下 Node.js 的限制。

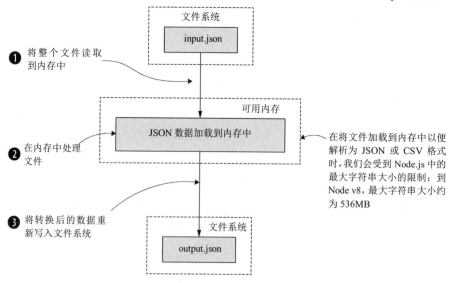

图 7.1　常规数据处理：将整个文件加载到内存中

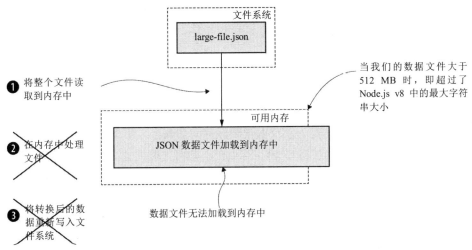

图 7.2 对于那些因太大而无法加载到内存中的大型文件，常规的技术无法正常使用。

7.5 Node.js 的限制

你是否想过，处理流程是在哪个环节出现问题的？可将多大的文件加载到
Node.js 中？

我不能确定限制究竟有哪些。如果在网络上搜索，那么会得到各种答案，这是因
为，具体的答案可能与你所用的 Node.js 版本和操作系统有关。我自己对 Node.js 的限
制进行了测试。我使用的是 64 位 Node.js v8.9.4，运行在我的 Windows 10 笔记本电脑
上，电脑的内存为 8GB。

我发现，可以整个加载到内存中的最大 CSV 或 JSON 数据文件受 Node.js 中可以
分配的最大字符串大小的限制。在我的测试中，我发现，最大字符串大小为 512 MB(上
下会有几 MB 的出入)或 2.68 亿个字符左右。这似乎是为 Node.js 提供支持的 v8
JavaScript 引擎的限制，同时它为可以通过常规的数据处理流程传递的数据文件的大小
施加了限制。

如果你想要详细了解此测试的最终结果或者想要自己运行测试，请在下面两个
GitHub 代码库中查找我使用的代码：https://github.com/javascript-data-wrangling/nodejs-
json-test 以及 https://github.com/javascript-data-wrangling/nodejs-memory-test。

第二个代码库更广泛、更普遍地探测了 Node.js 的限制，可以帮助你了解可以分
配的堆内存总量。

7.5.1　增量数据处理

有一个大型数据文件：weather_stations.csv。我们要对这个文件进行转换，将 MinTemp 和 MaxTemp 温度列转换为以摄氏度为单位的值。完成转换以后，将输出文件 weather_stations.json。要转换的字段目前是以十分之一摄氏度为单位来表示的，之所以采用这种单位，很显然是为了与旧记录保持向后兼容。用于执行转换的公式非常简单：必须将每个字段的值除以 10。难点在于如何处理大型文件。常规的工作流程无法顺利完成操作，无法将文件加载到内存中，那么，应该如何处理这种大型文件呢？

Node.js 流是一种很好的解决方案。可使用流以增量的方式来处理数据文件，可按区块加载并处理数据，而不是尝试一次性处理整个文件。图 7.3 显示了这种方法的工作原理。文件被拆分成多个区块。每个数据块都可以轻松地加载到可用内存中，以方便处理。这样，我们永远也不会遇到可用内存将要耗尽的情况。

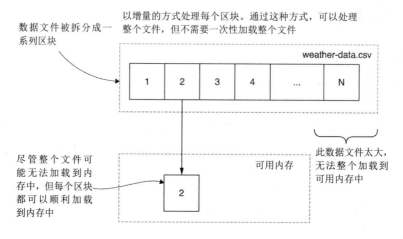

图 7.3　以增量的方式处理数据：一次仅将一个区块加载到内存中

常规的数据处理流程非常便捷，但它的适用范围受到一定的限制。如果常规数据处理流程开始出现问题，那么可转为使用增量处理方法，这使数据处理流程扩展到可以处理大型文件。

可以处理的文件到底有多大呢？受到的第一个限制就是文件系统中的可用空间，因为它会限制输入和输出文件的大小。此外，还受到处理整个文件所需时间的限制。例如，你的文件系统中可能可以存储 100GB 的 CSV 文件，但是，如果处理时间需要一周，那么你还愿意采取这种方式吗？从本质上来说，可以处理任意大小的文件，只要硬件驱动器上有足够的空间可以存储这些文件，并且有足够的耐心等待处理过程最终完成。

7.5.2　增量式核心数据表示

回顾一下，我们之前曾经使用过一种称为核心数据表示(CDR)的设计模式。CDR定义了一种共享数据格式，可以连接数据处理流程的各个阶段。第3章中首次介绍CDR时，是在内存中处理整个文件，CDR本身是整个数据集的一种表示形式。

现在，必须对 CDR 设计模式进行调整，使其适用于增量数据处理。可能只需要进一步发展完善对 CDR 的理解，除此之外，不需要执行其他任何操作。

实际上，CDR 是一个 JavaScript 对象数组，其中每个对象是数据集中的一条记录。按照现在的情况，转换流程中的每个阶段都是针对整个数据集进行操作的。在图 7.4 中，你可以看到这种情况的一个示例，其中，以 weather-stations.csv 作为输入文件，通过多个转换步骤传递和处理该文件，然后输出另一个名为 weather-stations-transformed.csv 的文件。

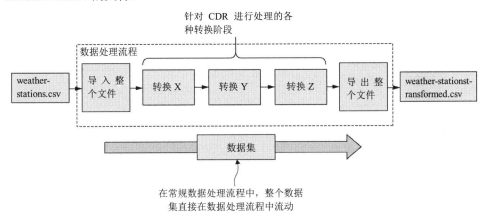

图 7.4　常规核心数据表示在内存中对整个文件应用转换

我们来改变一下思维模式，对 CDR 进行重新定义，使其不再表示整个数据集，而是表示整个数据集的一个区块。图 7.5 显示了改造后的 CDR 如何以增量的方式逐区块对我们的数据集进行处理。

这意味着，对于工具包中已经存在的、编写为使用 CDR 的任何代码模块，无论是使用常规的数据处理，还是增量数据处理，都可以同样地运行。使用 CDR 的可重用代码模块会以记录数组为输入，现在转换为增量式版本的 CDR，仍然向转换阶段传递记录数组。但是，现在这些数组中的每一个都表示一个记录块，而不是整个数据集。

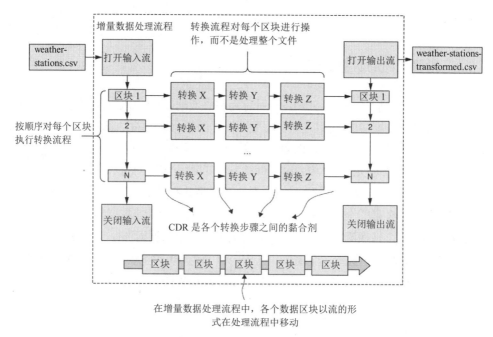

图 7.5   增量式核心数据表示：此设计模式已调整为以增量的方式运行

7.5.3   Node.js 文件流基本知识简介

我们将使用 Node.js 流来对大型 CSV 和 JSON 文件进行增量处理，但在执行此操作之前，我们首先需要对 Node.js 流有一个基本的了解。如果你已经对它们的工作方式有了很好的了解，可跳过这一节。

我们需要了解可读流、可写流以及管道的概念。首先来看一个最普通、简单的示例。图 7.6 演示了如何将一个可读输入流通过管道转换为一个可写的输出流。基本上来说，这是一个文件复制的过程，但是，由于使用了 Node.js 流，就变为逐区块复制数据，而不是一次性将整个文件加载到内存中。Node.js 会自动对文件划分区块，我们不需要关注区块的创建和管理。

代码清单 7.1 显示了用于实现图 7.6 所示的数据处理流程的代码。从 weather-stations.csv 打开一个可读文件流，然后打开一个可写文件流，用于输出 weather-stations-transformed.csv。调用 pipe 函数以连接各个流，并使数据从输入文件流动到输出文件。试着运行此代码，并在 output 子目录中查看生成的转换文件。

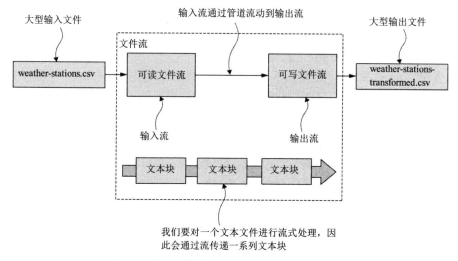

图 7.6　通过管道从输入文件流流动到输出文件流

代码清单 7.1　简单的 Node.js 文件流(listing-7.1.js)

创建流以读取输入文件

```
const fs = require('fs');

const inputFilePath = "./data/weather-stations.csv";
const outputFilePath = "./output/weather-stations-transformed.csv";

const fileInputStream = fs.createReadStream(inputFilePath);
const fileOutputStream = fs.createWriteStream(outputFilePath);

fileInputStream.pipe(fileOutputStream);
```

创建流以写入输出文件

通过管道从输入流流动到输出流,这可以有效地将一个文件复制到另一个文件

非常简单,对不对?不得不承认,代码清单 7.1 并不是一个非常有用的示例。我们使用的 Node.js 流并不了解数据的结构,不过这里只是一个基本的示例,让你对 Node.js 流有一个初步的了解。对于管道,非常有意义的一点就是,现在可以让一个或多个转换流通过管道连接流,从而添加任意数量的中间转换阶段。例如,一个包含三个转换阶段(X、Y 和 Z)的数据流可能如下所示:

```
fileInputStream
    .pipe(transformationX)
    .pipe(transformationY)
    .pipe(transformationZ)
    .pipe(fileOutputStream);
```

每个中间转换阶段都可以是一个单独的可重用代码模块，这些代码模块可能是你之前创建的，现在只是将其从工具包中提取了出来。或者，也可能是适用于你当前项目的一些特定的自定义转换。

了解 Node.js 流是非常重要的，因为它们使我们可以根据可重用的代码模块构造可扩展的数据转换流程。使用 Node.js 流以后，数据处理流程可以拥有任意数量的中间处理阶段，不仅如此，现在它们还可以处理任何大型文件(而这正是我们所需要的)。

你应该像可视化本书中的其他任何数据处理流程那样，以同样的方式可视化流数据处理流程，即通过箭头连接一系列框。图 7.7 显示了这种可视化形式的一个示例。箭头显示了数据流的方向。

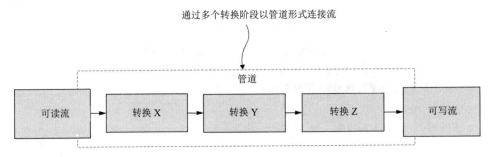

图 7.7　通过多个转换阶段以管道形式连接 Node.js 流

如果想要为 Node.js 流创建一个这样的转换，我们需要实例化 Transform 类。这会创建一个双向流，既可读也可写。它必须是可写的，这样才能通过管道将输入数据传递到其中。同时，它也必须是可读的，以通过管道将转换后的数据传递到数据处理流程的下一阶段。

作为示例，我们来看一个可以实际运行的简单转换。代码清单 7.2 是对代码清单 7.1 的一个扩展，通过管道在一个转换流中传递我们的数据，在通过该转换流之后，文本数据将转换为小写形式。Node.js 流 API 已经自动将文本文件划分为多个区块，这样转换流一次只需要处理一个比较小的文本块。

我之前说过，此操作会非常简单。我们要处理的是文本文件，而代码清单 7.2 用于将输入文件复制到输出文件。不过，在处理流程中，它还会将所有文本转换为小写形式。运行此代码，然后将输入文件 weather-stations.csv 与输出文件 weather-stations-transformed.csv 进行比较，了解一下所进行的更改。

代码清单 7.2　转换 Node.js 流(listing-7.2.js)

```
//
// ... 设置与代码清单 7.1 相同 ...
//
```

这是一个用于创建转换流的辅助函数

```
function transformStream () {
    const transformStream = new stream.Transform();
    transformStream._transform=(inputChunk,encoding,callback)=>{
        const transformedChunk = inputChunk.toString().toLowerCase();
        transformStream.push(transformedChunk);
        callback();
    };
    return transformStream;
};

fileInputStream
    .pipe(transformStream())
    .pipe(fileOutputStream)
    .on("error", err => {
        console.error(err);
    }); //
```

这是要针对每个文本块调用的回调函数

实例化一个转换流

将转换应用于每个区块。在这里，将文本转换为小写形式

将转换后的区块传递到输出流

调用回调函数以让流知道，我们已经对区块进行了转换。这可以允许异步转换，而我们需要使用这项功能

返回新的转换流，以便可以在数据处理流程中使用它

通过转换以管道形式连接数据流

处理可能发生的任何错误

请注意代码清单 7.2 的结尾位置的错误处理。流错误处理的工作方式与 Promise 类似：如果在数据处理流程的某个阶段发生错误或异常，那么会终止整个数据处理流程。

这只是 Node.js 流的一个入门简介。我们仅仅接触到了一些皮毛，不过，我们已经可以执行一些实际的操作了：通过一个转换流式传输我们的数据，并且规模扩展到可以针对非常大的文件。

Promise 与流

你是否想知道 Promise 与流之间的差别是什么？

这是两种比较类似的设计模式。它们都可以帮助你管理操作并检索结果。Promise 使你可以检索单个结果。而流使你可以检索一个连续的结果序列。

除此之外，还有一点不同，那就是 Promise 可以帮助你管理异步操作，而 Node.js 流在默认情况下并不是异步的。

本章中使用的 Node.js 流中没有一个是异步的。不过，你可以通过实现自定义转换流来创建自己的异步流。如果你的眼光足够敏锐和犀利，那么你可能已经在代码清单 7.2 中注意到这一点是如何实现的。

7.5.4 转换大型 CSV 文件

我们感兴趣的不仅仅是纯文本文件，我们还要转换结构化数据。明确地说。我们有一个数据文件 weather-stations.csv，我们必须枚举它的记录，并将温度字段转换为以摄氏度为单位的数字。

如何使用 Node.js 流来转换大型 CSV 文件呢？这可能会有点困难，不过幸运的是，我们可以求助于 Papa Parse，在前面的第 3 章中已开始使用这个库，其中已提供对读取 Node.js 流的支持。

不过，遗憾的是，Papa Parse 没有为我们提供一个可读流，以轻松地通过管道将其连接到另一个流。实际上，它提供了一个自定义 API，只要从 CSV 格式解析了某个数据块，就会触发它自己的事件。不过，我们将要执行的操作是为 Papa Parse 创建我们自己的适配器，以将其输出通过管道传递到某个 Node.js 流。就其本身来说，这是一项非常有用的技术，使用一个非流 API，然后对其进行调整，从而将其纳入 Node.js 流处理框架。

在图 7.8 中可以看到，我们如何通过管道将解析的 CSV 数据在转换温度流中传递，然后传输到另一个 CSV 文件。

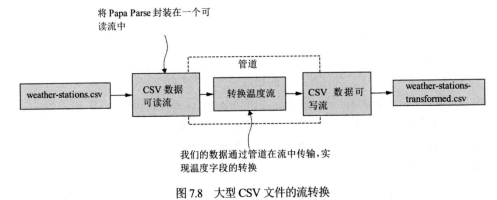

图 7.8 大型 CSV 文件的流转换

为了能够让你了解我们在这里想要完成什么操作，来看下面的代码片段：

```
openCsvInputStream(inputFilePath) // 1
    .pipe(convertTemperatureStream()) // 2
    .pipe(openCsvOutputStream(outputFilePath)); // 3
```

那么，这里到底执行了哪些操作呢？

(1) 我们将打开一个 CSV 数据的可读流。在这里进行流式处理的数据块采用核心数据表示的形式表达。

（2）然后，我们通过管道在一个转换流中传输 CSV 数据。在这个转换流中，将温度字段转换为以摄氏度为单位的值。

（3）最后，通过管道将转换后的数据传输到一个可写流中以获取输出 CSV 数据。

函数 convertTemperatureStream 可以是一个可重用的代码模块，不过，它似乎太具体了，只特定于这个项目，如果能够更通用一些，可以将其加入工具包中。

安装 Papa Parse

如果你已经安装了代码库的依存项，那么应该已经安装了 Papa Parse，如果没有，可以在一个全新的 Node.js 项目中进行安装，命令代码如下：

```
node install --save papaparse
```

打开一个可读 CSV 流

我们的 CSV 流的第一部分是创建一个可读流，它可以流式输入一个 CSV 文件，然后以增量方式将其解析为 JavaScript 对象。这就是我们最终想要获得的反序列化 JavaScript 对象。图 7.9 显示了如何在一个可读 CSV 数据流中封装 Papa Parse。这提供了一个输入流，可以通过管道将输入内容传输到数据转换流。

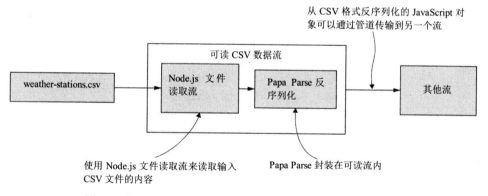

图 7.9　将 Papa Parse CSV 反序列化封装在一个可读 CSV 数据流中

我们来创建一个新的工具包函数 openCsvInputStream，用于创建并返回可读 CSV 数据流。代码清单 7.3 中显示了此函数对应的代码。它使用 Papa Parse 的自定义流 API。随着 Papa Parse 从文件流反序列化每个 JavaScript 对象，反序列化的对象将传递到 CSV 数据流。

代码清单7.3　用于打开CSV文件输入流的工具包函数(toolkit/open-csv-input-stream.js)

新工具包函数可打开一个可读 CSV 数据流

```
const stream = require('stream');
const fs = require('fs');
const papaparse = require('papaparse');

function openCsvInputStream (inputFilePath) {

    const csvInputStream=new stream.Readable({objectMode:true});
    csvInputStream._read = () => {};

    const fileInputStream = fs.createReadStream(inputFilePath);
    papaparse.parse(fileInputStream, {
        header: true,
        dynamicTyping: true,
        skipEmptyLines: true,
        step: (results) => {
            for (let row of results.data) {
                csvInputStream.push(row);
            }
        },
        complete: () => {
            csvInputStream.push(null);
        },
        error: (err) => {
            csvInputStream.emit('error', err);
        }
    });

    return csvInputStream;
};

module.exports = openCsvInputStream;
```

创建一个可以从中读取数据记录的流。注意，启用了对象模式

在对象模式中实例化一个可写流，用于读取输入 CSV 文件

我们必须在这里包含一个存根函数，否则，Node.js 流 API 会显示错误

使用 Papa Parse 反序列化从输入文件流读取的数据

此回调允许我们处理从 Papa Parse 传入的 CSV 数据行

我们可能不需要这一行，但我们不希望在处理大型 CSV 文件到一半时突然发现其中包含空行

将从 Papa Parse 接收到的结果传输到可读 CSV 数据流

当输入文件处理完毕时，Papa Parse 调用此回调

表示流的结束

处理可能发生的任何错误

将错误传输到可读 CSV 数据流以用于处理链

导出此工具包函数以在其他代码模块中使用

请注意代码清单 7.3 中的几个关键点。首先在启用对象模式的情况下创建可读流。通常情况下，Node.js 流并不是很高级，它只是使用 Node.js Buffer 对象枚举文件的原

始内容。我们希望在更高的抽象级别进行工作，希望检索 JavaScript 对象，而不是原始文件数据，这就是在对象模式中创建可读流的原因。这使我们可以处理以核心数据表示形式表达的流数据。

需要注意的另一点是如何将 CSV 数据传递到可读流。只要 Papa Parse 准备好一个区块的 CSV 数据行，就调用 step 回调。通过 push 函数将此数据传递到可读流。你可以说，我们将数据推送到流中。

当整个 CSV 文件都解析完成时，将调用 complete 回调。此时，不会再输入更多 CSV 数据行，而是调用带有一个 null 参数的 push 函数，通知流我们的操作已经完成。最后，不要忘了 error 回调：通过这种方式将 Papa Parse 错误传递到可读流。

打开一个可写 CSV 流

在 CSV 流的另一侧，我们必须创建一个可写流，用于将 JavaScript 对象传递到其中并以 CSV 格式将其写入一个文件。图 7.10 显示了如何将 Papa Parse 封装在可写 CSV 数据流中。这为我们提供了一个流，可使用这个流来输出转换后的数据。

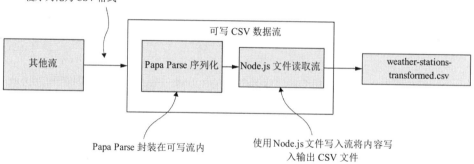

图 7.10　将 Papa Parse CSV 序列化封装在一个可写 CSV 数据流中

代码清单 7.4 显示了一个新的工具包函数 openCsvOutputStream，用于打开我们的可写 CSV 数据流。对于传递到 CSV 输出流中的每个 JavaScript 对象，在传递到文件输出流之前，Papa Parse 会将其序列化为 CSV 数据。

代码清单 7.4　用于打开 CSV 文件输出流的工具包函数(toolkit/open-csv-output-stream.js)

```
const stream = require('stream');
const fs = require('fs');
const papaparse = require('papaparse');

function openCsvOutputStream (outputFilePath) {
```

新工具包函数可以打开一个可写 CSV 数据流

```
let firstOutput = true;                              这使我们可以确定何时输出 CSV 数据的第一行
const fileOutputStream = fs.createWriteStream(outputFilePath);
                                                      创建一个流，用于写入输出 CSV 文件
```

实例化可写流以便写入数据记录。注意，
启用了对象模式

```
const csvOutputStream = new stream.Writable({ objectMode: true });
csvOutputStream._write = (chunk, encoding, callback) => {
    const outputCSV = papaparse.unparse([chunk], {       当数据块写入可
        header: firstOutput                               写 CSV 数据流时
    });                                                   调用回调
                  仅对输出的 CSV 数据的第一行允许        使用 Papa Parse 将数据块
                  输出 CSV 文件标头                       序列化为 CSV 格式
    fileOutputStream.write(outputCSV + "\n");
    firstOutput = false;
    callback();
};                                                   调用回调以表示我们已经写入序列
                                                     化的数据块。这允许异步编码

csvOutputStream.on("finish", () => {                 处理 finish 事件并关闭输出
    fileOutputStream.end();                          文件流
});

return csvOutputStream;
};

module.exports = openCsvOutputStream;                导出此工具包函数以便在其他
                                                     代码模块使用
```

将序列化 CSV
数据写入输出
文件流

跟踪第一行数据是否已经输出，这会针对
后续数据行阻止写出 CSV 标头

这里，还是在启用对象模式的情况下打开流，以便可以处理 JavaScript 流而不是 Node.js Buffer 对象流。

代码清单 7.4 的复杂程度要比代码清单 7.3 稍低一些。我们实现了 _write 函数，用于处理写入可写 CSV 数据流的数据块。这里使用 Papa Parse 来序列化记录，然后将它们转到可写文件流以便输出。

注意，我们使用了 firstOutput 变量对除第一条记录以外的所有记录关闭 CSV 标头。只允许 Papa Parse 在 CSV 文件的开头输出 CSV 列名。临近代码清单结尾的地方，处理了可写流的 finish 事件，也是在这里，我们关闭了可写文件流。

转换大型 CSV 文件

现在，我们已经有了两个工具包函数，可以开始组合整个数据处理流程。可以打开一个流，用于读取并解析 weather-stations.csv 文件。还可以打开一个流，用于序列

化转换后的数据并输出 weather-stations-transformed.csv 文件。代码清单 7.5 显示了已完成的数据转换。运行此代码后，可直观地比较输入文件和输出文件中的温度字段，确保它们已经正确转换。

代码清单 7.5　转换大型 CSV 文件(listing-7.5.js)

转换单个数据记录

复制记录，因为我们不希望修改源数据

```
const stream = require('stream');
const openCsvInputStream=require('./toolkit/open-csv-input-stream');
const openCsvOutputStream=require('./toolkit/open-csv-output-stream');

const inputFilePath = "./data/weather-stations.csv";
const outputFilePath = "./output/weather-stations-transformed.csv";

function transformRow (inputRow) { //#A

    const outputRow = Object.assign({}, inputRow);

    if (typeof(outputRow.MinTemp) === "number") {
        outputRow.MinTemp /= 10;
    }
    else {
        outputRow.MinTemp = undefined;
    }

    if (typeof(outputRow.MaxTemp) === "number") {
        outputRow.MaxTemp /= 10;
    }
    else {
        outputRow.MaxTemp = undefined;
    }

    return outputRow;
};
```

将 MinTemp 和 MaxTemp 字段所用的单位从 1/10 摄氏度转换为正常的摄氏度

返回转换后的数据记录

这是一个回调，当数据块通过转换流时调用

创建一个转换流，可让数据通过该转换流

```
function convertTemperatureStream () {
    const transformStream=new stream.Transform({objectMode: true});
    transformStream._transform = (inputChunk,encoding, callback)=> {
```

在对象模式中实例化一个双向转换流

```
        const outputChunk = transformRow(inputChunk);
        transformStream.push(outputChunk);
        callback();
    };

    return transformStream;
};
```

将我们的转换应
用于一个数据块

在对象模式中实例化一
个双向转换流

调用回调，以表示我们已经完成数据块的转
换。这允许异步编程

将转换后的数据块传递到输出流

```
openCsvInputStream(inputFilePath)
    .pipe(convertTemperatureStream())
    .pipe(openCsvOutputStream(outputFilePath))
    .on("error", err => {
        console.error("An error occurred while transforming the CSV
        ➥file.");
        console.error(err);
    });
```

打开可读 CSV 数据流

通过管道将 CSV 数据流传递到转换流

通过管道将转换后的流传
递到可写 CSV 数据流

处理可能发生的任何错误

请注意，transformRow 函数用于转换单个数据记录。一块一块地处理整个文件时，它会逐个记录地多次调用此函数。

7.5.5　转换大型 JSON 文件

接下来，我们开看看如何转换大型 JSON 文件。毫无疑问，这要比处理大型 CSV 文件更困难一些，这就是将其留到最后来介绍的原因。

我们将对 weather-stations.json 文件执行类似的转换：将温度字段转换为以摄氏度为单位的值，然后输出 weather-stations-transformed.json 文件。我们将使用与转换大型 CSV 文件时类似的原则。

但是，为什么说以增量的方式处理 JSON 文件要更困难一些呢？通常情况下，JSON 文件要比 CSV 文件更容易解析，因为执行此操作所需的函数已经内置到 JavaScript 中，还因为 JSON 非常适合使用 JavaScript 进行处理。这种情况下，JSON 文件的处理之所以更难一些，主要是由于 JSON 数据格式的性质。

JSON 是一种分层数据格式。正如你在本书中所看到的，可以使用 JSON 来表达简单、扁平的表格数据，而我们也确实是这样做的，但是，JSON 文件可以深度嵌套，并且要比简单的表格数据复杂得多。在这里，你可以看到，我已经对代码进行了结构化处理，假定 JSON 文件仅包含一个扁平的对象数组，不包含嵌套数据。注意，这里列出的代码并不一定适合处理常规用途的 JSON 数据文件，你可能需要根据自己的需求对其进行调整，使其适合在其他情况中使用。

在这一节中，我们将使用一种称为 bfj 的库，其全称为 Big-Friendly JSON。这是一个非常棒的库，可以很好地解析流 JSON 文件。它的使用方式与 Papa Parse 类似，我们会将 bfj 封装在一个可读 JSON 流中，使其经过转换温度流，然后使用一个可写 JSON 流通过管道将其输出到 weather-stations-transformed.json 文件，如图 7.11 所示。我们将重复使用之前创建的同一转换流，不过，这一次将其嵌入数据处理流程中输入和输出 JSON 文件之间的位置。

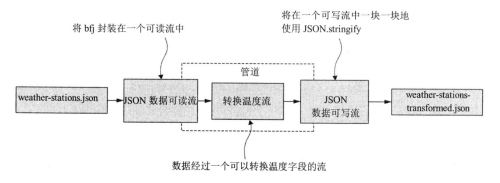

图 7.11　大型 JSON 文件的流转换

1. 安装 bfj

如果你已经为 Chapter-7 代码库安装了依存项，那么你应该已经安装了 bfj，如果没有，你可以在一个全新的 Node.js 项目中进行安装，命令代码如下：

```
node install --save bfj
```

2. 打开一个可读 JSON 流

必须首先创建一个可读流，它可以增量方式读入一个 JSON 文件并将其解析为 JavaScript 对象。图 7.12 显示了我们如何将 bfj 封装在可读 JSON 数据流中。这可提供一个输入流，我们可使用该输入流读取 JSON 文件并通过管道将反序列化的数据传递到另一个流。

我们来创建一个新的工具包函数 openJsonInputStream，用于创建可读 JSON 数据流。bfj 是一个自定义 API，会因识别 JSON 文件中的结构而发出各种事件。当它识别 JSON 数组、JSON 对象、属性等结构时会发出事件。在代码清单 7.6 中，将处理这些事件，从而以增量的方式构建 JavaScript 对象，并将它们传送到可读 JSON 流。只要识别出每个完整的 JSON 对象，就会立即将对等的反序列化 JavaScript 对象传递到 JSON 数据流。

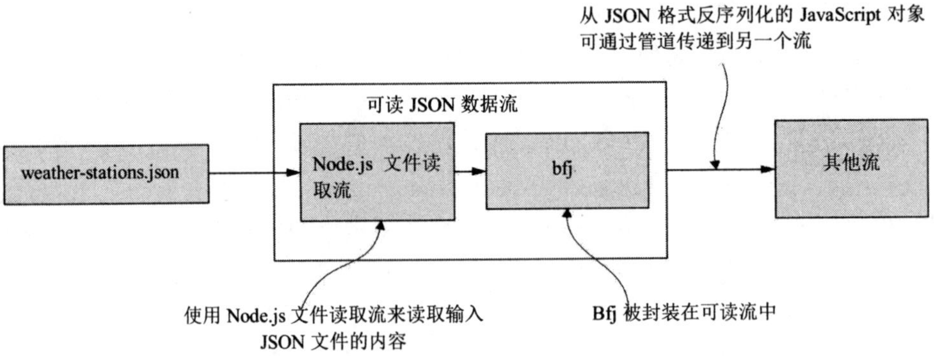

图 7.12　将 bfj JSON 反序列化封装在一个可读 JSON 数据流中

代码清单7.6　用于打开一个JSON文件输入流的工具包函数(toolkit/open-json-file-input-stream.js)

在对象模式中实例化一个可读流，以读取输入 CSV 文件

```
const bfj = require('bfj');
const fs = require('fs');
const stream = require('stream');
```
我们必须包含此内容，否则，会收到一个错误

用于打开 JSON 数据流的工具包函数
```
function openJsonInputStream (inputFilePath ) {
```

```
   const jsonInputStream = new stream.Readable({ objectMode: true });
   jsonInputStream._read = () => {};
```

```
   const fileInputStream = fs.createReadStream(inputFilePath);
```
创建一个流，用于读取输入 JSON 文件
```
      let curObject = null;
```
跟踪进行反序列化的当前对象
```
      let curProperty = null;
```
跟踪进行反序列化的当前属性

```
   const emitter = bfj.walk(fileInputStream);
```
使用 bfj 漫游 JSON 数据文件
```
      emitter.on(bfj.events.object, () => {
         curObject = {};
      });
```
当遇到一个新对象时，bfj 将调用此回调；我们使用此回调来重置当前对象

```
emitter.on(bfj.events.property, name => {
    curProperty = name;
});
```
当遇到一个新属性时，将调用此回调；我们使用此回调来重置当前属性

```
let onValue = value => {
    curObject[curProperty] = value;
    curProperty = null;
};
```
当遇到一个属性值时，将调用此回调；通过将属性存储在当前对象中来对此进行响应。然后，在以增量的方式反序列化 JSON 文件时，我们构建 JavaScript 对象

```
emitter.on(bfj.events.string, onValue);
emitter.on(bfj.events.number, onValue);
emitter.on(bfj.events.literal, onValue);
emitter.on(bfj.events.endObject, () => {
    jsonInputStream.push(curObject);
    curObject = null;
});
```
当遇到对象的结尾时，将调用此回调

将当前对象传递到可读 JSON 数据流中

此时，我们已经完成对单个对象的处理，因此，我们重置当前对象

```
emitter.on(bfj.events.endArray, () => {
    jsonInputStream.push(null);
});
```
当输入 JSON 文件处理完成时，调用此回调，用于表示流的结束

```
emitter.on(bfj.events.error, err => {
    jsonInputStream.emit("error", err);
});
```
将错误传递到可写 JSON 数据流

```
    return jsonInputStream;
};
```

```
module.exports = openJsonInputStream;
```
导出此工具包函数以便在其他代码模块中使用

在代码清单 7.6 中，需要注意的一点是如何使用 bfj 的 walk 函数漫游 JSON 文件的结构。此处之所以使用"漫游(walk)"这一术语，是因为 JSON 文件可能是一个分层文档。它可能采用树结构，我们必须漫游(或遍历)树结构以对其进行处理，尽管在这种情况下，我们不是处理一个分层文档。实际上，我们假定 weather-stations.json 包含一个扁平的数据记录数组。随着 bfj 针对数组、每个对象和属性引发其事件，我们将一起收集这些内容，并构建数据记录，以便通过其 push 函数传送到 JSON 数据流。

由于我们期望输入 JSON 文件是一个扁平记录数组，因此，当引发 bfj endArray 事件时，我们通过向 push 函数专递 null 来表示流的结束。

3. 打开一个可写 JSON 流

为了完成 JSON 文件转换流，还必须有一个可写 JSON 流，以将 JavaScript 对象传递到其中，并以 JSON 格式将它们写出到输出文件。图 7.13 显示了如何将 JSON.stringify 封装在一个可写 JSON 数据流中。这为我们提供了一个可写流，以便以增量方式将对象写入其中，并按顺序将它们序列化到输出文件 weather-stations-transformed.json。

代码清单 7.7 显示了用于打开可写 JSON 数据流的工具包函数 openJsonOutputStream，这样，我们就可以开始输出 JavaScript 对象。对于传递到 JSON 数据流的每个 JavaScript 对象，我们将其序列化为 JSON 格式，并将序列化的 JSON 数据传递到文件输出流。

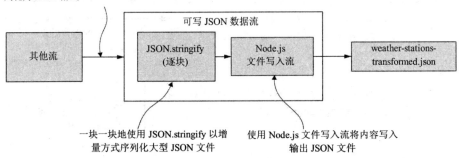

图 7.13   将 bfj JSON 序列化封装在可写 JSON 数据流中

代码清单 7.7   用于打开一个 JSON 文件输出流的工具包函数(toolkit/open-json-file-output-stream.js)

```
创建一个流，用于写入输出 JSON 文件
   const fs = require('fs');
   const stream = require('stream');


function openJsonOutputStream (outputFilePath) {          新的工具包函数可
                                                          打开一个可写
                                                          JSON 数据流

       const fileOutputStream = fs.createWriteStream(outputFilePath);
       fileOutputStream.write("[");          手动写出 JSON 数组开始、结束和元素
                                             分隔符

       let numRecords = 0;          跟踪已经输出的记录数
实例化可写流，用于写入数据记录；注意，启用了对象模式          当数据块写入可写 JSON 数
                                                          据流时，调用此回调函数
       const jsonOutputStream = new stream.Writable({ objectMode: true });
       jsonOutputStream._write = (chunk,encoding,callback)=> {
```

```
        if (numRecords > 0) {
            fileOutputStream.write(",");          ◄──── 手动写出 JSON 数组开
        }                                               始、结束和元素分隔符
将序列化的 JSON 数据写入输出文件流
        // 输出一个 JSON 数组的单个行
        const jsonData = JSON.stringify(chunk);   ◄──── 使用 JSON.stringify 将
        fileOutputStream.write(jsonData);               数据块序列化为
                                                        JSON 格式
        numRecords += chunk.length;
        callback();          ◄──── 调用回调函数, 以表示我们已写入序
    };                            列化的数据块; 这允许异步编码
    jsonOutputStream.on("finish",()=> {   ◄────
        fileOutputStream.write(")");              处理 finish 事件并
                                                  关闭输出文件流
        fileOutputStream.end();
    });
手动写出 JSON 数组开始、结束和元素分隔符
    return jsonOutputStream;
};


module.exports = openJsonOutputStream;   ◄──── 导出此工具包函数以便在其
                                                他代码模块中使用
```

类似处理 CSV 输出流的代码, 用于打开可写 JSON 流的代码要比打开可读 JSON
流的代码简单得多。同样, 我们实现了_write 函数以便序列化记录并将它们写入文件。
在这里, 我们使用 JSON.stringify 序列化每个数据记录。

最后, 我们处理 finish 事件并用它最终完成流。

4. 转换大型 JSON 文件

使用用于打开输入和输出 JSON 数据流的两个新工具包函数, 我们现在可以转换
大型 JSON 文件, 如代码清单 7.8 所示。为了精简代码清单, 我省略掉了自代码清单
7.5 以来没有发生更改的一些函数。这是另一个可以独立运行的完整代码清单; 一定要
检查输出数据文件, 以确保数据转换成功。

代码清单 7.8 转换大型 JSON 文件(listing-7.8.js)

```
const stream = require('stream');
const openJsonInputStream =
    require('./toolkit/open-json- input- stream.js');
const openJsonOutputStream =
    require('./toolkit/open-json-output-stream.js');
```

```
const inputFilePath = "./data/weather-stations.json";
const outputFilePath = "./output/weather-stations-transformed.json";
```

//...transformRow、transformData 和 convertTemperatureStream 函数已省略
// 它们与代码清单 7.5 相同 …

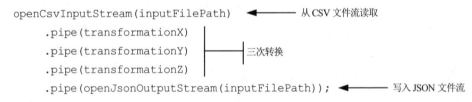

使 JSON 数据流通过转换流
```
openJsonInputStream(inputFilePath)          ◄─────── 打开可读 JSON 数据流
    .pipe(convertTemperatureStream())
    .pipe(openJsonOutputStream(outputFilePath)) ◄────  将转换后的流传递到
                                                       可写 JSON 数据流
    .on("error", err => {                    ◄─────
      console.error(
          "An error occurred while transforming the JSON file."
      );
      console.error(err);                    ─────┤  处理可能发生的任何错误
});
```

现在，我们可以使用 Node.js 流来处理大型 CSV 和 JSON 文件。你还希望实现哪些功能？作为一种附带产物，现在可混合并匹配我们的流，这使我们能够快速构造多种流数据处理流程。

7.5.6 混合和匹配

有了核心数据表示充当数据处理流程中各个阶段之间的抽象表示，对于大型数据文件，可轻松地在不同格式之间构建转换流程。

例如，如何将 CSV 文件转换为 JSON 文件，如下所示：

```
openCsvInputStream(inputFilePath)           ◄─────── 从 CSV 文件流读取
    .pipe(transformationX)              ─────
    .pipe(transformationY)                  │────── 三次转换
    .pipe(transformationZ)              ─────
    .pipe(openJsonOutputStream(inputFilePath));  ◄─────── 写入 JSON 文件流
```

按同样的方式，可将 JSON 文件转换为 CSV 文件，或者从任意格式转换为其他任意格式，只要创建一个适合该数据格式的流。例如，你可能希望处理 XML 文件，因此，可以创建一个函数，用于打开一个流 XML 文件，然后使用该文件来转换 XML 文件，或者将它们转换为 CSV 或 JSON 文件。

在这一章中，我们介绍了哪些因素导致常规数据处理技术无法处理大型数据文件。

有时(希望不会太经常)必须采取一些更极端的措施,并使用 Node.js 流以增量方式处理如此大型的数据文件。

　　当你发现自己陷入处理大型数据文件的困境时,可能会问,是否有一种更好的方法来处理大型数据集。我敢保证你已经猜到了,没错,我们应该使用数据库。在下一章中,我们将构建一个 Node.js 流,用于将记录输出到数据库中。这使我们可将大型数据文件移动到数据库中,以便更加高效、便捷地访问数据。

小结

- 讨论了 Node.js 的内存限制。
- 使你了解到可以使用增量处理技术来处理大型数据文件。
- 指出如何调整核心数据表示设计模式以适应增量处理。
- 使用 Node.js 流从可重用代码模块构建了数据处理流程,并且可以扩展到大型数据文件。
- 使你了解到可以混合并匹配 Node.js 流以构建多种数据处理流程。

第 *8* 章

处理大量数据

本章内容提要：
- 使用数据库提高数据整理流程的效率
- 将大型数据文件导入 MongoDB 数据库
- 有效处理大型数据库
- 优化代码以改善数据吞吐量

这一章要解决的问题是：在处理大型数据集时，如何更加高效和有效？

在上一章中，我们处理了最初从 NOAA 下载的几个非常大的文件。前面的第 7 章表明，我们能够处理这么大的 CSV 和 JSON 文件。但是，这种文件还是太大了，无法在数据分析中有效使用。现在，为提高工作效率，必须将大型数据集移动到数据库中。

在这一章中，我们会将数据移动到 MongoDB 数据库中，考虑到数据的大小，这应该是一项非常庞大的工作。将数据移动到数据库中后，可借助数据库 API 的查询和其他功能更有效地处理数据。

对于本章的学习，我选择的是 MongoDB 数据库，其实在本书中涉及数据库的地方，基本上用的也都是这种数据库，为什么呢？原因很简单，这是我非常喜欢的一种数据库。这一选择完全是出于个人喜好，当然，这种数据库本身也是非常实用的，不过，你也可以选择使用其他数据库，我建议你在自己选择的数据库上尝试本章中介绍的各种技术。这里介绍的很多技术都可用于其他数据库，不过，你需要弄清楚如何转换代码以使用所选的技术。

8.1　扩展工具包

在这一章中，将使用一些 MongoDB 数据库工具来处理大型数据集。我们还会使用 Node.js 函数来派生新的操作系统进程，以便在多个 CPU 核心上并行执行多个数据处理操作。

表 8.1 列出了将在第 8 章中用到的各种工具。

表 8.1　第 8 章中使用的工具

API/库	函数	说明
MongoDB	find	检索数据库游标，以按照增量的方式访问数据库中的每条记录
	skip 和 limit	检索一个数据范围或记录集合，以按批访问数据库中的每条记录
	createIndex	创建一个数据库索引以实现高效查询和排序
	find(query)	使用数据库查询查找记录
	find({}, projection)	检索记录，但丢弃特定的字段
	sort	对从数据库检索的记录进行排序
Node.js	spawn、fork	创建新的操作系统进程，以并行处理数据
async-await-parallel	parallel(sequence, X)	执行一个操作序列，其中 X 个操作并行执行

8.2　处理大量数据

在这一章中，需要对上一章中的气象站数据集进行分析。现在，我们还不能执行此项分析，因为获得的数据太多，超出了能够有效处理的范围。

我们获得了一个 weather-stations.csv 文件，但文件大小足有 28GB，很显然，不做任何处理和优化的情况下直接处理该文件是不切实际的。绝大多数的数据科学教程和课程都要求你使用 CSV 文件来分析数据，这的确是一种非常棒的工作方式(前提是可行)，但仅在数据量较小的情况下才有效。使用 CSV 文件(也包括 JSON 文件)并不能扩展到像我们现在获得的这种大型数据集。那么,应该如何处理大型数据集呢?

要将数据转移到数据库中，然后就可以利用很多新的工具来处理数据。不过，在开始介绍数据库的相关内容之前，我们先来了解一些更简单的技术，它们可以帮助你有效地管理大型数据集。之后，我们将了解一下 Node.js 的内存限制以及如何克服这些限制。最后，将介绍代码优化以及其他可以提高数据吞吐量的方法。

8.3　获取代码和数据

本章对应的代码和数据可在 GitHub 上的 Chapter-8 代码库中获得，对应的网址为 https://github.com/data-wrangling-with-javascript/chapter-8。示例数据位于代码库中的 data 子目录下。

GitHub 代码库中包含两个 Vagrant 脚本，用于启动包含 MongoDB 数据库的虚拟机，以便进行操作。第一个脚本可以启动一个包含空数据库的虚拟机，在运行代码清单 8.2 时可以使用该数据库，用于练习将数据导入数据库。第二个脚本也可以启动一个包含数据库的虚拟机，但这个数据库中已经预先填充了一些示例数据，你可以在运行代码清单 8.3 以及之后的代码清单时使用。如果你需要有关获取代码和数据的帮助，可以回过头来参考前面第 2 章中的 2.3 节。

8.4　用于处理大数据的技术

我们需要将大型数据集移动到数据库中。但是，在此之前，我们先来快速了解一下有助于你提升效率的一些技术。

8.4.1　从小数据集开始

从第 5 章开始，我们已经知道应首先使用小的数据集。对大型数据集，你应先大幅度地缩减到合理范围，以便更轻松、有效地使用它。

处理大数据会降低操作的速度，让你无计可施，因此，不要过分执着于深入研究大数据。首先针对小型数据集解决你的问题并编写代码，小问题比大问题更容易解决。应重点关注在小范围内构建可靠、经过完善测试的代码。然后，仅当你有信心并准备好处理大数据时再以增量方式扩展到大数据。

8.4.2　返回到小数据集

如果在处理大数据时遇到问题，可以对数据进行缩减，从而再次处理小型数据集，应尽可能紧密地关注相应的问题。尝试在大型数据集中解决问题就像是海底捞针(见图

8.1)。这适用于解决任何类型的编码问题。你应该尝试最大限度地缩小可能存在问题的范围，从而将问题隔离出来。

如果想要实现此操作，你可以大幅度缩减代码和数据(只要有可能)，直到问题没有藏身之地。然后，问题应该就会变得非常明显，或者至少更容易找到。如果要在大型数据集中查找某个问题，可以使用二进制搜索(binary search)或者二分法(bisection method)来大幅缩减数据，从而找出问题。

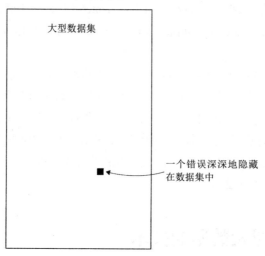

图 8.1   在大型数据集中查找错误就像是海底捞针

8.4.3   使用更高效的表示形式

确保你使用的是一种高效的数据表示形式。CSV 文件要比 JSON 文件更高效(至少更紧凑)，而使用数据库比 JSON 和 CSV 更高效(见图 8.2)。在处理小型数据集时，使用 JSON 或 CSV 会非常有效，但是，在处理大型数据集时，我们就需要用到一些重要的工具了。

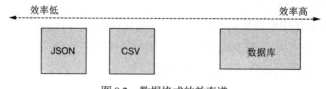

图 8.2   数据格式的效率谱

8.4.4   脱机准备数据

在尝试扩展之前，请确保对数据做好充分的准备。应该使用第 6 章中介绍的各种技术来完成准备和清洗阶段，从而减少数据量并主动处理各种问题。如图 8.3 所示，我们对"准备数据以便在生产环境中使用的过程"进行了总结。

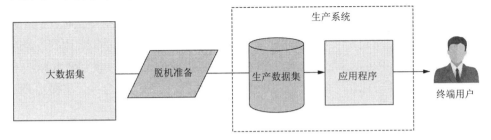

图 8.3　对数据进行脱机准备以便在生产系统中使用

这种准备工作要花费多长时间？可能需要很长的时间，具体取决于数据的大小。对于这一章，我针对 NOAA 气象站数据做了一些准备工作，包括运行了一个脚本，执行时间超过 40 个小时！我在一个 8 核 CPU 上对数据进行并行处理，使用的技术将在本章结尾处介绍。不过，不必担心，你不需要从头至尾完成 40 个小时的处理即可了解如何执行大数据处理。

那么，多长才算是太长呢？我建议让你的数据处理脚本根据需要运行足够长的时间，不过毫无疑问，会有一个时间的上限，具体取决于要处理的业务的性质。我们希望能够及时获取结果。例如，如果你需要在这个星期五提交一份报告，那么运行处理过程的结束时间就不能超过星期五。

在进入这一阶段之前，你需要具有可靠、强壮的代码。你还应该使用配置较高、功能强大的计算机。记住，如果我可以在 40 小时(一个周末)内处理超过 10 亿条记录，那么你应该也可以。这并不是什么复杂的事，但却需要精心的准备和足够的耐心。在本章后面的内容中，将介绍用于优化数据处理流程并实现更高的数据吞吐量的一些方法。

如果你计划运行一个很长的数据处理操作，请考虑运用下面的小技巧：

- 包含日志记录和进度报告，以便能够了解发生了什么事情。
- 报告所有错误。稍后你可能需要将它们一一更正。
- 不要因为单个错误而使整个过程失败。完成大型数据处理操作的 85%要比因为遇到问题而不得不从头开始好得多。
- 确保操作过程在出现错误的情况下是可以恢复的。如果你在操作过程进行到一半时遇到错误，可以中止处理过程，修复错误，然后重新启动处理过程，并从出现错误时中止的位置恢复执行。

8.5　更多 Node.js 限制

在前面的第 7 章中，我们处理了几个非常大的 CSV 和 JSON 文件，当时我们遇到了一定的限制，那就是无法将这些文件整个加载到内存中。之所以达到此限制，是因为达到了 Node.js 中可以分配的最大字符串大小。这种情况下，我们切换到使用 Node.js 流和增量文件处理方法，这使我们能够处理这些大型文件。在这一章中，将面对一个新的限制。

使用数据库意味着可以在同一时间将更大的数据集加载到内存中。不过，现在我们受到 Node.js 中可以分配的最大内存量的限制，即使可用内存并没有全部耗尽，仍然会遇到这种限制问题。

确切地说，内存限制究竟是多少呢？这取决于你所用的 Node.js 版本以及操作系统。我已经亲自对限制情况进行了测试，我使用的是 64 位 Node.js v7.7.4，运行在 Windows 10 操作系统的笔记本电脑上，电脑内存为 8GB。在测试过程中，我一直分配 Node.js 数组，直到内存耗尽，然后我对已经分配的内存量进行了评估。这种方法得出的结果并不一定 100%准确，但却是一种很好的方法来粗略测量可以访问的内存量。

通过测试，我知道自己拥有大约 1.4GB 的内存可供使用。这些内存已经很大了，应该能够处理相当大的数据集，但我们已经看到，Node.js 无法加载从 NOAA 下载的大小为 28GB 的气象站数据集。

如果你想详细了解我是如何执行此测试的，或者想要自行运行测试，可在下面的 GitHub 代码库中查看代码：https://github.com/data-wrangling-with-javascript/nodejs-memory-test。

为 Node.js 提供更多内存

要为 Node.js 提供更多内存，一种方法是使用命令行参数--max-old-space-size。这使我们可以设置 Node.js 的堆大小。例如，以下命令可运行脚本并提供 16GB 的内存以供使用：

```
node --max-old-space-size=16000 myscript.js
```

尽管我自己使用该命令行参数，而且很多其他生产环境 Node.js 编程人员也使用，但我并不完全确定是否应该推荐大家使用它。请注意，如果你使用该参数，需要依赖基础 V8 JavaScript 引擎的一项功能。它还没有正式成为 Node.js 的功能，并且可能在任意新版本中被删除！

8.6　分治算法

我们无法将整个气象站数据集加载到内存中，但是，我们可以对其进行拆分以便按批次进行处理，如图 8.4 所示。分治算法是一种经典的计算机科学技术。简而言之，如果我们有一个大问题，那么最好的解决方法就是将其拆分成若干相对较小的问题。相比于较大的问题，较小的问题更容易解决(见 8.4.1 和 8.4.2 这两节)。解决了每个较小的问题后，可将结果合并到一起，较大的问题便得到解决。

当我们拆分数据时，必须对其进行组织，使每个批次都足够小，能够整个加载到内存中。这种技术不仅使我们能将数据加载到内存中(分批进行处理)，还可以使处理速度大幅提升。在本章的结尾，将介绍如何并行处理数据，并使用多个 CPU 核心大幅增加数据吞吐量。

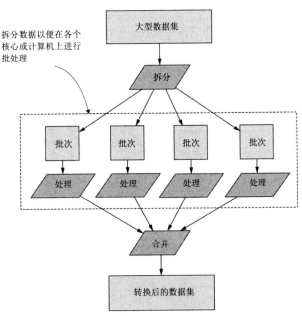

图 8.4　拆分数据以便分批次进行处理

8.7　使用大型数据库

对于专业数据管理来说，使用数据库是标准的做法。所有数据库都具有处理大型数据集的功能，这也是我想在这里为大家介绍的。

我们将要了解的功能包括：

- 使用数据库游标以增量方式一次处理一条记录
- 使用数据窗口以增量方式处理成批的记录
- 使用查询过滤和丢弃数据
- 对大型数据集进行排序

即使不是全部，绝大多数数据库也都具有我们所需的功能，不过，我们将要重点介绍的是 MongoDB 数据库。有很多选项可选，但我最喜欢的是 MongoDB 数据库。

为什么会选择 MongoDB 数据库呢？主要是因为这种数据库使用起来比较便捷、容易，而且非常灵活。最重要的是，它不需要预定义模式。可以使用 MongoDB 来表示很多类型的模式和结构化数据，但是，不需要预定义该结构，可以向 MongoDB 发出任何类型的数据，它会对其进行处理。MongoDB 及其 BSON(二进制 JSON)数据格式非常适合与 JavaScript 结合使用。

8.7.1 数据库设置

在开始使用数据库之前，我们需要先对其进行设置。你可从以下网址下载并安装 MongoDB：http://www.mongodb.org/。否则，你可使用第 8 章对应的 GitHub 代码库中提供的一个 Vagrant 脚本(请参见 8.3 节)。

要使用这些脚本，首先需要安装 Virtual Box 和 Vagrant。然后，打开命令行并将目录改为 Chapter-8 git 代码库，如下所示：

```
cd chapter-8
```

然后，你可以使用第一个 Vagrant 脚本启动一个带有空 MongoDB 数据库的虚拟机，如下所示：

```
cd vm-with-empty-db
vagrant up
```

当虚拟机完成引导过程后，你将拥有一个空的 MongoDB 数据库，可以通过以下命令进行访问：mongodb://localhost:6000。

或者，如果你想要体验已经包含气象站数据样本(我不能发布整个数据集，因为它实在是太大了)的数据库，请使用第二个 Vagrant 脚本，如下所示：

```
cd vm-with-sample-db
vagrant up
```

当此虚拟机完成引导过程以后，你将拥有一个包含样本数据的 MongoDB 数据库，该数据库可以通过以下命令进行访问：mongodb://localhost:7000。

虚拟机用完后，请将其销毁，以便它们不再占用你的系统资源。如果想要执行此操作，请对两个虚拟机执行以下命令：

```
vagrant destroy
```

你可以随时重新创建虚拟机，只需再次使用 Vagrant 即可。有关 Vagrant 的更多详细信息，请参见附录 C。

为了从 JavaScript 访问数据库，我们将使用适用于 Node.js 的正式 MongoDB 库。如果你安装了第 8 章代码库对应的依存项，那么你应该已经安装了 MongoDB API，如果没有的话，可以在一个全新的 Node.js 项目中进行安装，命令代码如下：

```
npm install --save mongodb
```

8.7.2　打开到数据库的连接

在接下来的所有代码清单中，我们首先需要做的都是连接到数据库。为了简化代码清单，它们都使用下面的代码来打开数据库连接：

```
const MongoClient = require('mongodb').MongoClient;                    // 需要使用 MongoDB API

const hostName = "mongodb://127.0.0.1:6000";                           // 指定要连接到的主机
const databaseName = "weather_stations";                               // 这是我们正在使用的数据库的名称
const collectionName = "daily_readings";                               // 这是我们正在使用的数据库中的集合

function openDatabase () {                                              // 定义用于打开数据库连接的辅助函数
    return MongoClient.connect(hostName)                               // 启动与数据库的连接
        .then(client => {
            const db = client.db(databaseName);                        // 获取我们正在使用的数据库
            const collection = db.collection(collectionName);          // 获取我们正在使用的集合
            return {
                collection: collection,
                close: () => {                                         // 返回集合以及用于关闭连接的函数
                    return client.close();
                },
            };
        });
};
```

　　传递到 openDatabase 的连接字符串会确定要连接的数据库。例如，代码清单 8.2 中的代码将连接到 mongodb://127.0.0.1:6000。这是我们在上一节中启动的 Vagrant 虚拟机中的空数据库。

　　其他代码清单需要具有可以处理的数据，因此，它们将连接到 mongodb://localhost:7000。这是另一个虚拟机中的数据库，其中预先填充了示例数据。

　　如果你不打算使用虚拟机，而是直接在计算机上安装 MongoDB，则应该将连接字符串设置为 mongodb://127.0.0.1:27017，因为 27017 是用于访问本地安装的 MongoDB 的默认端口号。

8.7.3　将大型文件移动到数据库中

　　要使用数据库，必须首先将数据传输到其中。这种情况下，必须将 CSV 文件 weather-stations.csv 移到数据库中。为执行此操作，可以使用之前在第 7 章中学到的技术。我们会将可读 CSV 数据输入流与可写 MongoDB 输出流结合使用，从而通过管道将数据传输到数据库中，如图 8.5 所示。

　　第 7 章中曾使用了一个名为 openCsvInputStream 的工具包函数。这里将再次使用该函数，不过，我们仍然需要使用一个新的工具包函数来创建可写 MongoDB 输出流。代码清单 8.1 中列出了此函数对应的代码。

> **代码清单 8.1　用于打开 MongoDB 输出流的工具包函数(toolkit/openmongodb-output-stream.js)**

```
const stream = require('stream');          ◀── 定义新的工具包函数，用于打
                                               开一个可写 MongoDB 流
```
需要使用 Node.js 流 API

```
function openMongodbOutputStream (dbCollection) {  ◀──
```
在启用对象模式的情况下实例化一个可写流

```
    const csvOutputStream = new stream.Writable({ objectMode: true });
    csvOutputStream._write = (chunk, encoding, callback)=>{   ◀──
        dbCollection.insertMany(chunk)      ◀── 将一组记录插
                                                入数据库中
        .then(() => {
            callback();                          数据库插入成          实现 _write 函数，用
        })                                       功，现在调用流        于处理到流的写入
                                                 的回调函数
        .catch(err => {
            callback(err);
        });
    };
```
数据库插入失败，现在使用错误调用回调函数

```
    return csvOutputStream;        ◀── 将此工具包函数导出以在其他
                                       代码模块中使用
```

```
};

module.exports = openMongodbOutputStream;
```

此代码与之前我们在第 7 章中创建的其他可写流类似。不过，请注意，我们将在对象模式(object mode)中打开流，并使用 MongoDB 的 insertMany 函数将每个对象数组插入数据库中。

代码清单 8.2 将两个流连接成一个数据处理流程，以使用输入文件 weather-stations.csv 填充数据库。你应该运行此代码，留出足够的时间使其正常完成，然后使用 Robomongo 检查数据库，确认数据确实已经复制到数据库中。

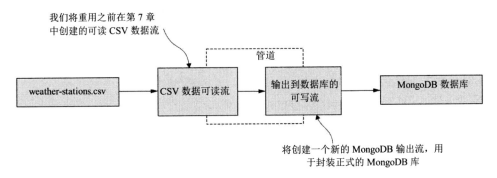

图 8.5　将输入 CSV 数据流式传输到 MongoDB 数据库

代码清单 8.2　将大型 CSV 文件移到 MongoDB 数据库中(listing-8.2.js)

```
const openCsvInputStream=require('./toolkit/open-csv-input-stream');
const openMongodbOutputStream=require('./toolkit/open-mongodb
    ➥-output-stream');
const MongoClient = require('mongodb').MongoClient;

const hostName = "mongodb://127.0.0.1:6000";
const databaseName = "weather_stations";
const collectionName = "daily_readings";

const inputFilePath = "./data/weather-stations.csv";

// ... openDatabase 函数已省略 ...
```

需要使用能打开可读 CSV 文件流的工具包函数

需要使用能打开可写 MongoDB 流的工具包函数

打开输入 CSV 文件流

这是用于将 CSV 文件流式传输到 MongoDB 的辅助函数

```
function streamData (inputFilePath, dbCollection) {
    return new Promise((resolve, reject) => {
        openCsvInputStream(inputFilePath)
            .pipe(openMongodbOutputStream(dbCollection))
            .on("finish", () => {
                resolve();
            })
            .on("error", err => {
                reject(err);
            });
    });
};
```

通过管道将 CSV 流传输到 MongoDB 流

将我们的流封装到一个 Promise 中；当流完成时，将对该 Promise 进行解析

当流完成时，对该 Promise 进行解析

如果流发出错误，则拒绝该 Promise

```
openDatabase()
    .then(client => {
        return streamData(inputFilePath, client.collection)
            .then(() => client.close());
    })
    .then(() => {
        console.log("Done");
    })
    .catch(err => {
        console.error("An error occurred.");
        console.error(err);
    });
```

好了，现在我们已经将数据传输到数据库中。接下来就可以开始了解目前可通过哪些方法来高效地检索和处理数据。

8.7.4　使用数据库游标进行增量处理

将数据传输到数据库中以后，可通过多种方式使用数据库来处理大型数据集。第一种方法就是使用数据库游标访问数据库中的每一条记录，如图 8.6 所示。

这是另一种形式的增量数据处理，只不过我们现在是对数据库进行增量处理，而不是像前面的第 7 章中那样对文件进行增量处理。以这种方式处理时，我们并不担心在 Node.js 中用尽可用内存，一次只处理一条记录应该不会出现这种情况，不过，这还取决于应用程序在同一时间执行的其他工作。

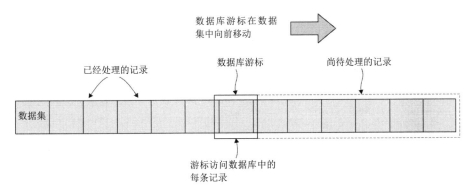

图 8.6　数据库游标使我们可以逐个访问数据库中的每条记录

　　代码清单 8.3 演示了如何创建数据库游标，并遍历整个数据集，按顺序访问每条记录。你可以运行此脚本，但要确保在包含数据的数据库中运行它。默认情况下，此脚本将连接到端口 7000 上的数据库，这是第二个 Vagrant 脚本创建的预填充数据库。如果你通过第一个 Vagrant 脚本自行填充数据库，请将端口号更改为 6000；如果你打算使用自己安装的本地数据库，请将端口号更改为 27017。

代码清单 8.3　使用数据库游标以增量方式遍历数据库，一次一条记录(listing-8.3.js)

```
// ... openDatabase 函数已省略 ...

let numRecords = 0;

function readDatabase (cursor) {            ◀──     这是一个辅助函数，用
    return cursor.next()                           于逐记录读取整个数
    .then(record => {                              据库
        if (record) {
            console.log(record);          ◀──     访问单个记录。在
            ++numRecords;                          此处添加数据处
                                                   理代码
            return readDatabase(cursor);  ◀──────  递归访问下一条记录
        }
        else {                            ◀──     没有更多记录。遍历已
            // 不存在更多记录                          完成
        }
    });
};
```

调用游标的 next 函数以遍历到下一条记录

在完成后关闭数据库

```
openDatabase()                    ◄────── 打开到数据库的连接
    .then(db => {
        const databaseCursor=db.collection.find();
        return readDatabase(databaseCursor)
            .then(() => db.close());
    })
    .then(() => {
        console.log("Displayed " + numRecords + " records.");
    })
    .catch(err => {
        console.error("An error occurred reading the database.");
        console.error(err);
    });
```

调用 find 函数以
创建数据库游标

将游标传递到 readDatabase
函数以启动遍历

使用 find 函数创建数据库游标。然后，通过反复调用游标的 next 函数，我们可以遍历数据库中的每条记录。

这看起来可能与流式数据库访问有点类似，而且创建从 MongoDB 数据库读取数据的 Node.js 可读流确实是一项非常简单的任务，不过，我会将此作为一个练习留给读者自己去完成。请任选前面第 7 章中的一个可读流(CSV 或 JSON)，并以此为基础编写自己的代码，将其与代码清单 8.3 组合在一起以创建你自己的可读 MongoDB 流。

8.7.5　使用数据窗口进行增量处理

逐个访问数据库中的每条记录肯定不是最高效的数据访问技术，不过，至少可以使用这种方法来处理大型数据集。但是，可通过一次处理多条记录，而不是每次只处理一条记录，来提高数据吞吐量。这仍然是增量处理，只不过现在将使用数据窗口，其中每个窗口是一个记录批次，而不是单个记录。在处理完每个数据窗口后，将窗口向前移。这使我们可按顺序"查看"每一组记录，如图 8.7 所示。

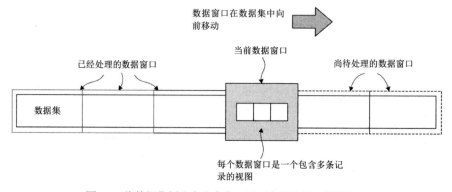

图 8.7　将数据集划分为多个窗口以便高效地进行增量处理

可通过在调用 MongoDB 的 find 函数以后链式调用 skip 和 limit 来读取一个数据窗口。skip 使我们能够跳过一定数量的记录，可以使用它来选择窗口中的起始记录。而使用 limit 可以仅检索特定数量的记录，我们可以使用它来限制窗口中包含的记录数。代码清单 8.4 中显示了上述操作对应的代码。你可以运行此代码，它会逐个窗口读取数据库记录。尽管它并没有执行任何有用的操作，但是它提供了一个占位符，使你可在此位置添加自己的数据处理代码。

代码清单 8.4　使用数据窗口处理数据库记录批次(listing-8.4.js)

```
// ... openDatabase 函数已省略

let numRecords = 0;
let numWindows = 0;
```

这是一个辅助函数，用于从数据库读取一个数据窗口

```
function readWindow (collection, windowIndex, windowSize) {
    const skipAmount = windowIndex * windowSize;
    const limitAmount = windowSize;
    return collection.find()
        .skip(skipAmount)
        .limit(limitAmount)
        .toArray();
};
```

确定要跳过多少条记录以便到达数据窗口

这是数据窗口中包含的记录数

这是用于检索数据窗口的数据库查询

这是一个辅助函数，用于逐窗口读取整个数据库

```
function readDatabase(collection,startWindowIndex,windowSize){
    return readWindow(collection,startWindowIndex,windowSize)
        .then(data => {
            if (data.length > 0) {
                console.log("Have " + data.length + " records.");

                // 在此处添加数据处理代码

                numRecords += data.length;
                ++numWindows;

                return readDatabase(
                    collection,
                    startWindowIndex+1,
                    windowSize
                );
            }
            else {
                // 不存在更多的数据
            }
        })
};
```

从数据库中读取下一个数据窗口

取回一个数据库窗口；在此处添加数据处理代码

递归读取下一个数据窗口

没有更多数据；我们已经完成数据库读取

```
openDatabase()          ◀───── 打开到数据库的连接
    .then(db => {
                                        指定每个数据窗口的大小以
    const windowSize = 100;     ◀───── 及每个窗口的记录数
        return readDatabase(db.collection,0,windowSize)  ◀────┐
            .then(() => {                                       启动数据库遍历
                return db.close();  ◀───── 操作完成后关闭数据库
        });
    })
    .then(() => {
        console.log("Processed " + numRecords +
            " records in " + numWindows + " windows."
        );
    })
    .catch(err => {
        console.error("An error occurred reading the database.");
        console.error(err);
    });
```

代码清单8.4中的readWindow函数使用MongoDB API来检索一个窗口的数据量。每个窗口中应该包含多少条记录呢？这完全由你决定，但需要确保每个数据窗口可以加载到可用内存中，而这取决于每条数据记录的大小以及应用程序的其他部分已经使用的内存量。

readDatabase函数负责遍历整个数据库，它会反复调用readWindow，直到所有数据窗口都已访问。ReadDatabase会反复调用本身，直到整个数据库都已拆分成窗口并得到处理。这就像一个普通的递归函数，但其操作方式并不相同。这是因为，它会在readWindow Promise已经得到解析之后再进行递归。由于Promise在Node.js中的工作方式，then回调直到下一次运行事件循环时才会触发。当再次调用readDatabase时，readDatabase调用栈已经退出，并且在每次执行新调用时，调用栈不会增长。因此，在这里我们永远也不会遇到堆栈用尽的危险，而在普通的递归函数调用中很可能会出现这种情况。

使用数据窗口处理数据库也称为分页(pagination)：也就是拆分数据以在多个页面中显示的过程，通常用于在网站的多个页面中显示内容。不过，我没有将其称为分页，因为尽管分页也使用MongoDB的find、skip和limit函数，但它却是一种不同的用法。

在这里，我们还是可以创建一个可读流，用于按批次处理所有记录，并且此流可以一次性访问多条记录，而不是一次访问一条记录。对于创建这种可读流的过程，我在这里不做具体介绍，如果你感兴趣，可以自己练习。

以窗口的形式处理数据使我们可以更高效地使用数据。我们可以一次处理多条记

录，不过这并不是这种处理方式所带来的主要优势。现在，我们已经了解了执行并行
数据处理的基本知识，在本章结束之前，我们会再次介绍这一主题。

8.7.6　创建索引

我们还没有介绍数据库查询和排序的内容。在执行这些操作之前，必须先为数据
库创建索引。以下各节中的示例查询和排序使用数据库中的 Year(年份)字段。如果想
要加快查询和排序操作的速度，我们应该为此字段创建索引。

如果你使用的是第二个 Vagrant 脚本中的预填充示例数据库，那么你已经具有所
需的索引。如果你一开始使用的是第一个 Vagrant 脚本创建的空数据库，或者你是从
头开始构建自己的数据库，可通过打开 MongoDB Shell(或 Robomongo)并输入以下命
令来自己添加索引：

```
use weather_stations        ←———————  切换到我们的数据库
db.daily_readings.createIndex({ Year: 1 })
```

在 daily_readings 集合上
为 Year 字段创建索引

如果处理的是大型数据库，那么创建索引可能需要很长的时间，因此，请保持足
够的耐心等待操作完成。

如果要检查索引是否已存在，或者新的索引是否已成功创建，可在 MongoDB Shell
中执行下面的命令：

```
use weather_stations
db.daily_readings.getIndexes()
```

getIndexes 函数会为你提供已经为集合创建的一堆索引。

8.7.7　使用查询过滤

当我们试图缩减数据以使其可以加载到内存中时，可选择的一种方式是使用过滤
器。我们可以通过数据库查询对数据进行过滤，以显著缩减需要处理的数据量。例如，
我们可能只想分析最近的数据，因此，在此示例中，我们请求数据库仅返回 2016 年或
以后的记录。在生成的记录集合中，2016 年之前的所有记录都已省略，只保留了最近
的记录。图 8.8 中对此概念进行了说明。

这里的主要想法是主动剔除那些不需要的数据，以处理经过大幅缩减的数据集。
在代码清单 8.5 中，我们将对 Year(年份)字段使用 MongoDB 的$gte(大于或等于)查询
运算符以过滤掉 2016 年之前的记录。你可以运行代码清单 8.5，查询应该可以快速执
行(原因在于为 Year 字段创建了索引)，并将 2016 年及以后的记录输出到控制台。

代码清单 8.5　使用数据库查询过滤数据(listing-8.5.js)

```
// ... openDatabase 函数已省略 ...

openDatabase()
    .then(db => {
        const query = {          ◀———————— 定义数据库查询
            Year: {              ◀———————— 我们将针对 Year 字段进行查询
                $gte: 2016,
            },
        };
        return db.collection.find(query)   ◀———————— 针对数据库执行查询
            .toArray()
            .then(data => {
                console.log(data);         ┐
            })                             ┘    检索查询的结果
            .then(() => db.close());       ◀———————— 操作完成后关闭数据库
    })
    .then(() => {
        console.log("Done.");
    })
    .catch(err => {
        console.error("An error occurred reading the database.");
        console.error(err);
    });
```

年份必须大于或等于 2016

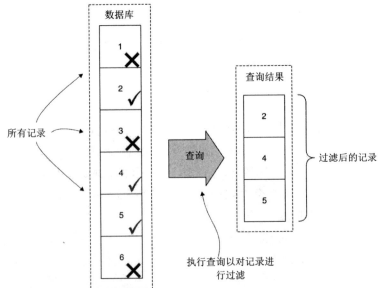

图 8.8　使用数据库查询过滤数据

在代码清单 8.5 中，请注意我们如何定义查询对象并将其传递给 find 函数。此示例说明了如何在 MongoDB 中构建查询以从数据库检索经过过滤的记录。MongoDB 支持灵活且复杂的查询，除了本书中介绍的内容以外，还有很多相关内容可以了解。请参见 MongoDB 文档了解可以在查询中使用的其他类型的表达式。

在之前使用 find 函数时，我们已经使用了查询来过滤想要查看的数据。查询还可用于投影和排序，接下来的两节将对此进行介绍。

8.7.8　使用投影丢弃数据

缩减需要处理的数据的另一种方式是使用投影。通过投影，我们可以丢弃查询返回的记录中的字段。图 8.9 显示了这样的一个示例，其中某些字段被丢弃，只允许查询返回我们想要检索的字段。在这个示例中，我们选择仅检索 Year(年份)、Month(月份)和 Precipitation(降水量)字段。当我们仅需要特定的数据字段时(比如说我们要对降雨量进行研究)，这种方法非常有用，我们不需要检索完整数据集的所有字段。

正如你可以在下面的代码清单 8.6 中看到的，我们通过 find 函数指定了一个投影，这样就可以将投影附加到任何其他查询中。如果你运行此代码，它会将检索到的数据记录输出到控制台，但其中只有我们在投影中选择的字段。

代码清单 8.6　使用投影缩减检索到的数据(listing-8.6.js)

```
// ... openDatabase 函数已省略 ...

openDatabase()
    .then(db => {
        const query = {};                      ← 使用空查询对象
                                                  将检索所有记录
        const projection = {     ←  定义投影              这是要保留或丢
            fields: {     ←                              弃的字段集
                _id: 0,
                Year: 1,
                Month: 1,
                Precipitation: 1     ─ 指定要保留的其他字段。所有
            }                          其他字段都将自动丢弃
        };
        return db.collection.find(query, projection)     ←  针对数据库执
            .toArray()                                       行查询
            .then(data => {
                console.log(data);     ─ 检索将相应字段丢弃后
                                         的缩减记录
```

丢弃 _id 字段。否则，默认情况下将包含该字段

```
        })
        .then(() => db.close());
    })
    .then(() => {
        console.log("Done.");
    })
    .catch(err => {
        console.error("An error occurred reading the database.");
        console.error(err);
    });
```

投影使我们可以减小每条记录的大小，从而减小从查询检索的数据集的总大小。这不仅可以增加能够加载到内存中的记录数(因为每条记录都变小了)，还可以在我们通过 Internet 访问数据库时，减少检索一组记录所需的带宽。

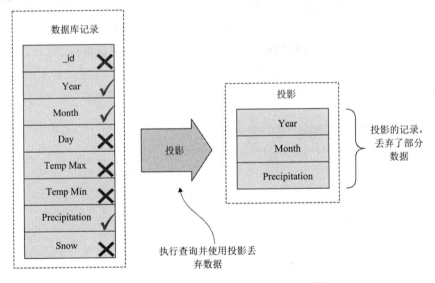

图 8.9   使用投影从每条数据库记录中丢弃部分数据

8.7.9   对大型数据集进行排序

排序是一项非常有用的操作，在很多情况下也是必需的。绝大多数的排序算法(如内置的 JavaScript sort 函数)都需要将整个数据集加载到内存中。如果处理的数据集太大，可用内存中容纳不下，那么我们可以使用数据库来为我们执行排序(见图 8.10)。

在代码清单 8.7 中，我们将查找记录并按照 Year 字段进行排序。这样做的效率会

比较高，因为我们已经为 Year 字段创建了索引。你可以运行此代码，它会将排序后的
数据记录输出到控制台。

代码清单 8.7　使用 MongoDB 对大型数据集进行排序(listing-8.7.js)

```
// ... openDatabase 函数已省略 ...

openDatabase()
    .then(db => {
        return db.collection.find()          ← 针对数据库执行查询。这种情况
                                                下，没有参数表示我们将检索所
            .sort({                             有记录
                Year: 1                       ← 按 Year 列对记录
            })                                   进行排序
            .toArray()
            .then(data => {
                console.log(data);           ← 显示已经按 Year 列排序
            })                                   的记录
            .then(() => db.close());
    })
    .then(() => {
        console.log("Done.");
    })
    .catch(err => {
        console.error("An error occurred reading the database.");
        console.error(err);
    });
```

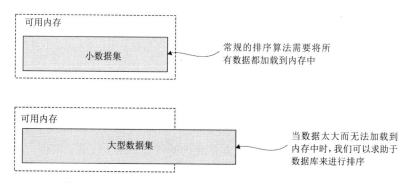

图 8.10　通常，在进行排序时，所有数据都必须加载到内存中

请注意代码中是如何在 find 函数之后链式调用 sort 函数的。在这个示例中，我们

没有向 find 函数中传递任何参数，但在排序前，我们原本可以轻松地指定一个查询和
一个投影以便对数据进行缩减。

另外，还请注意 sort 函数之后链式调用 toArray 的用法。这会返回整个排序后的
数据集，但返回的数据集会比较大，这可能并不是我们想要的。我们可以轻松地删除
toArray 函数，改为之前采用的方式，使用数据库游标逐记录进行处理。或者，也可以
保留 toArray 函数，并将其与 skip 和 limit 组合使用，像前面一样逐个窗口进行处理。
这些技术都涉及 find 函数，将它们组合到一起可以帮助我们有效地处理大型数据集。

关于排序，还有最后一点说明。我始终认为，对排序后的数据进行处理要更好一
些。为什么这么说呢？因为在处理大型数据集时，最好按某种可靠的顺序对其进行排
序。否则，查询返回的记录会采用数据库所需的顺序，而这种顺序并不一定是最适合
你的顺序。对数据进行排序可以让错误调试变得更加容易。它可以使推断数据问题变
得更为轻松。此外，它还可以作为一个非常有用的进度指示符！例如，当你看到 A、
B、C 和 D 开头的各项处理完成以后，就可以大致了解剩下哪些内容等待处理，以及
完成后续处理可能需要多少时间。

> **使用 MongoDB 进行数据聚合**
>
> 如果你想要对大数据执行聚合操作，可以考虑 MongoDB 聚合框架。通过这一框
> 架，你可以连接数据集，对记录进行分组，以及使用 sum、min、max 和 average 等统
> 计运算进行汇总。
>
> 请访问 https://docs.mongodb.com/manual/aggregation/，阅读 MongoDB 文档以了解
> 更多相关信息。

8.8　提高数据吞吐量

我们已经了解了如何使用数据库更有效地管理大型数据集。现在，我们来看看可
以使用哪些技术来提高数据吞吐量。

8.8.1　优化代码

要想获得更好的性能，首要建议就是优化你的代码。很大程度上来说，这已经超
出了本书的范围，并且，关于如何优化 JavaScript 代码，有很多信息可供参考。例如，
不要在对性能比较敏感的代码中使用 forEach 函数，而改为使用常规的 for 循环。

不过，说到代码优化，我会为你提供两点重要的建议，可以帮助你大幅提高工作
效率。

(1) 重点关注瓶颈。对代码进行计时，并使用 statman-stopwatch 等库测量代码运行所需的时间。重点关注用时最长的代码。如果花费大量时间对并不是瓶颈的代码进行优化，那么就会浪费时间，因为这不会使数据吞吐量发生任何变化。

(2) 不要将重点放在代码上，而是重点关注算法。

8.8.2　优化算法

请认真考虑你所用的算法。不要将重点放在代码上，而是关注算法，因为选择一种更适合目标任务的算法会使性能得到大幅提升。例如，当你需要执行快速查找时，请确保使用 JavaScript 哈希表，而不是数组。这只是一个简单且显而易见的示例。

然而，一般情况下，算法本身是一个非常庞大的研究领域和主题；如果你想要继续了解相关内容，请搜索"大写字母 O"(也就是时间复杂度计算方法)。但是，在本章结束之前，我们来看一种特定的方法，在处理大型数据集时，有助于大幅提升性能。

8.8.3　并行处理数据

Node.js 在本质上是单线程的。这一点其实非常好，因为通常情况下，我们在编码时不需要关注线程安全性和锁定等问题。就性能而言，Node.js 一般会通过将异步编码提到重要的中心位置来弥补其缺少线程的缺点。但是，仅运行单个线程还是会导致无法高效利用 CPU，尤其是当有多个核心可以用于处理问题时。

在这一节中，我们将介绍如何拆分数据，并使用单独的操作系统进程(利用多个核心并且可以同时处理多个数据批次)对其进行并行处理。这是对前面的"分治算法"的一种扩展，并且基于"使用数据窗口进行增量处理"构建而成。

在图 8.11 中，你可以看到这种方法的工作方式。有一个"主"进程，它控制两个或更多的"从属"进程。我们将数据集拆分成两个或更多单独的数据窗口。每个从属进程负责处理一个单独的数据窗口，多个从属进程可以使用单独的 CPU 核心同时处理多个数据窗口。

不过，遗憾的是，这种应用程序结构使应用程序变得更复杂，并且复杂性会随着从属进程数量的增加而增加。为应用程序增加复杂性时，应确保有充分的理由。这种情况下，这样做的理由主要是以下两点：

(1) 可以并行处理数据，这会提高整体数据吞吐量。一般通过增加运行的从属进程的数量来增加吞吐量。如果拥有 8 个从属进程(在 8 核 CPU 上)，那么吞吐量会增加到一个从属进程时的 8 倍。

(2) 不太明显的一点是，每个从属进程都在它自己的内存空间中操作。这种情况下，需要的内存量会随着从属进程数量的增加而增加。当拥有 8 个从属进程时，所需的内存会增加到一个从属进程时的 8 倍。

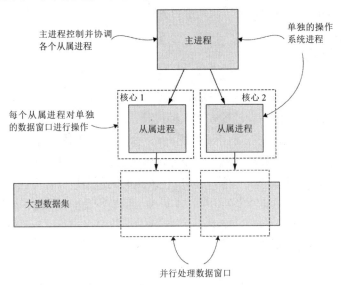

图 8.11　使用多个操作系统进程并行处理数据

为获得更大的吞吐量和更多内存，可添加更多从属进程。不过，这样做也受到一定的限制，因为如果增加的从属进程数量超过物理 CPU 核心的数量，会导致得不偿失。

在实际操作中，我们可根据实践经验调整从属进程的数量，使其占用合理的 CPU 时间百分比。我们不会希望将全部的 CPU 时间都用于处理此项工作，因为这会影响计算机上运行的其他应用程序的性能，甚至会使计算机运行过热并变得不稳定。

此外，你应该配置足够的物理内存，以支持所需的从属进程数量及其占用的内存量。物理内存用尽会对工作效率带来不利的影响，因为随着数据在工作内存和文件系统之间交换，应用程序会开始"抖动"。

那么，如何实现这一点呢？首先，为你介绍我自己是如何通过并行运行多个单独的 Node.js 命令来解决这一问题的。然后介绍其他人如何使用 Node.js 的 fork 函数来执行此操作。

1. 并行执行多个单独的命令

我们通过一个简化的示例来解释如何实现并行处理。这一操作可能会变得非常复杂，因此，为了让示例简单明了，我们不会执行任何实际的数据处理，而只是并行访问我们的数据窗口。但是，你将看到一个占位符，在这里，你可以添加自己的数据处理代码。如果你对此感兴趣，稍后可作为练习自己向此框架中添加数据处理代码。

对于此示例，我们需要安装 yargs，用于读取命令行参数，此外，还需要使用一个称为 async-await-parallel 的模块，很快我们就会介绍此模块。如果你为第 8 章代码库安装了依存项，那么应该已经安装了这些内容，如果没有，可在一个全新的 Node.js 项目中进行安装，命令代码如下：

```
npm install --save yargs async-await-parallel
```

代码清单 8.8 和代码清单 8.9 中显示了我采用的方法。第一个脚本(也就是代码清单 8.8)采用的是从属进程。此脚本对单个数据窗口进行操作，类似于我们之前在 8.7.5 节中看到的内容。数据窗口的位置和大小将使用 skip 和 limit 命令行参数传递到脚本。在继续查看代码清单 8.9 之前，请认真观察此脚本，并注意，在函数 processData 中，有一行可用于插入你自己的数据处理代码(或可插入一个对前面章节中的可重用数据处理代码模块的调用)。

代码清单 8.8　并行执行操作的从属进程(listing-8.8.js)

```
// ... openDatabase 函数已省略 ...

function processData (collection, skipAmount, limitAmount) {
    return collection.find()
        .skip(skipAmount)          // 执行数据库查询，但仅
        .limit(limitAmount)        // 检索指定的数据窗口
        .toArray()
        .then(data => {
            console.log(">> Your code to process " + data.length+"
 records here!");
        });                        // 已收到记录集，因此请在此处添加
};                                 // 你的数据处理代码

console.log("Processing records " + argv.skip + "to"+(argv.skip +
 argv.limit));

openDatabase()
    .then(db => {
        return processData(db.collection, argv.skip, argv.limit)    // 打开数据库后对数据进行处理。在
            .then(() => db.close());                                // 这里，我们传递 skip 和 limit 命令行
    })                                                              // 参数
    .then(() => {
        console.log(
```

这是一个辅助函数，用于处理一个数据窗口

```
        "Done processing records " + argv.skip +
        " to " + (argv.skip + argv.limit)
    );
})
.catch(err => {
    console.error(
        "An error occurred processing records " + argv.skip +
        " to " + (argv.skip + argv.limit)
    );
    console.error(err);
});
```

接下来，我们来看一下代码清单 8.9 中的主进程脚本。此脚本会调用代码清单 8.8 中的从属进程脚本，用于执行实际的操作。它会一次运行两个从属进程，等待它们完成，然后再运行接下来的两个从属进程。之后，它会继续按照两个一组的形式运行从属进程，直到整个数据库全部处理完成。我之所以将从属进程的数量设置为 2，主要是为了让操作更加简单明了。你运行此代码时，应尝试根据可用于数据处理的核心数来调整 maxProcesses 变量的值。

代码清单 8.9　用于协调从属进程的主进程(listing-8.9.js)

```
const argv = require('yargs').argv;          ←── 需要使用 Node.js 的
const spawn = require('child_process').spawn; ←── spawn 函数，它使我们可
const parallel = require('async-await-parallel');  以调用操作系统命令


// ... openDatabase 函数已省略 ...
```

这是一个辅助函数，用于启动从属进程

```
function runSlave (skip, limit, slaveIndex) {
    return new Promise((resolve, reject) => {    ←── 将从属进程封装在一个 Promise 中
        const args = [
            "listing-8.8.js",
            "--skip",          ←── 这些是 Node.js 从属进程的参数，其中包括要
            skip,                 运行的脚本。请注意 skip 和 limit 参数是如何
            "--limit",            传递到从属进程的，从而使其只关注某个特定
            limit                 的数据窗口
        ];

        const childProcess = spawn("node", args); ←── 使用 Node.js 的 spawn
                                                      函数启动从属进程
        // ... 输入重定向已省略 ...
```

```
        childProcess.on("close", code => {
            if (code === 0) {
                resolve();
            }
            else {
                reject(code);
            }
        });

        childProcess.on("error", err => {
            reject(err);
        });
    });
};

function processBatch (batchIndex, batchSize) {
    const startIndex = batchIndex * batchSize;
    return () => {
        return runSlave(startIndex,batchSize,batchIndex);
    };
};

function processDatabase (numRecords) {

    const batchSize = 100;
    const maxProcesses = 2;

    const numBatches = numRecords / batchSize;

    const slaveProcesses = [];
    for (let batchIndex = 0; batchIndex < numBatches; ++batchIndex) {
        slaveProcesses.push(processBatch(batchIndex, batchSize));
    }

    return parallel(slaveProcesses, maxProcesses);
};


openDatabase()
    .then(db => {
        return db.collection.find().count()
```

处理 close 事件；这会告诉
我们从属进程何时结束

如果从属进程结束时返回的错误代码为 0，表示成功完
成，此时解析 Promise

如果从属进程结束时返回的错误代码不是 0，表示运行
失败，此时拒绝 Promise

使用 Node.js 的 spawn
函数启动从属进程

这是一个辅助函数，
用于启动从属进程

如果发生错误，则拒绝
Promise

将从属进程封装在一
个 Promise 中

处理 error 事件。由于特定
的原因，进程启动失败

为当前记录批次计算索
引开始位置的记录

将从属进程排入队列以
便执行延迟的调用

将从属进程的调用封装在一个
异步函数中；这使我们可以将操
作排入队列并延迟到稍后执行

这是一个辅助函数，用于针对某个特定的数据窗口确定一
个从属进程的操作的顺序

这是一个辅助函数，用于处理整个数据库

指定要包含在每个数据窗口中的记录数

告知要并行运行
的进程数。如果
有更多的 CPU 核
心可供使用，可
增加此数字

计算我们需要处理的数据
窗口的总数

构建一个延迟从属进程调用队列。
列表中的每个条目都是一个函数，
如果调用相应的函数，将针对特定
的记录批次运行从属进程

计算数据库中的记录总数

```
            .then(numRecords => processDatabase (numRecords))
            .then(() => db.close());
    })
    .then(() => {
        console.log("Done processing all records.");
    })
    .catch(err => {
        console.error("An error occurred reading the database.");
        console.error(err);
    });
```

启动整个数据库的并行处理

在代码清单 8.9 中，首先针对数据库集合调用 find().count()，以确定其中包含多少条记录。然后，将数据库划分为不同的数据窗口。对于每个数据窗口，调用 processBatch。这会产生不寻常的行为，即创建并返回一个异步函数，其中包含对 runSlave 的调用。接下来我将对 runSlave 进行解释。

runSlave 函数用于启动从属进程。在这里，我们使用 Node.js 的 spawn 函数来创建新的进程。我们将调用 Node.js 以运行代码清单 8.8 中的从属进程脚本。请注意传递到从属进程的 skip 和 limit 命令行参数。这两个命令行参数会告诉从属进程需要运行哪个数据窗口。

针对每个数据窗口调用了 processBatch 以后，我们现在拥有一个函数列表，当执行相应的函数时，会针对每个数据批次调用 runSlave。我们需要将这种类型的延迟操作与 async-await-parallel 库中的 parallel 函数结合使用。

我们将函数列表以及要并行执行的操作数传递给 parallel。parallel 为我们执行复杂的操作，以并行批次的形式调用我们的延迟函数，直到所有函数都执行完毕。parallel 会返回一个 Promise，如果整个序列成功完成，则对其进行解析；如果其中的任意操作失败，则拒绝该 Promise。

2. 派生一个新进程

我们已经学习了一种在 Node.js 中执行并行数据处理的方法，不过，还可以通过另一种更简单的方式在 Node.js 中构建主/从属类型的应用程序，那就是使用 fork 函数。在 Internet 上搜索这一主题时，你会发现这是最常见的技术。

应用程序最初只有一个进程，然后根据需要调用 fork 函数，派生出很多从属进程。fork 函数可以使进程分成两个进程，然后，我们的代码在主进程或从属进程中运行。

如果使用 fork 函数要比运行多个单独的命令更简单，那为什么不使用它？下面列出了一些原因，说明了我为什么坚持使用自己的方法来处理此问题：

- 运行单独的命令更清楚明确，并且更容易确保从属进程并行操作。
- 主进程和从属进程之间有明确的区分。要么运行主进程脚本，要么运行从属进程脚本。
- 我的方法使得从属进程比较容易测试。由于可以从命令行运行从属进程，因此，你可以轻松地以这种方式运行它，以便进行测试和错误调试。
- 我认为这种方式可以提高代码的可重用性。将应用程序分解为多个脚本意味着你会拥有一个主进程，该主进程可以(进行简单的重构)与不同的从属进程一起使用。此外，你还具有单独的从属进程脚本，可以其他方式以及在其他环境中使用。
- 它不仅适用于 Node.js 脚本。需要运行其他工具时，主进程可以像运行 Node.js 和你的从属进程脚本一样轻松地运行这些工具。

这两种方法的最终结果基本上是相同的，我们都可以实现数据的并行处理。使用 fork 函数方法更简单。运行单独的命令要更难一些，不过这种方法具备很多的优势，正如我上面列出的。你可以根据自己的需要选择最适合的方法。

在本章以及上一章中，我们对一个大型数据集进行了整理。我们从一个大型 CSV 文件中获得此数据集，并将其导入数据库中。现在，我们已经全副武装，具备了一组用于构建数据处理流程、清洗数据以及对数据进行转换的技术，而且我们的技术可以扩展到处理大型数据集。最后，我们已经准备好，可以开始进行某些数据分析了！继续学习后面的第 9 章内容吧！

小结

- 我们讨论了 Node.js 的内存限制如何制约一次加载到内存中的数据量。
- 你探索了用于处理大型数据库的各种技术，包括：
  - ➢ 如何将大型 CSV 数据文件传输到 MongoDB 数据库
  - ➢ 如何将数据拆分成多个批次，其中每个批次都可以加载到内存中并单独进行处理
  - ➢ 使用数据库游标或数据窗口对整个数据库进行增量处理
  - ➢ 使用查询和投影对数据进行缩减
  - ➢ 使用数据库对数据进行排序，而通过其他方式对数据排序并不是一项轻松的操作，尤其是当数据太大而无法加载到内存中时
- 你完成了一个示例，了解了如何再生多个操作系统进程以对数据进行并行处理，并提高数据处理流程的吞吐量。

第 *9* 章

实用数据分析

本章内容提要：

- 使用统计工具：求和、求平均值、标准差和频率分布
- 对数据集进行分组和汇总以便弄清楚它的含义
- 使用用于处理时间序列数据的工具：滚动平均值、线性回归等
- 使用用于比较数据并做出预测的数据分析技术
- 使用相关性了解数据变量之间的关系

恭喜你，经过前面几章的学习，这一章终于要开始进行数据分析了。我们完成了非常多的工作才到达这一步。我们从某个地方提取数据，对其执行了一些清洗和准备工作。然后，发现我们获得的数据超出了可以处理的范围，因此，我们将其移动到数据库中以便于进行处理。整个过程中经历了若干环节，现在终于到达数据分析这一环节了。

数据分析就是对我们的数据进行研究以更好地了解其意义，获得一些有用的见解并解答我们想要了解的一些问题。例如，当我搜索想要居住或度假的地方时，可能会对天气有具体的要求。在这一章中，将对位于纽约中央公园的一个气象站100年来的天气数据进行分析研究。之后，会将这些数据与洛杉矶的天气数据进行比较，并看一下对比结果。此外，我还对天气的整体趋势走向非常感兴趣：天气是越来越热吗？哪个城市升温更快？

在本章中，我们将学习如何进行数据分析，在这个过程中，将针对前面第7章和第8章中使用的来自NOAA的气象站数据进行操作。首先会介绍一些基本知识，随后逐步介绍一些更为高级的技术。最后，会提供一些用于了解和比较数据并做出预测的

工具。

这一章中我们将深入研究一些数学问题，不过不用过于担心。将要研究的是一些比较基本的数学问题，对于更为高级的数学问题，我们将依赖于一些第三方库，它们可以为我们完成困难、复杂的工作。我坚信，即使并不是对数学非常精通，也可以执行数据分析，你只需要了解每种技术适合处理哪方面的工作及其使用方法即可。

在了解了这些技术的强大功能之后，你会考虑使用它们来完成各种任务，它们甚至可以帮助完成一些日常的任务，例如了解服务器或应用程序的性能指标。

9.1 扩展工具包

在这一章中，将向工具包中添加一些数据分析技术，这些分析技术已在表 9.1 中列出。将介绍如何为这些公式编写代码。对于更高级的数学问题，我们将使用第三方库。此外，还将在这一章中更多地使用 Data-Forge。

表 9.1　第 9 章中使用的工具

技术	函数	说明
基本统计	sum	计算一组值的总和
	average	计算一组值的平均值或中心值
	std	计算一组值的标准差，此函数用于度量数据的不稳定性、波动或离差
分组和汇总	groupBy、select	通过对记录进行分组以及使用求和、求平均值或标准差等统计工具进行记录汇总，精简数据集并使其更易于理解
频率分布	bucket、detectValues	确定数据集中值的分布情况，如果符合某种正态分布，那么这可以为我们提供一定的预测能力
时间序列	rollingAverage	使时间序列数据变得平滑，去除噪波，以便我们可以更好地检测趋势和模式
	rollingStandardDeviation	了解数据序列随时间变化所表现出来的波动或不稳定性
	linearRegression	用于预测和检测趋势
	difference	了解时间序列之间的差异，并确定它们是否发散
数据标准化	average、std	对两个数据集进行标准化以便进行直接比较
相关系数	sampleCorrelation	了解数据变量之间的关系以及它们的相关性有多强(或多弱)

　　在这一章中，我们会看到各种代码示例，它们可以生成不同的图表。由于我们还没有学习如何进行可视化，因此，我准备了一系列工具包函数，你可以用它们来呈现图表。你只需要将数据传递到工具包函数即可，它会以图像的形式为你呈现图表。

　　在本章的学习过程中，你会看到这些函数的使用方法。在接下来关于可视化的章节(第 10 章和第 11 章)中，你将了解到如何从头开始创建这种图表。

9.2　分析天气数据

　　在这一章中，我们将对之前两章中处理的天气数据进行分析。我们可能希望从此数据中获得很多问题的答案。之前已经提到，我们可能希望迁居到一个气候适宜的地方，或者到一个温暖的地方度假。

　　从 NOAA 下载的完整气象站数据集非常大，解压缩以后大约为 27 GB。如果我们要执行全球性的分析，那么需要使用并聚合这个完整的数据集，但是，这个工作量太大了。对于这一章，我们将关注更为局部的数据，因此，在这个大型数据集中，我已经从两个特定的气象站提取了相关数据。其中一个气象站位于纽约(NYC)，另一个位于洛杉矶(LA)。

　　在将这个大型数据集加载到我的 MongoDB 数据库中后，我通过 StationId 创建了索引。加载数据库并创建索引的过程耗费了大量时间，不过在此之后，提取特定气象站的所有数据就非常快了。我将 NYC 和 LA 的数据提取到两个单独的 CSV 文件中，你可以在本章对应的 GitHub 代码库中获取这两个文件。

9.3　获取代码和数据

　　你可以访问 https://github.com/data-wrangling-with-javascript/chapter-9，在 GitHub 上的 Chapter-9 代码库中获取本章对应的代码和数据。示例数据位于代码库中的 data 子目录下。

　　本章的大部分示例代码都会将图表呈现到图像文件中，在运行每个代码清单之后，便可以在 output 子目录中找到相应的图像文件。用于呈现此类图表的代码位于 toolkit 子目录中(在后面的第 10 章和第 11 章中，我们会对此代码进行深入的研究)。如果需要有关获取代码和数据的帮助，可以参考第 2 章的 2.3 节。

9.4 基本数据汇总

在统计学和数据分析中，经常会用到三个基本的函数。它们分别用于执行求和、求平均值和求标准差运算。通过这些统计工具，可以对数据集进行汇总以及在数据集之间进行比较。

9.4.1 求和

所有运算中可能没有比求和更基本的了，所谓求和，就是将数据集中的值加总到一起。即使不与其他运算结合使用，单就求和本身来说，它也是非常有用的，当我们需要根据一些单独的值计算总量时，就需要用到求和，除此之外，在稍后将要介绍的计算平均值的运算中，也要用到求和运算。我想以此运算作为热身，然后介绍更高级的函数。

我们将针对 2016 年在 NYC 气象站收集的所有降水量计算合计值。使用 JavaScript 的 reduce 函数创建 sum 函数，在此过程中，创建一个新的可重用的 statistics 代码模块，并将其添加到工具包中。代码清单 9.1 显示了上述过程。

代码清单 9.1 可添加到我们工具包的 sum 函数(toolkit/statistics.js)

```
function sum (values) {          ◄────── 计算这一组值的总和
    return values.reduce((prev, cur) => prev + cur, 0);  ◄
}                                          使用 JavaScript 的 reduce
                                           函数计算一组值的总和

module.exports = {
    sum: sum,
};
```

代码清单 9.2 显示了如何使用新的 sum 函数来计算降雨总量。为使操作更简单，首先使用一个硬编码数据集，但很快就会升级到使用一些实际数据。请尝试运行下面的代码清单，你应该看到，计算得出的降雨总量为 1072.2 毫米。

代码清单 9.2 计算 2016 年的降雨总量(listing-9.2.js)

```
const sum = require('./toolkit/statistics').sum;  ◄
                                                   需要从新的
                                                   statistics 代码模块
                                                   使用 sum 函数
const monthlyRainfall = [        ◄
    112.1,                        为简单起见，使用
    112,                          硬编码数据
    // ... 数据已省略 ...
```

```
    137.5,
    73.4
];
```

```
const totalRainfall = sum(monthlyRainfall);  ◀──── 计算 2016 年的降雨总量
console.log("Total rainfall for the year:" + totalRainfall + "mm");
```

9.4.2　求平均值

现在，我们已经拥有了 sum 函数，接下来可以使用它来构建 average 函数。average 函数用于计算一组值的平均值或算术平均值，可以通过这种方法来计算一个数据集的中心值。如果你想要了解最常见的值，那么求平均值会非常有用，因为我们可以检测何时新值高于或低于定额。我们来计算月平均降雨量。

代码清单 9.3 显示了我们基于 sum 函数构建的 average 函数。这是另一个可添加到我们的可重用 statistics 代码模块的函数。

代码清单 9.3　可添加到我们工具包的 average 函数(toolkit/statistics.js)

```
// ... sum 函数已省略 ...

function average (values) {  ◀──── 计算一组值的平均值
    return sum(values) / values.length;  ◀──── 将所有值的总和除以值的数量
}

module.exports = {
    sum: sum,
    average: average,
};
```

代码清单 9.4 显示了我们如何使用 average 函数计算硬编码数据集的平均值。运行此代码，你应该可以看到计算出的平均值约为 89.35 毫米。

代码清单 9.4　计算 2016 年的月平均降雨量(listing-9.4.js)

```
const average = require('./toolkit/statistics.js').average;
const monthlyRainfall = [
// ... 硬编码数据已省略 ...
];  ◀──── 计算 2016 年的月平均降雨量
const averageMonthlyRainfall=average(monthlyRainfall);
console.log("Average monthly rainfall: "+averageMonthlyRainfall+"mm");
```

9.4.3　标准差

标准差是一个更复杂的公式。它可以为我们提供值偏离平均值的平均量。它可以量化数据集中的变化量或离差。

可以使用此公式来测量数据的不稳定性或波动性，这让我们可以了解数据值何时是平稳、有序的，或者它们是否波动并且杂乱无章。我们来计算月降雨量的标准差。

在代码清单 9.5 中，我们向 statistics 代码模块中添加了一个 std 函数，用于计算标准差。该函数基于我们之前创建的 average 函数构建而成。

代码清单 9.5　可添加到我们工具包的标准差函数(toolkit/statistics.js)

计算所有值的平均值

```
// ... sum 和 average 函数已省略 ...

                                            这是一个工具包函数, 用于计
                                            算一组值的标准差
function std (values) {
    const avg = average(values);
    const squaredDiffsFromAvg = values
        .map(v => Math.pow(v - avg, 2))     针对每个值计算与平均值的方差
    const avgDiff = average(squaredDiffsFromAvg);   针对各个方差求
                                                    平均值
    return Math.sqrt(avgDiff);          计算平方根, 即获
}                                       得所需的标准差

module.exports = {
    sum: sum,
    average: average,
    std: std,
};
```

代码清单 9.6 显示了我们如何使用 std 函数来计算 2016 年月降雨量的标准差。你可以运行此代码，它应该会得出标准差在 40.92 毫米左右。

代码清单 9.6　计算 2016 年月降雨量的标准差(listing-9.6.js)

```
const std = require('./toolkit/statistics.js').std;

const monthlyRainfall = [
    // ... 硬编码数据已省略 ...
];
                                            计算 2016 年月降
                                            雨量的标准差
const monthlyRainfallStdDeviation=std(monthlyRainfall);
```

```
console.log("Monthly rainfall standard deviation: " +
➥monthlyRainfallStdDeviation + "mm");
```

尽管可以单独使用标准差来测量波动情况，但也可以将其与分布情况结合使用，从而能够预测将来值的概率。还可以使用它来进行数据标准化，从而使我们能够对不同的数据集进行比较。在本章后面的内容中，将对这两种技术进行介绍。

9.5　分组和汇总

现在，我们已经对基本的统计工具有了一定了解，接下来可以继续了解一些更高级的数据分析技术。到目前为止，我们所使用和处理的数据是一个由月降雨量值组成的硬编码 JavaScript 数组。此数据的准备工作是如何完成的？

此数据的准备工作如下：按月对每日的值进行分组，然后对每组中的日降雨量进行求和，计算得到的结果即为月降雨量。这种分组和汇总操作经常会用到，我将其作为一种基本的数据分析技术。

如果接收到的数据非常多，那么想要收集有用的信息就会比较困难，但是，当我们对其进行分组和汇总以后，就可以将其缩减为较少的数据，从而更易于理解。向下钻取(drill down)以便在数据集中搜索感兴趣的数据点或异常值时，我们甚至可以对数据进行多次精简。

首先，我们使用实际的数据集来代替硬编码数据。我们将分析来自 NYC 气象站的数据集。本章随附的 CSV 文件包含之前 100 年的数据记录，但我们一开始只想使用 2016 年以来的数据。

我们可以查看根据 2016 年全年的每日温度数据生成的条形图，但是，正如你可以想到的，这样的条形图会非常繁杂，无法很好地了解数据的摘要信息。我们来改用分组和汇总技术，将数据精简为月度汇总，从而生成图 9.1 所示的条形图，该图在 Y 轴显示月平均温度，以摄氏度为单位。

在图 9.1 中，我们可以轻松地看到纽约地区一年中最热的月份和最冷的月份。如果我打算到那里去旅行，并且我不喜欢寒冷的天气，那么最好是避开 12 月、1 月和 2 月这三个月(实际上，我是比较喜欢寒冷天气的，因为我来自一个比较炎热的国家)。

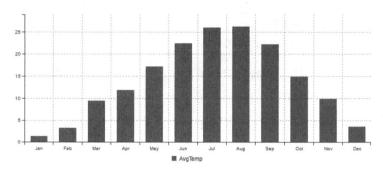

图 9.1　纽约地区 2016 年的月平均温度

图 9.2 说明了分组和汇总的过程。其中，左侧为每日天气数据。我们根据 Month 列将所有数据记录整理成若干组。对于每个组，我们计算平均温度。这会生成一个大幅精简的表，如图 9.2 中右侧的表所示。

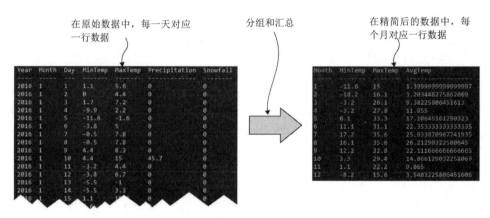

图 9.2　对每日数据进行精简：按月分组数据，然后对每个组进行汇总

代码清单 9.7 中包含一个分组和汇总技术的代码示例。在这里，我们要继续了解一些更为高级的数据分析技术，因此，我们将使用 Data-Forge 以简化操作。如果你为 Chapter-9 代码库安装了依存项，那么应该已经安装了该库，如果没有，可以在一个全新的 Node.js 项目中进行安装，命令代码如下：

```
npm install --save data-forge
```

在代码清单 9.7 中，我们首先读入了整个数据集，其中包含纽约地区 100 年的天气记录。在此示例中，我们仅对 2016 年的数据感兴趣，因此，我们使用 where 函数过滤到只包含 2016 年的记录。

然后，我们使用 groupBy 函数将 2016 年的记录分类为按月划分的若干组。在此之后，我们使用 select 函数对每个组进行转换(计算最小值、最大值和平均值)，此时，我们已经对数据集进行了重写。我们最初获得的是繁杂的每日数据，最终被精简为每月汇总摘要。运行此代码，它会向控制台输出与图 9.2 中右侧的表类似的内容，并生成一个图 9.1 中那样的条形图，存储为 output/nyc-monthly-weather.png。

代码清单 9.7　按月分组和汇总每日天气数据(listing-9.7.js)

重用我们之前创建的 average 函数

假定我们已经具有用于呈现图表的函数；第 10 章和第 11 章将介绍如何创建与这些类似的函数

```js
const dataForge = require('data-forge');
const renderMonthlyBarChart = require('./toolkit/charts.js').
    renderMonthlyBarChart;
const average = require('./toolkit/statistics.js').average;


const dataFrame = dataForge
    .readFileSync("./data/nyc-weather.csv")
    .parseCSV()
    .parseInts("Year")
    .where(row => row.Year === 2016)
    .parseFloats(["MinTemp", "MaxTemp"])
    .generateSeries({
        AvgTemp: row => (row.MinTemp + row.MaxTemp)/2,
    })
    .parseInts("Month")
    .groupBy(row => row.Month)
    .select(group => {
        return {

            Month: group.first().Month,
            MinTemp: group.deflate(row => row.MinTemp).min(),
            MaxTemp: group.deflate(row => row.MaxTemp).max(),
            AvgTemp: average(group
                .deflate(row => row.AvgTemp)
                .toArray()
            )
        };
    })
    .inflate();

console.log(dataFrame.toString());
```

从 CSV 文件中解析 Year (年份)列

我将使用同步文件读取，以使代码更易于读取；在生产环境中，我需要使用异步形式

对记录进行过滤；我们只对 2016 年的数据记录感兴趣

解析更多我们感兴趣的列

为日平均温度生成一列

按 Month (月份)列对数据记录进行分组

解析 Month 列

对于每个月，通过 group 函数生成一条新的记录，对当月的数据进行汇总

计算该月的平均温度

提取该月的 MinTemp 值，获取最小值

提取该月的 MaxTemp 值，获取最大值

转换回 DataFrame 对象，因为 groupBy 函数返回一个数据序列

将数据输出到控制台并对其进行检查

```
renderMonthlyBarChart(
    dataFrame,
    "AvgTemp",
    "./output/nyc-monthly-weather.png"
)
.catch(err => {
    console.error(err);
});
```

呈现纽约地区的月度
天气图表

图表呈现是异步的，因此，我们使
用回调函数来处理可能发生的任
何错误

请注意代码清单 9.7 结尾处对 **renderMonthlyBarChart** 函数的调用。这是我为你准备的一个工具包函数，它使我们可以重点关注数据分析，而不用考虑可视化的细节。第 10 章和第 11 章将详细介绍可视化的相关内容以及如何创建此类图表。

在代码清单 9.7 中，我们只是对温度数据进行了汇总。汇总的方式是对其求平均值。除此之外，还可以在摘要汇总中添加其他指标。例如，可以轻松地对代码清单 9.7 中的代码进行修改，使其包含每个月的降雨总量和降雪总量。更新的代码如代码清单 9.8 所示。

代码清单 9.8　添加代码以汇总每个月的降雨量和降雪量(在代码清单 9.7 的基础上升级得到)

```
// ... 代码的其余部分已省略，如需查看，请参见代码清单 9.7 ...

    .select(group => {
      return {
        Month: group.first().Month,
        MinTemp:group.deflate(row => row.MinTemp).min(),
        MaxTemp:group.deflate(row => row.MaxTemp).max(),
        AvgTemp:average(group.deflate(row=>row.AvgTemp).toArray()),
        TotalRain: sum(group.deflate(row => row.Precipitation).
    toArray()),
        TotalSnow: sum(group
          .deflate(row => row.Snowfall)
          .toArray()
        )
      };
    })
```

新增部分：计算每个月的降雨
总量和降雪总量

在汇总新值的过程中，也可以将它们添加到条形图。图 9.3 显示了一个更新的图表，其中添加了降雨量和降雪量，左侧的轴显示的是温度(以摄氏度为单位)，右侧的轴显示的是降雪量/降雨量(以毫米为单位)。

对于图9.3 的图表，不需要过多的研究就可以发现，降雪量的峰值出现在一月份，比其他月份大得多。这是怎么回事呢？这是一个降雪非常频繁的月份吗？或者是不是只在少数日子里才会出现降雪？通过这个示例，我们看到了如何在数据中查找有意义的、值得关注的数据点或者一些异常情况。我们情不自禁地想要了解发生了什么情况。这也可能是数据中存在的错误！

现在，你可以进行深入研究，查看一月份的每日数据图表。为了执行此操作，你需要过滤出 2016 年 1 月的数据记录，绘制出每日降雪量条形图，只需对代码清单 9.7或代码清单 9.8 做简单修改即可实现此操作。如果执行了此操作，会发现降雪量峰值出现在 1 月 23 日。在网络上搜索纽约地区的这一天，你会发现这一天发生了特大暴风雪。问题解决了。如果你在一月份到纽约地区度假，可能就会被暴风雪困住(大约 20年以前，我就曾经因为暴风雪被困在纽约地区)。

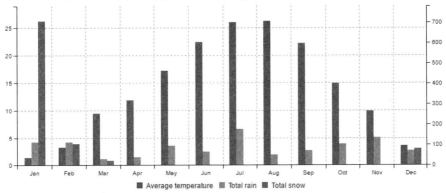

图9.3 纽约地区 2016 年的天气图表，其中包含降雨量和降雪量

了解此类事件发生的频繁程度是非常有意义的。纽约地区多长时间发生一次暴风雪？为了找到这个问题的答案，我们需要对数据集进行更广泛的分析，但是，提供给我们的数据有 100 年之多，试着找出其他暴风雪的日子怎么样？如何才能完成此工作呢？

首先，你可能需要按年对降雪量进行汇总并生成一个图表。查找存在降雪量峰值的年份。其次，深入研究这些年份，找出存在降雪量峰值的月份。最后，针对这些年份和月份深入研究每日图表，找出存在降雪量峰值的日期。

下面简要列出了我们要执行的操作：

(1) 过滤出你感兴趣的记录。

(2) 按某个指标进行分组。

(3) 针对该组汇总数据。

(4) 查找异常情况，然后对相应的组进行深入研究。之后，在更深入的一个级别重复此过程。

如果想要快速查找感兴趣的数据和事件，那么查看数据汇总并在更深入的级别进行研究是一种非常有效的方法。在这种方法中，我们首先对数据有一个总体了解，然后逐步找出与众不同的数据点。

现在，我们可以通过一些工具来了解天气数据，但是，还没有掌握任何技术来帮助我们预测新的天气数据中各种值的概率，接下来将了解一下如何实现此目标。

9.6   温度的频率分布

接下来，我们来看看纽约地区的温度分布情况。你很快就会看到，这可以使我们能够预测新温度值出现的概率。

图 9.4 显示了纽约地区过去 100 年温度频率分布的柱状图。这种图表将值排列成一系列存储桶(bucket)，每个存储桶中值的数量表示为一个垂直条形。每个条形汇总一组温度值(以摄氏度为单位)，X 轴表示每个存储桶的中点。每个条形的高度，也就是 Y 轴，表示位于该存储桶范围内的值的百分比(占数据集总数的百分比)。

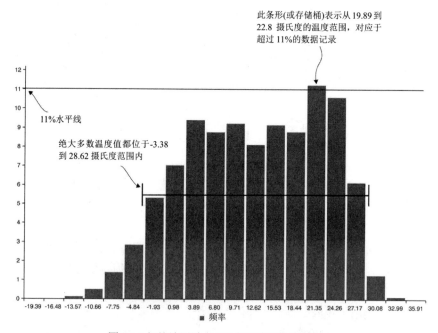

图 9.4   纽约地区过去 100 年温度的分布情况

查看图 9.4，我们可以快速了解纽约地区的温度范围。例如，我们可以看到记录的绝大多数值所在的温度范围，而包含记录值最多的组中的记录数占到所有值的 11%。

在这里，11%值并不重要，这是最高的条形，通过它我们可以了解记录值聚集程度最高的温度范围。只有在生成如图 9.5 所示的频率分布表以后，才能呈现像这样的柱状图。这个特定频率分布表中的每一行对应于图 9.4 所示柱状图中的一个条形。

根据我有限的天气数据处理经验，我预测温度分布可能属于一种正态分布(稍后我会对此做出解释)，但是，实际的数据与我的假设并不相符(处理数据时经常会出现这种情况)。

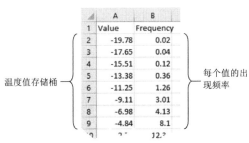

图 9.5　纽约地区温度的频率分布表(用于呈现图 9.4 所示的柱状图)

我已经注意到，图 9.4 看起来像彼此相对的两个正态分布。在经过一些调查以后，我决定将数据拆分为冬天和夏天两类。在指定冬天和夏天所包含的月份以后，我根据这一标准对数据进行了拆分。

接下来，我为每个季节创建了单独的柱状图。当我查看新的可视化结果时，很明显，每个季节的温度分布都严格遵循正态分布。作为示例，你可以在图 9.6 中看到冬天的温度柱状图。

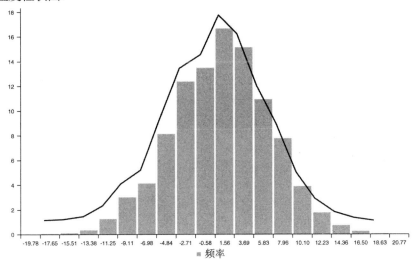

图 9.6　纽约地区冬天的温度严格遵循正态分布

现在，特别是你忘记了大学期间学过的统计学知识的情况下，你可能想要了解正态分布是什么。这是统计学中一个非常重要的概念，通常被称为钟形曲线。那么它是否具备敲钟的作用？实际上，属于正态分布或接近正态分布的数据集具有某些属性，使我们可以估计新数据值出现的概率。

对于温度值来说，这意味着什么呢？意味着我们可以快速确定某个特定温度出现的概率。一旦我们知道某个数据集属于正态分布，就可以针对此数据集做出一些特定的声明，如下所述：

- 68%的值处于平均值的 1 SD(标准差)以内。
- 95%的值处于平均值的 2 SD 以内。
- 99.7%的值处于平均值的 3 SD 以内。
- 通过逆向推断可以得出，只有 0.3%的值与平均值的偏差在 3 SD 以外。我们可以将这些值看作极限值。

我们是如何了解这些概率的呢？这是因为这些是正态分布的已知属性(如图 9.7 所示)。现在，我们使用的并不是完美的正态分布，不过也是非常接近的，我们完全可以利用这些属性来了解最常见的值，并对将来可能看到的值做出预测。

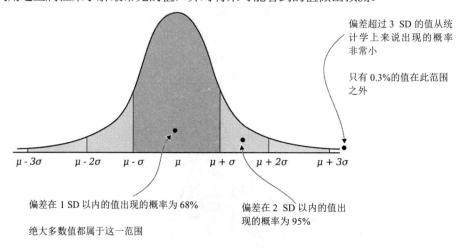

图 9.7　描述值与正态分布的关系的示例

例如，如果在纽约地区的冬天遇到非常热的一天，比如说温度达到18℃，那么从统计学的角度，我们就可以知道这是一个极限温度。之所以知道它是极限值，是因为它与平均温度的偏差超过三个标准差(SD)，出现这种温度的情况发生的概率非常小。不过，这并不意味着绝对不会出现这样的情况，只是说根据我们对过去 100 年数据的分析，出现这种情况的概率非常小。

关于正态分布及其属性，非常重要的一点就是，统计学以及其他许多科学在很多情况下都依赖正态分布。

比如说，我们进行一项实验，做出一些观测并记录数据。还需要一个对照组，用于进行比对，并了解实验的结果是否有意义。我们设定了一个单独的对照组，不受实验的影响，然后观测并记录数据。

我们可以看一下对照组中的数据的分布，了解它与实验结果的关系。实验结果与对照组的平均值的偏离程度越大，越能确信实验结果在统计学上来说是有意义的。由于实验结果与对照组结果的偏差超过两个 SD，我们越来越确信这一结果就是实验的真实结果，而不是意外或偶然产生的结果。这种统计测试需要保证我们的数据属于正态分布。如果你自行尝试此实验，请首先确认数据是否属于或近似属于正态分布。

代码清单 9.9 显示了创建用于呈现图 9.4 所示的柱状图的频率分布的代码。首先，我们使用 Data-Forge 的 bucket 函数将温度值整理成柱状图所需的存储桶。然后，使用 detectValues 函数汇总存储桶中的值的频率。输出内容就是频率表。需要调用 orderBy 来按照值对频率表进行排序，使其按照生成柱状图所需的正确顺序排列。

代码清单 9.9　计算纽约地区温度的频率分布并生成柱状图(listing-9.9.js)

将数据序列分类为 20 个间隔均匀的存储桶

这是一个辅助函数，用于根据一个数据序列创建分布并基于此分布呈现柱状图

```
const dataForge = require('data-forge');
const renderBarChart = require('./toolkit/charts.js').renderBarChart;

function createDistribution (series, chartFileName) {
    const bucketed = series.bucket(20);
    const frequencyTable = bucketed
        .deflate(r => r.Mid)
        .detectValues()
        .orderBy(row => row.Value);
    console.log(frequencyTable.toString());

    const categories = frequencyTable
        .deflate(r => r.Value.toFixed(2))
        .toArray();
    return renderBarChart(
        "Frequency",
        frequencyTable,
        categories,
        chartFileName
    );
```

将每个存储桶的中点提取到一个新的序列

确定新序列中值的频率

按照升序对存储桶值进行排序；这是呈现柱状图的正确顺序

输出到控制台，以便对结果进行检查

呈现柱状图

对 X 轴标签进行格式设置，以便在柱状图中显示

```
};

function isWinter (monthNo) {
    return monthNo === 1 ||
        monthNo === 2 ||
        monthNo === 12;
    };
```

确定指定的月份是否
为冬季的月份

读取输入 CSV 文件并为日平均温
度生成新的一列

```
const dataFrame=dataForge.readFileSync("./data/nyc-weather.csv")
    .parseCSV()
     .parseInts("Month")
    .parseFloats(["MinTemp", "MaxTemp"])
    .generateSeries({
        AvgTemp: row => (row.MinTemp + row.MaxTemp) / 2
    });

console.log("Winter temperature distribution:");
const winterTemperatures = dataFrame
    .where(row => isWinter(row.Month))
    .getSeries("AvgTemp");
```

过滤到仅显示冬
天的温度

```
const outputChartFile="./output/nyc-winter-temperature-distribution.png";
createDistribution(winterTemperatures, outputChartFile)
    .catch(err => {
        console.error(err);
    });
```

创建冬天温度的分布并基于
此分布呈现柱状图

在代码清单 9.9 中，请注意，我们先是读取了纽约地区的 100 年完整数据集，但随后对数据进行了过滤，仅留下属于冬天的月份中出现的温度。

现在，可通过一些工具来描述数据集、比较数据集并了解哪些值是正常值，哪些值是极限值。接下来，我们来了解关于分析时间序列数据的技术。

9.7 时间序列

所谓时间序列，就是按照日期和/或时间排序或编制索引的一系列数据点。我们使用的纽约地区的天气数据集就是一个时间序列，因为它由每日天气读数组成，并且这些读数按照日期进行排序。

使用这一节中的技术,我们可以检测随着时间的推移出现的趋势和模式,还可以对时间序列数据集进行比较。

9.7.1　年平均温度

图 9.8 是过去 100 年纽约地区的年平均温度的图表。为了生成此图表,我使用了分组和汇总技术创建一个年度时间序列,其中包含每年的平均温度。然后,我创建了折线图,作为此时间序列数据的可视化表示形式。

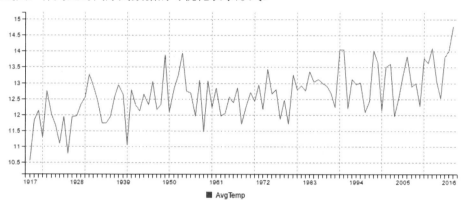

图 9.8　过去 100 年纽约地区的年平均温度

代码清单 9.10 显示了按照年份分组数据并生成年平均温度的代码。它调用了我为你准备的 renderLineChart 工具包函数。在后面的第 10 章和第 11 章中,我们将更详细地介绍如何创建此类图表。你可以运行此代码,它会生成图 9.8 所示的图表。

代码清单 9.10　按年份分组并汇总纽约地区的温度数据(listing-9.10.js)

按年分组并汇总我们的数据
```
const dataForge = require('data-forge');
const renderLineChart=
        require('./toolkit/charts.js').renderLineChart;
const average = require('./toolkit/statistics.js').average;

function summarizeByYear (dataFrame) {
    return dataFrame
      .parseInts(["Year"])
       .parseFloats(["MinTemp", "MaxTemp"])
      .generateSeries({
          AvgTemp: row => (row.MinTemp + row.MaxTemp) / 2,
      })
```

```
          .groupBy(row => row.Year) // Group by year and summarize.
          .select(group => {
            return {
              Year: group.first().Year,
              AvgTemp: average(group.select(row=>row.AvgTemp).toArray())
            };
          })
          .inflate();
    };
    let dataFrame = dataForge.readFileSync("./data/nyc-weather.csv")
      .parseCSV();

    dataFrame = summarizeByYear(dataFrame);

    const outputChartFile = "./output/nyc-yearly-trend.png";
    renderLineChart(dataFrame,["Year"],["AvgTemp"],outputChartFile)
      .catch(err => {
        console.error(err);
      });
```

按年分组并汇总数据

呈现年平均温度的折线图

　　我们可能已经根据每日数据创建了一个图表，但是这个图表会比较繁杂，每天的温度会有比较大的波动。繁杂的噪声数据增加了发现趋势和模式的难度，这就是我们在生成图表之前先按年份对数据进行分组的原因。

　　通过按照年份对数据进行汇总，可更轻松地发现温度的上升趋势。但是，数据仍然比较繁杂，有很多的干扰信息。你是否注意到图表中存在较大的上下波动？这种波动或不稳定性会使我们难以确认所看到的任何趋势或模式。我们认为自己在图 9.8 中看到了上升趋势，但如何确定确实存在这种趋势呢？

9.7.2　滚动平均值

　　如果想要更明确地看到变化趋势，我们需要通过某种方式来消除数据中的噪声，也就是干扰因素。其中一种可以执行此操作的方式就是根据年温度时间序列生成滚动平均值(也称为移动平均值)。我们可以按照图 9.9 所示绘制此新时间序列的图表。

　　可以看出，图 9.9 像是图 9.8 中图表的平滑版本。这种平滑处理可以消除大部分的干扰信息，使我们能够更明确地看到上升的趋势。

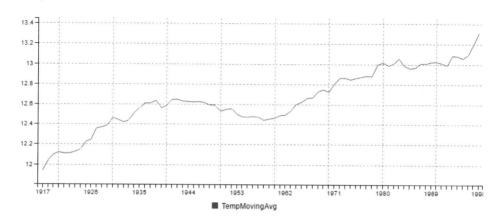

图 9.9 过去 100 年纽约地区温度的二十年滚动平均值

为了计算滚动平均值，使用 Data-Forge 的 rollingWindow 函数。我们第一次遇到此函数是在前面的第 5 章。现在，就让我们详细了解一下该函数的工作方式。

rollingWindow 函数会在时间序列中移动数据窗口，一次移动一个值。每个数据窗口是一组值，可对其执行统计运算。在此示例中，将使用 average，但是，也可以轻松地使用求和或计算标准差的函数。将捕获对每个数据窗口执行的运算的输出，在此过程中，将计算一个新的时间序列。

图 9.10 说明了对一系列值计算滚动平均值的过程。为便于说明，我们使用的是一个非常小的值集合，而且数据窗口大小设置为 4。数据窗口从时间序列的开头位置开始，对第一个四值集合求平均值可生成数字 9.025(A)。

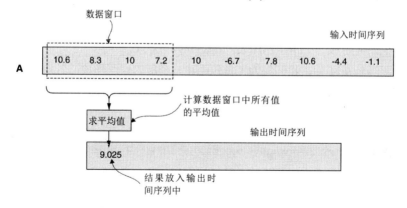

图 9.10 根据时间序列生成滚动平均值的过程

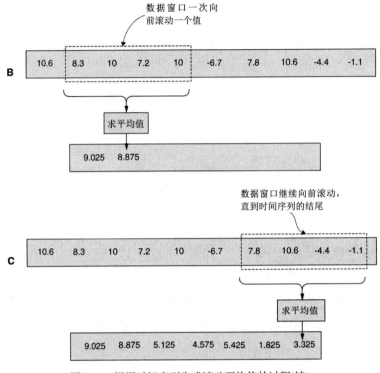

图 9.10   根据时间序列生成滚动平均值的过程(续)

然后，数据窗口向前移动一个值，并对接下来的四个值重复上述运算，生成数字
8.875(B)。

继续执行此过程，直到数据窗口到达时间序列的结尾，对最后四个值执行上述运
算生成数字 3.225 (C)。现在，我们拥有了一个新的时间序列，即随着时间变化计算出
来的平均值，并生成一个平滑的图表，与图 9.9 中类似。

在代码清单 9.11 中，我们将为工具包创建一个新的代码模块，名为 time-series.js。
在该代码模块中，首先是函数 rollingAverage，用于根据时间序列计算滚动平均值。
average 的时间段或数据窗口的长度被作为一个参数传入。

代码清单 9.11   一个使用 rollingAverage 函数的新工具包模块(toolkit/time-series.js)

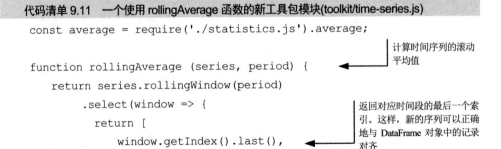

```
const average = require('./statistics.js').average;

function rollingAverage (series, period) {
    return series.rollingWindow(period)
        .select(window => {
            return [
                window.getIndex().last(),
```

计算时间序列的滚动
平均值

返回对应时间段的最后一个索
引。这样，新的序列可以正确
地与 DataFrame 对象中的记录
对齐

```
                    average(window.toArray())         ◄──── 针对相应的时间段计算
            ];                                              平均值
    })
    .withIndex(pair => pair[0])
    .select(pair => pair[1]);
};


module.exports = {
    computeRollingAverage: computeRollingAverage,
};
```

注意在代码清单 9.11 中我们是如何重用之前创建的 average 函数的。

代码清单 9.12 显示了如何使用新的 rollingAverage 函数，以 20 年为时间段计算纽约地区的滚动平均温度。在代码清单 9.12 的结尾，我们呈现了一个折线图。你可以运行此代码，它会生成图 9.9 所示的图表。

代码清单 9.12　计算纽约地区温度的 20 年滚动平均值(listing-9.12.js)

```
const dataForge = require('data-forge');
const renderLineChart=require('./toolkit/charts.js').renderLineChart;
const average = require('./toolkit/statistics.js').average;
const rollingAverage=require('./toolkit/time-series.js').rollingAverage;

// ... summarizeByYear 函数已省略 ...

let dataFrame = dataForge.readFileSync("./data/nyc-weather.csv")
        .parseCSV();
                                            我们需要设置一个索
  生成滚动平均值序列                           引，以便可以重新整合
dataFrame = summarizeByYear(dataFrame)       移动的平均值序列
    .setIndex("Year")     ◄───────────────────────      从 DataFrame 对象
    .withSeries("TempMovingAvg", dataFrame => {          提取时间序列
        const temperatureSeries = dataFrame.getSeries("AvgTemp"); ◄──
        return rollingAverage(temperatureSeries, 20)  ◄──
    });                                          计算温度的 20 年滚动平均值
const outputChartFile = "./output/nyc-yearly-rolling-average.png";
renderLineChart(
    dataFrame,
    ["Year"],            呈现图表
    ["TempMovingAvg"],
    outputChartFile
) // #E
    .catch(err => {
```

```
        console.error(err);
    });
```

9.7.3 滚动标准差

我们也可以使用 Data-Forge 的 rollingWindow 函数来创建滚动标准差。

假定我们针对纽约地区温度的滚动平均值计算滚动标准差，然后将结果绘制成一个折线图，最后将得到与图 9.11 类似的图表。

这使我们可以看到温度是如何随着时间的变化而波动的。我们将通过标准差的方式来可视化随时间变化的不稳定性或波动性。从 20 世纪 60 年代的图表中，我们可以看到，温度波动呈下降趋势且比较稳定。从 70 年代开始，温度的不稳定性呈上升趋势，这可能表示，在将来，预计会有更多极限的温度波动。

如果你将一个 rollingStandardDeviation 函数添加到时间序列代码模块中，它将与我们上一节中创建的 rollingAverage 函数类似，只不过计算时使用的是 std 函数，而不是 average 函数。对此，这里不做详细说明，如果读者想要绘制出图 9.11 中那样的图表，可以自己练习创建此函数。

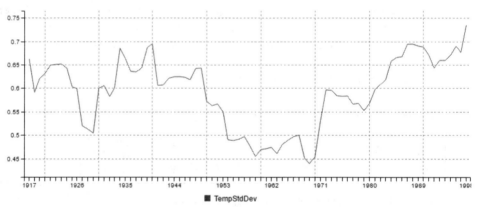

图 9.11 纽约地区温度的二十年滚动标准差

9.7.4 线性回归

想要突出显示时间序列中的趋势，使用滚动平均值并不是唯一的方法。我们也可以使用线性回归。此外，利用线性回归，我们可以估计和预测将来的数据点。

我们第一次看到线性回归的示例是在前面的第 5 章，当时我们使用 Excel 的 FORECAST 函数预测将来的数据点。实际上，在背后，这个函数使用的就是线性回归，这种建模技术使一条线与我们的数据集相符合。然后，我们可以使用这条线的方程式来预测将来的趋势。

图 9.12 显示了过去 100 年纽约地区的年温度。我们计算并加上了此图表的一个线性回归(在电子屏幕中显示为橙色的直线)。这使得上升趋势变得非常明显。我们对一直到 2100 年的温度进行了预估，因此可以预测将来的温度上升幅度可能有多大。

创建线性回归涉及复杂的数学运算，用于计算出如何使直线最佳拟合我们的数据点。这是本书中用到的最难的数学运算。让我们尽量避免自己执行此运算，而是让第三方库来替我们完成复杂的运算。如果你为 Chapter-9 代码库安装了依存项，那么应该已经安装了 simple-statistics 库。如果没有，你可以在一个全新的 Node.js 项目中进行安装，命令代码如下：

```
npm install --save simple-statistics
```

在代码清单 9.13 中，我们将向 time-series.js 代码模块中添加一个 linearRegression 函数。该函数是基于我们之前在代码清单 9.12 中创建的 rollingAverage 函数构建的，只不过不是计算数据窗口的平均值，而是使用 simple-statistics 库计算线性回归。

代码清单 9.13　向时间序列工具包中添加一个线性回归函数(toolkit/time-series.js)

```
const statistics = require('./statistics.js');
const average = statistics.average;
const std = statistics.std;
const simpleStatistics = require('simple-statistics');
const dataForge = require('data-forge');

// ... rollingAverage 函数已省略 ...
```

创建线性回归
```
function linearRegression (series, period,        ◀──  为序列计算线性回归，并使
    forecastIndexA, forecastIndexB) {                  用它生成预测
    const regressionInput = series.toPairs();   ◀──
    const regression =
        simpleStatistics.linearRegression(regressionInput);
    const forecaster =
        simpleStatistics.linearRegressionLine(regression);
```
创建一个预报对象，可以用于为我们预测将来的值
```
    return new dataForge.Series({
        values:[forecaster(forecastIndexA),forecaster(forecastIndexB)],
        index: [forecastIndexA, forecastIndexB],
    });
};
```

提取数据的"索引/值"对。它们是我们用作线性回归输入的 X 值和 Y 值

```
module.exports = {
    rollingAverage: rollingAverage,
    linearRegression: linearRegression,
};
```

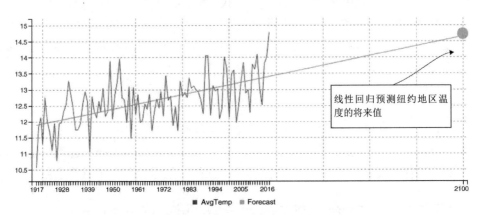

图9.12　用于预测2100年纽约地区平均温度的线性回归

代码清单9.14显示了如何使用新的**linearRegression**函数针对纽约地区温度时间序列计算线性回归。你应该运行此代码清单，会看到它生成图9.12所示的图表。

代码清单 9.14　计算线性回归以预测 2100 年的温度(listing-9.14.js)

```
const dataForge = require('data-forge');
const renderLineChart=require('./toolkit/charts.js').renderLineChart;
const linearRegression = require('./toolkit/time-series.js').
    linearRegression;

// ... summarizeByYear 函数已省略 ...

let dataFrame = dataForge.readFileSync("./data/nyc-weather.csv")
    .parseCSV();

dataFrame = summarizeByYear(dataFrame)           ◄── 为预测的年份添加一条存根记
    .concat(new dataForge.DataFrame([               录，我们很快就会为其填充一
        {                                            个预测值
            Year: 2100
        }
    ]))
```

```
        .setIndex("Year");          ← 按照年份进行索引,以便可以合并
                                       到预测时间序列中
const forecastSeries = linearRegression(        计算温度时间序列
    dataFrame.getSeries("AvgTemp"),             的线性回归
     1917,
    2100
);
dataFrame = dataFrame
    .withSeries({
        ForecastYear: new dataForge.Series({    ← 必须提供这个额外
            values: [1917, 2100],                  的序列,作为图表新
            index: [1917, 2100],                   的 X 轴
        }),                            ← 必须提供按年份编制的索
        Forecast: forecastSeries,         引,以便将新的数据点整合
    });                                   到 DataFrame 对象中

const outputChartFile="./output/nyc-yearly-trend-with-forecast.png";
renderLineChart(dataFrame,["Year","ForecastYear"],["AvgTemp",
    "Forecast"],outputChartFile)
    .catch(err => {
        console.error(err);
    });
```

将预测值合并到
DataFrame 对象中

9.7.5　比较时间序列

我们如何将一个时间序列与另一个时间序列进行比较呢?比如,我们想要将纽约地区的温度与洛杉矶地区的温度进行比较。我们可以使用平均值和标准差来描述每个数据集,但是,在处理时间序列数据时,可以提供更多信息的是可视化图表以及在图表中进行比较。

可在一个图表中呈现两个时间序列,如图 9.13 所示,但是,这个图表不便于进行比较,因为两个时间序列之间的垂直间隙非常大。如果能够进行并排比较,会容易得多,但要执行此操作,我们必须找到一种方式来叠加时间序列,以直接对其进行比较。

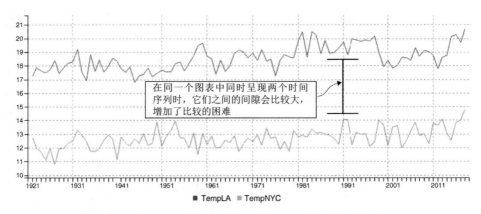

图 9.13　在同一个图表中比较纽约地区和洛杉矶地区的温度

1. 测量差异

要想对两个事件序列进行比较，一种方法是计算它们之间的差异。然后，可将计算出来的差异绘制成图表，如图 9.14 所示。该数据序列的波动非常大，因此，我们可能需要拟合一条线性回归线(在电子屏幕中，会显示为橙色的直线)，以便能够更容易看出变化趋势。在图中可以看到，洛杉矶地区和纽约地区的温度差异似乎呈现出略微上升的趋势。这意味着什么呢？这意味着洛杉矶地区温度上升的速度要比纽约地区稍快一些。

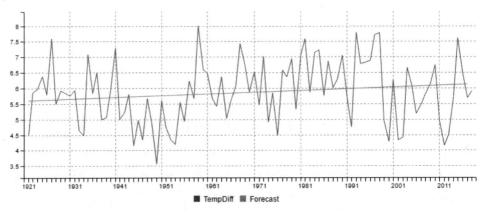

图 9.14　测量纽约地区和洛杉矶地区的温度差异

代码清单 9.15 显示了如何向时间序列代码模块中添加一个 difference 函数，用于计算两个时间序列之间的差异。该函数使用 Data-Forge 的 zip 函数将两个时间序列打包在一起。zip 函数使用我们提供的函数生成一个新序列。该函数计算序列中每个值之间的差异。

代码清单 9.15　向时间序列工具包中添加一个 difference 函数(toolkit/time-series.js)

计算两个序列之间的差异

```
const statistics = require('./statistics.js');
const average = statistics.average;
const std = statistics.std;
const simpleStatistics = require('simple-statistics');
const dataForge = require('data-forge');

// ... rollingAverage 和 linearRegression 函数已省略 ...

function difference (seriesA, seriesB) {
    return seriesA.zip(seriesB, (valueA, valueB) => valueA - valueB);
};

module.exports = {
    rollingAverage: rollingAverage,
    linearRegression: linearRegression,
    difference: difference,
};
```

为使新的 difference 函数正常工作,我们必须加载两个数据集。计算图 9.14 所示图表的代码与代码清单 9.12 和代码清单 9.14 的类似,但我们加载的不仅仅是纽约地区的天气数据,我们还要加载洛杉矶地区的天气数据。加载了两个时间序列以后,可以使用 difference 函数计算它们之间的差异。正如你在图 9.14 中看到的,我还使用了 linearRegression 函数生成差异的线性回归。对于生成图 9.14 中代码,这里没有提供,如果你感兴趣,可以作为练习自己试着创建。

2. 标准化数据点以进行比较

假定我们想要在一个图表中同时绘出纽约地区和洛杉矶地区的温度并直接对它们进行比较,那么我们必须对数据进行标准化。

提到数据标准化,我指的是,我们需要将两个时间序列设置为通用的比例,以便可以直接对其进行比较。之所以要对温度数据(从技术角度看,温度数据已经采用相同的比例)执行此操作,原因在于,我们关注的并不是实际温度。实际上,我们想要比较年与年之间的波动。从统计学上来说,我们要将数据转换为标准分数,也称为 z 值或 z 分数。

在图 9.15 中,可以看到纽约地区和洛杉矶地区的温度标准化以后的比较情况。在这里，我应该补充说明一下，这种类型的标准化不仅适用于时间序列数据，实际上，它适用于我们可能想要进行比较的任何类型的数据。

那么，我们如何对数据进行标准化呢？实际上，这个过程非常简单。我们必须将每个数据点转换为与平均值的标准差的数字。首先计算平均值和标准差(我们会一直用到这些基本的统计工具)。然后，代码会访问每个数据点，并计算其值与平均值的差。代码清单 9.16 显示了上面所述的操作过程。如果你运行此代码，它会生成图 9.15 所示的图表。

代码清单 9.16 对纽约地区和洛杉矶地区的温度数据进行标准化以便于比较(listing-9.16.js)

```js
const dataForge = require('data-forge');
const renderLineChart=require('./toolkit/charts.js').renderLineChart;
const statistics = require('./toolkit/statistics.js');
const average = statistics.average;
const std = statistics.std;

// ... summarizeByYear 函数已省略 ...

function standardize (dataFrame, seriesName) {
    const series = dataFrame.getSeries(seriesName);
    const values = series.toArray();
    const avg = average(values);
     const standardDeviation = std(values);
    const standardizedSeries = series
        .select(value => (value - avg) / standardDeviation);
    return dataFrame.withSeries(seriesName, standardizedSeries);
};

let nycWeather = dataForge.readFileSync("./data/nyc-weather
    .csv") .parseCSV();
let laWeather = dataForge.readFileSync("./data/la-weather.csv")
    .parseCSV();

nycWeather = summarizeByYear(nycWeather)
                .setIndex("Year");
laWeather = summarizeByYear(laWeather)
                .setIndex("Year");

nycWeather = standardize(nycWeather, "AvgTemp");
```

> 这是一个辅助函数，用于对一个数据集进行标准化，以便针对其他数据集进行比较

> 转换数据，以便每个值都是与平均值的标准差

> 标准化纽约地区的温度数据

```
laWeather = standardize(laWeather, "AvgTemp");
    const combinedWeather = laWeather
        .renameSeries({
            AvgTemp: "TempLA",
        })
        .withSeries({
            TempNYC: nycWeather
                .setIndex("Year")
                .getSeries("AvgTemp")
        });

const outputChartFile = "output/standardised-yearly-comparision.png";
renderLineChart(
        combinedWeather,
        ["Year", "Year"],
        ["TempLA", "TempNYC"],
        outputChartFile
    )
    .catch(err => {
        console.error(err);
    });
```

标准化洛杉矶地区的温度数据

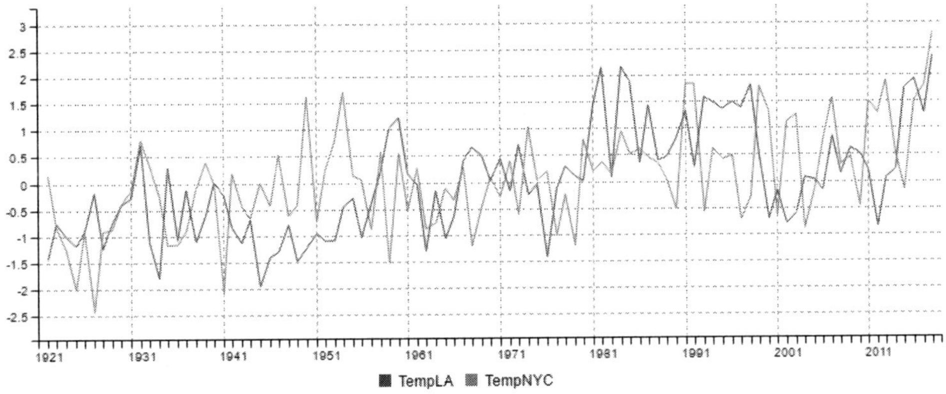

图 9.15　比较标准化的纽约地区和洛杉矶地区温度

9.7.6　堆叠时间序列运算

有一点你可能已经知道，不过，我还是要明确说一下。到目前为止，我们已经创建了很多时间序列运算，其中包括滚动平均值、滚动标准差、线性回归和求差，这些运算全都可以堆叠在一起，就像普通的数学运算一样。

你已经看到，在 9.7.5 节中，我们计算了纽约地区和洛杉矶地区的温度差，然后在此基础上堆叠了线性回归运算。几乎可以按照所需的任何顺序来应用这些运算，或者至少可以按照任何有意义并适合我们目标的顺序进行应用。

例如，可能会生成纽约地区温度的滚动平均值，然后在此基础上堆叠一个线性回归，或者创建一个滚动标准差，并在此基础上堆叠一个移动平均值运算。可根据需要混合并匹配这些运算，最终从数据中获取我们所需的信息。

9.8　了解关系

假定有两个数据变量，而我们猜测它们之间存在某种关系。可以使用散点图来帮助确定关系。在查看散点图的过程中，你可能会注意到，当一个变量变大时，另一个变量也变大，反之亦然。在统计学中，这被称为"相关性"。

继续以天气主题为例，假定我们想要了解降雨量与雨伞销量之间是否存在某种关系。现在，正如你可能想到的，查找关于雨伞销量的数据非常困难，因此，我"人工合成"了相应的数据(使用自定义 JavaScript 代码)，以便可以为你显示相关数据是什么样的。如果你就是纽约中央公园的一名雨伞销售人员，那么你可能希望用这种方法来确定降雨量如何影响你的雨伞销量！

9.8.1　使用散点图检测相关性

图 9.16 显示的是雨伞销量与降雨量的散点图。在图中，Y 轴显示销售的雨伞数量，而 X 轴显示降雨量(以毫米为单位)。你可以看到，各个数据点以明显的带状形式从左下角向右上角分散。数据点的分布并不是特别均匀，但你很容易发现，它们或多或少地沿着一条对角线向右上排列。基于此，我们就可以推断出，对于任何给定的一天，降雨量与销售的雨伞数量之间存在某种正向关系或"相关性"。

9.8.2　相关性的类型

图 9.16 显示了降雨量和雨伞销量之间的一种正相关关系。所谓正相关，就意味着，如果一个变量提高，那么另一个变量也会随着提高。除了正相关以外，我们可能还会遇到负相关以及不相关，如图 9.17 所示。

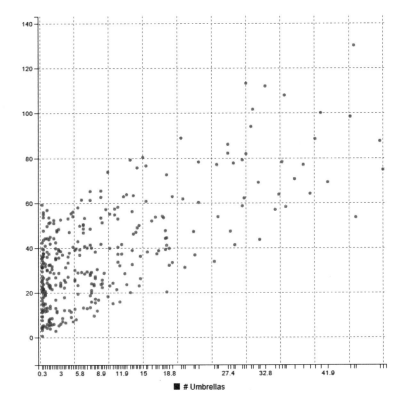

图9.16　降雨量与雨伞销量的散点图

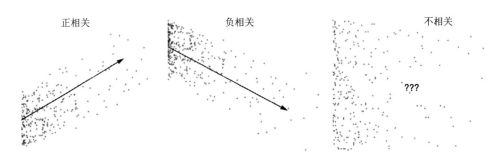

图9.17　比较正相关、负相关与不相关

　　通过这种方式发现两个变量之间的关系以后，我们可以利用这种关系来预测将来的值。要执行此操作，可以采用两个数据序列作为输入来计算线性回归。这使我们可以根据一个值来预测另一个值。

　　这种预测受到相关性强度的限制。如果你的数据点的发散方向与线性回归线很接近，则说明相关性很高，基于此做出预测的准确性也会比较高。如果数据点的发散方向与线性回归线相互分离，则会降低线性回归预测的准确性。

9.8.3   确定相关性的强度

我们不需要依赖肉眼判断来确定两个变量之间的相关性的强度。可以使用"相关系数"来确定相关性的程度和类型，相关系数是一种以数字测量相关性的方式。相关系数的值范围介于 – 1 到+1 之间，其中 – 1 表示完全负相关，而+1 表示完全正相关。这构成了图 9.18 所示的频谱。负相关位于左侧，正相关位于右侧，不相关位于中间。

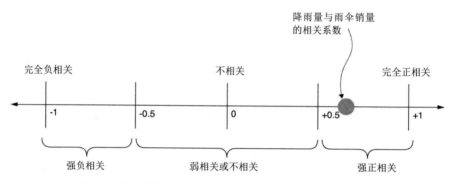

图 9.18   降雨量与雨伞销量的相关系数在可能值频谱上的位置

降雨量与雨伞销量的相关系数约为 0.64。图 9.18 显示，此值在频谱中位于强正相关的类别下。

在这个示例中，显而易见，降雨量越多，购买雨伞的人也就越多。我们喜欢将这种关系称为"因果关系"，但我们并不能确定！这应该会让我们想到这样一句话："相关并不意味着因果。"

这是什么意思呢？当我们发现两个数据变量之间存在强相关性时，很可能就会认为是一个数据变量"导致"了另一个，但相关性的原理并不是这样的。在此示例中，似乎变量之间存在着明显的因果关联(至少在我"人工合成"此数据时，看起来确实存在这种关联)。不过，在其他情况下，这种关联可能并不是这样明显，你不应假定一个变量导致了另一个，完全有可能存在另一个尚未发现的变量作为原因变量，并由该变量在接受检验的两个变量之间建立关系。例如，可能是预报降雨的新闻促使雨伞的销量增加，而真正的降雨在此之后才发生！我敢打赌你没有想到这一点。

9.8.4   计算相关系数

你可以通过多种方式来计算相关系数，在各种情况下，涉及的数学运算都非常复杂。不过，幸运的是，我们已经有了 simple-statistics 代码模块，其中有一个非常便捷的 sampleCorrelation 函数可供我们使用。下面的代码清单 9.17 显示了我们如何使用该函数计算自 2013 年以来降雨量与雨伞销量关系的相关系数。

代码清单 9.17　计算自 2013 年以来降雨量与雨伞销量关系的相关系数(listing-9.17.js)

加载并解析天气数据

删除 2013 年之前的所有记录

```javascript
const dataForge = require('data-forge');
const simpleStatistics = require('simple-statistics');

let dataFrame = dataForge.readFileSync("./data/nyc-weather.csv")
    .parseCSV()
    .parseInts(["Year", "Month", "Day"])
    .where(row => row.Year >= 2013)
    .parseFloats("Precipitation")
    .generateSeries({
        Date: row => new Date(row.Year,row.Month-1,row.Day),
    })
    .setIndex("Date");

const umbrellaSalesData = dataForge
    .readFileSync("./data/nyc-umbrella-sales.csv")
    .parseCSV()
    .parseDates("Date", "DD/MM/YYYY") //
    .parseFloats("Sales")
    .setIndex("Date");

dataFrame = dataFrame
    .withSeries(
        "UmbrellaSales",
        umbrellaSalesData.getSeries("Sales")
    )
    .where(row => row.Precipitation !== undefined
        && row.UmbrellaSales !== undefined);

const x = dataFrame.getSeries("Precipitation").toArray();
const y = dataFrame.getSeries("UmbrellaSales").toArray();
const correlationCoefficient = simpleStatistics
    .sampleCorrelation(x, y);
console.log(correlationCoefficient);
```

根据年、月和日列生成一个日期

按照日期编制索引，以便可以合并数据

加载并解析雨伞销量数据

按照日期编制索引，以便我们可以合并数据

将雨伞销量数据合并到 DataFrame 对象中。这可以确保我们的日期整齐有序

删除包含缺失值的行。CSV 文件中的行可能并不是整齐有序的

提取相关系数的 X 值

提取相关系数的 Y 值

输出到控制台以查看结果

计算相关系数

你可以运行代码清单 9.17，它会输出 0.64 左右的一个相关系数，这个结果符合我们在直观观察图 9.16 所示的散点图后得出的预期值。我们预计的是强正相关，但不是完全相关。我们已经对降雨量和雨伞销量之间的关系进行了量化。

现在，可选择使用多种工具来进行数据分析。你不但可以找出数据中隐藏的趋势和模式，对数据集进行比较，还可以针对将来的数据点做出预测。

在这一章中，我们使用了一些专门准备的函数来创建各种图表。在第 10 章和第 11 章中，我们会了解如何在浏览器中(第 10 章)和在服务器端(第 11 章)创建此类图表。

小结

- 介绍一些基本的统计运算：求和、求平均值和标准差。
- 讲述如何对数据集进行分组和汇总，以使其更精简并且更易于理解。
- 讨论如何使用标准化、求差异以及值分布等方式来对数据集进行比较。
- 讲述如何利用分布情况对新值做出预测。
- 探索如何使用滚动平均值、滚动标准差和线性回归对时间序列数据进行分析。
- 讲述如何使用相关系数来量化两个数据变量之间的关系。

第10章

基于浏览器的可视化

本章内容提要：
- 使用 C3 进行基于浏览器的可视化
- 了解各种图表：折线图、条形图、饼图和散点图
- 构建图表模板以便可以快速启动新项目
- 快速设计图表原型
- 创建简单的 Web 服务器和 REST API 以便提供可视化所需的数据
- 对图表进行各种可视和交互式改进

接下来介绍数据整理中一个非常重要的方面，正是它让 JavaScript 广为人知。

Web 浏览器中的 JavaScript 用于承载交互式可视化结果。通过可视化，我们可以将数据以某种直观的形式呈现出来，以便让大家一目了然。通过这种方式，可更好地了解数据。相对于直接查看原始数字，这种方式让我们能更有效地接收到有用信息。

通过可视化这种方式，我们可以就数据的相关信息与受众进行沟通交流，它使我们可以传递知识和对数据的理解。可以轻松地确定并指出有意义的趋势、模式或数据点。

第 9 章对数据进行了分析，而在分析的过程中，我们查看了多种图表。在这一章中，我们将前进一步，了解如何自己创建这样的图表。

我们将使用 C3 可视化库，并创建一系列简单且可以工作的 Web 应用程序，其中的每一个都包含一个图表。首先将介绍纽约地区每年温度的折线图。在尝试其他图表

类型之前，我们将对第一个图表进行各种改进。

10.1　扩展工具包

在这一章中，我们使用的主要工具是 C3 可视化库。JavaScript 有很多可视化库，为什么要在这一章中选择使用 C3 呢？

在执行可视化时总需要从某一点开始，而 C3 是一个非常好的起点，使用便捷并且易于掌握。绝大多数简单的图表都是声明性的(通常可使用 JSON 文件中指定的图表定义进行声明)，不过，如有必要，也可以使用代码。C3 为我们提供了即时可用的交互能力，我们甚至可以生成简单的动画图表。

C3 的使用范围非常广，在社区中拥有强大的支持资源，并且不断地开发完善和优化。但是，没有任何一种库是完美的，C3 也有它的局限性。如果需要生成的图表超出简单图表的范围，我们就会发现这种库的限制，尽管如此，我仍然相信，C3 的易用性和快速设计简单图表原型的能力可以为我们的工具包增加强大的功能。

选择使用 C3 的另一个原因在于，它基于 D3。你可能已对 D3 有所了解，它是一种非常出色的 JavaScript 可视化工具包。但是，既然 D3 如此出色，那为什么不选择它而选择 C3 呢？

D3 是一种高级工具包，用于开发在网页上显示的动态、交互式可视化结果，相关内容将在第 13 章中详细介绍。D3 工具包非常出色，不过随之而来的就是，它的复杂性比较高，不是很容易学习和掌握。C3 是在 D3 基础上进行包装所得到的简化工具包，更易于使用，可以轻松地创建各种常见类型的图表。C3 为我们提供了很多模板图表，而我们可以根据需要对这些模板图表进行配置，当然，有 D3 在后台提供强大的支持。

在这里，之所以提到 D3，并不仅是因为它在 JavaScript 可视化社区中的重要性。此外，你还需要知道，当你达到 C3 的限制时，可以开始使用 D3 API 对图表进行自定义。尽管这会导致复杂性大大提升，但却为我们提供了一种继续前进的方式，突破 C3 的限制，并将其作为跳板，最终了解并掌握完整的 D3。如果这就是你希望达到的目标，那么完全可以采用这种方式。

10.2　获取代码和数据

如果想要获取本章对应的代码和数据，请访问 GitHub 中的 Chapter-10 代码库，网址为 https://github.com/data-wrangling-with-javascript/chapter-10。代码库中的每个子目录

对应于本章中的一个代码清单，并且包含一个完整的、可以运行的基于浏览器的可视化结果。

可以使用 live-server 作为 Web 服务器来运行这些示例。可以使用下面的命令代码，全局安装 live-server：

```
npm install -g live-server
```

现在，可使用 live-server 来运行代码清单 10.1~10.3，例如(同时安装依存项)：

```
cd Chapter-10/listing-10.1
bower install
live-server
```

live-server 可以便捷地打开浏览器并导航到正确的 URL，因此，你应该会立即在屏幕上看到自己的可视化结果。

本章中后面的代码示例包括基于 Node.js 的 Web 服务器，因此，你必须使用 npm 和 Bower 来安装依存项，例如：

```
cd Chapter-10/listing-10.4
npm install
cd public
bower install
```

你必须运行 Node.js 应用程序，以便为代码清单 10.4 启动 Web 服务器并保持运行，如下所示：

```
cd Chapter-10/listing-10.4
node index.js
```

现在，你可以打开浏览器并导航到 URL "http://localhost:3000"，以查看自己的可视化结果。如果需要有关获取代码和数据的帮助，请参考前面第 2 章的 2.3 节。

10.3 选择图表类型

开始可视化时，我们必须首先选择一种图表类型。在这一章中，我们将用到图 10.1 所示的图表类型。表 10.1 中列出了各种图表类型，并简要说明了每种图表类型的最佳用途。

表 10.1　图表类型及其用途

图表类型	用途	示例
折线图	时间序列数据或连续数据集	纽约地区年温度
条形图	对各组数据进行相互比较	纽约地区月温度
	分析数据分布情况(也称为柱状图)	了解纽约地区的温度分布情况
堆叠条形图	将各组数据与整体进行比较，采用时间序列的形式(就像一个持续的饼图)	对纽约地区和洛杉矶地区的月温度进行比较
饼图	将各组数据与整体进行比较，不过仅针对某个时间快照	比较 2016 年的月温度
散点图	了解数据变量之间的关系和相关性	了解降雨量和雨伞销量之间的关系

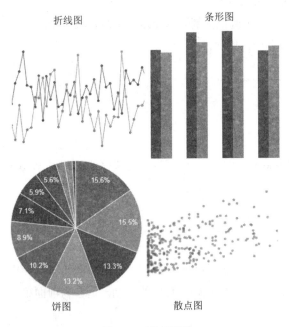

图 10.1　图表类型

要想开始进行可视化，我们需要选择一种图表类型。我们首先从折线图开始，因为这是最常见的图表类型之一，刚好也是 C3 库的默认图表类型。如果你没有选择任何特定的图表类型，那么 C3 库会默认使用这种图表。

10.4　纽约地区温度的折线图

下面我们开始学习 C3，首先是了解如何构造折线图。一开始，我们将使用硬编码数据创建一个简单的图表模板，同时使用 live-server，这样，我们不必首先构建 Web 服务器即可设计图表原型。

然后，将添加一个 CSV 数据文件，以通过真实的数据呈现图表。最后，我们将精心构建一个简单的 Web 服务器，用于为 Web 应用程序提供数据，以便在图表中呈现。图 10.2 显示了预计可以在最终结果中呈现的内容：一个反映纽约地区年平均温度的折线图。你可能还记得，第 9 章中就曾出现过这个图表。

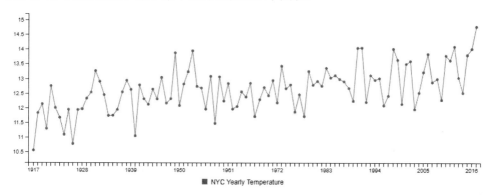

图 10.2　显示纽约地区年平均温度的折线图

尽管我们以折线图开启我们的可视化之旅，但可以轻松地实现几乎其他任何图表类型的转换。实际上，C3 具有一种非常强大的功能，使我们可以创建从一种图表类型到另一种图表类型的动画过渡。例如，我们可以创建从折线图到条形图的动画过渡。但是，我们可不要早早地就执行这些复杂的操作，我们首先要了解相关的基本知识，然后在本章后面的内容中，深入地学习各种高级功能。

10.4.1　最基本的 C3 折线图

当我开始处理一个项目时，我喜欢先从简单的事情入手。正如你已经从其他章节中了解到的，对于编码来说，我的处理方式是先从小的、简单的编码开始，使其可以正常运行，然后通过增量式更改发展、演进和优化代码，在整个过程中始终使其保持正常运行。我喜欢让代码经历一个演进的过程，最终实现设定的目标。在此过程中，我让代码经历一系列从工作状态到工作状态的过渡，这样，代码始终处于可以正常运行的状态，而不会积累问题。

我们将通过一个简单的 Web 应用程序开始执行基于 Web 的可视化。我们将使用静态 Web 资源以及硬编码数据，从而不必构建自定义 Web 服务器。实际上，我们将使用 live-server 作为即时可用的 Web 服务器(live-server 在前面的第 5 章中首次引入)。可在系统上全局安装 live-server，命令代码如下：

```
npm install -g live-server
```

现在，可在命令行中从与 Web 项目相同的目录下运行 live-server，此时，将拥有一个即时 Web 服务器。如果想要查看实际的操作过程，可以打开命令提示符，将目录改为本章对应的 GitHub 代码库中的 listing-10.1 子目录，安装依存项，然后运行 live-server，如下所示：

```
> cd Chapter-10/listing-10.1
> bower install
> live-server
```

live-server 会自动打开一个 Web 服务器，因此，现在应该可以看到呈现的第一个 C3 图表，如图 10.3 所示。对于代码清单 10.4 之前的每个代码清单，你可以遵循与此相同的模式。而在代码清单 10.4 中，将不再使用 live-server，改为创建自己的 Web 服务器。将目录改为相应代码清单对应的子目录，并运行 live-server 命令(应确保在第一次运行每个代码清单时安装依存项)。

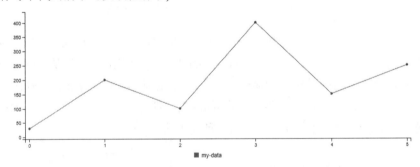

图 10.3　最基本的 C3 图表；我们将此图表用作模板图表

Web 应用程序项目由以下各项组成：一个 HTML 文件(index.html)、一个 JavaScript 文件(app.js)以及一组通过 Bower 安装的第三方组件。在图 10.4 的左侧，你可以看到此项目的文件系统是什么样的。

当我们在与项目相同的目录中运行 live-server 时，会将 Web 浏览器连接到我们的 Web 项目，我们所看到的将是 JavaScript 执行完并呈现图表后 index.html 在浏览器中呈现的外观(如图 10.4 的右侧所示)。

代码清单 10.1a 和代码清单 10.1b 显示了我们的第一个 C3 图表的 HTML 和 JavaScript 文件。如果你还没有针对代码清单 10.1 运行 live-server，请立即运行，以便稍后可以看到对应代码的结果。不要忘了先安装 Bower 依存项。

代码清单 10.1a　C3 图表模板的 HTML 文件(listing-10.1/index.html)

```html
<!doctype html>
<html lang="en">
    <head>
        <title>C3 chart template</title>
```
包含 C3 CSS 文件以进行样式设置
```html
        <link href="bower_components/c3/c3.css"rel="stylesheet"> ◄
    </head>
     <body>
```
包含 jQuery 以使用其 AJAX 功能及其他有用的功能

`<div id='chart'></div>` ◄── 图表的占位符。C3 将在此呈现我们的图表

包含 D3 JavaScript 文件。C3 依赖此文件
```html
        <script src="bower_components/jquery/dist/jquery.js"></script> ◄
        <script src="bower_components/d3/d3.js"></script>
        <script src="bower_components/c3/c3.js"></script> ◄
        <script src="app.js"></script> ◄
    </body>
</html>
```
包含 C3 JavaScript 文件，以便我们可以使用 C3 图表

包含我们自己的自定义 JavaScript 文件。我们将在此文件中定义图表

代码清单 10.1a 是 C3 图表的最小 HTML 文件。它包含用于 C3 的 CSS 和 JavaScript 文件。此外，它还包含 jQuery，这样我们就可以在加载文档时具有回调函数，并且可以使用其 AJAX 功能。需要注意的是，它还包含用于 D3 的 JavaScript 文件，因为 C3 依赖此文件。最后，其中还包含我们自定义的 JavaScript 文件，如代码清单 10.16 所示。

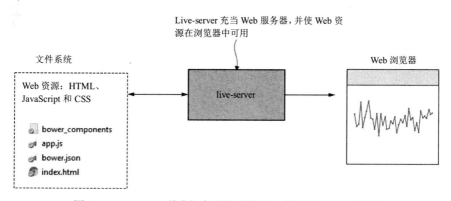

图 10.4　live-server 是我们在进行原型设计时使用的 Web 服务器

代码清单 10.1b　我们的 C3 图表模板的 JavaScript 文件(listing-10.1/app.js)

```
$(function () {                              ←——— 当网页加载完成时调用此回调函数
                                                                              指定 HTML 文档
                                                                              中的元素，C3 将
    var chart = c3.generate({                                                 在其中呈现图表。
使用 C3 生成      bindto: "#chart",          ←————                             如果你想要将图
图表              data: {      ←————  指定要在图表中呈                           表呈现到不同的
                     json: {             现的数据                              HTML 元素，可以
                          "my-data": [30,200,100,400,150,250],  ←——           更改此处指定的
                     }                                                         元素
                }                          我们将使用硬编码数据序列快
            }                              速查看图表能否正常呈现
    });
});
```

代码清单 10.1b 是用于创建我们的第一个 C3 图表的 JavaScript 文件。在 jQuery 调用"文档就绪"回调函数后，对图表进行了初始化。通过调用 c3.generate 创建图表。我们通过一个参数传递"图表定义"。注意，我们使用图表定义的 json 字段为图表提供了简单的硬编码数据。

我们使用这里的简单数据作为起点，来检查基本图表是否正常呈现，而下一步中，我们将添加实际数据。

综上所述，我们已经完成的操作如下：

- 创建了一个简单的 Web 应用程序，其中包含最基本的 C3 图表。
- 在一开始使用了硬编码数据。
- 将 live-server 用作 Web 服务器，并在浏览器中查看了基本图表。

10.4.2　添加实际数据

接下来，要向图表中引入实际数据。将从加载到 Web 项目的 CSV 数据文件中读取数据。图 10.5 是在 Excel 中加载的数据文件的屏幕快照，其中包含纽约地区的年平均温度。可在 Chapter-10 GitHub 代码库的 listing-10.2 子目录中的 data.csv 文件中找到这些数据。

在将新的 CSV 数据文件插入 C3 图表中并刷新浏览器后，将看到与图 10.6 类似的折线图。

将从 data.csv 文件加载数据。我们已将此文件放置到 Web 项目中与 Web 资源相邻的位置，如图 10.7 的左侧所示。为此文件提供了常规的 data.csv 文件名，使你可以更轻松地使用此代码作为模板来呈现自己的可视化结果。在可能具有多个数据文件的更大项目中，可以为它们提供更为具体的名称，如 NYC_yearly_temperatures.csv。

	A	B	C	D
1	Year	MinTemp	MaxTemp	AvgTemp
2	1917	-25	37.8	10.54725
3	1918	-21.1	40	11.82521
4	1919	-18.3	37.2	12.12582
5	1920	-18.9	34.4	11.28648
6	1921	-15.6	35.6	12.7511
7	1922	-18.9	34.4	12.00137
8	1923	-13.9	37.2	11.66575

图 10.5 纽约地区年平均温度 CSV 文件

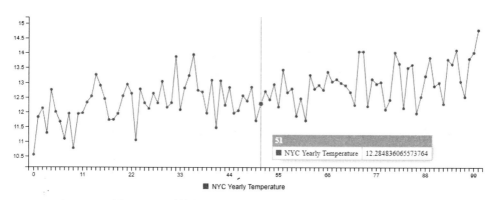

图 10.6 通过静态 CSV 文件呈现的纽约地区年平均温度

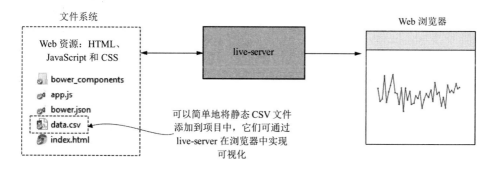

图 10.7 我们将数据文件 data.csv 添加到 Web 项目中，我们可根据该文件在浏览器中呈现图表

尽管我们现在使用的是实际数据，但仍然不需要使用 Web 服务器。这是因为，live-server 使我们可以访问 Web 项目的文件系统。我们使用 jQuery 的 AJAX API，通过异步 HTTP 传输检索 CSV 数据文件。

10.4.3　解析静态 CSV 文件

获取数据只是问题的一部分。我们通过 live-server 和 jQuery 获取的数据是文本数据，通过简单的可视化尚无法了解我们的 CSV 数据。但是，我们已经了解了所需的工具！

在这里，将再次使用 Papa Parse，在第 3 章中曾使用过它。Papa Parse 也可以在浏览器中使用。如果你按照 10.2 节中的说明进行了操作，并且已经安装了适用于 GitHub 代码库的 listing-10.2 子目录的依存项，那么应该已经安装了 Papa Parse，如果没有安装，可在全新的 Web 项目中进行安装，命令代码如下：

```
bower install --save papaparse
```

代码清单 10.2a 显示的是更新的 HTML 文件。我们已经包含了 Papa Parse 的 JavaScript 文件，因此，可以使用它来反序列化 CSV 数据。注意，我们还更新了网页的标题，从而对网页的可视外观实现了小小的改进。

代码清单 10.2a　纽约地区年平均温度图表的 HTML 文件(listing-10.2/index.html)

```html
<!doctype html>
<html lang="en">
    <head>
        <title>NYC average yearly temperature</title>          ← 为网页设置一个贴切的标题

        <link href="bower_components/c3/c3.css" rel="stylesheet">
    </head>
    <body>
        <div id='chart'></div>          现在，我们包含 Papa Parse，
                                        因此可以解析 CSV 数据

        <script src="bower_components/jquery/dist/jquery.js"></script>
        <script src="bower_components/d3/d3.js"></script>
        <script src="bower_components/c3/c3.js"></script>
        <script src="bower_components/papaparse/papaparse.js"></script>          ←
        <script src="app.js"></script>
    </body>
</html>
```

在代码清单 10.2b 中对 JavaScript 文件所做的更改更为重要。现在，我们使用 jQuery 的 $.get 函数从 Web 服务器(在这个示例中，使用的仍然是 live-server)获取数据。这将创建一个对 live-server 的 HTTP GET 请求，该请求将异步解析，最终在取得数据时触

发 then 回调(如果出现任何错误，则调用错误处理程序)。

　　检索到数据后，我们使用 Papa Parse 将其从 CSV 数据反序列化为 JavaScript 数组。现在，我们已经将数据存储到核心数据表示中(如果需要回顾相关内容，请阅读前面的第 3 章)，并且可以使用图表定义中的 json 字段将数据插入图表中。由于我们已经将数据存储到核心数据表示中，因此，用于转换此类数据的任何可重用 JavaScript 模块都可以在这里重复使用。

代码清单 10.2b　检索 CSV 数据以便呈现到 C3 图表中(listing-10.2/app.js)

```
异步接收到数据时执行此回调

$(function () {
                        使用HTTP GET(通过 live-server)从与 Web 资源
                        放置在一起的静态 CSV 文件检索数据
    $.get("data.csv")
        .then(function (response) {
                        这些是提供给 Papa
                        Parse 的选项
                                           允许Papa Parse 根
            var parseOptions = {            据 CSV 标题行推
                                           导出字段名称
                header: true,
                dynamicTyping: true        告诉 Papa Parse 替我们将 CSV 字
            };                             符串字段解析为正确的类型
            var parsed = Papa.parse(response,parseOptions);

                                           解析从 live-server 检索
                                           的 CSV 数据
            var chart = c3.generate({
                bindto: "#chart",
生成图表
                data: {
                    json: parsed.data,     将解析的CSV 数据
                    keys: {                插入图表中
                        value: [
                            "AvgTemp"      指定CSV 文件中要
                        ]                  显示在图表中的列
                    }
                }
            });
        })
        .catch(function (err) {           处理可能发生的任
            console.error(err);            何错误
        });
});
```

你是否注意到,代码清单 10.1b 与代码清单 10.2b 的图表定义几乎没有更改。在代码清单 10.2b 中,我们插入了从 CSV 数据文件检索的实际数据。我们所做的另一项更改是,使用图表定义的 keys 和 value 字段来定义 CSV 文件中用于呈现在折线图中的列。CSV 文件可能包含很多列,但我们不一定希望它们全都显示在图表中,因此,我们可以限制图表仅显示我们想要关注的一列或多列。

现在,我们已经在图表中添加了一些实际数据。我们将 CSV 数据文件添加到 Web 项目,并依赖 live-server 向浏览器提供数据,然后数据通过浏览器呈现到图表中。

在这里,我选择使用 CSV 文件格式,原因在于,它是此类数据的常用格式。我们原本还可以使用 JSON 文件,这种情况下,我们会轻松许多,因为之后不需要使用 Papa Parse 来反序列化数据。

10.4.4 添加年份作为 X 轴

如果你回过头来再看一下图 10.6,就会注意到,X 轴上的标签显示为从 0 开始的连续数字。这应该是表示年平均温度的图表,那么,图 10.6 中的 X 轴如何与每条记录的年份相关?

问题在于,我们并未明确告诉 C3 使用 CSV 文件中的哪一列作为 X 轴的值,因此,C3 默认使用从零开始的索引来表示每个数据点。再来看一下图 10.5,你可以清楚地看到 Year(年份)列能够用作 X 轴,但是,C3 无法得知这些是 X 轴的正确值!

我们需要告诉 C3 使用 Year(年份)列作为图表中的 X 轴。当 C3 知道这一点后,它就会呈现图 10.8 所示的图表。你可以看到,现在 X 轴上的标签显示 Y 轴上的数据点对应的正确年份。

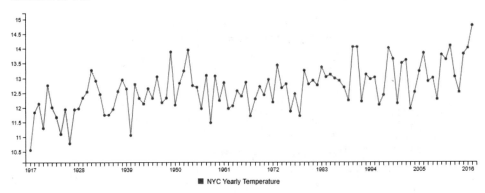

图 10.8　纽约地区年平均温度(现在使用年份作为 X 轴)

我们使用图表定义的 keys 和 x 字段设置 X 轴的数据。请注意，代码清单 10.3 与代码清单 10.2b 中显示的内容类似，但我们已经将 x 字段设置为 Year。现在，C3 从数据提取 Year 字段用作 X 轴。

代码清单 10.3　向纽约地区温度图表添加 X 轴(摘录自 listing-10.3/app.js)

```
var chart = c3.generate({
    bindto: "#chart",
    data: {
        json: parsed.data,
        keys: {
            x: "Year",        ◄────  指定要用作 X 轴的
            value: [                  CSV 文件列
                "AvgTemp"
            ]
        }
    }
});
```

现在，我们已经在一个简单的 Web 应用程序内生成了一个折线图。我们使用了 live-server，这样就不必创建 Web 服务器。一开始，我们使用的是硬编码数据，然后升级为从 CSV 文件中读取数据。到目前为止，我们还没有看到任何创建自定义 Web 服务器的需求。正如你可以看到的，即使不花费时间构建自定义 Node.js Web 服务器，我们也可以在生成图表和开发方面完成很多操作。

你甚至可能会发现，根本不需要构建 Node.js Web 服务器。我并不是说你应该使用 live-server 来承载公共网站或可视化结果，这样的话，在生产环境中会遇到问题，但是你可以采用任何即时可用的 Web 服务器(如 Apache 或 nginx)，并使用它来承载公共可视化结果(如到目前为止我们在本章中已经生成的可视化结果)。

你创建可视化结果可能只是供自己使用，而不是用于公共用途。例如，你希望改进自己对某个数据集的了解，或者生成屏幕快照以供稍后保存。当你创建并非用于公共用途的可视化结果时，不需要使用生产级别的 Web 服务器。但在很多情况下，可能需要构建自己的自定义 Web 服务器，构建过程并不是非常困难，接下来，就来学习如何进行构建。

10.4.5　创建自定义 Node.js Web 服务器

尽管在 Node.js 中创建自己的 Web 服务器对本章的可视化来说都不是严格必需的，但创建后会带来很多方便，原因是多方面的。在这一节中，我们将对之前在第 2 章中

所学的内容进行扩展,构建一个简单的 Web 服务器和 REST API,用于承载我们的 Web
应用程序及其所需的数据。

到目前为止,我们在本章中看到的每个代码清单(代码清单 10.1 到代码清单 10.3)
已经是一个简单的 Web 项目,通过 live-server 将静态资源传递到浏览器。现在,将自
己的 Web 项目移到 Node.js 项目的上下文中,并使用 Node.js 项目作为 Web 服务器来
承载可视化结果。

将 Web 项目移到新 Node.js 项目中的 public 子目录,如图 10.9 的左侧所示。另外,
还要注意 data 子目录。我们仍将使用 CSV 数据文件,但已经将其从 Web 项目移动到
data 子目录。可在此位置方便地组织数据。

当运行 Node.js 项目时,它会创建一个 Web 服务器,用于承载我们的 Web 应用程
序以及为其提供数据的 REST API。现在,我们的 Web 服务器成为服务器端文件系统
和浏览器中运行的 Web 应用程序之间的中间人(如图 10.9 所示)。从这里,你应该了解
到,我们的数据无法再直接被公众访问,现在,我们强制通过 REST API 来访问数据。
鉴于此,我们可以控制访问数据的方式。很快就会再次用到这种方法。

代码清单 10.4a 显示了一个简单的 Web 服务器的 Node.js 代码,它执行以下两项
操作:

(1) 公开 public 子目录作为静态 Web 资源。这使得 Web 应用程序可以为 Web 浏
览器提供内容(与 live-server 执行的操作类似)。

(2) 创建 REST API,用于将数据提供给 Web 应用程序。

现在,你可以像其他任何 Node.js 应用程序那样运行此脚本。打开命令行,安装
npm 和 Bower 依存项,然后运行 Node.js 脚本:

```
> cd Chapter-10/listing-10.4
> npm install
> cd public
> bower install
> cd ..
> node index.js
```

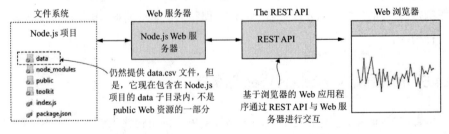

图 10.9　添加 Node.js Web 服务器和 REST API 后,可完全控制如何从浏览器访问数据

注意，你可能还需要使用 nodemon 来实时重新加载 Node.js 项目，请参见前面的第 5 章，了解相关内容的详细信息。在这里，我们将对 Web 服务器使用 express 库。你可能已经使用 npm install 在示例项目中安装了该库，如果没有，可使用下面的命令在全新的 Node.js 项目中进行安装：

```
npm install --save express
```

现在，打开 Web 浏览器并在地址栏中输入 http://localhost:3000。你应该看到纽约地区年平均温度对应的折线图。请记住你所执行的操作步骤，你将按照这种方式运行本章中的所有后续代码清单。代码清单 10.4a 可以启动 Web 服务器。

代码清单 10.4a　用于承载 Web 应用程序的 Node.js Web 服务器(listing-10.4/index.js)

```
const express = require('express');
const path = require('path');
const importCsvFile = require('./toolkit/importCsvFile.js');

const app = express();
                                              使 public 子目录可以使用
                                              HTTP 进行访问
const staticFilesPath = path.join(__dirname, "public");
const staticFilesMiddleWare=express.static(staticFilesPath);//
app.use("/", staticFilesMiddleWare);

app.get("/rest/data", (request, response) => {   ◄──  设置一个HTTP GET 请求处
                                                       理程序，用于将数据提供给
                                                       Web 应用程序
    importCsvFile("./data/data.csv")    ◄──  从服务器的文件系
                                             统加载 CSV 文件
        .then(data => {
            response.json(data);    ◄──  将 CSV 文件的内容(以 JSON 的形式)发送
                                          给 Web 应用程序
        })
        .catch(err => {
            console.error(err);
                                           让 Web 应用程序知
            response.sendStatus(500);   ◄──  道发生了错误
        });
});

                              启动 Web 服务器
app.listen(3000, () => {   ◄──
    console.log("Web server listening on port 3000!");
});
```

注意，在代码清单 10.4a 中，使用了之前在第 3 章中创建的 importCsvFile 工具包

函数。你会发现，最有用的工具包函数将被反复使用。好的可重用函数就应该是这样的。

现在，我们还具有 REST API。在代码清单 10.4a 中，我们向 URL /rest/data 附加了一个 HTTP GET 请求处理程序。可根据需要来设定此 URL，也可以为其指定更具体的名称，如/rest/nyc-temperature，但是，为了重用此代码清单作为模板来实现自己的可视化结果，我为此 URL 选择了一个更通用的名称。

可对 REST API 进行测试，确定其适用于我们的浏览器。在你所用浏览器的地址栏中输入 http://localhost:300/rest/data，你应该看到与图 10.10 类似的内容。当我在浏览器(使用 Chrome 浏览器，并且 JSON Viewer 插件提供了井然有序的格式设置)中查看数据时，其显示情况就应该是这样的。

为将 Web 应用程序连接到 REST API，我们必须更改其加载数据的方式。现在并不是从静态 CSV 数据文件加载数据(代码清单 10.2b 中所执行的操作)，而是通过 REST API 加载数据，如代码清单 10.4b 中所示。注意，这两种情况下，我们仍然通过 jQuery 的$.get 函数向 Web 服务器发出 HTTP GET 请求，只不过现在使用的是新 REST API 的 URL，而不是 CSV 文件的 URL。

除了数据加载方式的更改外，在代码清单 10.2b 与代码清单 10.4b 之间，你还可以看到另一个不同之处。那就是，不再需要使用 Papa Parse! 按照 JSON 数据格式将数据从服务器发送到 Web 应用程序。jQuery 的$.get 函数会自动将 JSON 数据反序列化为 JavaScript 数据结构(即核心数据表示，详见第 3 章)。这可以为 Web 应用程序简化代码，这种情况下，往往会带来更多益处。

代码清单 10.4b　Web 应用程序从 REST API 获取数据(摘录自 listing-10.4/public/app.js)

```
$.get("/rest/data")    ←————————— 通过 REST API 检索数据
    .then(function (data) {
        var chart = c3.generate({    ←————————— 生成与前面相同的图表
            bindto: "#chart",
            data: {
                json: data,
                keys: {
                    x: "Year",
                    value: [
                        "AvgTemp"
                    ]                          设置图表的类型，line 为默认值，因此，在这种
                },                             情况下，不需要显式指定，但我还是在这里明确
                type: "line"   ←————————     添加了 line 值，目的是让你知道，稍后更改图表
            }                                  类型时，需要在这里进行更改
```

```
        });
    })
```

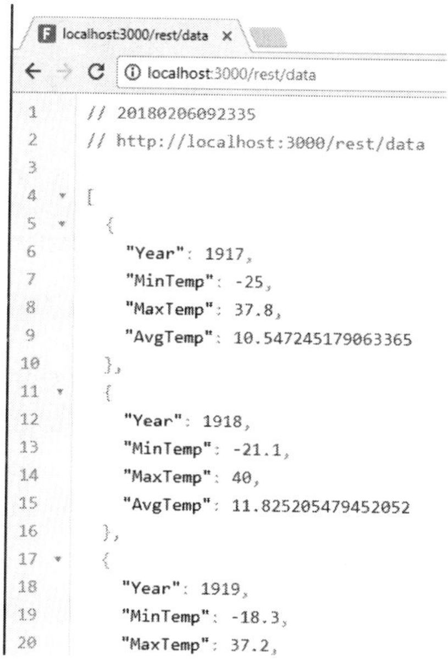

图 10.10　在浏览器中浏览我们的温度数据 REST API

为什么创建我们自己的 Web 服务器和 REST API 非常重要？关于这个问题的答案，我之前已经提到过，它使我们能够控制对数据的访问。如果想要将这个 Web 应用程序放到生产环境中，我们可能需要某种形式的身份验证。如果我们的数据比较敏感，不希望任何人随随便便就能对其访问，那么应该进行访问设定，使他们必须登录后才能查看此类数据。在后面的第 14 章中，我们将对身份验证详细介绍。

除此之外，创建自己的 Web 服务器还有很多其他非常重要的益处。其中一个主要的原因在于，创建了自己的 Web 服务器后，可根据数据库中的数据创建可视化结果。图 10.11 显示了如何将数据库作为后台来为 Web 服务器提供支持(而不是使用文件系统中的 CSV 文件)。在将数据(可能是从数据库检索的，也可能是从文件检索的)发送到 Web 浏览器之前，还可以使用 REST API 对其进行动态处理。在处理实时数据的情况下，使用 REST API 也可提供很多益处。所谓实时数据，指的是实时输入到数据处理流程的数据，相关内容将在第 12 章详细介绍。

对于 REST API，最后需要指出的是，创建 Web 服务器并不总是必需的，务必要记住这一点。实际上，我的建议是，只要能够生产可视化结果就可以，尽量不要额外增加复杂性。过于复杂会降低操作速度。在本章其他的部分中，不需要使用 REST API，但我还是希望你已做好充分的准备，学会如何使用 REST API，因为在基于数据库开发可视化结果时经常需要用到它。

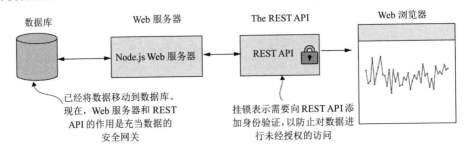

图 10.11　数据已经移动到数据库中，并使用 Web 服务器作为安全网关

现在，我们已经创建了 Web 服务器和 REST API 来为 Web 应用程序提供服务，并为其输入数据。可以说，现在这已经是一个完成的基于浏览器的可视化。当然，还需要探索其他各种图表类型，不过，先来对折线图进行一些改进。

10.4.6　向图表中添加另一个序列

我们来对图表进行一些升级和改进。首先向图表中添加另一个数据序列，用来比较纽约地区和洛杉矶地区的温度，与之前在第 9 章中看到的类似。生成的图表如图 10.12 所示。

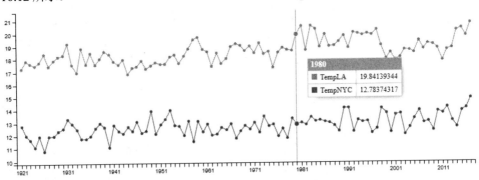

图 10.12　纽约地区和洛杉矶地区年平均温度的组合图表

此示例使用的代码几乎与代码清单 10.4 完全相同。我们只是更改了以下两项内容：

(1) 将 Node.js 项目中的 data.csv 文件替换为新的数据文件，其中包含纽约地区和洛杉矶地区的温度列。

(2) 对图表定义进行了修改，向图表中添加了新的序列。更新后的代码如代码清单 10.5 所示。

可按相同的流程自己创建新的可视化结果。使用代码清单 10.4(或者另一个与你的需求更接近的代码清单)中的代码，将数据替换为你所需的新数据，然后对图表定义进行更改，使其适合你的数据。继续对图表定义进行调整，直到获得满意的可视化结果。

代码清单 10.5　在图表中呈现两个数据序列以便对纽约地区和洛杉矶地区的温度进行比较(摘录自 listing-10.5/public/app.js)

```
var chart = c3.generate({
    bindto: "#chart",
    data: {
        json: data,
        keys: {
            x: "Year",
            value: [
                "TempNYC",        现在，我们在图表中呈现 CSV
                "TempLA"          文件中的两列
            ]
        }
    }
});
```

再次说明一下，在代码清单 10.5 中，我们在图表定义中使用 json 和 keys 字段来指定要在图表中呈现的数据。注意，我们已经使用 value 字段指定了 TempNYC 和 TempLA 列。正是因为这里的指定，才使得在图表中呈现这两个数据序列。

10.4.7　向图表中添加第二个 Y 轴

除了上面所述的操作外，我们可能还希望向图表中添加第二个 Y 轴。比如说，我们希望对纽约地区的温度和降雪量进行比较。在图 10.8 所示的图表基础上，添加一个降雪量数据序列。得到的结果如图 10.13 所示。你能看出这个图表有什么问题吗？

问题在于，温度和降雪量的值使用不同的刻度标准，从而导致无法对它们进行比较。注意，在图 10.13 中，温度对应的线条基本上是一条直线，不过我们知道，如果将其放大，我们看到的将不会是真正的直线(可以参见前面的图 10.8)。现在，可按第 9章中采用的方式对温度和降雪量数据集进行标准化，来解决这一问题。这样可以将两个数据集转换为可以比较的刻度标准，不过，也会使值发生更改，如果我们希望在图表中看到实际的值，那么不适合采用这种方式。

对于这个问题,比较简单的解决方法是向图表中添加第二个 Y 轴。在图 10.14 中,你可以看到,现在图表的左侧有一个温度 Y 轴,而右侧有一个降雪量 Y 轴。通过这个简单的变化,我们就可以并排比较数据序列,而不必对数据进行任何修改。

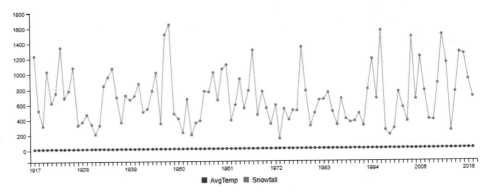

图 10.13　向纽约地区年平均温度图表中添加降雪量序列。此图表中存在什么问题

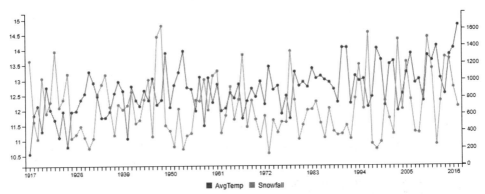

图 10.14　添加降雪量序列作为第二个 Y 轴,从而可以更轻松地比较两个序列

代码清单 10.6 显示了需要对图表定义进行哪些简单的更改,以便将一个数据集移动到第二个 Y 轴。通过添加 axes 字段,可以指定哪个数据序列属于哪个 Y 轴。请注意,第二个 Y 轴在 axis 字段下启用,这一点非常重要。默认情况下,第二个 Y 轴处于禁用状态,你必须显式地启用它。否则,它不会显示在图表中。

代码清单 10.6　向图表中添加第二个 Y 轴(摘录自 listing-10.6/public/app.js)

```
var chart = c3.generate({
    bindto: "#chart",
    data: {
        json: data,
        keys: {
            x: "Year",
```

```
        value: [
            "AvgTemp",
            "Snowfall"
        ]
    },
    axes: {                          平均温度应该附
        AvgTemp: "y",                加到第一个 Y 轴
        Snowfall: "y2"
    }                                降雪量应该附加
                                     到第二个 Y 轴
},
axis: {
    y2: {
        show: true                   启用第二个 Y 轴,它在默认情况
    }                                下处于禁用状态
}
});
```

10.4.8 呈现时间序列图表

到目前为止,我们还没有呈现正确的时间序列图表,不过曾经使用年份作为 X 轴。对我们来说,这可能看起来像一个时间序列,但从技术的层面上来说,如果我们使用实际的日期作为 X 轴,那么 C3 不会将其视为时间序列。下面,我们来快速了解一下如何执行此操作。

在这个示例中,我们将数据更改为 2016 年的每一天一个温度时间序列。在图 10.15 中,你可以看到此数据的一个示例。请注意,Date 列包含日期(采用澳大利亚的日期格式,可能与美国的日期格式有所不同)。新的时间序列数据通过 C3 呈现,如图 10.16 所示。

	A	B
1	Date	AvgTemp
2	1/01/2016	3.35
3	2/01/2016	2.2
4	3/01/2016	4.45
5	4/01/2016	-3.85
6	5/01/2016	-6.6

图 10.15 包含纽约地区每日温度的 CSV 文件(在 Excel 中查看)

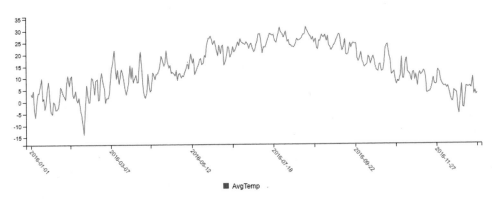

图 10.16 将纽约地区的日平均温度呈现为时间序列图表

为正确呈现时间序列数据，必须对图表定义做一些小的更改。代码清单 10.7 中显示了更新后的图表定义。首先，我们将 X 轴设置为 Date 列，当然，已经不是第一次这样做了。

最重要的一点是，将 X 轴的 type 设置为 timeseries。现在，C3 将 Date(日期)序列解释为 "日期/时间"值。在此示例中，我们还没有使用时间，但是你也可以轻松地将时间添加到日期格式中。

代码清单 10.7 使用格式化的日期作为 X 轴的标签来呈现时间序列图表(摘录自 listing-10.7/public/app.js)

```
var chart = c3.generate({
    bindto: "#chart",
    data: {
        json: data,
        keys: {
            x: "Date",            ← 使用日期作为 X 轴
            value: [ "AvgTemp" ]
        }
    },
    axis: {
        x: {
            type: 'timeseries',   ← 将 X 轴的 type 设置为 timeseries
            tick: {
                rotate : 50,      ← 旋转 X 轴, 使其不再处于水平方向, 从而改善布局
                format: '%Y-%m-%d',  ← 对字符串进行格式设置, 以便 C3 可以呈现 X 轴标签
                count: 12         ← 显示呈现的最大标记单位/标签数量, 使其不至于过于拥挤
            }
```

```
        }
    },
    point: {
        show: false        ←──   禁止呈现点,以使图表看起来
    }                             不是非常拥挤
});
```

代码清单 10.7 中需要注意的其他更改都是修饰性的表面更改。我们已经通过设置标记单位标签的格式和旋转来改善图表的外观。

10.5　使用 C3 创建的其他图表类型

我们已经了解了如何使用 C3 创建折线图,但是,如何创建其他图表类型呢?这完全取决于图表定义。可以更改图表定义,将折线图改为其他任何图表类型。对于条形图来说,更改操作非常简单,但对于饼图和散点图,要对数据做一些准备工作。

10.5.1　条形图

图 10.17 是一个条形图,显示 2016 年纽约地区的每月温度数据。生成此条形图的代码与代码清单 10.4 中用于生成折线图的代码几乎完全相同。当然,我们对数据进行了替换。此图表中显示的数据是从原始数据生成,使用之前在第 9 章中介绍的分组和汇总技术。

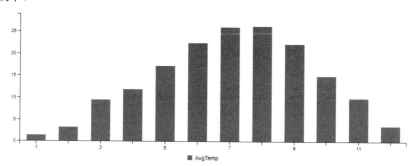

图 10.17　以条形图形式显示 2016 年纽约地区的月平均温度

可使用代码清单 10.4 中的代码,并在此基础上更改数据,然后执行另外一项操作,那就是将图表类型更改为条形图。如代码清单 10.8 所示,我们将 data 部分中的 type 字段更改为 bar。就是这么简单!

只需执行上述操作，即可将折线图转换为条形图。代码清单 10.8 并未包含在
Chapter-10 代码库中，不过，你可以自行编写对应的代码，只需要在代码清单 10.4 的
基础上将 type 设置为 bar。你获得的结果可能会与图 10.17 有所不同(为此，你需要更
新数据)，但图表形式将是条形图。

代码清单 10.8　将折线图更改为条形图

```
var chart = c3.generate({
    bindto: "#chart",
    data: {
        json: data,
        keys: {
            x: "Month",
            value: [ "AvgTemp" ]
        },
        type: "bar"          ◄──────  将图表类型更改为 bar，图表将
    }                                呈现为条形图，而不是折线图
});
```

10.5.2　水平条形图

将垂直条形图转换为水平条形图同样非常简单，如图 10.18 所示。

代码清单 10.9 显示了为使条形图转换为水平方向而对代码清单 10.8 中的代码进行
的细小更改。将 axis 部分中的 rotated 字段设置为 true。现在，图表即已转换为水平条
形图！

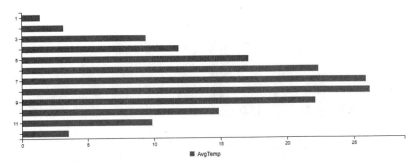

图 10.18　以水平条形图的形式显示 2016 年纽约地区的月平均温度

代码清单 10.9　将垂直条形图转换为水平条形图

```
var chart = c3.generate({
    bindto: "#chart",
```

```
data: {
    json: data,
    keys: {
        x: "Month",
        value: [ "AvgTemp" ]
    },
    type: "bar"
},
axis: {
    rotated: true          ◄────── 旋转条形以创建水平条形图
}
});
```

10.5.3　饼图

饼图非常适合显示各个部分与整体的比较情况。将温度数据插入饼图中似乎有点奇怪，如图 10.19 所示，但实际上这样做是有目的的。在这里，通过在饼图中查找最大和最小的扇区，可以轻松地选出纽约地区最热和最冷的月份。此外，还可使用不同的颜色来帮助识别最热和最冷的月份。

生成饼图的数据准备工作与本章中其他类型的图表有一些不同，因此代码清单 10.10 要更大一些。在此代码清单中，将数据组织为一个 JavaScript 对象，其中每个月份的名称映射到该月的平均温度。饼图的图表定义比较简单，但数据准备工作相对比较复杂，而导致整个过程更困难一些。

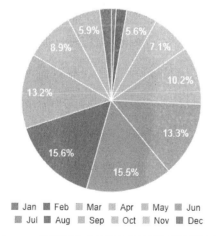

图 10.19　以饼图形式显示纽约地区的月平均温度

代码清单 10.10　重新构造数据并呈现饼图(listing-10.10/public/app.js)

```
var monthNames = [
    // ... 用于指定每个月的名称的数组 ...
];

var monthColor = [
    // ... 用于指定图表中每个月的颜色的数组 ...
];

function getMonthName (monthNo) {        ◄──────── 根据月份编号获
    return monthNames[monthNo-1];                   取月份名称
}

function getMonthColor (monthNo) {       ◄──────── 获取要用于对应
    return monthColor[monthNo-1];                   月份的颜色
}

$(function () {

    $.get("/rest/data")
        .then(function (data) {
            var chartData = {};
            var chartColors = {};                   ◄── 重新构造数据以便生
            for (var i = 0; i < data.length; ++i) {      成饼图
                var row = data[i];
                var monthName = getMonthName(row.Month);
                chartData[monthName] = row.AvgTemp;  ◄──┐
                chartColors[monthName] = getMonthColor(row.Month);
            }                                           │
                                            按月份组织温度数据

            var chart = c3.generate({
                bindto: "#chart",
                data: {
                    json: [ chartData ],
                    keys: {
                        value: monthNames
                    },                              ◄── 将图表类型更改为 pie
                    type: "pie",
                    order: null,
```

```
                    colors: chartColors
                }
            });
        })
        .catch(function (err) {
            console.error(err);
        });
    });
```

饼图非常适合显示特定时间点的数据组成快照,但不能轻松地表示时间序列数据。如果你想要查找一种可用于将各部分与整体进行比较(如饼图)但要反映随时间变化情况的图表,可以考虑使用堆叠条形图。

10.5.4　堆叠条形图

图 10.20 显示了一个具有两个数据序列的条形图。这种条形图可用于对数据进行并排比较。这个条形图具有两个数据序列,就像图 10.12 所示的折线图,只是将图表类型设置为 bar。

我们可以轻松地将包含两个数据序列的条形图(如图 10.20 所示)转换为堆叠条形图。转换后的结果如图 10.21 所示。

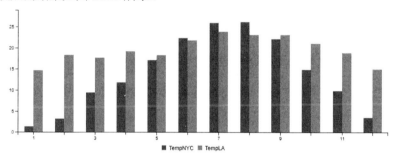

图 10.20　一个正常的条形图,用于比较纽约地区和洛杉矶地区的月平均温度

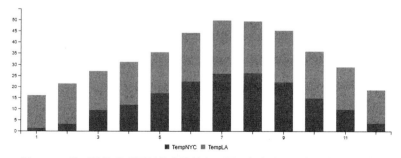

图 10.21　将正常的条形图转换为堆叠条形图可能有助于对各部分进行比较

可将数据序列组织到不同的组中，从而像这样将它们堆叠到一起。在代码清单
10.11 中，使用 groups 字段对数据序列进行分组并创建图 10.21 所示的堆叠条形图。代
码库中没有代码清单 10.11 对应的代码，但是，你可以自己轻松地进行创建，只需对
代码清单 10.5 进行一些细小修改即可。还等什么，赶快动手创建吧。

代码清单 10.11　根据两个数据序列创建堆叠条形图

```
var chart = c3.generate({
    bindto: "#chart",
    data: {
        json: data,
        keys: {
            x: "Month",
            value: [ "TempNYC", "TempLA" ]
        },
        type: "bar",        ◀────────────────  将图表类型改为 bar
        groups: [
            [ "TempNYC", "TempLA" ]   ◀────────  将数据序列分组到一起，以便
        ]                                        在呈现图表时堆叠显示
    }
});
```

10.5.5　散点图

散点图差不多要算是我最喜欢的图表类型了，这种图表可以使用 C3 轻松创建。
正如我们之前在第 9 章中学到的，散点图用于识别数据变量之间的关系。图 10.22 是
显示降雨量与雨伞销量关系的散点图，你可能还记得，在第 9 章中，我们曾经看到过
它。下面来了解一下如何创建此图表，然后改进外观。

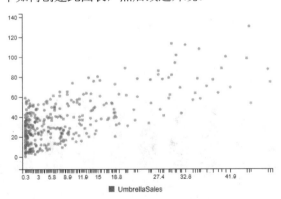

图 10.22　纽约地区降雨量与雨伞销量关系的散点图

代码清单 10.12 显示了创建散点图所需的简单图表定义。使用 Precipitation(降雨量)列作为 X 轴，使用 UmbrellaSales 列作为 Y 轴。与其他图表的不同之处在于，将 type 字段设置为 scatter。就这么简单，我们已经创建了一个散点图。一点也不难，对吧！

代码清单 10.12　创建一个散点图,用于反映纽约地区的降雨量与雨伞销量的关系(摘录自 listing-10.12/public/app.js)

```
var chart = c3.generate({
    bindto: "#chart",
    data: {
        json: data,
        keys: {                              在散点图中使用降雨量作为 X 轴
            x: "Precipitation",
            value: [ "UmbrellaSales" ]       在散点图中使用雨伞销量作为 Y 轴
        },
        type: "scatter"       将图表类型设置为 scatter
    }
});
```

10.6　改善图表的外观

我们有很多方法来改善图表，首先是通过一些简单的内置选项，最后可以使用 D3 进行高级的自定义设置。在这一节中，将为你介绍一些简单选项。

再来看一下图 10.22 所示的散点图。X 轴上的标记单位都挤在一起。我们来解决这一问题并做一些其他改进。

我们可以轻松地控制轴上呈现的标记单位的数量以及标记单位的标签格式。在图 10.23 中，对散点图进行了清理，为 X 轴和 Y 轴添加了合理排列的标签，隐藏了图例(对于此特定的图表，图例并没有添加任何有用的内容)。

代码清单 10.13 显示了对代码清单 10.12 做出的更改和添加的内容，以便获得所需的图表格式。注意，已经为轴和标记单位设置标签，并对其进行了格式设置和位置排列。图例已禁用，以使图表不那么拥挤。

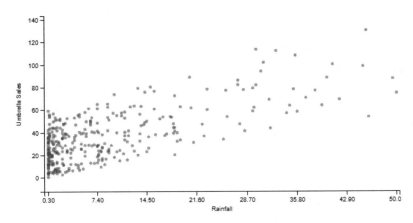

图 10.23　合理地设置轴标签格式并隐藏图例的散点图

代码清单 10.13　各种视觉改善已应用于散点图(摘录自 listing-10.13/public/app.js)

```
var chart = c3.generate({
    bindto: "#chart",
    data: {
        json: data,
        keys: {
            x: "Precipitation",
            value: [ "UmbrellaSales" ]
        },
        type: "scatter"
    },
    axis: {
      x: {
        label: {
            text: 'Rainfall',
            position: 'outer-center',
        },
        tick: {
            count: 8,
            format: function (value) {
                return value.toFixed(2);
            }
        }
      },
      y: {
        label: {
```

设置 X 轴的标签文本

在合适的位置放置 X 轴标签

将 X 轴上的最大标记单位数设置为 8，以保持合理的间距

将 X 轴标记单位标签舍入为两位小数

```
              text: 'Umbrella Sales',          设置 Y 轴的标签文本
              position: 'outer-middle'          设置 Y 轴标签的位置
         }
      }
   },
   legend: {
      show: false                    禁用图例。我们不需要它，将其
   }                                 隐藏可以降低图表的拥挤度
});
```

可以对此图表进行更多的改进，包括交互式功能，例如添加动画效果以及动态添加新的数据点。默认情况下，C3 图表是交互式的，因此，我们已获得适当的工具提示以及图例，通过图例，可以重点关注每个数据序列。

10.7　处理自己的项目

正如之前所说，你可以使用本章中的任何代码清单作为模板或起点来处理自己的 C3 可视化项目。如果想要生成折线图或条形图，你可以在代码清单 10.2(不需要使用 Web 服务器)或代码清单 10.4(需要使用 Web 服务器)的基础上进行更改。如果你想要生成饼图，可以从代码清单 10.11 开始修改。如果你想要生成散点图，可以使用代码清单 10.13 作为起点。接下来，添加自己的数据文件。你可以在本书的其他章节对应的 GitHub 代码库中找到其他示例 CSV 和 JSON 文件。然后，根据自己的需要将图表类型设置为折线图、条形图、饼图或散点图。最后，对图表进行调整，使其看起来更美观。

操作过程概括如下：

(1) 从 Chapter-10 GitHub 代码库复制代码清单 10.2 或代码清单 10.4(或者从头开始创建你自己的模板 Web 应用程序)。

(2) 将项目中的数据文件替换为你选择的新数据。

(3) 设置图表类型。

(4) 调整图表定义以使其看起来更美观。

可以通过 C3 库生成各种标准图表。除此之外，C3 还可提供更多内容：其他图表类型、能够合并图表类型、更多配置选项、使用 D3 进行自定义以及对交互性的支持。可浏览它们的示例库和文档以了解更多内容。

在这一章中，我们介绍了基于 Web 的交互式图表，但这与第 9 章中用于进行数据分析的图表并不完全一样。回顾一下，当时是在 Node.js 中呈现图表的(在服务器端)，

甚至不曾打开浏览器。我们可以轻松地在 Node.js 中呈现图表，在 Node.js 中进行探索性编码但不需要或者不希望使用交互式可视化结果时，这非常有用。在接下来的第 11 章中，我们将继续可视化之旅，了解如何通过 Node.js 在服务器端呈现图表。

小结

- 介绍最常见的图表类型：折线图、条形图、饼图和散点图，以及如何使用 C3 创建这些图表类型。
- 使用了 live-server 来快速开始生成可视化结果，而不必创建 Web 服务器。
- 创建了自定义 Web 服务器和 REST API 以控制如何为基于浏览器的可视化结果提供数据。
- 最后，介绍如何设置轴和标记单位标签的格式以使图表看起来更美观。

第 *11* 章

服务器端可视化

本章内容提要:
- 使用 Node.js 呈现图表和可视化结果
- 构建可重用的图表呈现函数以便在执行探索性数据分析时使用
- 使用无头浏览器将网页捕捉到 PNG 图像文件和 PDF 文档
- 通过无头浏览器进行更深层次的网页爬取

执行探索性编码(第5章)或数据分析(第9章)时,我们希望呈现图表和可视化结果,以探索并了解数据内容。在前面的第10章中,我们了解了如何为浏览器创建基于 Web 的交互式可视化结果。这是在 JavaScript 中创建可视化结果的常用方式。基于浏览器的可视化技术应用非常广泛,并得到大家的一致认可,你可以轻松地在网上找到相关的帮助信息。

如果不使用浏览器会怎么样?如果希望直接通过 Node.js 在服务器上呈现图表和可视化结果,该怎么办?没有问题,我们可以实现这一操作,不过与基于浏览器的可视化有所不同,这并不是常用的方式,在线查找所需的帮助可能会比较困难。

不过,首先,你可能想要了解为什么在服务器端呈现图表非常有用?在执行探索性数据分析(即之前在第9章中执行的操作)时,我们可以轻松、便捷地直接通过 Node.js 呈现图表。这种数据分析方法在 Python 中非常常见,如果我们可以在 Node.js 中复制这种方法,将会产生非常好的效果。

对我们来说,在服务器端预呈现可视化结果也是一项非常有用的功能。可执行此操作，以生成报告或者预先缓存图像用于在网页上显示。在服务器端呈现可视化结果非常有用，尽管设置过程比较复杂，并且存在一定的难度，我仍然认为这样做是非常值得的，为了便于以后重复使用，我们可以将这项技术添加到工具包中。

回顾一下，之前在第 9 章中我们已经运用了各种数据分析技术，并且呈现了各种图表来说明这些技术。通过调用诸如 renderLineChart 和 renderBarChart 的工具包函数，我们从 Node.js 创建了这些图表。在第 9 章中，已经为你提供了这些函数。但在这一章中，你将了解到如何在 Node.js 中创建此类函数并呈现静态可视化结果。

11.1　扩展工具包

如果想要在 Node.js 中呈现图表，该如何操作呢？在浏览器中操作时，我们可以使用很多可视化库，不过正常情况下，我们不能直接从 Node.js 使用其中的任何选项。如果可以任意选择基于浏览器的可视化库并从 Node.js 使用它们，是不是会更好？

在这里，我要说的是，你可以在 Node.js 中使用任何基于浏览器的可视化库来创建可视化结果，不过，仍然需要在后台运行 Web 浏览器。在这一章中，我们将使用一种称为"无头浏览器"的浏览器，以便能够在 Node.js 下使用基于浏览器的可视化库。

无头浏览器实际上也属于 Web 浏览器，但它没有可见的用户界面。你可以将其当成一种不可见的浏览器。在这一章中，我们会将 Nightmare 添加到工具包中。Nightmare 是一种 Node.js 库，可以通过 npm 进行安装。通过此库，你可以按照无头的方式控制 Electron Web 浏览器。你不需要直接使用 Electron，只能通过 Nightmare API 以代码的形式对其进行控制。注意，Electron 是一种与 Chrome 或 Edge 类似的 Web 浏览器，这一点非常重要。实际上，我们之所以说它类似于 Chrome，是因为二者基于同样的开放源代码库构建而成。

无头浏览器可用于执行很多任务，但我们主要关注如何使用它在 Node.js 中呈现可视化结果和报告。我们将了解如何从 Node.js 远程控制无头浏览器，并将基于 Web 的图表和可视化结果捕捉到静态图像文件中。在此过程中，我们将再次创建之前在第 9 章中使用的 renderLineChart 函数，这只是一个示例函数，我们可以使用此类函数从 Node.js 呈现图表，而不需要显式地创建基于 Web 的可视化结果或与之交互，尽管仍然需要在后台运行基于 Web 的可视化！我们还将了解如何使用这些技术来呈现多页 PDF 报告，其中包含图形和图表。

11.2　获取代码和数据

本章对应的代码和数据可以在 GitHub 上的 Chapter-11 代码库中获得，网址为 https://github.com/data-wrangling-with-javascript/chapter-11。代码库中的每个子目录都是一个完整的、可运行的示例，并且对应于本章中的一个代码清单。在尝试运行每个子目录中的代码之前，请确保根据需要安装 npm 和浏览器依存项。

代码清单 11.11 提供了一段 Vagrant 脚本，用于演示如何在 Linux 无头服务器上使用这项技术。如果你需要有关获取代码和数据的帮助，请参见前面第 2 章中的 2.3 节。

11.3　无头浏览器

说到 Web 浏览器，通常我们想到的就是图形软件，可以在日常浏览万维网时与之交互。一般情况下，我们会直接与此类浏览器进行交互，用肉眼查看其内容，并使用鼠标和键盘等设备对其进行控制，如图 11.1 所示。

无头浏览器是一种没有图形用户界面的 Web 浏览器，无法直接对其进行控制。你可能会问，不能直观查看或直接与之交互的浏览器可以用来干什么呢？

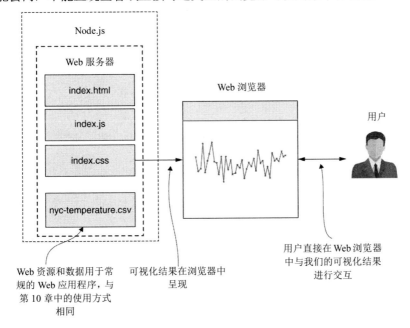

图 11.1　正常状况：可视化结果在浏览器中呈现，用户直接与浏览器进行交互

作为开发人员，我们通常会使用无头浏览器对网站进行自动化处理和测试。假定你创建了一个网页，想要对其运行一整套自动化测试，验证其是否按预期操作。这组测试是自动执行的，这意味着通过代码对其进行控制，因此，我们需要通过代码驱动浏览器。

之所以使用无头浏览器进行自动化测试，是因为不需要直接查看要测试的网页或与之交互。不必查看此类自动化测试的进度，只需要知道测试结果是通过还是失败；如果失败，我们需要知道失败的原因。实际上，对于持续集成或持续部署服务器，使用带有 GUI 的浏览器反而会成为阻碍，这种情况下，我们需要并行运行很多此类测试。

无头浏览器通常用于对网页执行自动化测试，不过，我还发现，也可以使用它们来捕捉基于浏览器的可视化结果并将其输出到 PNG 图像或 PDF 文件。如果想要执行此操作，需要使用 Web 服务器和可视化，相关内容已在前面的第 10 章中介绍。然后，必须编写代码，实例化无头浏览器并在 Web 服务器中指向它。接下来，通过代码指示无头浏览器获取网页屏幕快照，并以 PNG 或 PDF 文件格式保存到文件系统。

如果想要查看更具体的示例，见图 11.2。这里使用了第 10 章中的纽约地区温度图表，通过无头浏览器捕获了一个屏幕快照并将其保存为 nyc-temperature.png 文件。很快，我们就将了解到执行此操作是多么简单，至少在开发方面是这样。在本章结束时，我们将勇敢地面对在生产环境中执行此操作所遇到的各种困难。

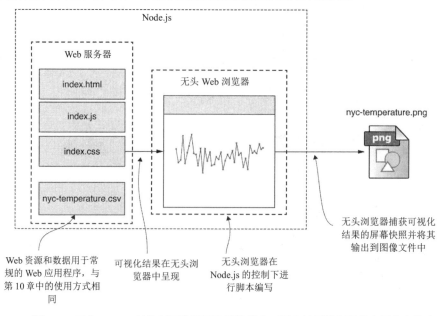

图 11.2 可在 Node.js 的控制下使用无头浏览器将可视化结果捕捉到静态图像文件中

11.4 使用 Nightmare 进行服务器端可视化

Nightmare 是我们要使用的无头浏览器。它是一个 Node.js 库(使用 npm 安装),基于 Electron 构建而成。Electron 是构建基于 Web 技术的跨平台桌面应用程序时经常会用到的一种 Web 浏览器。我们不需要直接与 Electron 进行交互,也不需要了解其使用方式,我们只会通过 Nightmare 与其进行交互,并且可以将 Electron 认为是标准 Web 浏览器。

11.4.1 为什么使用 Nightmare?

尽管这种浏览器称为 Nightmare,但使用起来非常方便,对用户来说绝对不是噩梦般的体验。实际上,它是我使用过的最简单也最方便的无头浏览器。它自动包含 Electron,因此,如果想要开始使用它,只需要将 Nightmare 安装到 Node.js 项目中,命令代码如下:

```
npm install --save nightmare
```

只需执行上述命令即可安装 Nightmare,安装后,可以立即开始通过 JavaScript 使用它!

Nightmare 几乎附带了我们需要的所有内容:包含嵌入式无头浏览器的脚本库。此外,还包含用于从 Node.js 控制无头浏览器的通信机制。对于绝大多数方面,它都与 Node.js 无缝集成,只是 API 还需要慢慢熟悉。

在接下来的几节中,将构建一个新的函数,用于在 Node.js 下呈现图表。会将此函数添加到工具包中,你可在开发工作站中重用该函数以进行探索性编码和数据分析。

如果要在生产环境中使用,比如说构建一个自动报告系统,使用 Nightmare 要更复杂一些。我们需要执行一些额外的工作,不过,在本章后面的内容中,我们将学习如何应对这些困难。

> **不要与 Nightmarejs 混淆**
> 请不要将 Nightmare 与 npm 上的旧版 Nightmarejs 软件包混淆。在某些地方,它们可能相互关联,但目前来说,很明显它们是不同的。之所以说它们是不同的,原因在于 Nightmarejs 已经很多年没有更新了,而 Nightmare 经常会更新。

11.4.2　Nightmare 和 Electron

使用 npm 安装 Nightmare 时，它会自动附带一个嵌入式版本的 Electron。可以说，Nightmare 不仅是一个控制无头浏览器的库，它实际上就是无头浏览器。这是另一个让我对 Nightmare 青睐有加的原因。对于其他一些无头浏览器，控制库是分离的，或者情况还要更糟，它们根本没有 Node.js 控制库。在最坏的情况下，你需要加入自己的通信机制来控制无头浏览器。

Nightmare 使用 Node.js child_process 模块创建 Electron 进程的一个实例。然后，使用进程间通信和自定义协议来控制 Electron 实例。它们之间的关系如图 11.3 所示。

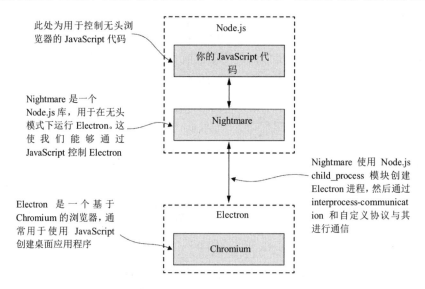

图 11.3　Nightmare 使我们能够控制作为无头浏览器运行的 Electron

Electron 基于 Node.js 和 Chromium 构建，通过 GitHub 维护。它是其他很多流行桌面应用程序的基础，不过，从我们的角度来看，可将其视为一个普通的 Web 浏览器。

之所以选择使用 Nightmare，而不是其他任何无头浏览器，原因如下：

- Electron 比较稳定。
- Electron 具备很好的性能。
- API 非常简单且容易学习。
- 没有复杂的配置(你可以快速开始使用)。
- 与 Node.js 完美集成。

需要说明的是，如果想要在生产环境中使用 Electron，可能有点困难，不过很快就会着手解决这一问题。

11.4.3　操作过程：使用 Nightmare 捕捉可视化结果

下面分析将可视化结果呈现到图像文件的过程。一开始，数据将硬编码到可视化结果中。在迭代并发展演化代码的过程中，将构建一个新的工具包函数，用于呈现图表。最后，希望将数据从 Node.js 传输到此图表中，这意味着数据必须是可视化结果的外部数据。

下面列出了我们希望实现的完整过程：

(1) 采集数据。

(2) 启动本地 Web 服务器用于承载可视化结果。

(3) 将数据添加到 Web 服务器。

(4) 实例化无头浏览器并在本地 Web 服务器上指向它。

(5) 等待可视化结果显示出来。

(6) 将可视化结果的屏幕快照捕捉到图像文件。

(7) 关闭无头浏览器。

(8) 关闭本地 Web 服务器。

整个过程看起来似乎有点复杂，不过不用担心，按照通常的做法，先从简单的操作开始，然后通过多次迭代逐步实现复杂的操作。最后，会将整个过程封装成一个简单便捷且易于重用的工具包函数。

11.4.4　为呈现可视化结果做好准备

首先，需要获得一个可视化结果。一开始，将使用来自前面第 10 章中你非常熟悉的一个可视化结果。图 11.4 显示的是纽约地区年平均温度的图表。

此图表对应的代码如代码清单 11.1a 和代码清单 11.1b 所示。具体的代码与第 10 章中的代码清单 10.3 类似。现在，可使用 live-server 对此图表进行测试(与之前在第 10 章中执行的操作相同)：

```
cd listing-11.1
bower install
live-server
```

在 listing-11.1 子目录中运行 live-server 将自动打开一个浏览器，你应该看到与图 11.4 类似的可视化结果。

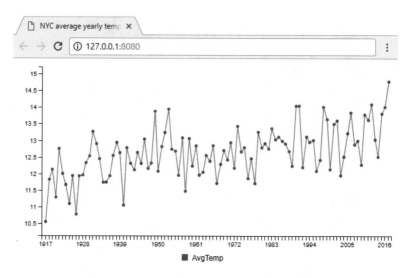

图 11.4　我们将使用第 10 章中的图表：纽约地区年平均温度

　　尝试在无头浏览器中捕捉你的可视化结果之前，建议你先在一个浏览器中检查一下，确认它可以直接在其中正常显示，因为很可能会存在一些问题。在实际的浏览器中解决问题要比在无头浏览器中解决容易得多。

代码清单 11.1a　基于浏览器的可视化的 HTML 文件(listing-11.1/index.html)

```
<!doctype html>
<html lang="en">
    <head>
        <title>NYC average yearly temperature</title>

        <link href="bower_components/c3/c3.css" rel="stylesheet">
    </head>
    <body>
        <div id='chart'></div>        ◀——  这是一个占位符，在这里呈现
                                            C3 图表

    <script src="bower_components/jquery/dist/jquery.js"></script>
    <script src="bower_components/d3/d3.js"></script>
    <script src="bower_components/c3/c3.js"></script>
    <script src="bower_components/papaparse/papaparse.js"></script>
    <script src="app.js"></script>        ◀—— 包含 JavaScript 文件以用于基
                                                  于浏览器的可视化
    </body>
</html>
```

代码清单 11.1b　基于浏览器的可视化的 JavaScript 文件(listing-11.1/app.js)

```javascript
function renderChart (bindto, data, size) {        ← 此辅助函数将图表呈现到
    var chart = c3.generate({                          页面上的某个特定元素
        bindto: bindto,
        size: size,
        data: {
            json: data,
            keys: {
                x: "Year",
                value: [
                    "AvgTemp"
                ]
            }
        },
        transition: {
            duration: 0                    ← 在捕捉静态图像时禁用动
        }                                     画过渡
    });
};


$(function () {

    $.get("nyc-temperature.csv")           ← 从 Web 服务器获取 CSV
        .then(function (response) {            数据文件
            var parseOptions = {
            header: true,
            dynamicTyping: true
                                               将 CSV 数据解析为
            };                                 JavaScript 数据
            var parsed = Papa.parse(response, parseOptions);
            renderChart("#chart", parsed.data);    ← 使用 C3 呈现图表
        })
        .catch(function (err) {
            console.error(err);
        });
});
```

　　这里需要说明一下，代码清单 11.1b 中添加了一项非常重要的内容。看一下图表
定义，你会注意到，我将动画过渡的持续时间设置为零。实际上，这会在 C3 图表中
禁用动画。在这里，动画没有什么实际用处，因为我们将图表呈现为静态图像，并且

动画可能会导致捕捉的图像文件中出现问题，因此最好禁用动画。

默认情况下，C3 会以动画形式将数据填充到图表中，这意味着数据将采用淡入的形式。如果在捕捉图像时出现这种情况(属于计时问题)，我们最后将捕捉半透明的图表，这可能并不是我们想要的结果，而且效果也会不一致。在我第一次使用这种方法呈现可视化结果时，就遇到了图表半透明的问题，当时怎么也找不到出现问题的原因，这几乎让我发疯。

11.4.5　启动 Web 服务器

为了承载可视化结果，需要使用 Web 服务器。再次强调一下，可以重用第 10 章中的代码，以此为基础进行增补、修改。注意，可让文件系统为网页提供支持，只需要将无头浏览器指向 index.html 并在其前面加上 file://protocol。在面对较为简单的情况时，这种方法通常会产生较好的效果，但需要通过一种自定义的方式将数据传送到可视化结果，因此，我们直接介绍如何使用自定义 Node.js Web 服务器来承载可视化结果。

注意，根据你的具体要求，可能并不需要使用自定义 Web 服务器。你可以对自己的流程进行简化，例如使用文件系统为可视化提供支持，或者使用诸如 live-server 的即时可用的库。

代码清单 11.2 显示了 Web 服务器的代码。代码内容与第 10 章中的代码清单 10.4 类似。尝试在无头浏览器中捕捉可视化结果之前，我们先进行一下测试，看它是否能在普通的浏览器中正常显示：

```
cd listing-11.2
cd public
bower install
cd ..
npm install
node index
```

现在，打开一个常规的 Web 浏览器并使其指向 http://localhost:3000。你看到的图表应该与之前在图 11.4 中看到的纽约地区年平均温度图表相同。

代码清单 11.2　基于浏览器的可视化的基本 Node.js Web 服务器(listing-11.2/index.js)

```
const express = require('express');
const path = require('path');

const app = express();
```

```
const staticFilesPath = path.join(__dirname, "public");
const staticFilesMiddleWare = express.static(staticFilesPath);
app.use("/", staticFilesMiddleWare);

app.listen(3000, () => {
    console.log("Web server listening on port 3000!");
});
```

使我们的 public 子目录可以通过 HTTP 访问

启动 Web 服务器

这是一个简单的 Web 服务器，但不足以满足需求。我们还需要动态启动和停止 Web 服务器。

11.4.6　以程序方式启动和停止 Web 服务器

我们来对 Web 服务器进行一些更改，以通过编程方式启动和停止它。将在捕捉可视化结果之前启动 Web 服务器，然后在捕捉完成后将其停止。

为了实现这一目的，可对代码清单 11.2 中的代码进行升级。首先将 Web 服务器重构为一个单独的可重用代码模块，如代码清单 11.3a 所示。

代码清单 11.3a　将 Web 服务器重构为一个可重用的代码模块(listing-11.3/web-server.js)

将 Web 服务器启动封装在一个 Promise 中

```
const express = require('express');
const path = require('path');

module.exports = {
    start: () => {
        return new Promise((resolve, reject) => {
            const app = express();

            const staticFilesPath = path.join(__dirname,"public");
            const staticFilesMiddleWare = express.static
            (staticFilesPath);
            app.use('/', staticFilesMiddleWare);

            const server = app.listen(3000, err => {
                if (err) {
                    reject(err);
                }
                else {
```

导出一个 start 函数，以便主模块可以在空闲时启动 Web 服务器

使 public 子目录可以通过 HTTP 进行访问

启动 Web 服务器

处理在启动 Web 服务器时可能发生的任何错误

```
            resolve(server);  ◀━━━ 通知 Web 服务器正常启动
        }
    });
  });
}
}
```

代码清单 11.3a 中的代码模块导出了一个 start 函数，我们可以调用该函数以启动 Web 服务器。代码清单 11.3b 中显示了使用此函数的一个示例，其中，我们启动了 Web 服务器，随后又将其停止。在这之间，你可以看到一个占位符，很快我们就会在这里添加代码以呈现网页并捕获屏幕快照。

代码清单 11.3b　使用可重用的代码模块启动和停止 Web 服务器(listing-11.3/index.js)

```
const webServer = require('./web-server.js');  ◀━━━ 需要使用可重用的
                                                     Web 服务器模块
webServer.start()  ◀━━━ 启动 Web 服务器
    .then(server => {
        console.log("Web server has started!");

        // ... 在这里，对 Web 服务器执行某些操作
        // 例如，捕获网页的屏幕快照或者
        // 对其运行自动集成测试 ...

        server.close();  ◀━━━ 使用完成后停止 Web 服务器
    })
    .then(() => {
        console.log("Web server has stopped.");
    })
    .catch(err => {
        console.error("Web server failed to start :(");
        console.error(err);
    });
```

这种启动和停止 Web 服务器的技术还可以用于在网站上执行自动集成测试。想象一下，可将代码清单 11.3b 中的占位符注释替换为一系列测试，对网页进行检查以了解其响应情况。在后面的第 14 章中，我们还将再次介绍自动化测试的相关内容。

现在，我们已经拥有了基于浏览器的可视化结果，同时也拥有可以根据需要启动和停止的 Web 服务器。这些就是捕捉服务器端可视化结果所需的内容。我们来使用 Nightmare 将其融合到一起！

11.4.7　将网页呈现为图像

接下来，将代码清单 11.3b 中的占位符注释替换为捕获可视化结果屏幕快照的代码。代码清单 11.4 包含一些新代码，用于实例化 Nightmare，将其指向 Web 服务器，然后捕获屏幕快照。你可以运行此代码，它将呈现图表，并在 listing-11.4 目录下的 output 子目录中生成 nyc-temperatures.png 文件。

代码清单 11.4　使用 Nightmare 将图表捕捉到图像文件(listing-11.4/index.js)

```
const webServer = require('./web-server.js');
const Nightmare = require('nightmare');


webServer.start()          ← 启动 Web 服务器
    .then(server => {
        const outputImagePath = "./output/nyc-temperatures.png";
将浏览器指向我们启动的 Web 服务器
        const nightmare = new Nightmare();          ← 创建 Nightmare 实例
        return nightmare.goto("http://localhost:3000")
            .wait("svg")
            .screenshot(outputImagePath)          ← 捕获屏幕快照并保存为图像文件
            .end()          ← 结束 Nightmare 会话。所有排队的操作都已完成，无头浏览器已终止
            .then(() => server.close());
    })          ← 完成操作后停止 Web 服务器
    .then(() => {
        console.log("All done :)");
    })
    .catch(err => {
        console.error("Something went wrong :(");
        console.error(err);
    })
```

等待，直到屏幕上显示 svg 元素，表示
图表已加载

请注意 goto 函数的使用，这会指示浏览器加载可视化结果。通常情况下，加载网页需要一定的时间。加载时间可能不会太长，尤其是考虑到我们运行的是本地 Web 服务器，但我们仍面临无头浏览器完成初始加载之前被捕获屏幕快照的风险。

此外，由于我们是异步将数据加载到图表中，因此需要在捕获屏幕快照之前，确保数据已加载到图表中。正是由于这个原因，必须使用代码清单 11.4 中所示的 wait

函数，一直等到在浏览器的 DOM 中出现图表的 svg 元素，然后调用 screenshot 函数。

最后，调用 end 函数。到现在为止，实际上构建了一系列命令，用于发送到无头浏览器。end 函数将清空命令列表，然后这些命令将发送到浏览器，浏览器将访问页面，呈现图表，捕捉屏幕快照并输出文件 nyc-temperatures.png。捕捉了图像文件以后，通过关闭 Web 服务器完成所有操作。

注意，我们本来可以使用 goto 函数将浏览器发送到任何网站，而不仅仅是我们自己的 Web 服务器。原本还可以使用 file:// 协议将浏览器指向本地文件系统中的任何 HTML 文件。这样就通过这么一小段代码为你提供了强大的功能，使你可以按照程序的方式捕获任何网站或 HTML 文件的屏幕快照。

11.4.8 继续完成后续步骤之前...

到目前为止，希望我们的操作还没有让你感到难以应对，不过，它们确实开始变得越来越复杂了。在继续执行后续步骤之前，先来对之前执行的操作进行简单的整理。

很遗憾，运行代码清单 11.4 所捕获的图像具有透明的背景。为了解决这个问题，必须将可视化结果的背景颜色设置为某种纯色。在代码清单 11.5a 和代码清单 11.5b 中，你可以看到我是如何使用 CSS 将实体元素的背景设置为白色的。这使背景变为不透明的。

代码清单 11.5a　设置网页的背景(listing-11.5/public/app.css)

```
body {
        background: white;        ◄────────── 将网页的背景设置为纯白色
}
```

代码清单 11.5b　将 app.css 添加至基于浏览器的可视化结果(listing-11.5/public/index.html)

```
<!doctype html>
<html lang="en">
    <head>
        <title>NYC average yearly temperature</title>

        <link href="bower_components/c3/c3.css" rel="stylesheet">
        <link href="app.css" rel="stylesheet">        ◄──── 已经将 app.css 添加至基于
                                                            浏览器的可视化结果
    </head>
    <body>
      <div id='chart'></div>
```

```
    <script src="bower_components/jquery/dist/jquery.js"></script>
    <script src="bower_components/d3/d3.js"></script>
    <script src="bower_components/c3/c3.js"></script>
    <script src="bower_components/papaparse/papaparse.js"></script>
    <script src="app.js"></script>
  </body>
</html>
```

在我们为可视化结果更新 CSS 时，我希望你能明白我们在这里处理的是普通网页，并且可以向其中添加可添加到其他任何网页的各种内容：JavaScript、CSS 以及其他 Bower 模块等。你可以使用这种技术捕捉可以显示在网页上的任何内容。

在继续执行后续步骤之前，我希望执行的另一项操作是重构当前代码，以获得一个可重用工具包函数，用于捕捉网页。之所以现在要执行此操作，是因为可以通过这种方式便捷地在本章的其他部分重用和扩展此代码。代码清单 11.5c 显示了重构后的 captureWebPage 函数，我们可以使用该函数来捕捉给定 URL 的任何网页。

代码清单 11.5c　适用于服务器端图表呈现的可重用工具包函数(listing-11.5/toolkit/capture-web-page.js)

创建 Nightmare 实例

```
const Nightmare = require('nightmare');


function captureWebPage (urlToCapture,          ← 这是一个工具包函数，可
    captureElementSelector, outputImagePath) {     以将URL指定的网页捕捉
                                                    到指定的图像文件

    const nightmare = new Nightmare();
            return nightmare.goto(urlToCapture)   ← 将浏览器指向请求的网页
       .wait(captureElementSelector)
       .screenshot(outputImagePath)              ← 捕获屏幕快照并保存为
       .end();                                       图像文件
    };


    module.exports = captureWebPage;              ← 导出此函数以便在其他
                                                     代码模块中使用
```

等待，直到屏幕上出现指定的 HTML 元素

结束 Nightmare 会话。所有排队的操作都已完成，无头浏览器已终止

代码清单 11.5d 是一个说明如何使用新的工具包函数 captureWebPage 捕捉可视化结果的示例。

代码清单 11.5d　使用可重用工具包函数呈现服务器端图表(listing-11.5/index.js)

```javascript
const webServer = require('./web-server.js');
const captureWebPage = require('./toolkit/capture-web-page.js');    ◄─── 需要使用新的工具包函数

webServer.start()
    .then(server => {
      const urlToCapture = "http://localhost:3000";
      const outputImagePath = "./output/nyc-temperatures.png";
      return captureWebPage(urlToCapture, "svg", outputImagePath)    ◄─── 使用此函数呈现并捕捉图表
          .then(() => server.close());
    })
    .then(() => {
        console.log("All done :)");
    })
    .catch(err => {
        console.error("Something went wrong :(");
        console.error(err);
    });
```

现在，我们已经具备了可重用代码模块的梗概，接下来对其进行一些改进并解决其中的一些问题。

11.4.9　捕捉完整的可视化结果

如果你仔细观察到目前为止我们已经捕捉的可视化结果，可能会注意到，我们在图表周围捕捉了一些不必要的空间！之所以会出现这种情况，是因为我们捕捉的是浏览器的整个可见区域。而我们想要的是，将屏幕快照限制为仅包含图表的对应区域。

还有一种情况，那就是图表比较大，无法在浏览器的可见区域中完全显示。而且，在我们捕捉的图像中，会看到浏览器的滚动条，只能显示图表的一部分。

为解决这些问题，我们需要执行以下两项操作：

(1) 扩展浏览器的可见区域，使其可以完全包含图表(以便我们不会捕捉到任何滚动条)。

(2) 将屏幕快照限制为图表区域(以便我们不会捕捉到任何额外的空间)。

对于这个问题，我们的解决方案比较复杂，因为现在我们必须在无头浏览器中执行代码以确定图表的大小和网页的大小。

代码清单 11.6 是一个扩展的代码示例，无论图表的大小如何，都可以捕捉整个图表。请注意我们如何使用 evaluate 函数在无头浏览器中执行 JavaScript 代码。此代码可以确定图表的大小以及网页的可滚动区域。然后，Nightmare 将此数据从无头浏览器进程复制回 Node.js，以便我们可以使用它。

现在，我们调用 viewport 函数以便扩展浏览器的视口(viewport)并使网页的整个可滚动区域可见。这样，就不会在捕捉的图像中显示滚动条。

此外，我们也对 screenshot 函数调用进行了修改，传入一个矩形，用于定义希望捕捉的网页部分。这将对屏幕快照进行限制，使其仅捕捉图表区域，而不会捕捉网页上可能显示的其他任何内容。

代码清单 11.6　捕捉整个图表(listing-11.6/toolkit/capture-web-page.js)

在 DOM 中查找要捕捉的 HTML 元素

```
function captureWebPage (urlToCapture, captureElementSelector,
    outputImagePath) {

    const nightmare = new Nightmare();
     return nightmare.goto(urlToCapture)
        .wait(captureElementSelector)
        .evaluate(captureElementSelector => {
            const body = document.querySelector("body");
            const captureElement =
                document.querySelector(captureElementSelector);
            const captureRect =
                    captureElement.getBoundingClientRect();
            return {
                documentArea: {
                    width: body.scrollWidth,
                    height: body.scrollHeight
                },
                captureArea: {
                    x: captureRect.left,
                    y: captureRect.top,
                    width: captureRect.right - captureRect.left,
                    height: captureRect.bottom - captureRect.top
                }
            };
        }, captureElementSelector)
```

在无头浏览器中评估 JavaScript 代码

查找网页的 body 元素

获取想要捕捉的区域

将在无头浏览器中计算的详细信息返回到 Node.js

返回页面的可滚动区域。我们将扩展浏览器窗口的大小，使其能够显示整个文档(不会显示任何滚动条，从而不会在屏幕快照中捕捉滚动条)

返回要捕捉的页面区域(例如图表)的矩形

```
                .then(pageDetails => {
                    return nightmare.viewport(
                        pageDetails.documentArea.width,
                        pageDetails.documentArea.height
                    )
                    .screenshot(outputImagePath,pageDetails.captureArea)
                        .end();
                });
        };
```

检索无头浏览器中计算的详细信
息。现在，可在后续的 Node.js 代
码中使用这些值

设置视口以便能够显
示图表区域

捕获屏幕快照并保存
为图像文件

请注意我们如何将 captureElementSelector 传递到 evaluate 函数。这使我们能够在
浏览器代码中使用此变量，而在 Node.js 代码中它通常会被删除。无头浏览器在单独
的进程中运行，因此，我们无法直接从浏览器代码访问 Node.js 变量。我们需要在浏
览器代码中使用的所有数据必须以参数的形式传递到 evaluate 函数。

11.4.10   为图表提供数据

现在，需要重新创建之前在第 9 章中使用的 renderLineChart 函数。我们已经具备
了在 Node.js 下呈现和捕捉图表所需的所有内容，现在需要将其打包成一个函数，以
便可以提供要可视化的数据。

第 9 章中使用的函数基于 c3-chart-maker，这是我的一个代码模块，可以通过 npm
获得，并且可以集成到你自己的 Node.js 应用程序以在服务器端呈现 C3 图表。不过，
为了便于学习，这里不会使用 c3-chart-maker。我们将基于到目前为止所学到的各种知
识从头开始实现此功能。

我们已经拥有一个 Web 服务器以及折线图对应的可视化结果。并且可以使用代码
清单 11.6 中的 captureWebPage 函数将可视化结果呈现到图像文件中。我们来对这些内
容进行调整，以便将所需的数据加入其中。为了实现此目的，必须充分利用自定义
Web 服务器。将数据传送到 Web 服务器，然后 Web 服务器会将数据提供给可视
化结果。

这些更改都将通过代码来实现。首先，需要将 Web 应用程序(如代码清单 11.7a 所
示)更改为从 Web 服务器接收数据(以及图表大小)。

代码清单 11.7a   修改 Web 应用程序，使其从 Node.js 应用程序接收数据(listing-11.7/ toolkit/
template-chart/public/app.js)

```
function renderChart (bindto, data, size) {
    var chart = c3.generate({
```

```
        bindto: bindto,
        size: size,
        data: data,        ◄──── 现在整个数据对象都从
        transition: {              Node.js 传递
            duration: 0
        }
    });
};


$(function () {
                        ┌── 使用新的 chart-data REST API，为图
                        │   表提供整个数据对象
    $.get("chart-data")  ◄───────
        .then(function (response) {
            renderChart("#chart", response.data, response.chartSize);
        })
        .catch(function (err) {
            console.error(err);
        });
});
```

接下来，必须对 Web 服务器进行修改，以向其传递数据(以及图表大小)，然后通过 REST API 将其提供给 Web 应用程序(见代码清单 11.7b)。

代码清单 11.7b　对 Web 服务器进行修改，以便将 C3 数据对象传递给 Web 应用程序(listing-11.7/toolkit/template-chart/web-server.js)

```
const express = require('express');
const path = require('path');
                        ┌── 启动 Web 服务器。通过 start 函数将 C3
                        │   数据对象传递到 Web 服务器
module.exports = {      ◄───────
    start: (data, chartSize) => {
        return new Promise((resolve, reject) => {
            const app = express();

            const staticFilesPath = path.join(__dirname, "public");
            const staticFilesMiddleWare = express.static
            (staticFilesPath);
            app.use("/", staticFilesMiddleWare);  ┌── 使数据可通过 REST API(HTTP
                                                  │   GET)用于 Web 应用程序
            app.get("/chart-data", (request, response) => {  ◄──────
                response.json({
```

```
                    data: data,
                    chartSize: chartSize,
                });
            });

            const server = app.listen(3000, err => {     ◄──────┐
                if (err) {                                 启动 Web 服务器
                    reject(err);
                }
                else {
                    resolve(server);
                }
            });
        });
    }
}
```

现在，我们可以通过 Web 服务器向折线图提供数据，并创建 renderLineChart 函数。正如你在代码清单 11.7c 中看到的，此函数接收数据、图表大小以及呈现的图像文件的输出路径。它与我们在本章中的其他部分看到的内容类似：启动 Web 服务器(但这次是向其提供数据)，然后使用 Nightmare 捕捉网页。

代码清单 11.7c 可以将数据集呈现到图表的新工具包函数 renderLineChart (listing-11.7/ toolkit/ charts.js)

```
const webServer = require('./template-chart/web-server.js');
const captureWebPage = require('./capture-web-page.js');

function renderLineChart (data,chartSize,outputImagePath){   ◄──────┐
    return webServer.start(data, chartSize)    这是一个可重用的工具包函数，用于
        .then(server => {                       将数据呈现为折线图。在指定的路径
            const urlToCapture = "http://localhost:3000";  输出一个图像文件
            return captureWebPage(urlToCapture, "svg", outputImagePath)
                .then(() => server.close());
        });
};

module.exports = {
    renderLineChart: renderLineChart,
```

```
    // ... 你可以在此处添加用于其他图表类型的函数 ...
};
```

最后，将为你介绍如何使用新函数。代码清单 11.7d 通过将硬编码数据提供给新的 renderLineChart 函数演示了此函数的用法。你可以自行运行此代码，并检查写入到 output 子目录中的图像文件。

代码清单 11.7d　调用新的 renderLineChart 工具包函数(listing-11.7/index.js)

```
const charts = require('./toolkit/charts.js');

const chartSize = {                    ◄────  指定图表的大小
    width: 600,
    height: 300
};
                                       为图表指定数据。这将直接用作 C3
                                       图表定义中的数据字段
const myData = {          ◄────
    json: [        ◄────
      {                                          通过一个小型硬编码
        "Year": 1917,                            JSON 数据显示，你可以
        "AvgTemp": 10.54724518                   在此图表中插入所需的
      },                                         任何数据
      {
        "Year": 1918,
        "AvgTemp": 11.82520548
      },
        // ... 省略了大量数据 ...
    ],
    keys: {
        x: "Year",
        value: [
            "AvgTemp"
        ]
    }
};

                                                      传入数据并将图表呈
const outputImagePath = "./output/my-output-file.png";   现到图像文件
charts.renderLineChart(myData, chartSize, outputImagePath)  ◄────
    .then(() => {
        console.log("Line chart renderered!");
```

```
  })
  .catch(err => {
    console.error("Failed to render line chart.");
    console.error(err);
  });
```

现在，我们已经拥有一个可重用的函数，用于在 Node.js 下呈现折线图。为了达到这样的结果，我们执行了大量的操作，但得到的新函数非常简单，并且易于使用。我们可以针对不同的数据集反复使用这个新函数，享受创建此函数付出的艰辛劳动所带来的成果。

尽管还有很多改进的空间，但重要的是我们得到了可以使用的成果！而且我相信，好的做法就是先保证能够正常使用，然后再逐步改进、力求完美。

可以轻松地对 renderLineChart 函数进行调整，创建自己的工具包函数，用于呈现不同类型的图表，添加不同的配置选项，或者控制图表的外观和功能。大胆地进行尝试，看看自己可以得到怎样的结果。

11.4.11　多页报告

到现在为止，我们仅仅从网页捕捉了单个图表。如果可以将多个页面的信息捕捉到 PDF 文件也会有非常大的用处，比如生成数据分析报告。Nightmare 直接支持此功能，而我们可以使用 pdf 函数捕捉多页文档。

我们来复制工具包函数 captureWebPage，将其重命名为 captureReport，然后进行以下更改，以便可以捕捉报告：

(1) 需要调整模板网页的结构，使其包含多个页面。

(2) 调用 pdf 函数，而不是 screenshot 函数。

(3) 捕捉整个网页，而不仅仅是单个图表。

1. 调整页面结构

首先，需要将 HTML 文档划分为多个页面。在输出 PDF 文件中，每个页面都将作为一个单独的页面。在代码清单 11.8a 中，你可以看到，我们向 CSS 文件中添加了 page 类，并且我们将使用此类定义每个单独的页面。

代码清单 11.8a　用于定义页面的附加 CSS(摘录自 listing-11.8/public/app.css)

此 CSS 类定义报告中的单个
页面

```
.page {                           在页面之间插入分页符
    page-break-before: always;  ◀──
```

```
    width: 29.7cm;
    height: 21cm;
}
```

设置页面的宽度和高度(以厘米为单位)。这些值与 A4 纸张的规格相符，只是采用横向形式

我们使用 page 类划分出三个单独的页面，如代码清单 11.8b 所示，并且在每个页面中放置了一个单独的图表。

代码清单 11.8b　将单独的页面添加到 HTML 文档(摘录自 listing-11.8/public/index.html)

```
<body>
    <div class="page">          ◀── 这是第一个页面
        <h1>Page 1</h1>
        <div id='chart1'></div>
    </div>
    <div class="page">          ◀── 这是第二个页面
        <h1>Page 2</h1>
        <div id='chart2'></div>
    </div>
    <div class="page">          ◀── 这是第三个页面
        <h1>Page 3</h1>
        <div id='chart3'></div>
    </div>
</body>
```

2. 调用 pdf 函数并捕捉整个页面

代码清单 11.8c 显示了新的 captureReport 函数，该函数可以将网页呈现为 PDF 文件。我们复制并改进了先前的 captureWebPage 函数。主要变化就是，我们现在捕捉整个网页，并且调用 pdf 函数将网页呈现为 PDF 文件。

代码清单 11.8c　将多页报告呈现为 PDF 文件(摘录自 listing-11.8/index.js)

```
function captureReport (urlToCapture,          ◀── 这是一个工具包函数, 可
    captureElementSelector, outputPdfFilePath) {    以将多页报告捕捉到
                                                    PDF 文件

    const nightmare = new Nightmare();
    return nightmare.goto(urlToCapture)
        .wait(captureElementSelector)
        .evaluate(() => {                      ◀── 查找网页的 body 元素
            const body = document.querySelector("body");
```

```
                    return {                    ←──── 将无头浏览器中计算的详细信息返回到 Node.js
返回页面的可滚动区域。我们将扩展浏览器窗口的大
小，使其能够显示整个文档(不会显示任何滚动条，
从而不会在屏幕快照中捕捉滚动条)
                        documentArea: {
                            width: body.scrollWidth,
                            height: body.scrollHeight
                        },
                    };
                })
                .then(pageDetails => {          ←──── 检索无头浏览器中计算的详细信
                                                      息。现在，我们可以在后续的 Node.js
                    const printOptions = {             代码中使用这些值
                        marginsType: 0,
                                                      ←── 列出每个页面的大小。这些值与 A4 纸张的
指定不保留页边距。这           pageSize: {                  规格相符，只是采用横向形式
使我们能够通过 CSS
显式设置页边距                    width: 297000,        ←──── 设置页面的宽度为 29.7 厘米(以
                            height: 210000,              微米为单位)
                        },                        ←── 设置页面的高度
                        landscape: true,              为 21 厘米(以微米
                    };                                为单位)
                    return nightmare.viewport(
                        pageDetails.documentArea.width,
                        pageDetails.documentArea.height
                    )
                    .pdf(outputPdfFilePath, printOptions)  ←──── 将整个网页捕捉
                    .end();                                      到 PDF 报告
                });
            };
设置视口以便能够显示图表区域
```

请注意我们传递到 pdf 函数的 printOptions。这使我们能够控制生成的 PDF 文件的各个方面。我们清除了页边距(现在可在 CSS 中控制页边距)，设置了页面大小(以微米为单位，非常奇怪)，而且可以设置采用横向还是纵向形式。

设置为可以在不同的平台上操作

在不同的平台上，PDF 文件的呈现方式可能会有所不同。就我个人来说，我曾经看到过，Windows(生成报告的地方)和 Ubuntu(自动化报告系统在其中操作)上的字体大小是不同的。

要在生成报告的平台上认真对报告进行测试，确保其布局和可视效果按预期呈现。

11.4.12　在无头浏览器中调试代码

如果可视化代码中存在问题，会出现什么情况？我们看不到无头浏览器，而到目前为止我们还没有介绍如何进行错误处理。那么，我们应该如何调试可能出现的问题呢？

首先，如果你认为可视化代码中存在问题，可以在实际的浏览器(而不是无头浏览器)中运行对应的代码。现在，你可以使用浏览器的控制台和开发者工具来调试问题，就像处理任何普通的 Web 应用程序一样。

如果想要阻止问题发生，最有效的方式就是在无头浏览器中运行可视化代码之前，先对其进行彻底的测试和调试。但是，如果代码在普通浏览器中可以正确运行，但在无头浏览器中运行时遇到问题，那么可能要在执行适当的错误处理操作过程中使用 Nightmare 的调试功能。

代码清单 11.9 显示了如何创建 Nightmare 实例并显示浏览器的窗口(可用于查看呈现的内容)，以及如何启用浏览器的开发者工具(Electron 基于 Chromium，因此我们可以获得 Chrome 中的所有开发者工具)。这使我们可以更加轻松地调试在无头浏览器中发生的问题(因为其直观程度要比无头浏览器更好一些)。

代码清单 11.9　创建 Nightmare 实例已进行调试

```
const nightmare = Nightmare({        ◀── 显示无头浏览器窗口。最终，我们不需要此信
    show: true,                           息，但其有助于在调试时查看发生的情况。
    openDevTools: { mode: "detach" }  ◀──
});                                        对网页打开开发者工具，以便
                                           可以根据需要解决问题
```

请务必确保我们可以看到无头浏览器中可能发生的任何错误，这一点同样非常重要。我们应该从一开始就包含错误处理，但是，我不希望过早地让事情变得过于复杂。

代码清单 11.10 向 Nightmare 实例附加了一个错误处理程序。现在，任何控制台日志记录或者无头浏览器中发生的错误都将传递回 Node.js，以便我们对其进行处理。

代码清单 11.10　向 Nightmare 实例添加错误处理程序

```
nightmare.on("console", function (type, message) {

    if (type === "log") {                将浏览器日志消息输出到
        console.log("LOG: " + message);   Node.js 控制台
        return;
    }
```

```
    if (type === "warn") {
        console.warn("LOG: " + message);
        return;
    }

    if (type === "error") {
        throw new Error("Browser JavaScript error:"+ message);
    }
});
```

同时输出警告消息

JavaScript 错误消息抛出异常以中止捕捉进程

11.4.13 设置为可以在 Linux 服务器上操作

在 Linux 无头服务器上,使用 Nightmare 的过程会变得更为复杂。Electron 并不是真正的无头浏览器(至少现在还不是),因此仍然需要使用帧缓冲区来进行(不可见)呈现。

如果你在具有基于 UI 的普通操作系统的开发工作站上呈现可视化结果,那么所有工作都可以正常完成,并且可以将可视化结果用于数据分析或者报告以及演示等。然而,当你想在 Linux 无头服务器上通过自动化过程捕捉可视化结果时,就会出现问题。

假定你有一个用于生成报告的自动化处理流程(在后面的第 12 章中,你将看到它的工作方式)。为了响应某个事件或者可能作为某个计划的任务,你的 Linux 服务器将聚合数据库中最近使用的数据,而 captureWebPage 或 captureReport 函数将生成图像或 PDF 文件。

不过,遗憾的是,仅使用 Nightmare 并不能完成此操作,因为 Linux 无头服务器(也就是不使用图形 UI 运行的 Linux)没有帧缓冲区以供 Electron 向其中呈现内容。就像我之前说过的,Electron 并不是真正的无头浏览器,它仍然需要在某个地方进行呈现。

幸运的是,我们可以在 Linux 上安装软件,用于创建虚拟帧缓冲区(Virtal framebuffer)。在这里,我不打算介绍如何安装此类软件,因为安装过程可能会因你使用的 Linux 版本而有所不同。但是,在安装了此软件以后,我们可以使用 Xvfb npm 模块启动虚拟帧缓冲区,这使我们可以从 Linux 无头服务器捕捉可视化结果。

在代码清单 11.11 中,你可以看到上述方式的操作过程。其中的绝大多数代码都与先前版本的 captureWebPage 相同，只是现在我们在捕捉可视化结果之前先启动虚拟帧缓冲区，操作完成后再将其停止。

　　如果你想要尝试自己执行此操作，请使用可在代码库的 listing-11.11 子目录中找到的 Vagrant 脚本。此 Vagrant 脚本可以启动 Ubuntu 虚拟机并安装 Xvfb 软件以供你使用。如果你进入虚拟机，则可以运行代码清单 11.11 所示显示的 Xvfb 版本的代码。

代码清单 11.11　使用虚拟帧缓冲区以便在 Linux 无头服务器上进行服务器端图表呈现
(listing-11.11/xvfb-version/toolkit/capture-web-page.js)

```javascript
const Nightmare = require('nightmare');          需要使用 Xvfb 虚拟帧缓冲区
const Xvfb = require('xvfb');          ◄────      模块

function captureWebPage (urlToCapture,
    captureElementSelector, outputImagePath) {

    const xvfb = new Xvfb();
    xvfb.startSync();          ◄───────  启动虚拟帧缓冲区

    const nightmare = Nightmare();
    return nightmare.goto(urlToCapture)
        .wait(captureElementSelector)
        .evaluate(captureElementSelector => {
          const body = document.querySelector("body");
          const captureElement =
              document.querySelector(captureElementSelector);
          const captureRect = captureElement.getBoundingClientRect();
          return {
              documentArea: {
                  width: body.scrollWidth,
                  height: body.scrollHeight
              },
              captureArea: {
                  x: captureRect.left,
                  y: captureRect.top,
                  width: captureRect.right - captureRect.left,
                  height: captureRect.bottom - captureRect.top
              }
          };
        }, captureElementSelector)
```

```
    .then(pageDetails => {
        return nightmare.viewport(
            pageDetails.documentArea.width,
            pageDetails.documentArea.height
        )
        .screenshot(outputImagePath, pageDetails.captureArea)
        .end();
    })
    .then(() => xvfb.stopSync());      ◄──────── 关闭虚拟帧缓冲区
};
```

在代码库中，你可以找到此代码的 Xvfb 版本和非 Xvfb 版本。可随意在无头 Ubuntu 虚拟机上尝试非 Xvfb 版本的代码，你会发现，试着在没有虚拟帧缓冲区的情况下使用 Nightmare 会使你的脚本挂起。

Xvfb 版本的代码可在无头 Ubuntu 虚拟机上正常运行。实际上，它只能在安装了 Xvfb 的计算机上正常运行。举例来说，如果你尝试在 Windows PC 上运行此类代码，会显示错误。

11.5 使用无头浏览器可执行更多操作

此时，你可能想要知道，我们还可以使用无头浏览器执行其他哪些操作。在本章的一开始，我曾经提到，开发人员使用无头浏览器的主要原因是用于执行 Web 应用程序的自动化测试。此外，在本章中我们也已经看到了无头浏览器对于在 Node.js 下呈现基于浏览器的可视化结果的重要作用。下面将介绍无头浏览器的其他一些用法。

11.5.1 网页爬取

在前面的第 4 章中，我们已经对网页爬取有了初步的接触，当时并没有谈及如果进行更深层次的网页爬取会遇到哪些问题，包括身份验证问题或者在网页被爬取之前网页中执行 JavaScript 的问题。如果想要执行更深层次的网页爬取，无头浏览器是必不可少的工具。

可使用 Nightmare 来完整模拟尝试爬取的网页，这意味着，在尝试对网页进行爬取之前，页面中的 JavaScript 已正常执行。也可通过程序的方式与页面进行交互，这意味着，可对服务器进行身份验证，或者执行网页爬取所需的其他任何操作。

有一种方式可以让此操作变得更加轻松。我们可以安装 Daydream Chrome 扩展。这使我们可以使用网页，同时录制所执行操作的 Nightmare 脚本。这样，就可以先进行"排练"，然后根据需要重放可能需要执行的任何操作序列，以使网页爬取顺利完成。

11.5.2　其他用途

我们可以使用无头浏览器完成许多其他任务，例如捕获文档的屏幕快照以及预呈现网站的可视化结果或进行市场宣传(可能在构建过程中完成)。还可以使用它将旧版网页封装为 API。我敢确定，你还可以想到无头浏览器的其他用途，它是你的工具包中一个非常有用的工具。

我们绕了一大圈，介绍了图表呈现的各种知识。第 9 章中介绍了如何借助一些工具包函数直接从 Node.js 呈现图表，从而进行数据分析。第 10 章中介绍了如何使用 C3 图表库创建此类图表以在浏览器中运行。而在这一章中，我们介绍了如何从 Node.js 呈现可视化结果，甚至还简要提及了如何在 Linux 服务器上执行此操作。现在，可以将任何网页捕捉到图像或 PDF 文件。

在学习了此技术后，我们现在了解了第 9 章中的图表呈现函数是如何工作的，并且可以创建自己的函数，用于呈现可以想象得到的任何基于浏览器的可视化结果。可以轻松地生成业务所需的报告。在接下来的第 12 章中，将为你介绍如何在实时数据处理流程中使用自动化报告。

小结

- 讲述如何使用 Nightmare 在 Node.js 下将图表捕捉到图像。
- 讲述如何将多页报告捕捉到 PDF 文档。
- 分析为什么必须使用 Xvfb 创建虚拟帧缓冲区，以便能够在 Linux 无头服务器上运行 Nightmare。
- 分析为什么可以使用无头浏览器进行更深层次的网页爬取。

第*12*章

实 时 数 据

本章内容提要：

- 处理实时数据馈送
- 通过 HTTP POST 和套接字接收数据
- 使用基于事件的体系结构在服务器中解耦模块
- 触发 SMS 短信警报并生成自动报告
- 通过 socket.io 向实时图表发送新数据

在这一章中，我们会将前面已经学过的数据整理的多个方面整合到一起，将它们组合成一个实时数据处理流程。将要构建一个接近于实际生产系统的数据处理流程。该数据处理流程将执行所有常见任务：采集并存储数据(第 3 章)、清洗并转换数据(第 6 章)，除此之外，还执行动态数据分析(第 9 章)。

该系统的输出将采用多种形式。其中最令人兴奋的就是根据第 10 章中所执行的操作生成基于浏览器的可视化结果，但实现了实时数据馈送并在查看时实时更新。它将自动生成每日报告(使用第 11 章中介绍的技术)，并通过电子邮件发送给与此相关的各方。此外，如果系统中出现异常的数据点，它还会发出 SMS 短信警报。不可否认，我们现在将要构建的系统并不是实际项目，但它可以演示你希望在此类实际系统中看到的许多功能，而且在小范围内，它也可以在实际的生产环境中正常使用。

这一章应该是迄今为止最为复杂的一章，但是，请一定要坚持学完。我可以向你保证，当你掌握了实时可视化技术以后，就会觉得之前的所有付出都是值得的。

12.1　我们需要预警系统

对于许多城市来说，监控空气质量是非常重要的，在某些国家或地区，政府甚至制定了专门的法规。不管是何种原因造成的，空气污染都是一个非常现实的问题。2016年，在澳大利亚的墨尔本发生了一个事件，媒体称之为"雷暴哮喘"。

一场严重的暴风雨袭击了这座城市，风雨交加的天气导致花粉分裂为细小的粒子，这种粒子非常小，我们的鼻子无法将其过滤掉。患有哮喘和过敏症的人成为高危人群。在接下来的几个小时，大量的急救电话让急救中心应接不暇。成千上万的人因此而生病。在接下来的一周中，有九人死亡。如果拥有某种预警系统，可能会为公共和应急服务部门提供很大的帮助，使他们可以做好充分的准备，从而更好地应对即将到来的危机，鉴于此，我们来尝试构建一个类似的预警系统。

这一章将构建一个空气质量监控系统。当然，我们构建的系统比较简单，不过，起码可以提供一个参考，从而有助于以此为基础构建实际的生产系统。我们要构建一个预警系统，只要检测到空气质量不好的情况就发出警报。

在这里，我们想要达到的目标是什么呢？实时数据处理流程将通过一个假定的空气质量传感器接受连续的数据馈送。系统具备以下三项主要功能：

- 允许通过实时图表持续监控空气质量
- 自动生成每日报告，并通过电子邮件将其发送给与此相关的各方
- 持续检查空气质量级别，并在检测到空气质量较差时发出 SMS 短信警报

本章主要介绍如何处理实时的动态数据，并将尝试在实际的上下文环境中执行此操作。我们在这一章中看到的软件体系结构要之前书中的全部加起来的还要多，因为我们执行的操作变得更复杂，我们需要更强大的方式来组织代码。将努力采用基于事件的体系结构来构建应用程序。为了模拟我在实际开发工作中是如何操作的，将先从简单的代码开始，然后在中途调整代码结构，加入一个事件中心，用于解耦应用程序的各个组成部分，并帮助我们管理不断提高的复杂度级别。

12.2　获取代码和数据

本章对应的代码和数据可在 GitHub 上的 Chapter-12 代码库中找到，网址为 https://github.com/data-wrangling-with-javascript/chapter-12。本章对应的数据来自昆士兰州政府开放数据网站，网址为 https://data.qld.gov.au/。

代码库中的每个子目录都是一个可以运行的完整示例，并且每一个都对应于本章中的代码清单。在尝试运行每个子目录中的代码之前，请确保根据需要安装 npm 和 Bower 依存项。如果需要有关获取代码和数据的帮助，请参见前面第 2 章的 2.3 节。

12.3　处理实时数据

与截止目前在本书中看到的其他数据处理流程相比，创建实时数据处理流程并没有太多的不同，只是现在通过通信通道来推送连续的数据流。通过图 12.1，可以对整体情况有一个大致的了解。我们将使用一个空气污染传感器(数据收集设备)，按照每小时一次的频率将最新的空气质量指标数据提交到 Node.js 服务器，当然，为了便于开发和测试，我们会大幅加快数据提交的频率。

如果想要更深入地了解如何将数据馈送加入到处理流程中，可见图 12.2。传入的数据在流程图左侧的数据收集点进入系统。然后，数据在整个处理流程中馈送。你应该能够识别这里的各个流程阶段，并且已经对每个阶段执行的操作有所了解。随后，输出将以提醒、警报、可视化结果以及每日报告的形式提供给用户。

图 12.1　空气污染传感器将数据推送到 Node.js 服务器

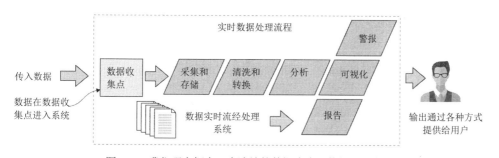

图 12.2　我们现在拥有一个连续的数据流流入数据处理流程

12.4　构建用于监控空气质量的系统

在深入介绍如何构建空气质量监控系统之前，我们先来看看所拥有的数据。可以在 Chapter-12 GitHub 代码库的 data 子目录下找到 CSV 数据文件 brisbanecbd-aq-

2014.csv。像往常一样，在开始编码之前，我们应该先仔细浏览并检查一下获得的数据。在图 12.3 中，你可以看到该数据文件的部分内容。此数据是从昆士兰州政府开放数据网站下载的(更多信息可访问 https://data.qld.gov.au/dataset/air-quality-monitoring-2014)。感谢昆士兰州政府为我们提供这些开放数据。

此数据文件包含每小时的大气状况读数。我们感兴趣的指标是 PM10 列。它指的是空气中直径小于 10 微米的粒子数。花粉和灰尘就是此类粒子的两个示例。为了帮助你了解这种粒子究竟有多小，我们来做一个类比，人类头发的宽度约为 100 微米，也就是说，10 个此类粒子加在一起与一根人类头发的宽度相当。由此可见，它们是非常微小的。

这么小的颗粒状物质可以被吸入肺中，而比这更大的粒子通常会被我们的鼻子、嘴和喉咙吸附，从而不会进入肺部。PM10 的值指定的是单位体积的质量，在此示例中，采用的单位是微克每立方米($\mu g/m^3$)。

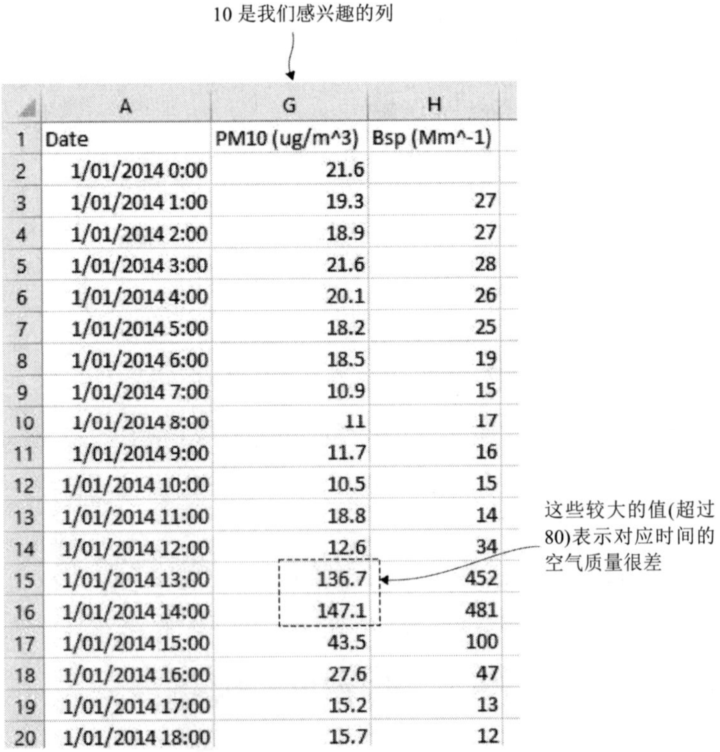

10 是我们感兴趣的列

	A	G	H
1	Date	PM10 (ug/m^3)	Bsp (Mm^-1)
2	1/01/2014 0:00	21.6	
3	1/01/2014 1:00	19.3	27
4	1/01/2014 2:00	18.9	27
5	1/01/2014 3:00	21.6	28
6	1/01/2014 4:00	20.1	26
7	1/01/2014 5:00	18.2	25
8	1/01/2014 6:00	18.5	19
9	1/01/2014 7:00	10.9	15
10	1/01/2014 8:00	11	17
11	1/01/2014 9:00	11.7	16
12	1/01/2014 10:00	10.5	15
13	1/01/2014 11:00	18.8	14
14	1/01/2014 12:00	12.6	34
15	1/01/2014 13:00	136.7	452
16	1/01/2014 14:00	147.1	481
17	1/01/2014 15:00	43.5	100
18	1/01/2014 16:00	27.6	47
19	1/01/2014 17:00	15.2	13
20	1/01/2014 18:00	15.7	12

这些较大的值(超过 80)表示对应时间的空气质量很差

图 12.3　本章对应的数据。我们感兴趣的是 PM10 列，它有助于监控空气质量

注意图 12.3 中突出显示的较大的 PM10 值。在这些值对应的时间，大气中颗粒状物质的数量级别非常高，意味着空气质量可能存在问题。在图 12.4 所示的图表中，我们可以轻松地看到，这种峰值状况出现在中午 12 点到下午 3 点的时间段内。在此时间段内，空气质量低于正常指标。图 12.4 还显示了我们将要在本章中创建的图表。

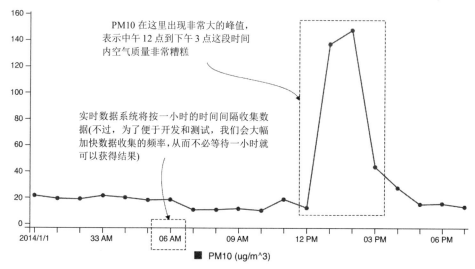

图 12.4　绘制 PM10 值图表，我们可以看到峰值出现在中午 12 点到下午 3 点的时间段内

对于我们的空气质量监控系统，为了实现监控目的，我们规定，如果 PM10 值超过 80，则空气质量很差，需要发出警报。此数字来源于维多利亚环境保护局(EPA)的空气质量分类表。

我们的系统看起来将是什么样子？在图 12.5 中，你可看到完整系统的示意图。现在，我将此系统图显示为我们所面向的一个平视显示仪。我并不指望你能立刻了解此系统的所有部分，但是你可以将此视为我们将要创建的内容的一个地图，在学习本章的过程中，请时不时地回过头来参考此图，以确定自己在系统中所处的位置。

我在前面曾经告诉过你，这里所介绍的将是本书中最复杂的项目！不过，比起大多数实际的生产系统，此系统还是比较简单的。尽管我们只会检查整个系统的某些部分，但还是会在其中包含示意图中所示的所有部分。在本章的结尾处，我将为你呈现完成后的系统对应的代码，以便你利用自己的时间进行深入研究。

我们的系统在一开始需要使用空气污染传感器(在图 12.5 的左侧显示)生成的数据。该传感器会检测空气质量并按照一小时的时间间隔将数据馈送到数据收集点。首先需要做的就是将数据存储在数据库中。没有什么比丢失数据更糟糕的了，因此，必须首先确保数据是安全的，这一点非常重要。随后，数据收集点会引发传入数据事件。在这里，基于事件的体系结构开始起作用了。它使我们可以创建关注点分离，并将数据收集与下游的数据操作分离开来。在图 12.5 的右侧，我们可以看到系统的输出，其中包括 SMS 短信警报、每日报告以及实时可视化结果。

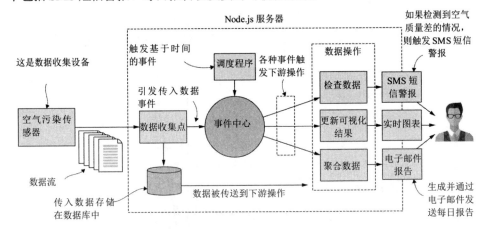

图 12.5　空气质量监控系统的示意图

12.5　为开发而进行设置

为了构建此系统，必须创建某种类型的人工架构，以便在其中运行系统。你手头可能没有实际的颗粒物质传感器，当然，如果此示例项目激发了你的探索兴趣，那么你可以实际购买此类传感器，价格并不是很高。

我们并不会购买此类传感器，而是使用 JavaScript 创建某种模拟传感器来模拟实际的传感器。我们将要编写的代码可能与实际传感器非常接近。例如，如果我们可以在实际传感器上附加一个 Raspberry PI 并安装 Node.js，则可以运行可能与即将构建的模拟传感器类似的代码。

我们没有实际的传感器，因此，需要一些预制数据以便模拟传感器"生成"并馈送到监控系统。我们已经拥有一些真实的数据，如图 12.3 所示，不过这些数据以小时为间隔收集。如果要以某种真实的方式使用这些数据，那么工作流会比较慢，因为我们需要等待一个小时，才能收到一个新的数据点。

为提高工作效率，需要加快数据收集的频率。我们将数据收集的时间间隔改为一秒，而不是一小时。这就好比让时间变快，以快进的方式观察系统运行。除了上述时间处理之外，系统在其他方面都是按照真实的方式运行的。

本章中的每个代码清单在 Chapter-12 GitHub 代码库下都有自己的子目录。在每个代码清单的目录下，你会发现一个 client 目录和一个 server 目录。你可以通过图 12.6 了解上述的目录结构。

对于每个代码清单,模拟传感器(也就是数据收集设备)位于 client 子目录中,不断
演进的空气质量监控系统位于 server 子目录中。为执行代码清单,你需要打开两个命
令行窗口。在第一个命令行中,你应该按照下面所示运行服务器:

```
cd listing-12.1
cd server
node index.js
```

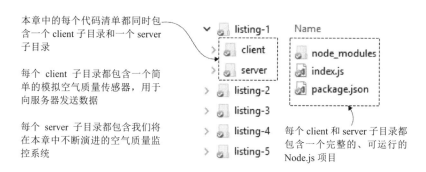

本章中的每个代码清单都同时包含一个 client 子目录和一个 server 子目录

每个 client 子目录都包含一个简单的模拟空气质量传感器,用于向服务器发送数据

每个 server 子目录都包含我们将在本章中不断演进的空气质量监控系统

每个 client 和 server 子目录都包含一个完整的、可运行的 Node.js 项目

图 12.6 第 12 章中的代码清单的项目结构

在第二个命令行中,你应该按照下面所示运行客户端(也就是模拟传感器):

```
cd listing-12.1
cd client
node index.js
```

现在,客户端和服务器都在运行,并且客户端向服务器馈送数据。在移动到下一
个代码清单时,根据你所处的位置更改代码清单编号。在尝试运行每个代码清单之前,
请确保已安装 npm 和 Bower 依存项。

实时重新加载

不要忘了,在运行脚本以启用实时重新加载时,你也可以使用 nodemon 来代替
node,这使你可以对代码进行更改。nodemon 将自动重新运行代码,而不必手动重新
启动。要回顾相关内容,请参见前面的第 5 章。

12.6 实时流数据

我们需要解决的第一个问题是如何将传感器连接到监控系统。在接下来的几节中,
将为你介绍两种基于网络的机制:HTTP POST 和套接字。这两种协议都是基于 TCP

网络协议构建的，并且受 Node.js 直接支持。具体选择哪种协议取决于你预期的数据提交频率。

12.6.1 使用 HTTP POST 处理不太频繁的数据提交

首先来看看通过 HTTP POST 进行的数据提交。当数据提交不太频繁或者临时提交数据时，我们可以使用这种协议。它也是最简单的协议，适合在一开始的时候使用。图 12.7 显示了空气污染传感器如何将单个数据包发送到 Node.js 服务器。在这种情况下，我们的数据收集点(也就是数据到达服务器的入口点)将是 HTTP POST 请求处理程序。数据将从这里馈送到实时数据处理流程。

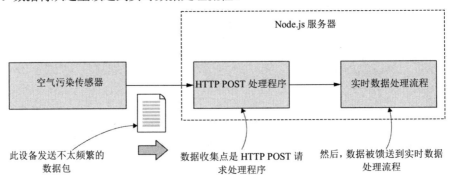

图 12.7 HTTP POST 用于向服务器发送单个数据包

此时，我们的代码还非常简单。不过，从现在开始，需要将数据馈送从模拟传感器转入 Node.js 服务器。你可以运行此代码，但一定要按照正确的顺序启动，那就是先启动服务器再启动客户端(模拟传感器)。Node.js 服务器将接收数据，然后将其输出到控制台(如图 12.8 所示)。我们将从简单的操作入手，现在只需要完成上述操作即可。我们执行此操作是为了检查数据是否正确传送到服务器。

Node.js 直接支持 HTTP POST，但是在此示例中，我们将使用 request-promise，这是一种更高级别的库，使用它可以让操作变得更简单一些，还可以将 HTTP 请求封装在 Promise 中。

如果你已经安装了依存项，那么应该在项目中安装了 request-promise，如果没有安装，可以在一个全新的 Node.js 项目中进行安装，命令代码如下：

```
npm install --save request-promise
```

```
> node index.js
Data collection point listening on port 3000!
{ Date: '01/01/2014 00:00',
  'Wind Direction (degTN)': 154,
  'Wind Speed (m/s)': 1.1,
  'Wind Sigma Theta (deg)': 44.5,
  'Wind Speed Std Dev (m/s)': 0.5,
  'Air Temperature (degC)': 23.2,
  'PM10 (ug/m^3)': 21.6,
  'Bsp (Mm^-1)': '',
  Location: 'brisbanecbd' }
{ Date: '01/01/2014 01:00',
  'Wind Direction (degTN)': 153,
  'Wind Speed (m/s)': 1.3,
  'Wind Sigma Theta (deg)': 39.1,
  'Wind Speed Std Dev (m/s)': 0.7,
  'Air Temperature (degC)': 22.4,
  'PM10 (ug/m^3)': 19.3,
  'Bsp (Mm^-1)': 27,
  Location: 'brisbanecbd' }
```

图 12.8 服务器使用 HTTP POST 接收数据时显示的输出

代码清单 12.1a 显示了我们的第一个模拟空气污染传感器对应的代码。它会读取示例 CSV 数据文件。它会按照一秒的时间间隔提取数据的下一行并使用 HTTP POST 将其提交到服务器。

代码清单 12.1a 通过 HTTP POST 将数据提交到服务器的空气污染传感器(listing-12.1/client/index.js)

```
const fs = require('fs');
const request = require('request-promise');
const importCsvFile = require('./toolkit/importCsvFile.js');

const dataFilePath = "../../data/brisbanecbd-aq-2014.csv";
const dataSubmitUrl="http://localhost:3000/data-collection-point";

importCsvFile(dataFilePath)
    .then(data => {
        let curIndex = 0;

        setInterval(() => {
            const outgoingData = Object.assign({}, data[curIndex]);
            curIndex += 1;

            request.post({
```

这是包含示例数据的 CSV 文件的路径

从 CSV 文件加载示例数据

这是用于将数据提交到 Node.js 服务器的 URL

按照一秒的时间间隔，将一个数据块发送到服务器

复制数据，以便可以对其进行修改，而不会覆盖原始数据

迭代处理示例数据，每次一行

使用 HTTP POST 将一个数据包提交到服务器

```
                    uri: dataSubmitUrl,        ◄────── 指定用于将数据提交到的 URL
                    body: outgoingData,        ◄────── 这是要提交的数据
                    json: true  ◄────── 使用 JSON 编码。使用
                });                      JSON 数据格式通过网
                                         络发送数据


        }, 1000);
    })
    .catch(err => {
        console.error("An error occurred.");
        console.error(err);
    });
```

在服务器端，我们使用 express 库通过 HTTP POST 接收传入数据。与使用
request-promise 所执行的操作一样，我们使用 express 库可以让操作变得更简单一些。
Node.js 已经具备了构建 HTTP 服务器所需的所有内容，但常见的做法是使用更高级别
的库(例如 express)来简化代码，使之更流畅。

再次说明一下，如果你安装了依存项，那么应该已经安装了 express 库，如果没有
安装，可使用以下命令代码安装该库以及 body-parser 中间件：

```
npm install --save express body-parser
```

我们正使用 body-parser 中间件从 JSON 解析接收到的 HTTP 请求体。使用这个中
间件后，我们不需要自己执行解析。该中间件会自动执行解析过程。

代码清单 12.1b 显示了使用 URL data-collection-point 接收数据的简单 Node.js 服务
器对应的代码。我们将传入数据输出到控制台以检查其是否正确传输。

代码清单 12.1b 可通过 HTTP POST 接收数据的 Node.js 服务器(listing-12.1/server/index.js)

```
const express = require('express');
const app = express();
const bodyParser = require('body-parser');
                                         需要使用 body-parser 中间件，以便自动从
                                         JSON 数据解析 HTTP 请求体
app.use(bodyParser.json());  ◄──────

使用 HTTP 状态 200(状态良好)响应客户端
                                                      定 义 一 个 REST
app.post("/data-collection-point", (req, res) => {    API 端点，用于接
                                                      收提交到服务器
    console.log(req.body);  ◄──────  我们还不需要对数据执行任何  的数据包
    res.sendStatus(200);            操作，只需要将其输出以检查
});                                 是否正确传输


app.listen(3000, () => { // 启动服务器
```

```
        console.log("Data collection point listening on port 3000!");
    });
```

现在，我们已经拥有了使我们可以接受不太频繁或临时的数据馈送的机制。如果我们只是按照一小时的时间间隔接收传入数据(如果是实际的系统，那么我们真的会这么做)，那么使用此机制已经可以了。但是，为了执行更多网络编码工作，我们已经更改为按照一秒钟的时间间隔发送数据，因此，接下来看一下如何使用套接字接受进入服务器的高频率实时数据馈送。

12.6.2 使用套接字处理高频率的数据提交

现在，我们将代码转换为使用套接字连接，当数据提交的频率非常高时，这是一种更好的处理机制。我们将在传感器和服务器之间创建一个长期的通信通道。此通信通道是双向的，虽然在此示例中不会用到此功能，但稍后可以使用它将命令和状态发送回传感器(如果根据系统设计需要这么做)。

图 12.9 显示了如何将套接字连接集成到系统中。这与使用 HTTP POST 时执行的操作比较类似，尽管它显示我们将传输一个数据流，并且到达套接字处理程序，它替换了之前的 HTTP POST 处理程序，成为新的数据收集点。

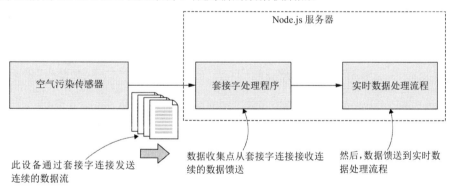

图 12.9 使用长期的套接字连接接收连续的高频率流数据并将其发送到服务器

在代码清单 12.2a 中，对代码清单 12.1a 中的模拟传感器进行调整，使其将传出数据写入到套接字连接。除了连接设置和 socket.write 调用以外，代码清单 12.2a 与代码清单 12.1a 非常类似。

代码清单 12.2a 通过套接字连接向服务器提交数据的空气污染传感器(listing-12.2/client/index.js)
```
// ... 按照代码清单 12.1a 进行初始设置 ...
```

```
const serverHostName = "localhost";        ——— 设置服务器连接详细信息
const serverPortNo = 3030;


const client = new net.Socket();
client.connect(serverPortNo, serverHostName, () => {    ←———
    console.log("Connected to server!");                  将套接字连接到 Node.js
});                                                       服务器


client.on("close", () => {    ←———  当服务器关闭连接时调
                                    用此回调函数
    console.log("Server closed the connection.");
});


importCsvFile(dataFilePath)    ←———  从 CSV 文件加载示例数据
    .then(data => {
        let curIndex = 0;


        setInterval(() => {    ←———  按照一秒钟的时间间隔，将一
                                      个数据块发送到服务器
            const outgoingData = Object.assign({}, data[curIndex]);
            curIndex += 1;


            const outgoingJsonData = JSON.stringify(outgoingData);


            client.write(outgoingJsonData);    ←———  通过网络发送 JSON 数据


        }, 1000);
    })
    .catch(err => {
        console.error("An error occurred.");
        console.error(err);
    });
```

将传出数据序列化为 JSON 格式

在代码清单 12.2b 中，我们使用了一个新的 Node.js 服务器，用于侦听网络端口并接受传入套接字连接。当模拟传感器(客户端)连接时，为套接字的数据事件设置一个处理程序。这是截取传入数据的方式，此外，还将开始看到我之前提到的基于事件的体系结构。与之前一样，在此示例中，将数据输出到控制台以检查它是否正确传输。

代码清单 12.2b 通过套接字连接采集实时数据(listing-12.2/server/index.js)

```
const net = require('net');

const serverHostName = "localhost";          设置服务器连接详细信息
const serverPortNo = 3030;

const server = net.createServer(socket => {   创建套接字服务器以
    console.log("Client connected!");          进行数据收集
反序列化传入 JSON 数据
    socket.on("data", incomingJsonData => {    处理传入数据包

        const incomingData = JSON.parse(incomingJsonData);

        console.log("Received: ");
        console.log(incomingData);             记录接收的数据,以便可以检
    });                                         查其是否正确传输
客户端关闭连接时调用此回调函数
    socket.on("close", () => {
        console.log("Client closed the connection");
    });
                                               添加错误处理程序,主要用于
                                               处理在客户端突然断开连接
    socket.on("error", err => {                时出现的 ECONNRESET
        console.error("Caught socket error from client.");
        console.error(err);
    });
});
                                               开始侦听传入套
                                               接字连接
server.listen(serverPortNo, serverHostName, () => {
    console.log("Waiting for clients to connect.");
});
```

请注意我们如何通过网络以 JSON 数据格式发送数据。在 HTTP 示例中也执行了
此操作,但是,在那个示例中,request-promise(在客户端)和 express(在服务器)完成了
复杂的操作。在此示例中,手动将数据序列化为 JSON(在客户端),然后将其推送到网
络,并在数据到达另一端(在服务器)时手动进行反序列化。

12.7   配置重构

到现在为止,我们的服务器代码还是非常简单的,但是,很快复杂度就会开始大幅提升。我们先来花一点时间做一个重构,以便将配置与代码明确区分开来。我们不会过于深入地执行此操作,只是一个简单的结构调整,有助于使应用程序在增长的过程中保持整洁有序。

目前,我们拥有的唯一配置就是代码清单 12.2b 中的套接字服务器设置详细信息。我们要将这些内容移动到一个单独的配置文件中,如图 12.10 所示。这里将作为一个中心位置,用于整合应用程序的配置,稍后还要到这里来更改应用程序的配置。

代码清单 12.3a 显示了项目简单的起始配置。你可能会问:"为什么要那么麻烦呢?"这是因为配置远不止这些,还有很多详细配置。数据库、SMS 短信警报和报告生成全都需要自己的配置,将它们收集在一个中心位置是一种非常好的做法。

图 12.10   Node.js 项目中的新配置文件

代码清单 12.3a 向 Node.js 项目中添加一个简单的配置文件(listing-12.3/server/config.js)

```
module.exports = {
    server: {
        hostName: "localhost",        我们的配置文件中的第一个详细信
        portNo: 3030                  息,用于指定服务器配置
    }
};
```

代码清单 12.3b 显示了如何加载和使用配置文件。在这里,所有内容都不是很复杂,配置是一个常规的 Node.js 代码模块,其中包含导出的变量。如果想要开始向应用程序中添加配置,那么这是一种非常简单、方便的方式。只需要很短的时间就可操作完成,从长远来看,这也是非常有用的。

代码清单 12.3b   对 Node.js 服务器进行修改以加载和使用配置文件(listing-12.3/server/index.js)

```
const net = require('net');
const config = require('./config.js');        加载配置文件,就像其他任何
                                              Node.js 代码模块一样
```

```
const server = net.createServer(socket => {
    // ... 代码已省略，与代码清单 12.1b 相同 ...
});
```
利用从配置文件加载的详细信息启动套接字服务器
```
server.listen(config.server.portNo,config.server.hostName,()=>{
    console.log("Waiting for clients to connect.");
});
```

你可能很想知道，我为什么选择使用 Node.js 代码模块作为配置文件。实际上，我主要是出于简单的考虑。通常情况下，在生产环境中，我会使用 JSON 文件来执行此类操作，就像此示例一样简单。不管相信与否，就像需要使用 JavaScript 文件一样，你可能需要在 Node.js 中使用 JSON 文件。例如，你也可以使用以下命令：

```
const config = require('./config.json');
```

你可以这样做简直太酷了，通过这种简单的方式可以高效地将数据和配置加载到 Node.js 应用程序。并且我还想到，使用 JavaScript 作为配置文件意味着可以包含注释！如果你想要记录配置文件并对其做出解释，那么这是一种非常好的方式，而且使用 JSON 文件通常无法实现(想一想,你有多少次希望自己可以向 JSON 文件中添加注释)。

你可以用其他一些扩展性更高且更安全的方式来存储配置，但在这里，我们需要的是简洁性，在后面的第 14 章中，我们还会接触到相关内容。

12.8 数据捕捉

现在，我们已经准备好对数据执行一些操作，而我们应该做的第一件事情就是确保数据安全。我们应该立即将其捕捉到数据库，以便不会出现丢失数据的风险。

图 12.11 显示了此时我们的系统是个什么样子。我们拥有从传感器传入的数据，数据到达数据收集点，然后存储在数据库中以便安全地保存。这次，在运行代码以后，我们使用数据库查看器(如 Robomongo)来检查数据是否已安全到达数据库(见图 12.12)。

为了连接到数据库，我们需要从某个地方获取数据库连接详细信息。在下面的代码清单 12.4a 中，已经将这些内容添加到配置文件中。

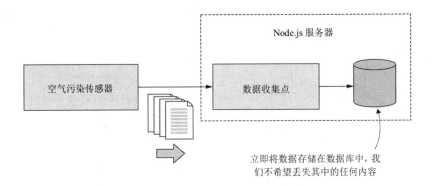

图 12.11   在执行任何后续操作之前，先立即将接收的数据存储到数据库中

图 12.12   使用 Robomongo 检查传入数据是否已捕捉到数据库中

代码清单 12.4a   将数据库连接详细信息添加到配置文件(listing-12.4/server/config.js)

```javascript
module.exports = {
    server: {
        hostName: "localhost",
        portNo: 3030
    },
```

```
database: {
    host: "mongodb://localhost:27017",
    name: "air_quality"
}
};
```

├── 这些是我们的数据库的连接详
细信息

请注意，在代码清单 12.4a 中，连接到 MongoDB 数据库时，我们使用默认端口
27017。这里假定你在开发计算机上执行了 MongoDB 的默认安装。如果你想要尝试运
行此代码，则需要安装 MongoDB，如果没有安装，可以启动位于 Chapter-8 Github 代
码库的 vm-with-empty-db 子目录中的 Vagrant 虚拟机。启动此虚拟机会在端口 6000 为
你提供一个空的 MongoDB 数据库，以用于本章中的代码清单。请务必对代码进行修
改，以引用正确的端口号。例如，在代码清单 12.4a 中，你需要将连接字符串从
mongodb://localhost:27017 更改为 mongodb://localhost:6000。有关 Vagrant 的帮助，请参
见附录 C。

代码清单 12.4b 显示了连接到 MongoDB 数据库并在接收后立即将到达数据收集
点的数据存储到数据库中的代码。

代码清单 12.4b　将传入数据存储到 MongoDB 数据库中(listing-12.4/server/index.js)

```
const mongodb = require('mongodb');
const net = require('net');
const config = require('./config.js');
```

检索将用于存储传入数据的 MongoDB 集合

在开始接受传入数据之前，
打开到数据库服务器的连接

```
mongodb.MongoClient.connect(config.database.host)
    .then(client => {
        const db = client.db(config.database.name);
        const collection = db.collection("incoming");

        console.log("Connected to db");

        const server = net.createServer(socket => {
            console.log("Client connected!");
            socket.on("data", incomingJsonData => {
                console.log("Storing data to database.");
                const incomingData = JSON.parse(incomingJsonData);

                collection.insertOne(incomingData)
                    .then(doc => {
```

检索我们使用
的数据库

数据已成功插入

将传入数据插
入数据库中

```
                            console.log("Data was inserted.");
                    })
                    .catch(err => {
                        console.error("Error inserting data.");
                        console.error(err);
                    });
            });

            socket.on("close", () => {
                console.log('Client closed the connection');
            });

            socket.on("error", err => {
                console.error("Caught socket error from client.");
                console.error(err);
            });
        });

        server.listen(config.server.portNo,config.server.hostName,()=>{
            console.log("Waiting for clients to connect.");
        });
    });
```

表明插入数据时出现问题 ←

实际上，在接收到数据后立即将其存储在数据库中的做法是事先设计好的。我认为此数据非常重要，在将其安全地存储到数据库以前，不应该冒险对其执行任何初始处理。后面很快就会再次接触到此内容。

12.9 基于事件的体系结构

接下来，看一下如何随时间的推移更好完善应用程序。我需要一个机会来展示如何部署设计模式以结构化应用程序，并管理其复杂性。

你可能会争辩说，我对这个简单的非正式应用程序过度设计了，然而，我想为你展示的是"分离关注点"和"组件解耦"如何为我们提供坚实的基础，使我们能够建立一个稳固、可靠并且可扩展的应用程序。随着复杂性的逐步提升，本章结束时完成的整个系统会让这一点体现得更加明显。

图 12.13 显示了我们如何使用事件中心将数据收集与任何下游数据处理操作分离开来，例如，更新可视化结果，它负责将传入数据传送到 Web 浏览器中的实时图表。

事件中心就像事件的管道：数据收集点引发传入数据事件，然后更新可视化结果事件处理程序对其进行响应。通过这种基础结构，我们现在可以轻松地插入新的下游数据操作，以便对系统进行扩展。

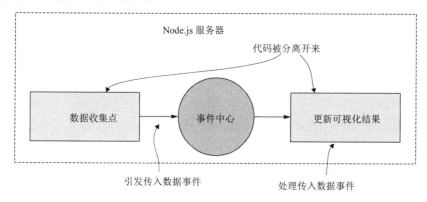

图 12.13　事件处理体系结构使我们可以分离代码模块

举例来说，图 12.14 显示了如何插入一个 SMS 短信警报模块，以便在系统检测到空气质量较差的情况时，可以发出警报。

使用这样的基于事件的体系结构提供了一个框架，可以在这个框架上附加新的代码模块。我们已经添加了一个普通的扩展点，可以在此插入新的事件源和事件处理程序。这意味着已将应用程序设计为可升级。现在，可更好地对应用程序进行修改和扩展，而不会使代码数量大幅增加，这是最起码的目标。我并不认为让不断演进的应用程序保持可控是一件轻而易举的事情，但这里所说的设计模式确实可以提供很大的帮助。

在此项目中，非常重要的一点在于，我们可以添加新的代码模块，例如更新可视化结果和 SMS 短信警报，而不必修改数据收集点。目前，对于这个项目来说，这一点非常重要，为什么这么说呢？实际上，我想说明的是，数据的安全至关重要，在执行其他任何操作之前，必须首先确保数据安全可靠。只要对数据收集点进行代码更改，就会面临破坏代码的风险。应最大限度地减少此类代码更改，而基于事件的体系结构使我们可以添加新的代码模块，而不必在数据收集点更改代码。

除了帮助组织应用程序结构，提高其可扩展性之外，基于事件的体系结构还有助于对系统进行划分，以便在需要进行纵向扩展的情况下，可以将应用程序分布在多个服务器或虚拟机上，并通过网络传输事件。此外，这种体系结构还有助于进行横向扩展，相关内容将在后面的第 14 章中进一步讨论。

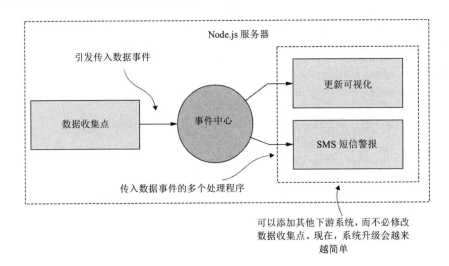

图 12.14　现在，可对系统进行扩展，添加新的下游操作，而不必重构或调整数据收集点

12.10　事件处理的代码重构

我们来调整代码的结构，使其围绕事件中心，以协调事件的引发和处理。将使用 Node.js EventEmitter 类，该类专门设计用来处理这种情况。

在代码清单 12.5a 中，你可以看到新的事件中心的代码。此代码超级简单：整个模块就是实例化一个 EventEmitter 类并将其导出，以便在其他模块中使用。没有人说过此过程需要非常复杂，不过，你可以根据需要构建一个比这更高级、更复杂的事件中心。

```
const events = require('events');
const eventHub = new events.EventEmitter();    ← 实例化一个 Node.js
                                                  EventEmitter 类以作为
                                                  我们的事件中心

module.exports = eventHub;    ← 导出此事件中心以便在其
                                他模块中使用
```

现在，我们已经拥有了事件中心，可以将其与现有代码连接起来。需要执行的第一个操作就是，当服务器接收数据时，引发传入数据事件。执行此操作的方法是针对事件中心调用 emit 函数。

正如代码清单 12.5b 所示，在数据成功存储到数据库中以后会立即引发上述事件。为安全起见，在执行其他任何操作之前，我们先将数据存储起来。

代码清单 12.5b 引发传入数据事件(摘录自 listing-12.5/server/data-collection-point.js)

将数据插入
数据库中

```
incomingDataCollection.insertOne(incomingData)
    .then(doc => {
        eventHub.emit('incoming-data', incomingData);
    })
    .catch(err => {
        console.error("Error inserting data.");
        console.error(err);
    });
```

引发传入数据事件并
传递数据

传入数据事件安排就位并设置为在服务器接收到数据时立即引发，然后我们便可开始构建下游数据处理模块。

12.10.1 触发 SMS 短信警报

接下来，我们关注的就是实时了解何时空气质量开始恶化。现在，可以添加一个事件处理程序，用于监控传入的 PM10 值，并在检测到空气质量很差的情况下发出警报。

为处理此事件，首先将事件中心导入到代码中。然后调用 on 函数，针对指定的事件(例如刚才添加的传入数据事件)注册事件处理程序函数。代码清单 12.5c 显示了上述过程：检查传入数据以查找高于或等于安全范围上限(在配置文件中，此上限值设置为 80)的 PM10 值。如果检测到满足此条件的值，我们将发出警报并向用户发送 SMS 短信。

代码清单 12.5c 处理事件并在 PM10 值超过安全值时触发警报(listing-12.5/server/trigger-sms-alert.js)

需要使用事件中心，以便
可以处理事件

```
const eventHub = require('./event-hub.js');
const raiseSmsAlert=require('./sms-alert-system.js');
const config = require('./config.js');

eventHub.on("incoming-data", incomingData => {
    const pm10Value = incomingData["PM10 (ug/m^3)"];
    const pm10SafeLimit = config.alertLimits.maxSafePM10;
    if (pm10Value > pm10SafeLimit) {
        raiseSmsAlert("PM10 concentration has exceeded safe levels.");
```

需要使用 SMS 短信警报系统，以便我们可以发送 SMS 短信

从配置文件中读取安全值上限

处理传入数据事件

从数据中提取我们感兴趣的值

判断传入数据是否超过安全上限

是的，已超过，因此，发送 SMS 短信警报

```
    }
});
```

代码清单 12.5c 中的代码是添加下游数据操作的一个示例,用于进行数据分析并安排适当的响应。此代码非常简单,但是,我们可以想象一下如何在这里执行更为复杂的操作,例如检查滚动平均值(见第 9 章)是否处于上升的趋势,或者传入值是否比正常平均值(见第 9 章)高两个标准差以上。如果你使用探索性编码生成了数据分析代码(例如第 5 章或第 9 章中所执行的操作),或许可以考虑在这里将此代码插入到系统中。

现在,如果你运行此代码(代码清单 12.5)并稍等片刻,会看到触发了"SMS 短信警报"。你只需要等待一会,就可以看到这种情况发生(当中午 12 点到下午 3 点时间段内传入这些较大的 PM10 值时)。不过,用于发送 SMS 短信警报的代码现在被注释掉了,因此,你看到的只是控制台日志记录,其中显示了应该已经发生的事情。

为使 SMS 短信警报代码正常起作用,你需要在 listing-12.5/server/sms-alert-system.js 文件中将代码取消注释。你可能需要注册 Twilio(或类似的服务)并将配置详细信息添加到配置文件。此外,还要确保添加你自己的手机号,以便可以向你发送 SMS 短信。执行了上述所有操作后,再次运行此代码,此时会在手机上接收到警报消息。

12.10.2 自动生成每日报告

接下来,我们来看另一个关于引发和处理事件的示例。为了实现下一个功能,我们将添加自动生成的每日报告。报告并没有什么特别之处,我们会将一个 PM10 图表呈现为 PDF 文件,然后通过电子邮件发送给用户。但是,你可以想得远一些,比如,呈现其他统计信息,或者附加包含最近的数据汇总的电子表格。

由于我们希望按照每天一次的频率生成报告,因此,我们现在需要通过一种方式来生成基于时间的事件。为此,将向系统中添加一个调度程序,并编写代码,使其按照每天一次的频率引发"生成每日报告"事件。将通过一个单独的每日报告生成器模块来处理此事件并执行相关操作。在图 12.15 中,你可以看到这些内容如何组合在一起。

为实现调度程序,我们需要一个计时器以知道何时引发事件。我们可以使用 JavaScript 函数 setTimeout 或 setInterval 从头开始构建此计时器。这些函数尽管非常有用,但它们也比较低级,我希望我们能使用一些表达能力更强并且更方便的函数。

引发生成每日报告事件

为调度基于时间的事件，将使用来自 npm 的 cron 库作为计时器。使用此库，可以通过大家熟知的 UNIX cron 格式来表达调度的作业。就任何此类库而言，npm 上会提供很多备选库，这只是我自用的一个，建议你再仔细寻找一下，确保使用的是最适合自己需求的库。

在代码清单 12.6a 中，将使用从配置文件检索的调度创建 CronJob 的一个实例，然后开始执行作业。这会每天调用一次 generateReport 函数，在这里，将引发"生成每日报告"事件。

代码清单 12.6a　使用 cron 库引发基于时间的生成每日报告事件(listing-12.6/server/scheduler.js)

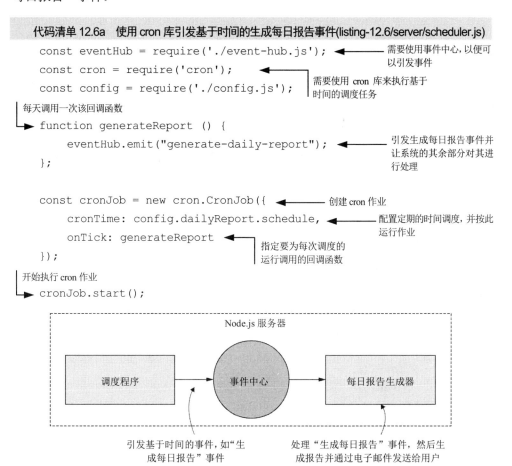

```
const eventHub = require('./event-hub.js');          ← 需要使用事件中心,以便可以引发事件
const cron = require('cron');                          ← 需要使用 cron 库来执行基于时间的调度任务
const config = require('./config.js');

每天调用一次该回调函数
function generateReport () {
    eventHub.emit("generate-daily-report");           ← 引发生成每日报告事件并让系统的其余部分对其进行处理
};


const cronJob = new cron.CronJob({                     ← 创建 cron 作业
    cronTime: config.dailyReport.schedule,            ← 配置定期的时间调度,并按此运行作业
    onTick: generateReport                             ← 指定要为每次调度的运行调用的回调函数
});

开始执行 cron 作业
cronJob.start();
```

Node.js 服务器

调度程序 → 事件中心 → 每日报告生成器

引发基于时间的事件,如"生成每日报告"事件

处理"生成每日报告"事件,然后生成报告并通过电子邮件发送给用户

图 12.15　调度程序按照每天一次的频率将事件馈送到系统以生成每日报告

将用于每日 cron 作业的 cron 格式在配置文件中指定，形式如下所示：

```
00 00 06 * * 1-5
```

这看起来有点隐秘，实际上我们可以从右向左来读取，即星期一到星期五，每个月(星号)，当月的每一天(下一个星号)，早上6点0分0秒。它指定调用作业的时间。简单地说，就是将在每个工作日的早上6点生成报告。

此时间调度的问题在于，对其进行测试会花费太长的时间。不能等待一整天来测试报告生成代码的下一次迭代！就像之前对传入数据流所做的那样，我们需要加快速度，因此，会将每日时间调度注释掉(在将此应用程序投入实际生产环境时，还会需要使用它)，并替换为运行更频繁的时间调度，如下所示：

```
00 * * * *
```

这将指定每分钟运行一次的时间调度(你可以按照从右向左的顺序读取，即一周的每一天，每个月，当月的每一天，每小时，每分钟，对应分钟的0秒)。

我们将每分钟生成一个新的报告。这无疑是非常快的频率，但也意味着我们有更多机会对代码进行测试和调试。

处理生成报告事件

现在，我们已经准备好处理"生成每日报告"事件，生成报告并通过电子邮件将其发送给用户。代码清单 12.6b 显示了如何对事件进行处理，然后调用一个辅助函数来执行相关操作。

代码清单 12.6b　处理生成每日报告事件并生成报告(listing-12.6/server/trigger-daily-report.js)

```
const eventHub = require('./event-hub.js');
const generateDailyReport = require('./generate-daily-report.js');
```
需要使用事件中心，以便我们可以处理事件

```
function initGenerateDailyReport (db) {
    eventHub.on("generate-daily-report", () => {
        generateDailyReport(db)
            .then(() => {
                console.log("Report was generated.");
            })
            .catch(err => {
                console.error("Failed to generate report.");
                console.error(err);
            });
    });
};
```
此函数将初始化报告生成事件处理程序(传入数据库)

处理生成每日报告事件

生成报告

```
module.exports = initGenerateDailyReport;
```

生成报告

生成报告的过程与我们之前在第 11 章中学过的类似,实际上,代码清单 12.6c 就是从第 11 章中的代码清单 11.7 衍生而来的。

在生成报告前,我们先查询数据库并检索要包含在报告中的数据。然后使用 generateReport 工具包函数,按照第 11 章中的操作方式,启动带有模板报告的嵌入式 Web 服务器,并使用 Nightmare 将报告捕捉到 PDF 文件。最后,调用辅助函数 sendEmail 通过电子邮件将报告发送给用户。

代码清单 12.6c 生成每日报告并通过电子邮件发送给相关各方(listing-12.6/server/generate-daily-report.js)

```
const generateReport = require('./toolkit/generate-report.js');
const sendEmail = require('./send-email.js');        ← 需要使用此辅助函数
const config = require('./config.js');                  以发送电子邮件
需要使用此工具包函数以生成报告
function generateDailyReport (db) {     ← 这是一个辅助函数,用于生
                                            成每日报告并通过电子邮件
                                            发送给相关各方
    const incomingDataCollection = db.collection("incoming");
                                        这是我们将生成并写入文件的
                                        报告的文件路径
    const reportFilePath = "./output/daily-report.pdf";
限制为最近 24 小时的条目
    return incomingDataCollection.find()    ← 在数据库中查询记录
        .sort({ _id: -1 })       ← 首先获取最近的记录,这是一种简便的排序方法,基于
        .limit(24)                  MongoDB 中的对象 ID 进行排序
        .toArray()
        .then(data => {
            const chartData = {
                xFormat: "%d/%m/%Y %H:%M",    ← 指定 C3 用于解析 X 轴的数据
                json: data.reverse(),              序列的 Date(日期)列的格式
                keys: {                      反转数据,使其按时间顺序排
                    x: "Date",                列,以便在图表中显示
准备要在图表        value: [
中显示的数据             "PM10 (ug/m^3)"
                    ]
                }
            };                                  将报告呈现到 PDF 文件
        return generateReport(chartData, reportFilePath);  ←
    })
```

```
    .then(() => {                          指定电子邮件的主题和正文
        const subject = "Daily report";
        const text = "Your daily report is attached.";
        const html = text;          ◄──────── 还可以在此处包含精美 HTML 格式的电
                                              子邮件
        const attachments = [
            {     ◄────── 在这里,我们只需要一个附件,不过你可以轻松地添加更多附件
                path: reportFilePath,     ◄──── 将生成的报告附加
                                                到电子邮件
            }
        ];
        return sendEmail(
            config.dailyReport.recipients,
            subject, text, html, attachments      通过电子邮件将报告发送
        );                                        给指定的收件人
    });
};

module.exports = generateDailyReport;
```

指定要随电子邮件
发送的附件

如果想要运行代码清单 12.6 对应的代码,你需要拥有一个 SMTP 电子邮件服务器,以便发送电子邮件。通常情况下,我会使用 Mailgun 作为电子邮件服务器(提供免费/试用版本),当然,你也可选择其他备选方案,如 Gmail。你需要具有标准 SMTP 账户的访问权限,然后就可以将你的 SMTP 用户名、密码以及与报告相关的详细信息放到配置文件中。现在,你可以运行代码清单 12.6,让它每分钟通过电子邮件向你发送一次每日报告(不要运行太长时间,否则你将收到大量电子邮件)。

现在,你可以仔细研读 listing-12.6/server/send-email.js 中的代码,以弄清楚如何使用 Nodemailer 库(非常棒的 Node.js 电子邮件发送库)发送电子邮件。

12.11   实时数据处理

我们很快就会开始介绍实时可视化并完成本章的学习,但在此之前,我想要简单介绍一下如何向实时数据处理流程中添加更多的数据处理步骤。

比如,你需要添加更多代码以执行数据清洗、转换,或者也可能是数据分析。那么哪里是放置这些内容最合适的位置?

可在存储数据之前，将此类代码直接插入数据收集点，如图 12.16 所示。很显然，我并不建议这样做，因为一旦数据转换过程中出现任何问题，我们就会面临数据丢失的风险，实际上，长期以来的工作经历告诉我，总是会出现各种各样的问题。

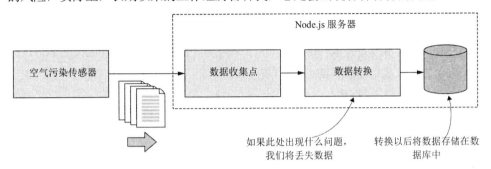

图 12.16   采集过程中的数据转换(如果出现问题，你的数据将丢失)

如果想要有效降低数据丢失的风险，可以采用我认为最安全的方式来设置此代码的结构，那就是使下游数据操作始终在事件中心的另一端发生。在触发任何下游操作之前，我们先快速、安全地将数据存储起来。如图 12.17 所示，后续操作独立地决定要如何检索所需的数据，并且它们有自己的责任，即确保安全地存储了经过修改的任何数据。

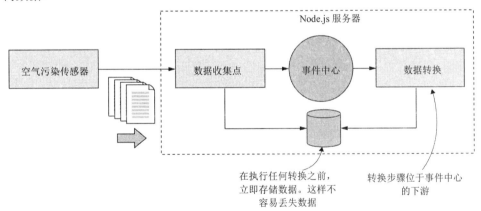

图 12.17   数据转换位于存储操作的下游(通过这种方式管理数据采集会更安全)

下游数据操作所需的数据可能会通过事件本身进行传递(类似于传入数据事件)，或者也可以将操作设置为完全独立，必须自行查询数据库以查找它自己的数据。

如果你现在有修改的数据需要存储，可以直接覆盖原始数据。但是，我不建议采用这种方式，因为如果存在任何隐藏的错误，你可能会发现自己的源数据已经被损坏的数据覆盖了。一种更好的解决方法是将转换后的数据存储在另一个数据库集合中，如果采用这种方法，最起码可以为你提供缓冲，不至于直接发生数据损坏的错误。

12.12 实时可视化

最后，我们将要介绍本章中最让人兴奋的部分，相信也是你期待已久的部分，那就是如何将实时数据馈送到动态更新的图表中。

图 12.18 显示了我们的实时数据图表的外观。在运行过程中，你无需执行任何操作，只要坐在一边观察新的数据点按照每秒钟一次的频率(根据之前进行的时间加速)馈送到图表中即可。

为了实现实时更新的可视化结果，我们必须执行以下两项操作：

(1) 将初始数据放入图表。

(2) 将新到达的数据点馈送到图表中。

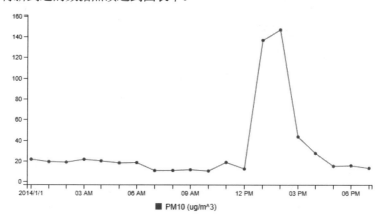

图 12.18　从实时数据流生成的图表

现在，我们应该对第一项操作比较熟悉，因为我们在前面的第 10 章和第 11 章中已经看到了如何创建图表。我们现在需要加入第二步操作，创建一个动态图表，可以在新数据可用时自动更新。

我们已经拥有了完成上述操作所需的部分基础架构。接下来添加一个新的代码模块，那就是更新可视化结果，用于处理传入数据事件并将新的数据点传送到浏览器。可通过图 12.19 查看这个代码模块是如何加入进来的。

如果我在编写本章内容时没有提到 socket.io，那就太疏忽了。为什么这么说呢？对于在 JavaScript 中处理实时事件、消息传递和数据流来说，socket.io 是非常常用的一个库。

socket.io 使我们可以在服务器和 Web 应用程序之间打开一个双向通信通道。不能使用常规的套接字与沙盒式 Web 应用程序进行通信，但 socket.io 可以使用 Web 套接字，此技术基于常规 HTTP 构建，为我们提供向浏览器发送数据流所需的数据流管道。此外，socket.io 还提供了回滚模式，如果 Web 套接字不可用，它会平稳降级为使用常规 HTTP POST 发送数据。这意味着代码可以在旧版浏览器上运行。

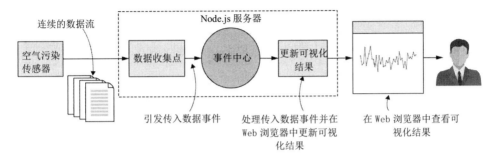

图 12.19　数据流动到实时可视化结果

代码清单 12.7a 显示了承载新的实时可视化结果的 Web 服务器对应的代码。这些代码主要执行以下三项任务：

- 为 Web 应用程序本身提供资源
- 为图表提供初始数据
- 在新代码模块 update-visualization 中注册 Socket.io 连接

你可以看到，大概在代码清单的中间位置，Web 服务器开始接受传入 Socket.io 连接，并在新的 update-visualization 模块中注册每个连接。

代码清单 12.7a　生成 PM10 实时图表的 Web 应用程序的 Web 服务器(listing-12.7/server/web-server.js)

```
const path = require('path');
const http = require('http');
const socket.io = require('socket.io');
const updateVisualization = require('./update-visualization.js');

function startWebServer (db) {          这是一个辅助函数，用于启动一个 Web 服务
                                        器，以承载 Web 应用程序和实时数据可视化
                                        结果。传入数据库
    const incomingDataCollection = db.collection("incoming");

    const app = express();

                                        创建一个 Socket.io 服务
                                        器，以便与 Web 应用程序
    const httpServer = http.Server(app);   建立流数据连接
    const socket.ioServer = socket.io(httpServer);
```

```
        const staticFilesPath = path.join(__dirname, "public");
        const staticFilesMiddleWare = express.static(staticFilesPath);
        app.use("/", staticFilesMiddleWare);

        app.get("rest/data", (req, res) => {
            return incomingDataCollection.find()
                .sort({ _id: -1 })
                .limit(24)
                .toArray()
                .then(data => {
                    data = data.reverse(),
                    res.json(data);
                })
                .catch(err => {
                    console.error("An error occurred.");
                    console.error(err);

                    res.sendStatus(500);
                });
        });

        socket.ioServer.on("connection", socket => {
            updateVisualization.onConnectionOpened(socket);

            socket.on("disconnect", () => {
                updateVisualization.onConnectionClosed(socket);
            });
        });

        httpServer.listen(3000, () => { // 启动服务器
            console.log("Web server listening on port 3000!");
        });
    };

module.exports = startWebServer;
```

定义 REST API 以便为 Web 应用
程序及其可视化结果提供数据

在数据库中查询记录

将数据发送
到 Web 应用
程序

跟踪连接和连接
断开情况。我们
希望能够将传入
数据传送到 Web
应用程序

　　代码清单 12.7b 显示了新的 **update-visualization** 模块对应的代码，它将跟踪所有打
开的连接，因为在任意给定时刻可能会连接 Web 应用程序的多个实例。注意处理传入

数据事件的地方。这里调用 socket.emit 将每个数据包传送到 Web 应用程序。新的数据点就是通过这种方式发送到 Web 应用程序，然后再添加到图表中。

代码清单 12.7b 将传入数据传送到 Web 应用程序(listing-12.7/server/update-visualization.js)

```javascript
const eventHub = require('./event-hub.js');

const openSockets = [];     ◄── 这是一个数组，用于跟踪当
                                前打开的 Socket.io 连接

function onConnectionOpened (openedSocket) {   ◄── 当 Socket.io 连接已打开
    openSockets.push(openedSocket);                时，调用此回调函数
};

                                                   当 Socket.io 连接已关闭时，
                                                   调用此回调函数
function onConnectionClosed (closedSocket) {   ◄──
    const socketIndex = openSockets.indexOf(closedSocket);
    if (socketIndex >= 0) {
        openSockets.splice(socketIndex, 1);
    }
};

                                                   针对已连接
                                                   的每个 Web
eventHub.on("incoming-data", (id, incomingData) => {   应用程序
    for (let i = 0; i < openSockets.length; ++i) {   ◄──
        const socket = openSockets[i];
        socket.emit("incoming-data", incomingData);   ◄──
    }                                              将传入数据传送到
});                                                Web 应用程序

module.exports = {
    onConnectionOpened: onConnectionOpened,
    onConnectionClosed: onConnectionClosed
}
```

我们还需要看一下 Web 应用程序的代码中发生了什么。在代码清单 12.7c 中，你可以看到与你预计在 C3 图表(参阅前面的第 10 章)中看到的内容大致相同。除此之外，这一次还将创建一个 socket.io 实例，并从 Web 服务器接收传入数据事件。之后的作业非常简单，那就是将传入数据点添加到现有的数据数组，并使用 C3 的 load 函数加载修订后的数据。C3 可以方便地为新数据提供动画，从而使图表具备非常好的流动效果。

代码清单 12.7c　将到达的新数据添加到图表(listing-12.7/server/public/app.js)

```javascript
function renderChart (bindto, chartData) {
    var chart = c3.generate({
        bindto: bindto,
        data: chartData,
        axis: {
            x: {
                type: 'timeseries',
            }
        }
    });
    return chart;
};


$(function () {

    var socket = io();                                    ← 与服务器建立 socket.io 连接


    $.get("/rest/data")                                   ← 点击 REST API 并从服务器下
        .then(function (data) {                              拉初始数据
            var chartData = {                             ← 设置图表数据以便通过网络接收到新数据
                xFormat: "%d/%m/%Y %H:%M",                  时进行更新
                json: data,
                keys: {
                    x: "Date",
                    value: [
                        "PM10 (ug/m^3)"
                    ]
                }
            };
            var chart = renderChart("#chart", chartData); ← 执行图表的初始呈现

            socket.on("incoming-data",function(incomingDataRecord) {  ← 处理通过 socket.io 连接传入的数据
                chartData.json.push(incomingDataRecord);  ← 将传入数据添加到现
                while (chartData.json.length > 24) {          有的图表数据
                    chartData.json.shift();               ←
                }                                            删除最早的数据记录

                chart.load(chartData);                    ← 重新加载图表的数据
```

仅保留最近 24 小时的记录

```
        });
    })
    .catch(function (err) {
        console.error(err);
    });
});
```

最后需要注意的是，如何使 Socket.io 对我们的 Web 应用程序可用。在代码清单 12.7d 中，你可以看到，将 socket.io 客户端的 JavaScript 文件包含到 Web 应用程序的 HTML 文件中。那么这个文件来自何处呢？

实际上，此文件由包含在服务器应用程序中的 Socket.io 库自动提供并通过 HTTP 传送。这种提供方式很奇妙，就像变魔术一样，我们不需要使用 Bower 安装此文件或者手动进行安装。

代码清单 12.7d　Socket.io 通过服务器自动提供给客户端(listing-12.7/server/public/index.html)

```html
<!doctype html>
<html lang="en">
    <head>
        <title>Live data visualization</title>

        <link href="bower_components/c3/c3.css" rel="stylesheet">
        <link href="app.css" rel="stylesheet">

        <script src="bower_components/jquery/dist/jquery.js"></script>
        <script src="bower_components/d3/d3.js"></script>
        <script src="bower_components/c3/c3.js"></script>
        <script src="/socket.io/socket.io.js"></script>    ← 将 Socket.io 包含到 Web 应用
        <script src="app.js"></script>                        程序的 HTML 文件中
    </head>
    <body>
        <div>
            No need to refresh this web page,
            the chart automatically updates as the data
            flows through.
        </div>
        <div id='chart'></div>
    </body>
</html>
```

当运行代码清单 12.7 中的代码时，需要注意一点：每次全新运行时(模拟传感器和服务器)，请重置传入 MongoDB 集合(可以使用 Robomongo 从集合中删除所有文档)。否则，由于数据具有按时间排序的性质，并且我们是重复使用仿造的数据，你的实时图表可能会出现错误。这是由于我们将开发框架设置为采用模拟传感器和仿造数据导致的瑕疵。在实际生产环境中不会出现这种问题。这在开发过程中会带来一些问题，因此，为了实现持续开发，可以通过一种自动的方式来将数据库重置为初始状态。

实际上，你已经有了此功能。已经构建了一个完整的系统，用于处理连续的实时数据馈送。使用这个系统，可以监控空气质量，为各种紧急情况做好更充分的准备，并且可以实时做出响应。你可以在第 12 章对应的 GitHub 代码库的 complete 子目录下找到完整的代码。它将本章中讨论的所有部分汇总到一起，并组合成一个紧密聚合的功能系统。

我们在本章中所做的工作已经向着完整的生产系统迈进了一大步，不过尚未完全实现。我们仍有很多问题需要解决，以便可以依赖这个系统，不过，在后面的第 14 章中，我们还会回过头来继续讨论这些内容。让我们在紧张的工作中放松一下，在接下来的第 13 章中，会使用 D3 升级我们的可视化技能。

小结

- 分析如何管理实时数据处理流程。
- 带你从头到尾体验通过 HTTP POST 和套接字发送和接收数据的各个示例。
- 对代码进行了重构以提取简单的配置文件。
- 使用 Node.js 的 EventEmitter 为服务器添加一个简单的事件中心，从而在应用程序中引入了一种基于事件的体系结构。
- 使用 cron 库创建了基于时间的调度作业。
- 探索了如何使用 Socket.io 向实时更新的 C3 图表发送数据。

第13章

使用 D3 实现高级可视化

本章内容提要:
- 使用 SVG 创建矢量图形
- 使用 D3 创建不同寻常的可视化结果

在本书中，D3 是必须要介绍的内容：它是一种非常出色的可视化框架，可用于在 JavaScript 中构建基于浏览器且带有动画效果的交互式可视化结果。D3 的全称为 Data-Driven Documents，即数据驱动文档，它是一种非常复杂的库，正因为这一点，我们将这一章称为"高级可视化"。D3 拥有一个非常大的 API 以及很多高深、复杂的概念。这对你的工具包是一个非常有益的补充，但遗憾的是，其学习难度非常大，需要你加倍地努力和付出！对于绝大多数日常的图表，最好选择使用更为简单的 API，例如 C3，相关内容我们已经在前面的第 10 章中介绍了。但是，如果你达到了 C3 的限制条件，或者想要创建完全即时可用的内容，就需要使用 D3。

在这里，我恐怕不能为你完整地介绍 D3 的全部内容，那需要一整本书的篇幅。不过，我希望为你介绍一些基本的概念以及它们彼此之间有着怎样的关联。例如，我们将学习 D3 的一个核心概念，那就是"数据连接"模式，以及如何使用它将数据转换为某种可视化结果。D3 是一个非常大且极为复杂的 API，我们只能蜻蜓点水地简单介绍一下。

你是否准备好创建更为高级的可视化结果？这一章中将创建一些不同寻常的可视化结果，它们是使用 C3 无法创建的。这个示例会让你大概了解 D3 有多么强大，在此过程中，我们将学习一些核心的 D3 技能。

13.1　高级可视化

在这一章中，我们将使用 D3 创建一个可缩放矢量图形(Scalable Vector Graphics, SVG)可视化结果。我们还可以将 D3 与 HTML 或 Canvas 结合使用，但常见的是将其与 SVG 结合使用，通过这种方式，我们可以明确构建一些让人印象深刻的可视化结果。如果你对 SVG 并不了解，也不必过于担心，因为我们首先会对 SVG 进行简短的介绍，让你快速对其有一个基本的了解。

将创建的可视化结果如图 13.1 所示。这是美国发射的环绕地球的太空垃圾的一个缩放格式副本。所谓的太空垃圾，指的是火箭或卫星的残骸，以及其他此类遗弃在太空中的物体。

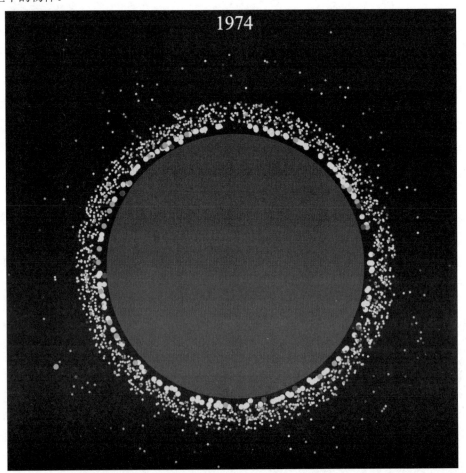

图 13.1　本章中最终完成的可视化结果：地球周围太空垃圾(美国发射的)的二维可视化结果，按年划分，并且设置了动画效果

在图 13.1 中，地球为蓝色，周围环绕着黄色、橙色和红色的物体：这些表示太空垃圾的对象已经根据大小设置了不同的颜色(注意，在本书是纸质版，未显示出现这些颜色)。这种着色方式是通过 CSS 样式应用的，稍后你将看到相关内容。此可视化结果是交互式的：当你将鼠标指针悬停在太空垃圾的某个物体上时，将显示解释性文字，如图 13.2 所示。

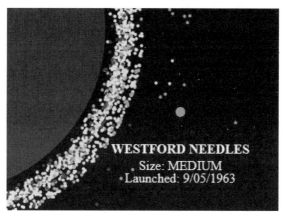

图 13.2　当你将鼠标悬停在某个太空垃圾物体上时，将显示解释性文字

此可视化结果还设置了动画效果：注意图 13.1 中的年份显示在顶部。我们设置的动画会使此可视化效果一年接一年向前移动。对于每次动画迭代，都会显示当年发射的物体以及在过去几十年中积累了多少太空垃圾。

13.2　获取代码和数据

本章对应的代码和数据可以在 GitHub 上的 Chapter-13 代码库中获取，网址为 https://github.com/data-wrangling-with-javascript/chapter-13。代码库中的每个子目录都包含一个可以正常运行的完整示例，并且每个示例都对应于本章中的代码清单。在尝试运行每个子目录中的代码之前，请确保安装 Bower 依存项。

你可以使用 live-server 运行每个代码清单，如下所示：

```
cd Chapter-13/listing-13.5
live-server
```

这将打开你的浏览器，并导航到对应的网页。如果你需要有关获取代码和数据的帮助，请参见前面第 2 章的 2.3 节。

13.3   可视化太空垃圾

为什么选择太空垃圾作为示例？我一直在寻找一种能够充分展示 D3 的强大功能的可视化结果，在参加世界科学大会(World Science Festival)上一个关于太空垃圾扩散的讲座时，我从中受到了启发。在讲座结束以后，我自己做了一些相关调查，在http://stuffin.space/上发现了一个关于太空垃圾的三维可视化结果，非常精确，让人惊叹不已。

于是，我决定仿制一个与此类似的可视化结果，以便在本书中使用，但采用的是二维形式，并且使用 D3 来实现。我对数据预先进行了过滤，使其只包含美国发射的太空垃圾。如果不进行这种过滤，数据量将非常大，生成的可视化结果会拥挤不堪，并且非常凌乱。

将要使用的数据包含在 JSON 文件 us-space-junk.json 中，你可以在 Chapter-13 GitHub 代码库中找到该文件。正如你在图 13.3 中看到的，每条数据记录都表示太空垃圾的一个物体，通过名称、大小、发射日期和近地点等参数进行描述。

近地点是物体与地球的最近距离。我们将在可视化结果中使用此值来近似表示物体与地球的距离。

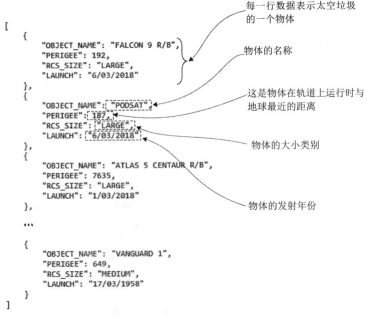

图 13.3   描述太空垃圾的每个物体的 JSON 数据(摘录自 us-space-junk.json)

13.4　D3 是什么?

D3(即数据驱动文档)是一个用于生成可视化结果的 JavaScript API。人们通常称其为通用可视化工具包,所谓的通用,意思就是可以使用它创建的可视化结果的类型不受限制。只要是你能想象得到的可视化结果,比如可以通过 HTML、SVG 或 Canvas 创建的可视化结果,基本上都可以使用 D3 来创建。

D3 并不是专门用于构建图表或其他任何特定类型的可视化结果,它的功能非常强大,几乎可以表现任何内容,你只需针对 D3 示例执行图像搜索,就可以看到很多相关的示例,从而印证我所说的话。使用 D3 创建的可视化结果范围之广,真的让我感到吃惊不已。

D3 出自《纽约时报》可视化部门的 Michael Bostock、Vadim Ogievetsky 和 Jeffrey Heer 之手。在各种可视化 API 中,它可以说是最新的,也是最棒的,同时也是上述相关人员多年丰富工作经验的结晶。

我们将使用 D3 创建太空垃圾可视化结果的一种 "配方"。将数据添加到这个配方即可生成可视化结果。使用 D3 将数据转换为可视化结果没有固定的程序。必须显式地编写代码,用于将数据转换为可视化结果。将构建从数据到可视化结果的自定义转换过程。正如你可以想到的,通过这种强大的方式能够构建独一无二或自定义可视化结果,但是,当你想要构建标准折线图或条形图时,很快就会变得枯燥乏味。

D3 与 jQuery 存在交叠:如果你已经习惯于使用 jQuery,那么使用 D3 时,可以通过你熟悉的方式选择和创建 DOM 节点,然后为它们的属性设置值。还可以向 DOM 节点添加事件处理程序以创建交互性,例如,响应鼠标悬停和鼠标单击操作。

不过,学习使用 D3 会让你承受很大的压力,可能需要加倍的付出。它的功能是基于抽象概念构建的,正是这一点使得 D3 不容易学习和掌握。此外,学习 D3 还需要对 JavaScript 有非常深入的了解,但是,我在介绍时会尽量做到通俗易懂,我们先从简单的内容入手,逐步过渡到更复杂的可视化结果。

如果你从头创建可视化结果,D3 可能会非常有用,此外,我们也可以利用 D3 技能来扩展 C3 图表。由于很容易就会达到 C3 的限制,比如说,当你想要向 C3 图表中添加额外的图形、交互能力或者动画效果时。但由于 C3 是基于 D3 构建的,因此,我们可以使用 D3 API 来扩展 C3,以及向 C3 图表中添加额外的功能。

尽管我极力赞美 D3 的众多优点,但也希望能够说服你不要轻率地使用它。建议

你尽量使用更为简单的 API(例如 C3)来创建可视化结果，只有在创建无法通过简单的
API 实现的高级可视化结果时，才考虑使用 D3。例如，尽量不要使用 D3 创建公司每
周销售量的条形图。因为这样做是不值当的，就像使用电锤来钉图钉，实在是有点大
材小用了。

13.5   D3 数据处理流程

我曾经说过，我们将使用 D3 创建数据可视化结果的一种配方。将其视为一种配
方是描述 D3 如何工作的一种方式。我喜欢的另一种比拟方式是将 D3 配方视为一个数
据处理流程。正如你在图 13.4 中看到的，我们的数据集通过整个处理流程，在另一端
转换为一种可视化结果。

但是，D3 并不仅仅用于在空的 DOM 中创建新的可视化结果。D3 配方也可以描
述如何向现有可视化结果中添加数据。正是这一点使得 D3 非常强大，我们可以使用
它在新的数据可用时更新一个实时的可视化结果(见图 13.5)。

我们将要构建的 D3 处理流程将对一组数据记录进行操作，如图 13.6 所示。该处
理流程依次访问每条数据记录，并生成 DOM 节点以表示太空垃圾的每个物体。该流
程将生成一个新 DOM 节点集合，积累起来便构成可视化结果。

你是否准备好开始编码来创建太空垃圾可视化结果？

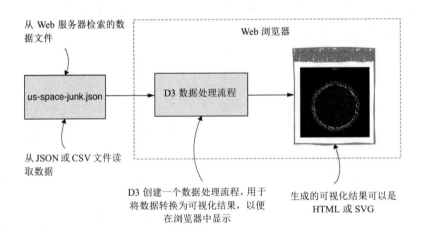

图 13.4   D3 创建一个可以将数据集转换为某种可视化结果的处理流程

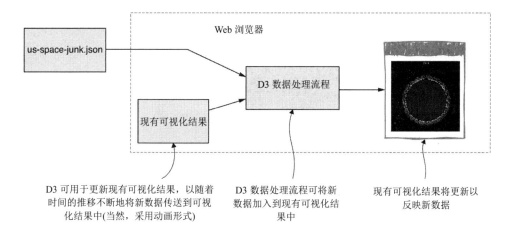

图 13.5　D3 数据处理流程可以使用新数据更新现有可视化结果

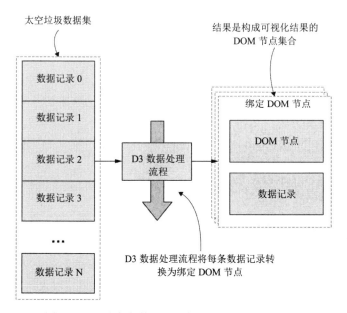

图 13.6　D3 为每条数据记录生成"绑定 DOM 节点"

13.6　基本设置

首先，我们来建立基本设置。代码清单 13.1 显示了 D3 可视化结果的一个 HTML 模板。最后，我们将使用 D3 生成所有可视化结果，因此，这个空的 HTML 模板通常足以完成本章中所要实现的用途。

代码清单 13.1   D3 可视化结果的 HTML 文件(listing-13.1/index.html)

```html
<!DOCTYPE html>
<html lang="en">
    <head>
      <meta charset="utf-8">
      <title>Space junk visualization</title>
      <link rel="stylesheet" href="app.css">          在我们的网页上包含 D3
      <script src="bower_components/d3/d3.js"></script>  ◄─────┐
      <script src="app.js"></script>
    </head>
    <body>
        <svg class="chart"></svg>
    </body>
</html>
```

注意，此 HTML 文件包含 CSS 和 JavaScript 文件：app.css 和 app.js。在我们开始学习本章时，这两个文件实际上都是空的。不过，很快我们就会向 app.js 中添加 D3 代码，并通过 app.css 设置可视化结果的样式。

这是一个空画布，我们会在其中创建可视化结果。将使用 D3 程序化地生成可视化结果，但在执行此操作之前，先直接向 HTML 文件手动添加一些 SVG 基本体，以便理解 SVG 的工作方式。

13.7   快速了解 SVG

SVG 是一种 XML 格式，与 HTML 差不多，用于呈现二维矢量图形。与 HTML 一样，SVG 是可交互的且可设置动画，而我们将在可视化结果中使用这些内容。

SVG 是一种开放式标准，已经存在了很长时间。它最初是在 1999 年开发的，但直到近几年才在所有现代的浏览器中得到支持，从而可以直接嵌入到 HTML 文档中。

这一节将简单介绍将在太空垃圾可视化结果中使用的各种 SVG 基本体。如果你已经对 SVG 基本体、属性、元素嵌套和平移有了很好的了解，可跳过这一节，直接跳转到 13.8 节。

13.7.1   SVG 圆形

首先来介绍一种 svg 元素并设置其宽度和高度。这将创建一个空间，可在其中使用矢量图形进行绘制。

将要使用的主要基本体是 circle 元素。图 13.7 显示了一个 SVG 圆形(图左)、Chrome 的 DevTools(开发者工具)中显示的 DOM 外观(图中间)，以及将 circle 元素与 svg 元素关联的示意图(图右): circle 元素是 svg 元素的一个子元素。

代码清单 13.2 是这个最简单的可视化结果对应的代码。请注意如何使用属性来设置圆形的位置(cx 和 cy)、半径(r)和颜色(fill)。你也可以在 Chrome 的 DevTools(开发者工具)中检查这些属性的值(如图 13.7 的中间部分所示)。

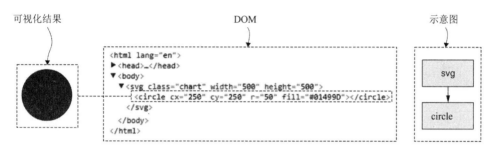

图 13.7　将一个 SVG circle 元素手动添加到我们的 SVG(可在 Chrome 的 DevTools 中查看 DOM)

代码清单 13.2　向 SVG 中添加一个 circle 元素(listing-13.2/index.html)

```
<!DOCTYPE html>
<html lang="en">
  <head>
    <meta charset="utf-8">
    <title>Space junk visualization</title>
    <link rel="stylesheet" href="app.css">
    <script src="bower_components/d3/d3.js"></script>
    <script src="app.js"></script>
  </head>
  <body>                        这是父 svg 元素
    <svg   ◄────────────
      class="chart"
      width="500"             设置 svg 的尺寸
      height="500"
      >
      <circle   ◄──────  使 circle 元素成为 svg 元素的子元素
        cx="250"
        cy="250"              配置圆形的各种属性。请注意它是如何
        r="50"               设置为在 svg 中居中放置的
        fill="#01499D"
```

```
            />
        </svg>
    </body>
</html>
```

对于这个简单示例，我们可能不需要使用 DevTools(开发者工具)来检查 DOM 和属性值。我们已经知道它们将呈现怎样的外观，因为这些就是我们输入到 HTML 文件中的内容。但是，很快我们就会使用 D3 程序化地生成这些圆形，因此，我们不会只是了解其外观。我们需要检查实际的结果，以便在出现错误时，可以排除故障和解决问题。

现在，请花一点时间在浏览器中运行这个简单的可视化结果，并使用浏览器的DevTools(开发者工具)检查 DOM 结构和圆形的属性。尽早嵌入这种行为是非常好的做法，这样，以后当内容变得更复杂、更凌乱时，可以更好地定位并弄清楚问题所在。

13.7.2 样式设定

可为 SVG 元素设定样式，方法与为 HTML 元素设定样式的方法相同，那就是使用 CSS 样式设定。例如，在简单的圆形可视化结果中，可将圆形的填充颜色移动到 CSS，并将样式与结构分离开来。代码清单 13.3a 显示了删除 fill 属性以后的 circle元素，紧接着，代码清单 13.3b 显示了如何将填充颜色移动到 CSS 样式。

代码清单 13.3a circle 元素的 fill 属性已经移动到 CSS(摘录自 listing-13.3/index.html)

```
<circle
    cx="250"          ← fill 属性已经移动到 CSS
    cy="250"
    r="50"
    />
```

代码清单 13.3b 现在在 CSS 中执行圆形的填充颜色(listing-13.3/app.css)

```
.chart circle {
    fill: #01499D;
}
```

稍后，将在可视化结果中使用更多的 CSS 样式设定。

13.7.3　SVG 文本

下面，添加一个 text 元素，作为圆形对应的标题，即将圆形命名为 The Earth。图 13.8 显示了更新后的可视化结果(图左)以及演示 circle 和 text 元素如何与 DOM 中的 svg 元素关联的示意图(图右)。

代码清单 13.4a 显示了添加 text 元素的过程，现在，我们拥有了一个简单的地球可视化结果。你可以在浏览器中加载此代码清单，打开 DevTools(开发者工具)，然后检查 DOM 以查看其现在的显示情况。

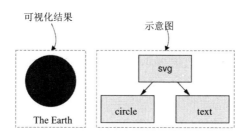

图 13.8　使用 text 元素为地球可视化结果添加标题

代码清单 13.4a　为地球可视化结果添加标题(摘录自 listing-13.4/index.html)

```
<svg
   class="chart"
   width="500"
   height="500"
   >
   <circle
     cx="250"
     cy="250"
     r="50"
     />
  <text
     x="250"          显示新的标题元素
     y="320"
     >
     The Earth
  </text>
</svg>
```

为了加上文本，我们将添加一个新的 CSS 样式。如代码清单 13.46 所示，将 text-anchor 设置为 middle，这会使文本居中放置，从而符合标题的样式。

代码清单 13.4b　新 text 元素的 CSS 样式设定(摘录自 listing-13.4/app.css)

```
.chart text {
    text-anchor: middle;        ◄──────── 使文本居中放置
}
```

13.7.4　SVG 组

到目前为止，代码内容还是非常简单的，不过，我们还是需要加倍认真。需要通过某种方式将太空垃圾放置在地球周围。将使用 SVG g 元素聚集一组 SVG 基本体并将它们组合成一个实体。图 13.9 中的示意图显示了 circle 和 text 元素如何与组(g 元素)关联，它们现在全都嵌套在 svg 元素下面。

代码清单 13.5 显示了如何在 g 元素中放入 circle 和 text 元素。请注意组中的 transform 属性，它与 translate 命令一起设置组的位置。这使我们可以将圆形和文本一起放置在 SVG 元素中的任意位置。请尝试将代码清单 13.5 加载到你的浏览器中，然后修改 translate 坐标以将组移动到其他各个位置。

代码清单 13.5 将多个可视化结果组合在一个 g 元素中，从而将它们视为一个实体(摘录自 listing-13.5/index.html)

```
<svg
    class="chart"
    width="500"
    height="500"
    >                    将 circle 元素和 text 元素可视化结果
    <g       ◄────────   组合在一个 g 元素中
        transform="translate(250, 250)"   ◄──────  使用 transform 属性在适当的位
        >                                          置放置组，使其作为单个实体
        <circle
            r="50"
            />
        <text
            y="70"   ◄──────  相对于圆形设置文本的偏移
            >
            The Earth
        </text>
    </g>
</svg>
```

现在，我们已经拥有了足够的 SVG 基本元素来构建 D3 可视化结果。我们了解了如何使用 circle、text 和 g 元素来创建 SVG 可视化结果。接下来，我们就开始学习 D3。

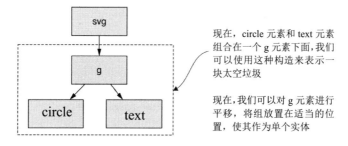

现在，circle 元素和 text 元素组合在一个 g 元素下面，我们可以使用这种构造来表示一块太空垃圾

现在，我们可以对 g 元素进行平移，将组放置在适当的位置，使其作为单个实体

图 13.9　显示我们的 DOM 的示意图，其中 circle 元素和 text 元素一起分组在一个 g 元素下面

13.8　使用 D3 构建可视化结果

为了构建 D3 可视化结果，我们必须对 SVG 元素执行选择、创建、配置和修改等操作。首先，我们来配置元素状态。

13.8.1　元素状态

每个元素都有一个关联的状态，通过元素的属性来指定。我们已经了解了如何手动设置各种 SVG 属性，例如，圆形的 cx、cy、r 和 fill 属性。表 13.1 中汇总了各个属性以及我们已经指定的值。

表 13.1　代码清单 13.2 中 circle 元素的元素状态

属性	值	用途
cx	250	圆形的 X 位置坐标
cy	250	圆形的 Y 位置坐标
r	50	圆形的半径
fill	#01499D	圆形的填充颜色(地球蓝)

图 13.10 显示了在 Chrome 的 DevTools(开发者工具)中查看时，这些属性的显示情况。不管是在 SVG 中手动设置属性，还是使用 D3 API 设置属性值，显示情况都是一样的。

为了使用 D3 设置属性值，我们将使用 attr 函数。假定我们已经引用了 circle 元素，那么可以按照下面所示，在代码中设置属性：

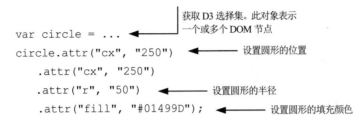

只有在引用元素后，才能对其设置属性，因此，接下来看一下如何选择元素，以便对其进行操作。

13.8.2　选择元素

使用 D3，可以通过三种基本的方式来引用元素。第一种，可以选择单个现有元素。第二种，可以同时选择多个元素。第三种，可以程序化地创建元素，并将它们添加到 DOM。最后需要说明的是，在实际操作中，需要使用所有这三种方法，但在这里，将使用最后一种方法来生成初始可视化结果。

单个元素

可以使用 D3 的 select 函数选择单个元素。在图 13.11 中，你可以看到，我使用一个虚线框表示当前的 D3 选择集，其中已经选择了 circle 元素。

假定我们已经有一个现有的元素，比如 circle 元素，可以使用 D3 的 select 函数，通过 CSS 样式选择器选择 circle 元素，如下所示：

```
var circle = d3.select("circle");
```

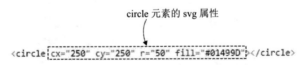

图 13.10　在 Chrome 的 DevTools(开发者工具)中查看 circle 元素的属性

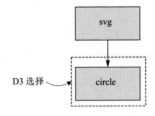

图 13.11　使用 D3 的 select 函数对单个现有 DOM 节点进行操作

代码清单 13.6a 显示了一个真实的示例。这里选择 svg 元素并根据文档的尺寸设置其宽度和高度。这会调整可视化结果的大小，以便充分利用浏览器窗口中的可用空间。

代码清单 13.6a　选择 svg 元素并设置其尺寸(摘录自 listing-13.6/app.js)

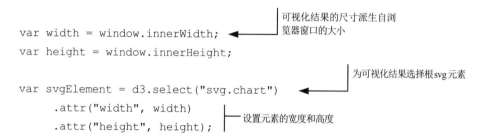

```
var width = window.innerWidth;
var height = window.innerHeight;

var svgElement = d3.select("svg.chart")
        .attr("width", width)
        .attr("height", height);
```

可视化结果的尺寸派生自浏览器窗口的大小

为可视化结果选择根 svg 元素

设置元素的宽度和高度

注意，我们还按照 CSS 类名引用 svg 元素。这使选择集更为具体，可以防止同一个页面上存在多个可视化结果时出现问题。

在这里看到的 svg.chart 好像是一个 CSS 选择器。如果你对 jQuery 比较熟悉，那么对此代码应该也不会陌生，因为通过 CSS 选择器进行 jQuery 选择并设置属性值与此类似。

多个元素

也可以使用 D3 同时选择并处理多个元素。在图 13.12 中，你可以看到，表示 D3 选择集的虚线框现在包含多个现有的 circle 元素。

可以使用 D3 的 selectAll 函数选择多个现有元素，如下所示：

```
var circle = d3.selectAll("circle")
circle
    .attr("r", 50)
    .attr("fill", "#01499D");
```

选择 DOM 中的所有 circle 元素

设置所有圆形的半径

设置所有圆形的填充颜色

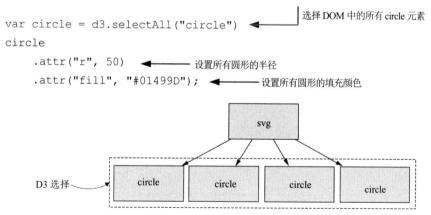

图 13.12　使用 D3 同时选择并处理多个 DOM 节点

注意，当针对包含多个元素的选择集调用 attr 函数时，将针对选定的所有元素更新该属性的值。这使我们可以同时配置一组元素，当想要为整组太空垃圾物体配置可视化结果时，这会非常有帮助。

添加新元素

最后一种选择元素的方法是添加新元素。在添加新元素时，新元素会自动被选中，以便我们设置其初始状态。现在请注意，因为这就是以程序化形式为太空垃圾创建可视化结果的方式。我们需要在可视化结果中表示很多块太空垃圾，并且需要以编程的方式添加 DOM 元素。如果手动添加这些元素，操作会非常枯燥乏味，不仅如此，对于手动准备的可视化结果，我们无法轻松地添加动画效果。

代码清单 13.6b 显示了如何使用 D3 的 append 函数向可视化结果中添加程序化生成的地球。附加一个元素会生成一个选择集，不过，在此示例中，该选择集只包含一个 DOM 节点。仍然可以对元素设置属性，这里使用这种方式为地球设置类、位置和半径属性。

代码清单 13.6b　向可视化结果中添加"地球"(摘录自 listing-13.6/app.js)

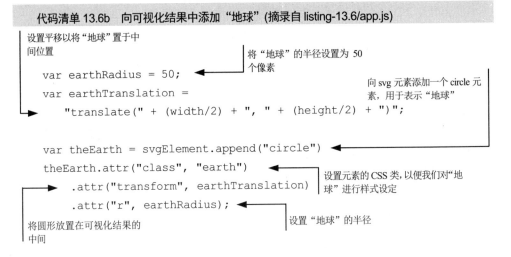

13.8.3　手动向可视化结果中添加元素

使用 D3 API 的正确方式是映射数据，并针对每个太空垃圾数据记录以程序化的方式创建可视化结果。这可能并不是很好理解，你可能一时间摸不着头脑。我们首先通过一种更为直接的方式来了解一下。

为每个数据记录添加可视化结果最简单的方式是什么？可以针对数据数组进行循环，调用 append 函数以便为太空垃圾的每个物体添加一个新的可视化结果。

对 D3 有所了解的人可能会告诉你，这不是使用 D3 的正确方式，他们说的没错，不过，我希望一开始先采取一种更简单的方法，稍后便可以充分体会到 D3 的强大功能。

如果实例化 DOM 元素以便对应于太空垃圾数据，最终将得到与图 13.13 类似的结果。不过，具体的外观可能并不完全相同，因为我们对太空垃圾使用随机化的坐标。我们每次运行时，它会选择不同的位置。DOM 显示在右侧，这样，你就可以查看每个太空垃圾物体的 DOM 节点。

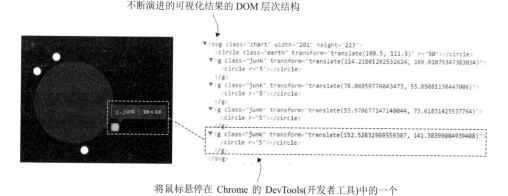

图 13.13　在 Chrome 的 DevTools(开发者工具)中查看手动添加的 DOM 节点的 DOM 层次结构：可视化结果开始成形

在图 13.13 的右侧，可看到将鼠标指针悬停在 Chrome 的 DevTools(开发者工具)中的 DOM 节点上时的情况。这是一种非常有用的调试方法，因为它可以在可视化结果中突出显示对应的元素。

代码清单 13.7 显示了针对数据进行循环并为每条数据记录添加可视化结果的代码。你可以看到，对于每条数据记录，调用 D3 的 append 函数以充实可视化结果。

代码清单 13.7　手动向 D3 可视化结果中添加太空垃圾元素(摘录自 listing-13.7/app.js)

手动循环数据并将其添加到可视化结果

添加一个组。这意味着可将多个子元素组成一块太空垃圾的可视化结果

```
for (var rowIndex = 0; rowIndex < spaceJunkData.length; ++rowIndex) {
    var spaceJunk = svgElement.append("g");
    spaceJunk.attr("class", "junk")
        .attr("transform",function(row,index){
        var orbitRadius = earthRadius + orbitDistance;
```

设置 CSS 类，以便对太空垃圾进行样式设定

设置转换元素以将太空垃圾放置在地球周围的轨道上

与太空垃圾环绕的地球中心的距离

```
            var randomAngle = Math.random() * 360;
            var point = pointOnCircle(
                            orbitRadius,
                            randomAngle
                    );
            var x = (width/2) + point.x;
            var y = (height/2) + point.y;
            return "translate(" + x + ", " + y + ")";
        })
        .append("circle")
        .attr("r", 5);
}
```

在相对于地球的轨道上选择一个随机位置

将太空垃圾坐标转换为可视化结果的相对坐标

合成一个 svg transform 属性以在地球周围放置太空垃圾

向组中添加一个 circle 元素以表示太空垃圾

设置圆形的半径

像这样手动针对数据进行循环并多次调用 append 函数并不是使用 D3 的正确方法，但我希望你能够以此为跳板，从而更轻松地了解 D3 的工作方式。很快，我们就会介绍如何以正确的方式使用 D3。不过，首先我们应该进行缩放以使可视化结果井然有序。

13.8.4 进行比例缩放以适合可用空间

到目前为止，在可视化结果中，我们使用了大量硬编码坐标和测量值。例如，在代码清单 13.6b 中，将地球的半径设置为 50 个像素，而且尽量在代码清单 13.7 中看不到，太空垃圾的轨道距离也是一个硬编码值。我们希望将这些值替换为按比例缩小的版本，以表示地球的实际大小以及太空垃圾的每个物体的实际轨道距离。

正如你在图 13.14 的左侧看到的，我们并没能有效利用可视化结果的空间。我们希望的是可视化结果占满整个可用空间，就像图 13.14 的右侧那样。

D3 支持比例缩放，我们将按照代码清单 13.8a 中所示的方式使用 scaleLinear 函数。这会创建一个 D3 比例尺，线性映射地球的实际半径(6371 千米)，使其刚好适合可用空间的大小。

代码清单 13.8a　按比例缩放地球的大小以适合可用空间(摘录自 listing-13.8/app.js)

这是地球的实际半径

```
var earthRadius = 6371;
var earthTranslation="translate("+(width/2)+","+(height/2)+")";
var maxOrbitRadius = d3.max(
        spaceJunkData.map(
            spaceJunkRecord=>earthRadius+spaceJunkRecord.PERIGEE
        )
```

确定与地球的最大轨道距离

```
);

var radiusScale = d3.scaleLinear()          ◄─── 为半径创建一个比例尺
    .domain([0, maxOrbitRadius])
    .range([0, Math.min(height/2, width/2)]);    ◄─── 我们希望可视化结果按比例缩
                                                      放，以便占满整个可用空间
var theEarth = svgElement.append("circle")
theEarth.attr("class", "earth")
    .attr("transform", earthTranslation)
    .attr("r", radiusScale(earthRadius));    ◄─── 现在按比例缩放地球的半径，
                                                  使其充分适合可视化结果
```

此外注意代码清单 13.8a 中是如何处理太空垃圾中每个物体的轨道距离的比例的。
这些值的最大值是使用 D3 的 max 函数确定的。

我们生成的比例尺 radiusScale 是一个 JavaScript 函数。保持原样，没有变化。我
们可以向此函数传递实际值(例如地球的半径)，它会生成一个适合浏览器窗口的按比
例缩放值(以像素为单位)。

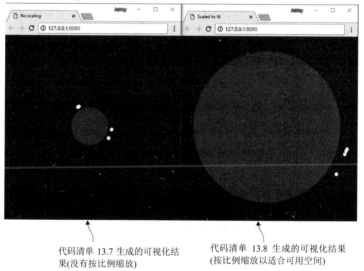

　　代码清单 13.7 生成的可视化结　　　　　代码清单 13.8 生成的可视化结果
　　果(没有按比例缩放)　　　　　　　　　　(按比例缩放以适合可用空间)

图 13.14　两个示例并排比较，用于演示按比例缩放的效果。右侧的可视化结果使用真实的尺寸，但
按比例缩小以适合浏览器窗口中的可用空间

也使用相同的 radiusScale 函数来按比例缩放太空垃圾的轨道距离，正如你在代码
清单 13.8b 中所看到的。轨道半径是通过将地球半径加上太空垃圾的近地点(最近轨道
距离)得到的。然后，将此值传递到 radiusScale 以将值转换为像素数。接着使用该像素
数在可视化结果中放置太空垃圾。

> 代码清单 13.8b　太空垃圾的每个物体的轨道距离也按比例缩放以适合可用空间(摘录自 listing-13.8/app.js)

```
var spaceJunk = svgElement.append("g");
spaceJunk.attr("class", "junk")
    .attr("transform", function () {
        var orbitRadius = radiusScale(
                earthRadius+spaceJunkRecord.PERIGEE          对太空垃圾使用实际的
        );                                                   轨道距离，并将其按比
                                                             例缩放以适合可用空间
        var randomAngle = Math.random() * 360;
        var point = pointOnCircle(orbitRadius, randomAngle);
        var x = (width/2) + point.x;
        var y = (height/2) + point.y;
        return "translate(" + x + ", " + y + ")" ;
    })
    .append("circle")
        .attr("r", 5);
```

好了，按比例缩放已经处理完成。我们已经快要准备好可视化结果的第一个版本。现在要做的是确保太空垃圾可视化结果以 D3 的方式生成，而不是前面使用的手动循环并附加的方法。

13.8.5　以 D3 的方式程序化生成

从现在开始，操作变得更难处理，就要加倍谨慎。现在，你必须熟悉并掌握一些所谓的 D3 概念，如数据连接和输入选择集。这些概念很难理解，因为它们具有两种用途，不过，在一开始，我们只需要其中一种用途。现在，将使用这种方法从头开始创建可视化结果。稍后，当开始构建动画时，将使用同样的方法向已经存在的可视化结果添加新数据。

我现在告诉你这些，是因为如果不了解它不仅仅是用于生成全新的可视化结果的，就很难理解数据连接是如何工作的。之所以说这种方法非常复杂，是因为它还用于更新现有可视化结果。

D3 数据连接的用途是什么？

● 用于配对 DOM 节点和数据记录
● 用于分配新数据记录和现有数据记录
● 用于设置数据记录添加和删除操作的动画效果

我们将使用 D3 的 selectAll 函数生成一组选定的 g 元素，但是，由于可视化结果中还没有任何此类元素，因此，这会生成所谓的空选择集。

　　调用 selectAll 后，我们将调用 D3 的 data 函数，传入太空垃圾数据集。这会创建所谓的数据连接，并生成很多绑定到我们的数据记录的 DOM 节点。不过，请等一下，我们还没有任何 DOM 节点！执行此操作后会获得什么呢？如图 13.15 所示，这些不是普通的 DOM 节点。可视化结果中还没有任何 DOM 节点，因此，D3 创建了一组占位符 DOM 节点，每条数据记录对应一个占位符。很快，我们就会使用实际的 DOM 节点填充这些空白的占位符，用来表示太空垃圾。

　　图 13.16 演示了将一个空的 g 元素选择集与数据连接如何生成一组绑定到数据的占位符 DOM 节点。

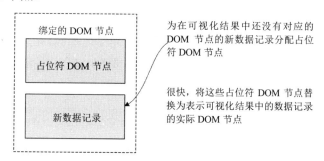

图 13.15　初始数据连接生成绑定到数据记录的占位符 DOM 节点

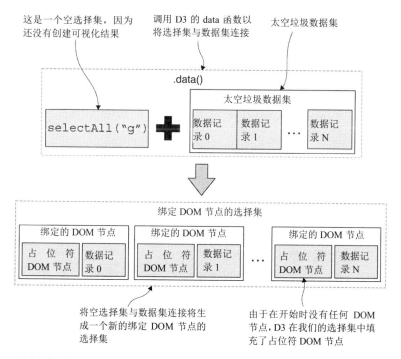

图 13.16　对选择集(甚至是空选择集)调用 D3 的 data 函数会将选择集与数据集连接。这称为数据连接

如果你此时感到有点混乱，我完全能够理解。依我来看，数据连接和占位符 DOM 节点的概念可能是你在学习 D3 时要面对的最棘手的内容。如果你能弄明白这些内容，那么 D3 的其他内容相对要简单一些。

我们现在拥有的选择集(来自数据连接)表示尚不存在的 DOM 节点。如果可视化结果中已经存在 SVG 组元素，它们将与新数据的占位符元素一起显示在选择集中，但是，我们还没有任何组元素。

代码清单 13.9 显示了用于生成数据连接的代码。调用 selectAll 会生成空选择集。然后，使用 data 函数连接我们的数据集。接下来，注意 enter 函数的用法，该函数对选择集进行过滤以获取新的数据记录。通过 enter 函数，我们可以指定将新数据添加到可视化结果时会出现什么情况。这里会调用 D3 的 append 函数。在 enter 选择集的上下文中调用 append 函数时，D3 会将占位符 DOM 节点替换为我们要添加到可视化结果中的元素。

代码清单 13.9   执行数据连接并以程序化的方式生成太空垃圾可视化结果(摘录自 app.js)

```
// ... 此处为省略的其他代码 ...              选择所有 g 元素。由于没有任
                                          何此类元素，因此将生成一个
                                          空选择集
var spaceJunk = svgElement.selectAll("g")
    .data(spaceJunkData);         创建数据连接
var enterSelection = spaceJunk.enter();    创建 enter 选择集。这是绑定
                                          到占位符 DOM 节点的新数
enterSelection.append("g")                据记录的选择集
        .attr("class", "junk")
        .attr("transform", spaceJunkTranslation)
        .append("circle")
            .attr("r", 5);
创建太空垃圾可视化结果并用其
替换占位符 DOM 节点
```

代码清单 13.9 定义了我称之为可视化配方的核心。这是向 D3 发出的指令，告诉它："请获取我的所有太空垃圾数据并创建可视化表示形式。"如果你按照我的方式理解此内容，就会发现我为什么喜欢将其视为一个数据处理流程。代码清单 13.9 显示了一个代码片段，它处理数据并生成可视化结果。

现在，我们已经连接了数据，并创建了太空垃圾可视化结果，你可以运行此代码并在浏览器的 DevTools(开发者工具)中检查 DOM 层次结构，以更好地理解 DOM 节点和数据记录如何绑定到一起。选择一个太空垃圾 DOM 节点，如图 13.17 所示。现在，打开浏览器的控制台。

Google Chrome 有一个名为$0 的特殊变量。如果你在控制台中输入此变量并按

Enter 键，将显示选定的 DOM 元素以供你检查。现在键入$0.__data__并按 Enter 键。
这将显示绑定到 DOM 节点的数据记录。D3 添加了__data__属性，它有助于了解 D3
如何跟踪其数据绑定。

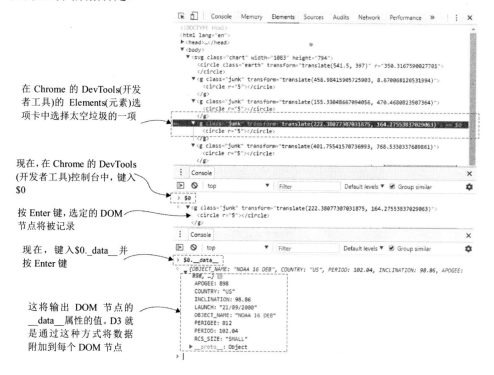

图 13.17　使用 Chrome 的 DevTools(开发者工具)检查附加到绑定的 DOM 的数据

我们几乎已经完成了可视化的第一步，现在，只需要再考虑一件事。不过，很快
就会返回到选择集和数据连接，并了解如何向可视化结果中添加新数据以及随时间变
化为其设置动画效果。

13.8.6　加载数据文件

到目前为止，仅使用了一个硬编码到 app.js 中的小的数据选择集。现在是时候将
它们替换为实际数据了。在代码清单 13.10a 中，使用了 D3 的 json 函数以 JSON 格式
从 Web 服务器异步检索数据(也可以使用 CSV 数据)。

代码清单 13.10a　使用 D3 加载实际数据文件(摘录自 listing-13.10/app.js)

```
d3.json("data/us-space-junk.json")          ◀── 使用 D3 加载数据文件
    .then(function (spaceJunkData) {
```

```
        // ... 在此处构建你的可视化结果 ...
    })
    .catch(function (err) {
        console.error("Failed to load data file.");    处理可能发生的任
        console.error(err);                            何错误
    });
```

　　太空垃圾可视化结果的第一步已完成。稍后，会向其中添加更多内容，不过现在运行此代码，并使用浏览器的 DevTools(开发者工具)探索和了解使用 D3 构造的 DOM。你得到的可视化结果应该与图 13.18 类似。

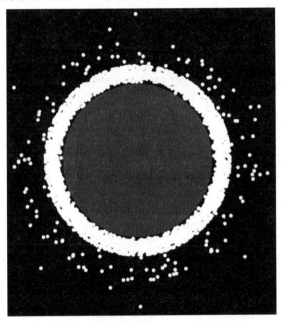

图 13.18　部分完成的太空垃圾可视化结果

　　代码清单 13.10b 中显示了绝大部分的代码。到目前为止，我们学到的最困难的内容是数据连接和输入选择集的概念，以及它们如何生成一组占位符 DOM 元素，然后会将这些占位符元素替换为太空垃圾可视化结果。在你阅读代码清单 13.10b 时，请留意对 selectAll、data、enter 和 append 函数的调用。

代码清单 13.10b　到目前为止的太空垃圾可视化结果的代码(摘录自 listing-13.10/app.js)

```
var width = window.innerWidth;        可视化结果的尺寸根据浏览
var height = window.innerHeight;      器窗口的大小得出


var earthRadius = 6371;
```

```
var earthTranslation = "translate("+(width/2)+ ","+(height/2)+")";
var maxDistanceFromEarth = 6000;
```
◄── 我们来针对可以显示的内容设定一个限制

```
d3.json("data/us-space-junk.json")
    .then(function (spaceJunkData) {
```
◄── 加载美国发射的太空垃圾的 JSON 数据

```
        var filteredData = spaceJunkData.filter(
          spaceJunkRecord =>
            spaceJunkRecord.PERIGEE <=
            maxDistanceFromEarth
        );
```
过滤掉超出限制的数据

```
        var maxOrbitRadius=d3.max(filteredData.map(
          spaceJunkRecord =>
            earthRadius +
            spaceJunkRecord.PERIGEE
        ));
```
确定与地球的最大轨道距离

```
        var radiusScale = d3.scaleLinear()
            .domain([0, maxOrbitRadius])
            .range([0, Math.min(height/2, width/2)]);
```
◄── 为半径创建一个比例尺

```
        var svgElement = d3.select("svg.chart")
            .attr("width", width)
            .attr("height", height);
```
◄── 设置可视化结果的大小

```
        var theEarth = svgElement.append("circle")
        theEarth.attr("class", "earth")
            .attr("transform", earthTranslation)
            .attr("r", scaleRadius(earthRadius));
```
◄── 在可视化结果中添加 the Earth

◄── 按比例缩放可视化结果以适合可用空间

```
        svgElement.selectAll("g")
            .data(filteredData)
            .enter()
            .append("g")
                .attr("class", "junk")
                .attr("transform", spaceJunkTranslation)
            .append("circle")
                .attr("r", 2);
```
◄── 与数据连接以生成太空垃圾的 DOM 元素

◄── 针对每个传入数据点指定发生了什么事情

针对每条数据记录创建太空垃圾的可视化表示形式

```
    })
        .catch(function (err) {
            console.error("Failed to load data file.");
            console.error(err);
        });
    };
```

充分了解代码清单 13.10b 中的代码以后，你可能会意识到其实并没有什么大不了。你可能想知道为什么在一开始会认为 D3 那么难。

现在还没有最终完成，代码还会更复杂一些。在结束本章的学习之前，我们会根据大小用不同的颜色标记太空垃圾，向可视化结果中添加简单的交互性，然后是最引人注目的部分：将按照年份为可视化结果设置动画效果，以清晰地看到太空垃圾如何随着时间的推移不断累积。

13.8.7　使用不同的颜色标记太空垃圾

在本章的开头，你可以已经注意到，数据将每个太空垃圾物体的大小指定为 small(小)、medium(中)或 large(大)。现在，将利用此信息，在可视化结果中根据大小使用不同的颜色标记太空垃圾。

将通过 CSS 类和样式设定应用颜色。在下面的代码清单 13.11a 中，为太空垃圾可视化结果指定 CSS 类名 SMALL、MEDIUM 或 LARGE。此值直接从数据中提取，并成为 CSS 类名。

代码清单 13.11a　根据大小设置太空垃圾类(摘录自 listing-13.11/app.js)

```
spaceJunk.enter()
.append("g")                              ← 将太空垃圾可视化结果          设置太空垃圾可
                                             添加到 DOM                  视化结果的类
    .attr("class", function (spaceJunkRecord) {  ←
        return "junk " + spaceJunkRecord.RCS_SIZE;  ←
    })
                                             根据太空垃圾的大小设置类名：
                                             SMALL、MEDIUM 或 LARGE
```

代码清单 13.11b 显示了现在可以如何添加 CSS 样式，以针对太空垃圾的不同大小为 circle 元素设置不同的填充颜色。

代码清单 13.11b　根据大小设置太空垃圾的颜色的 CSS(摘录自 listing-13.11/app.css)

```
.junk.SMALL {
    fill: yellow;
}
```

```
.junk.MEDIUM {
    fill: orange;
}


.junk.LARGE {
    fill: red;
}
```

这并没有为代码增加过多的复杂性，但它使可视化结果的外观变得更好，而且这是一个很好地说明根据数据内容进行 CSS 条件样式设定的示例。

13.8.8　添加交互性

我们已经使用 D3 构建了一个不常见的可视化结果，这充分展现了它的强大功能。但是，我们还需要看到关于交互性和动画的示例，以真正了解可使用 D3 生成多么复杂的可视化结果。

首先解决交互性的问题。在图 13.19 中，除了描述性的鼠标悬停文字以外，还可以看到使用不同颜色标记的最新太空垃圾。将按使用 JavaScript 创建基于浏览器的交互性时采取的相同方式来创建此悬停文字。可通过事件来响应用户输入，在此示例中，将使用鼠标 hover 和 unhover，如代码清单 13.11c 所示。

代码清单 13.11c　针对太空垃圾可视化结果处理鼠标悬停事件(摘录自 listing-13.11/app.js)

```
var spaceJunk = svgElement.selectAll("g")
    .data(filteredData);
spaceJunk.enter()                                设置 CSS 类名以便根据太空垃圾大小使
    .append("g")                                 用不同的颜色进行标记
        .attr("class", function (spaceJunkRecord) {
            return "junk " + spaceJunkRecord.RCS_SIZE;
        })
        .attr("transform", spaceJunkTranslation)
    .on("mouseover", hover)          ├─为鼠标悬停连接事件处理程序
    .on("mouseout", unhover)
    .append("circle")
        .attr("r", 2);
```

为了响应鼠标悬停事件，我们将对可视化结果进行修改。在代码清单 13.11d 中，附加了新的 text 元素来表示描述性文字。还修改了太空垃圾的大小(通过增加 circle 元

素的半径)。这会将视觉注意力转移到鼠标指针悬停在其上的特定物体。

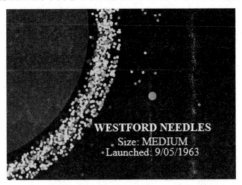

图 13.19   使用不同的颜色标记太空垃圾并显示鼠标悬停文字

代码清单 13.11d   向可视化结果中添加将在鼠标悬停在太空垃圾上时显示的悬停文字(摘录自 listing-13.11/app.js)

这是一个辅助函数,用于添加悬停文字

将悬停文字附加到 SVG 的结尾,使其在其他所有对象的上面呈现

```
function addText (className, text, size, pos, offset) {
    return svgElement.append("text")
        .attr("class", className)
        .attr("x", pos.x)
        .attr("y", pos.y + offset)
        .text(text);
};

function hover (spaceJunkRecord, index) {

    d3.select(this)
        .select("circle")
            .attr("r", 6);

    var pos = computeSpaceJunkPosition(spaceJunkRecord);

    addText("hover-text hover-title",row.OBJECT_NAME,20,pos,50)
        .attr("font-weight", "bold");

    addText("hover-text",
        "Size: " + spaceJunkRecord.RCS_SIZE, 16, pos, 70
    );
```

设置类,以便我们可以通过 CSS 设置文字的样式

对 Y 位置稍微进行一些偏移,以使文字显示在太空垃圾的下面

当鼠标悬停在太空垃圾上时调用此回调函数。

使鼠标悬停在其上的太空垃圾变大

针对鼠标悬停事件添加悬停文字

```
addText("hover-text",
    "Launched: " + spaceJunkRecord.LAUNCH, 16, pos, 85
);
};


function unhover (spaceJunkRecord, index) {        当太空垃圾解除鼠标悬停时
                                                    调用此回调函数

    d3.select(this)
        .select("circle")              将鼠标悬停在其上的太空垃
            .attr("r", 2);             圾恢复到正常大小

    d3.selectAll(".hovertext")
        .remove();        删除所有悬停文字
};
```

在代码清单 13.11d 中，还要注意我们如何进行清理以响应鼠标解除悬停事件，即删除描述性文字并将太空垃圾圆形恢复到原始大小。

13.8.9　添加不同发射年份的动画

对可视化结果进行的最后一项处理就是添加不同发射年份的动画，以显示太空垃圾被发射并在轨道上累积的效果。这将使我们完全了解 D3 数据连接，并且我们将学习如何使用它向现有可视化结果添加新数据。

图 13.20 显示了动画将采用的一般形式：将按照年份顺序设置动画。每次动画迭代的实际用时为一秒，但它表示一个完整的发射年份。

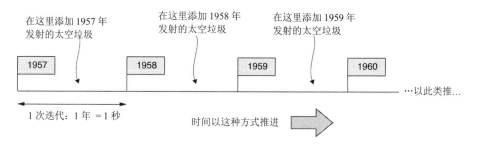

图 13.20　按照年份为可视化结果设置动画，依次添加每年发射的太空垃圾

在动画开始之前，我们将拥有一个空的可视化结果。然后，随着每次迭代完成，将有越来越多的太空垃圾被添加到可视化结果中，并且你会看到它们围绕在地球周围。

在第一次动画迭代中，D3 数据连接就像之前图 13.16 所示的那样进行操作。可视

化结果是空的，因此，将第一年的数据与一个空选择集连接，从而生成一些占位符
DOM 节点。

第二次以及后续的迭代全都处理现有的可视化结果并向其中添加新数据。现在，
我们拥有了一组现有的 g 元素，并且已经绑定到数据记录。图 13.21 所示，数据连接
的结果是一组绑定的 DOM 节点：现在，它包含用于以前添加到可视化结果的数据记
录的现有 DOM 节点，此外，还包含用于新数据记录的占位符 DOM 节点。

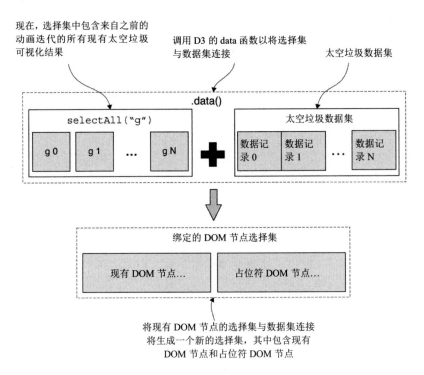

图 13.21　将非空选择集与数据连接将生成绑定的 DOM 节点选择集。其中包含现有 DOM 节点以及
用于任何新数据记录的占位符 DOM 节点

我们将再次使用 enter 函数和 append 函数将占位符 DOM 节点替换为太空垃圾可
视化结果，这将更新可视化结果并添加新数据。如果你之前考虑过"enter 函数的作用
是什么"，那么现在这个问题可能会变得更加明显。enter 函数使我们可以添加新元素，
而忽略现有元素。

代码清单 13.12 显示了设定了动画的可视化结果的代码。请注意 setInterval 如何创
建动画迭代，以及如何为每次迭代过滤数据，以逐步将新数据馈送到 D3 数据处理流
程中。

在代码清单 13.12 中，请注意为向可视化结果中添加太空垃圾操作设置动画的 D3

transition 函数。这使得太空垃圾显示为从地球表面发射，然后运行到其最终位置。太空垃圾的圆形半径也设置了动画，以将人们的注意力吸引到发射上。

代码清单 13.12　根据发射日期为每年发射的太空垃圾设置动画(摘录自 listing-13.12/app.js)

向可视化结果中添加标题文字，用于显示当前年份

```
    var currentYear = 1957;          ◀—————— 指定逐年发射动画的起始年份
    addText("title-text",
        currentYear.toString(), { x: width/2, y: 30 }, 0
    );


    var dateFmt = "DD/MM/YYYY";


    setInterval(function () {        ◀—————— 根据时间向前推进动画
        ++currentYear;
                                              针对当前年份
                                              更新标题文字
        svgElement.select(".title-text")  ◀——
            .text(currentYear.toString());
                                                      过滤数据，直到当前年份。
            var currentData = filteredData.filter(    这使我们可以针对每个新
                spaceJunkRecord =>                     的年份逐步向可视化结果
                    moment(spaceJunkRecord.LAUNCH,dateFmt).year()<=  中添加新数据
                    currentYear
            );
```

现在需要为每条数据记录设置一个 ID，以便 D3 知道新
太空垃圾和现有太空垃圾之间的差别

```
        const spaceJunk = svgElement.selectAll("g")
          .data(currentData, function (row) { return row.id; });
        spaceJunk.enter()   ◀—————— 为当前年份的太空垃圾添加新的 DOM 节
                .append("g")            点，现有 DOM 节点保持不变
                .on("mouseover", hover)
                .on("mouseout", unhover)
                .attr("class", function (spaceJunkRecord) {
                    return "junk " + spaceJunkRecord.RCS_SIZE;
                })
                .attr("transform", spaceJunkTranslationStart);


        spaceJunk.transition()
          .duration(1000)                               以动画形式显示太
          .attr("transform", spaceJunkTranslationEnd)   空垃圾运动到目标
          .ease(d3.easeBackOut);                         位置的过程
```

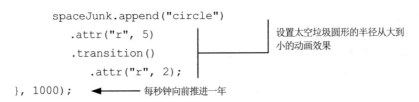

```
spaceJunk.append("circle")
    .attr("r", 5)
    .transition()
        .attr("r", 2);
}, 1000);
```

设置太空垃圾圆形的半径从大到
小的动画效果

每秒钟向前推进一年

　　本章简要介绍了 D3 背后的一些基本概念和理念。我希望此介绍能够激发你的学习兴趣，促使你深入了解 D3，并更深层次地探索高级可视化的相关内容。

　　你最大的收获应该是了解 D3 中的数据连接和输入选择集概念。我认为，这两个概念是 D3 中最难掌握的部分。如果你理解了这两个概念，就可以顺利地掌握 D3，但千万不要就此止步，还应继续学习。D3 是一个非常大的 API，还有非常多的内容可供探索，因此，请继续努力学习。如果想要了解有关 D3 的更多背景知识，请参见 Bostock 、 Ogievetsky 和 Heer 合著的斯坦福大学论文，网址为 http://vis.stanford.edu/files/2011-D3-InfoVis.pdf。

　　现在本书已接近尾声了。已经介绍了数据整理的主要方面：采集、存储、检索、清洗、准备、转换、可视化和实时数据。想想还剩什么没有介绍？假定你编写的代码不是用于个人目的或者一次性使用，不管是哪一种(哪一种都没有错)，我们现在都必须将代码部署到生产环境中了。

　　原型设计、开发和测试仅仅是整个过程的一部分。如果将代码提供给你的一个用户，或者很多要求苛刻的用户，那么很可能会使代码达到限制条件，而且可能会暴露出很多问题。最后一章"转入生产环境"为你列举了这些问题以及解决问题的策略。

小结

- 简要介绍 SVG 的相关内容，了解了一些基本体：circle、text 和 g 元素。
- 介绍如何使用 D3 选择和创建元素。
- 使用 D3 配置元素的状态。
- 讨论如何执行数据连接以根据数据生成动画 D3 可视化结果。
- 使用鼠标事件向可视化结果中添加了交互性。
- 通过加载 JSON 文件以生成可视化结果来升级到实际数据。

第*14*章

转入生产环境

本章内容提要：
- 处理将数据处理流程部署到生产环境时出现的各种事项、风险和问题
- 使用各种策略构建生产就绪应用程序

我们的数据整理之旅已经接近尾声，不过，到了这一阶段以后，实际的工作即将开始。尽管探索性编码、开发和测试似乎包含一大堆的工作，但到目前为止你还没有接触到任何实质性工作。构建和测试数据处理流程通常只是项目生命周期中的一小部分。

对于软件开发来说，一个丑陋的事实就是，在进入生产环境以后，绝大多数开发人员会将大部分的时间花在维护现有应用程序上。进入生产环境是一件非常重要的事：我们需要部署应用程序、对其进行监控并了解其行为。

然后，需要更新应用程序，以便可以部署错误修复或者升级其功能集。与此同时，需要一种可靠的测试方法来确保不是在一片废墟上进行探索。这些是应用程序进入生产阶段以后我们必须要处理的几个事项。

这是本书的最后一章，在这一章中，将带你快速了解一下进入生产环境后会遇到的一些事项和问题。将了解可以预测的各种问题，如何处理意料之外的问题以及各种解决问题的策略。这一章并不是介绍实践操作，而且可能会有遗漏，只是让你对进入生产环境后会面临的问题有一个简单的了解。这个主题涉及的内容非常广泛，而我们的学习时间所剩无几，那么抓紧时间马上开始。

14.1　生产注意事项

你是否已经准备好将应用程序转入生产环境？在生产环境中，需要将应用程序提供给目标用户。可能会将代码放置到托管服务器或云端的虚拟机。不管在哪里托管应用程序，都需要将其转入生产环境，供对应的用户使用。在实际情况中，用户的数量可能会非常庞大。这是生产部署的一个目标。表 14.1 中列出了其他目标。

表 14.1　生产目标

目标	说明
交付	将我们的软件提供给目标用户
容量	为大量用户提供服务，满足他们的需求
部署	更新我们的软件，不出现故障或问题
恢复	在发生故障后快速恢复
系统寿命	在既定的使用期限内正常运转

在实现这些目标的过程中，需要面对各种风险。其中最主要的风险是，可能会部署有问题的代码，而且应用程序可能会中断。表 14.2 中列出了其他潜在的风险。不同的项目还会有各自独有的风险。

在这里，面临的风险究竟是什么？那就是应用程序可能无法按预期正常工作。应用程序可能会因某些原因而中断。之后，它便无法再处理相应的工作，从而变得无法响应，或者可能导致我们根据有问题的数据做出业务决策。

为什么说这一点非常重要呢？系统出现问题会带来大量的成本浪费，因为当系统无法运行时，组织不得不停止工作。此外，如果使用的数据存在问题或者损坏，那么据此做出的业务决策很可能也是错误的。系统中断还可能会挫伤用户的信心，损害公司或产品在用户心中的良好形象，而丧失信誉所带来的损失是难以估量的。举例来说，在最糟糕的情况下，对于之前在 12 章中创建的预警系统，一旦发生系统故障，可能会给人们带来巨大伤害。需要认真考虑应用程序故障可能带来的损害。这可以帮助我们确定在设置生产用应用程序时应用采取怎样的预防措施。

表 14.2 生产风险

风险	说明
部署损坏的代码	在初始发布或更新时，系统损坏。这可能是由于测试方法不充分或不适当造成的
要求或负载超出应用程序的处理能力	对系统的要求超出系统能够高效响应的能力。系统响应缓慢或者由于不堪重负而中断
传入数据损坏或无效	传入的有问题的数据应该是可以预期的，并且系统应该有足够的弹性，能够处理这一问题
新的输入、用例或条件更改使代码损坏的问题显露出来	错误可能会长时间隐藏在代码中，直到发生了某些改变(输入、使用系统的方式、另一个代码模块)，导致错误显露出来

在这一章中，将介绍一系列的生产注意事项。表 14.3 中列出了这些注意事项。将在本章中简要地讨论每个事项。

表 14.3 生产注意事项

事项	说明
部署	必须通过一种安全、便捷并且容易反转的方式将应用程序部署到生产环境中，否则很容易出错。 需要一个部署流程
监控	如何知道系统是否正常运转并发挥作用？ 需要一个监控系统
可靠性	系统必须高效、可靠地运行。当用户需要时，它必须随时可用。 需要通过一些技术来确保可靠地运行。系统应该从容地处理故障并恢复运行状态
安全性	系统应该足够安全，能够防止不必要的干扰或窥探。 需要通过一些安全原则和机制来保护系统
可扩展性	系统如何处理出现大量用户活动的情况？ 如何根据用户需求扩展系统，而不发生故障转移

14.2 将预警系统转入生产环境

在前面的第 12 章中，我们开发了一个预警系统用于监控空气污染状况。现在，来讨论一下如何将此项目转入生产环境。需要将应用程序部署到生产环境，而通过这个环境应用程序得以交付给它的用户。

　　我们提供的究竟是什么？会面临哪些问题？我们可能有一个面板，而查看这个面板的用户可能会达到成千上万。系统能否处理这么多的并发用户？它是否能够及时响应这些用户？

　　我们可能需要将一个自动生成的报告发送给成百上千的用户，而这些用户每天都需要获取此信息。它能否协调一致地执行此操作而不发生故障转移？触发应急预警系统并将 SMS 短信警报发送给应急响应人员时，如何确保系统可以执行此操作而不会出现问题？在转移到生产环境时，我们必须考虑此类问题。

　　转入生产环境需要更新我们的工作流。你可能还记得，第 1 章中曾经介绍过一个数据整理工作流，图 14.1 中显示的工作流与之前的工作流有所不同。它现在显示，开发的最终结果是应用程序的生产部署。也就是说，应用程序的代码最终会从开发环境转移到生产环境。

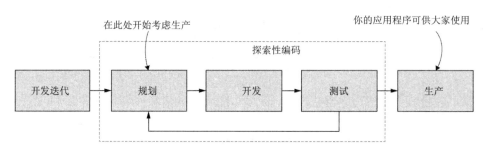

图 14.1　开发工作流以及应该在何时开始考虑生产

　　图 14.1 指出，需要在规划阶段就开始考虑生产问题。在开发过程的早期更多地考虑体系结构和设计(当然还包含测试)，这样会给后续操作带来很大的方便，当然，遇到可靠性、安全性和性能相关问题在所难免，即使出现此类问题，我们也不会无所适从。

　　面临的第一个问题是如何将应用程序转入生产环境。图 14.2 显示了一个常见的软件开发流程，称为持续交付，这是一个连续的迭代序列，其中每次迭代之后都是生产部署。为实现持续交付，需要一个部署流程。

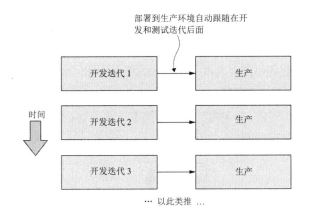

图 14.2 持续交付：应用程序按照固定的频率部署到生产环境

14.3 部署

如何将应用程序部署到生产环境取决于要将其部署到哪里，因为不同的环境需要使用不同的机制。不过，一般情况下，常见的做法是使用一个脚本化/自动化部署流程，图 14.3 中显示了这样的一个示例。流程中的每个阶段(虚线框)通过构建或部署脚本实现，每个阶段之间的关口(菱形)会控制是否进入下一个阶段。关口可能是自动的，或者也可能需要手动激活，具体看哪种情况适合你的项目。

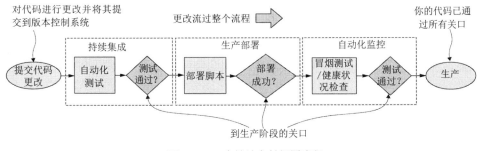

图 14.3 一个持续交付部署流程

从左侧开始，向版本控制系统提交一个代码更改。这会触发对持续集成系统的调用，该系统会自动构建代码并对其进行测试。如果构建的代码通过测试，将进入生产部署阶段。

可以为此阶段编写脚本，以便将代码部署到生产环境。如果部署阶段成功，将进入自动监控阶段。在这一阶段，可能会运行冒烟测试或健康状况检查，然后运行常规的自动化监控。祝贺你，你的应用程序已经通过了生产部署。

一定要注意，代码部署、应用程序更新通常是导致应用程序故障的最大原因。图 14.4 提供了一个这样的示例。举例来说，在第一次和第二次发布时一切正常，但是，到了第三次发布，我们可能会发现一个严重的错误不知何故通过测试流程并且发生了作用，导致系统发生故障转移。

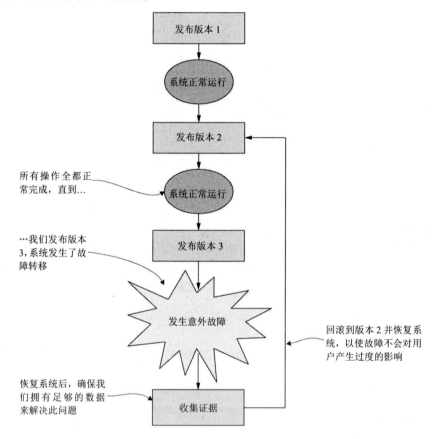

图 14.4   故障通常在发布新软件时发生。解决问题最快速的方法是回滚到上一个正常运行的版本

遇到严重的系统故障时我们应该怎么做？最简单的解决办法就是立即将整个操作过程回滚到上一个正常运行的版本，这也是对用户造成的影响最小的一种办法。这就对部署流程提出了一个非常重要的要求。部署系统应该可以轻松实现回滚，或者重新部署应用程序的先前版本。

不过，遗憾的是，错误在被发现之前可能会长时间地隐藏在应用程序中，而不被注意到。我们必须做好充分的准备，以防错误在将来的某个时间暴露出来，实际上，它们往往会在最不合时宜的时候显现出来。对于比较大的系统故障，可能会比较明显，它们会导致应用程序无法正常运行，但那些不是非常严重的问题时会出现什么情况呢？如何知道系统的运行是否正常？我们需要通过某种方式来监控应用程序。

14.4　监控

将代码部署到生产环境只是第一步。接下来，需要了解应用程序是否正常运行。必须对应用程序执行的操作有一个比较清楚的了解，如果对执行的操作一无所知，就无法解决出现的问题。需要检查应用程序的行为是否正常，是否已经经历过故障而后又从故障中恢复。

在开发过程中对代码进行彻底的调试是非常重要的。阅读每一行代码不等于看着每一行代码执行。调试是一种工具，可以使用该工具来了解代码执行什么操作，而不是我们认为代码执行什么操作。

不过，遗憾的是，当代码在生产环境中运行时，我们不能轻松地对其进行调试。在尝试将代码转入生产环境时，你必须先在开发工作站对其进行充分的测试和调试。

可以使用日志记录以及事件和指标报告来了解应用程序的行为方式，而不是通过调试生产代码来了解发生了什么事。要想执行此操作，一种简单的方法就是将日志记录和指标记录到数据库中，如图 14.5 所示。当然，使用这种方法的前提是你已经拥有数据库。

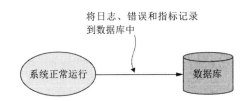

图 14.5　从系统收集日志、错误和指标，以便了解具体活动

可以将日志信息记录到标准输出或文件中，在开始阶段，这是一种非常好的方法，并且在开发过程中会非常有用，但是，在应用程序进入生产环境以后，这种方法的用处就不是很大了。

如果将日志和指标记录到数据库中，就可以开始执行一些非常有意思的操作。首先，可以使用数据库查看器远程查看数据，当所处的位置与运行应用程序的服务器相距比较远时，这种方法非常有用。其次，可以使用掌握的数据整理和分析技能来转换、聚合以及了解应用程序的行为。甚至可以构建自定义日志或指标查看器，或者使用现成的系统来搜索和查询应用程序的历史记录。

甚至可以让日志记录和监控系统更进一步，比如说，我们需要支持一个分布式系统(一个应用程序集合)。为此，可以创建(或购买)一个专门的监控服务器，如图 14.6 所示，以便为多个应用程序提供服务，并将它们的日志记录和指标整合到一个可搜索的系统中。

以服务器监控系统为中心使我们可以更好地了解分布式系统。现在，可以在一个集中的位置管理监控和报告生产应用程序的方式。这与前面第 12 章中用于预警系统的报告和警报系统类似，可以在这里重用相同的方法。例如，可能想要发送有关应用程序性能的每日报告，或者在检测到故障时触发 SMS 短信警报。

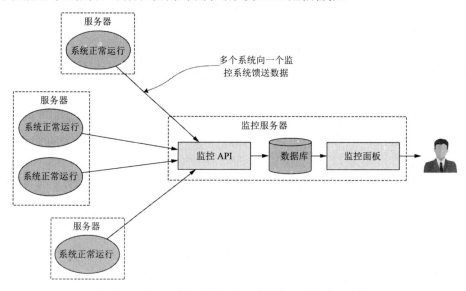

图 14.6　多个系统可以向一个服务器监控系统馈送数据

对服务器监控系统的另一项改进是使其具备主动监控应用程序的功能。如图 14.7 所示，服务器监控系统可以与应用程序建立一个双向通信通道，并且可以主动对其进行 Ping 操作以检查其是否仍处于活动状态、可快速响应并且没有超载。

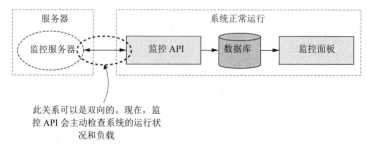

图 14.7　可以在系统和监控 API 之间建立双向关系，现在，监控 API 会主动检查系统的运行状况

有了这个能获知应用程序所执行操作的功能，我们现在可以持续了解应用程序的状态：它是正常工作还是中断运行。但是，这还是会产生一个问题，那就是我们如何以最好的方式设置代码结构，以确保它能够连续运行，并且具有较高的故障容限。

14.5　可靠性

将应用程序转入生产环境以后，我们希望它在执行时能够具备一定的可靠性。我们可以通过多种方式来提前做好准备，从而创建健壮且稳定可靠的代码，然而，还是会不可避免地出现各种问题，我们在编写代码时应该格外谨慎、认真，保证其能够在发生故障后快速恢复。

可以通过很多策略来改善代码的可靠性和稳定性，其中充分的测试是非常重要的，很快就会对此进行介绍。还会讨论有助于创建容错代码的各种技术。

14.5.1　系统耐用性

我们需要了解应用程序的预计有效运行时间，这一点非常重要。这里所说的有效运行时间是指在应用程序重新启动或者主机重新启动之前保持可靠运行状态的时间。如果你使用的是持续交付流程，那么你的交付周期将规定重新启动之间的时间，如图14.8 所示。

如果你的交付计划是按月交付，那么系统必须至少在一个月内保持正常运行。需要在此时间段前后调整测试。

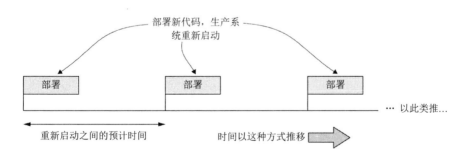

图 14.8　部署计划规定了系统的耐用性(系统重新启动之间的时间)

14.5.2　进行防御式编程

我通常喜欢按照防御式编程的思维模式进行编码。在这种工作模式中，我们总是预计错误会发生，即使还不知道错误会是什么。我们应该预计获得的输入存在问题。此外，还应该预计调用的函数或依赖的服务会行为异常或者无法响应。

你可以将此看作是墨菲法则：任何可能出错的事终将出错；或者也可以说，事情往往会向你所想到的不好的方向发展，只要有这个可能性。如果你在编码时发现自己避免了一个问题并告诉自己这个问题永远也不会发生，此时就应该假定会出错！在进行防御式编程时，假定所有此类问题都可能会发生，然后采取相应的措施以使代码能够继续保持运行并报告故障。培养这种态度有助于构建富有弹性的软件。

14.5.3　数据保护

第一个数据整理规则应该是：不要丢失数据！不论发生什么情况，保护数据都是非常重要的。认可并遵守以下规则，可保护你的数据不会丢失：

- 捕获数据后，立即安全地将其记录下来。
- 永远不要覆盖源数据。
- 永远不要删除源数据。

如果遵守上面的规则，你的数据将得到有效保护。在特定情况下，例如，当你的扩展数据库开始影响系统耐用性时，你可能需要打破这些规则，不过一定要小心谨慎，这样做存在很大的风险。

在前面的第 12 章中，处理预警系统时，我们讨论了在将数据捕捉到数据库之前或之后转换数据意味着什么。在这里，我要重申这一点。你应该首先捕捉重要的数据，确保它们是安全的，然后对其执行其他操作。图 14.9 显示了实现这一点的正确方式。捕捉数据的代码也是保护数据的代码，它应该是经过完全测试的代码。你还应该最大限度地减少完成此工作的代码量。代码量很少的情况下，更容易进行测试，同时也更容易检验是否正确。

在转换数据并将其写回数据库时，千万不要覆盖源数据。如果这样做，转换代码中存在的任何问题都可能会导致源数据损坏。错误在所难免，但不应因此而丢失数据。你应该积极采取应对措施，避免这种风险发生。请将转换后的数据与源数据分开存储。图 14.10 显示了应该采取的方法。

毫无疑问，你应该对源数据进行备份。在我们所在的行业中，对于某个对象，我们经常会说，如果没有至少三份副本，就不能说它是存在的！同样，如果需要定期更新或收集源数据，你也应该定期对其进行备份。如果此操作非常单调乏味，那么你需要将其设置为自动执行！

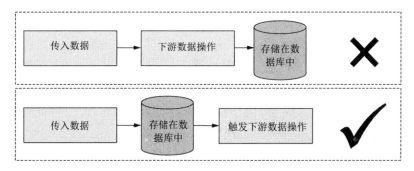

图 14.9　先将传入数据捕捉到数据库中，然后执行其他任何操作。确保不要丢失数据

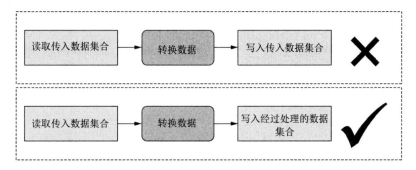

图 14.10　在转换数据时，将输出写入一个单独的数据库表/集合。确保不会损坏源数据

14.5.4　测试和自动化

如果想要生成健壮的代码，测试是必不可少的环节，不过本书中几乎没怎么涉及这方面的内容，但这并不意味着测试不重要！在完成各章的代码时，我们其实已经进行了手动测试，只是没有执行任何自动化测试。但是，如果你想要开发出精确并且高度可靠的软件，自动化测试是非常重要的。

为了使测试达到预期的效果，你还需要在测试环境中完成测试，同时保证测试环境尽可能地接近实际的生产环境。在许多不成功的生产部署中，相关人员往往会给出自己的借口，那就是"在我的计算机上可以正常运行啊！"如果你的开发工作站不同于生产环境(确实有可能存在这种情况)，那么你应该使用 Vagrant 或 Docker 来模拟生产计算机。还可以考虑使用 Docker 来配置生产环境。

接下来讨论一些常用的测试类型，我认为它们非常适合数据处理流程。这里提到的所有测试类型都可以实现自动化，因此，在创建了测试以后，它就可以作为持续交付流程的一部分自动运行(正如前面 14.3 节中所讨论的)。

测试驱动的开发

测试驱动的开发(Test-Driven Development，TDD)首先会构建一个失败测试。然后，我们编写代码以满足该测试，并使其通过。最后重新调整结构以改进代码(如图 14.11 所示)。完成 TDD 周期会生成可靠的代码，这些代码可以快速发展演进。这通常称为构建粒度单元测试以运行代码并验证其能否正确完成操作的过程。一个单元测试将测试代码的一个方面。一组此类测试被称为一个测试集合。

使用 TDD 会使你拥有一个非常大的测试集合，涵盖应用程序的各种功能。只要你对代码进行更改，这些测试就会自动运行。在实际操作中，至少在你具有良好的测试覆盖范围时，这可以使应用程序不容易中断，并且使你可以积极调整和重构以改进其设计，最终使我们可以更轻松地插入新功能。这样可以加快操作的推进速度，而与此同时，也可以为你提供安全保障，即在发生错误时能够及时捕获相应的问题。

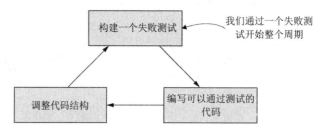

图 14.11　测试驱动的开发周期

你可能还记得，第 1 章中我曾经说过，对于很多编码人员来说，最大的失败就在于工作规划出现问题以及随后由此导致的所有问题。依我看，TDD 要花很长时间才能解决这个问题。如果不进行规划，则不能执行 TDD。它们是相辅相成的，在对系统进行编码之前，必须先规划测试。TDD 会强制你进行规划，并帮助预见和缓解可能会在将来出现各种问题的风险。当然，这种方法也不是完美无缺的，不过可以在几经周折之后更正工作流中因没有规划而产生的问题。

遗憾的是，TDD 并不是非常适合探索性编码。这是因为，探索性编码是处理流程的一部分，在这一部分中，我们尝试了解所拥有的数据，并发现应用程序的要求。从这个意义上来说，探索性编码会流入规划阶段。为使其正常进行，我们必须将其从 TDD 阶段提取出来。你可以在图 14.12 中看到更新的工作流。在转入 TDD 阶段之前，我们使用探索性编码来了解数据和要求。在每一轮开发之后，我们都部署到生产环境，就像任何敏捷的流程一样，这个周期会一次一次地重复迭代，直到应用程序完成。

我喜欢测试先行的理念，我认为它的适用范围远超单元测试。合理运用 TDD 可使你养成良好的习惯，即在开始编码之前先考虑如何对系统进行测试。依我看，这是

它最大的优势。在转换到这种思维模式以后，更可靠、经过更充分测试的系统会带来
积极的回报。

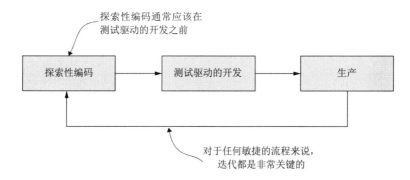

图 14.12　成功的 TDD 离不开良好的规划。探索性编码可以让我们了解数据并回馈至规划中，因此
它通常在 TDD 的前面

可以使用任意一种可用的流行测试框架在 JavaScript 中执行 TDD。我个人的选择
是使用 Mocha。

输出测试

我喜欢将这种形式的测试称为输出测试，它非常简单，适合面向数据的应用程序。
测试过程实在是过于简单：比较代码的先前迭代和当前迭代的输出。然后，提出以下
问题：输出是否发生了更改？发生的更改是否为预期更改？这可以帮助你了解对代码
的更改是否破坏了你的数据处理流程。

输出可以是对应用程序有意义的任何内容。在数据处理流程中，输出可以是从处
理流程输出的数据的文字版本。在其他类型的应用程序中，输出可能是描述应用程序
行为的文本日志记录。图 14.13 演示了这一流程。

通过此测试流程，你可以检测意外的代码损坏，它使你能够自由地重构和调整数
据处理流程，而无须担心使其中断或损坏。

我通常使用版本控制软件(如 Git 或 Mercurial)来管理输出测试。我将输出数据存
储在一个单独的存储库中。在一次测试运行之后，我使用版本控制软件检测输出是否
发生更改，如果发生更改，则查看比较结果以了解两个版本之间的差别。

对你来说，这种测试方法可能有点类似暴力破解。但是，这种方法非常简单、高
效，并且易于使用。

集成测试

相比于单元测试，集成测试是一种更高级别的测试形式。通常情况下，一次集成测试会测试代码的多个组件或多个方面。对于集成测试来说，每次测试的覆盖面往往要超过单元测试，而且不会让人感到单调乏味，你会获得更加丰厚的回报。正是由于这个原因，我认为集成测试比单元测试更具成本效益。

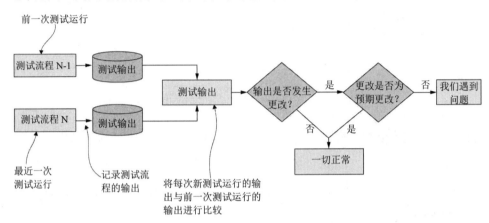

图 14.13 比较测试运行的输出，我称其为输出测试，这种方法非常适合测试数据处理流程中的代码更改

不过，请不要误解我的意思，我认为单元测试是一种非常高效的方法，是生成防弹代码的最佳方式。不过，这种测试方法非常耗时，是否投入这么多的时间需要慎重考虑。对于完整的测试覆盖范围，可以考虑使用集成测试，将单元测试留给最有价值的代码，或者那些可靠性要求最高的代码。

如果系统中存在可以应用测试的自然边界，那么集成测试是最适合的方法。我之所以提到这一点，是因为在我们的预警系统中有一个适合的系统边界。我们的 REST API 通过 HTTP 接口提供，而集成测试恰好非常适合处理 HTTP。

可使用任何 JavaScript 测试框架来执行自动化集成测试。图 14.14 展示了如何应用 Mocha 来测试 REST API。在此实例中，我们可以启动 Web 服务器，按照我们在第 11 章中的操作方式进行测试。当整个测试流程完成以后，对结果进行评估，Mocha 通知测试是通过还是失败，然后停止 Web 服务器。

录制并回放

另外一种非常有用的测试方法我称为"录制并回放"。这种测试方法适合于数据处理流程，特别是以下情况：可以对流程的各个阶段进行拆分，然后可以对每个阶段的结果进行录制并回放，从而为下一个阶段创建自动化测试。这使我们可以为数据处理流程的每个阶段创建一种单元测试。但是，如果分阶段测试对你来说无法实现，仍然可以使用录制并回放来测试整个数据处理流程。

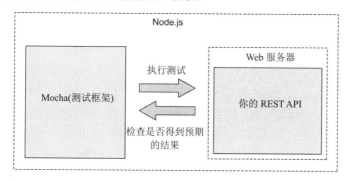

图 14.14　使用标准 JavaScript 测试框架(如 Mocha)可以轻松地对 HTTP REST API 进行测试

我们之前已经以某种方式执行了此操作。回顾一下前面的第 12 章,当时使用预先录制好的空气污染数据(测试数据)并将其馈送到系统。使用了预先扫描的数据,以通过一种便捷的方式来开发和发展演进系统,但是,也可以使用此录制的数据为系统创建一个自动化测试。

我之前曾经在游戏行业中看到过回放技术的应用,具备回放功能通常对于游戏玩法来说是非常重要的。此外,我还看到此技术在客户端/服务器类型的应用程序中广泛使用,即录制该等式的一端,然后通过对另一端回放录制结果来进行模拟。

负载测试

负载测试是一种不同的测试形式,可以将其应用于 Web 服务器或 REST API。这种测试流程就是应用或模拟系统负载以确定系统可以处理多少负载。图 14.15 显示了如何向服务器发送请求流以测试其处理能力。

图 14.15　对服务器进行负载测试以了解其可以处理的数据量和工作负载

可以使用一些在线服务来进行负载测试,或者可以开发适合应用程序的自定义脚本。不管采用哪种方式,现在都可以优化系统,使其可以处理更多的负载。如果不进行这样的性能测试,无法了解优化是否有助于改善情况,或者它是否让情况变得更糟。

负载测试与"压力测试"比较类似,二者的差别比较微妙。在负载测试中,我们希望测试系统可以处理我们想要的负载，而对于压力测试，我们主动尝试将系统推向其断点，以便了解这个点的具体位置。

浸泡测试

这里要介绍的最后一种测试形式是浸泡测试。这是一种长期的测试，用于确定系统的运行时间能否达到想要的系统耐用性。例如，之前决定系统的耐用性为一个月，以便与持续交付计划保持一致。系统必须至少在一个月内可以正常运行，保持在负载处理极限之下。

为了确认应用程序可以在此时间内正常运行，可以模拟此时间段内应用程序在负载下的操作。这就是我们所说的浸泡测试。在测试过程中，你需要从应用程序收集一些指标。例如，指标包括测试持续期间的内存使用量和响应时间。现在，运用你的数据分析和可视化技能来了解此数据告诉你什么。系统是否可以完成整个过程？它的性能在整个过程中是否保持稳定？如果不是，那么你可能需要采取一些纠正措施。

14.5.5 处理意外错误

出现错误在所难免，软件也可能会运行失败。如果进行了合理、有效的规划，就可以充分了解导致数据处理流程失败的因素可能有哪些。例如，在从传感器读取数据时，传感器可能会为我们提供有问题的数据。或者，如果由人来输入数据，那么数据可能会包含一些偶然出现的键入错误。对于这些风险，我们可以轻松地预测和规划，并在软件设计中予以缓解。

如果出现意料之外的错误，该怎么办？应用程序如何处理这种错误？很显然，我们无法预料到生产环境中可能会出现的所有问题。当我们在新的领域或与众不同的领域构建软件时，尤其会出现这种情况。不过，可以对应用程序进行规划，使其能够顺畅地处理各种意外的情况，最大限度地恢复正常。

对于这个问题，不同的人会告诉你不同的处理方法。我的首选方法是，意外错误不应该使应用程序受到影响。问题应该报告出来，而应用程序应能够继续运行，如图14.16 所示。

实现此目标最简单的方法是处理 Node.js 未捕获异常事件，如代码清单 14.1 所示。在这里，我们可以报告错误(例如，报告给 14.4 节中的监控服务器)，然后允许程序继续运行。

代码清单 14.1　在 Node.js 中处理未捕获异常

```
process.on("uncaughtException", (err) => {
```

```
    // ... 报告错误 ...
});
```

有些人提倡不处理未捕获异常。他们认为，我们应该让程序崩溃并重新启动。然后我们应该监控崩溃并在发现这些崩溃时对其进行更正。在我看来，应具体情况具体分析，有时这可以作为一种有效的方法，但对于数据处理流程来说，我发现这种方法会带来很大的困扰。

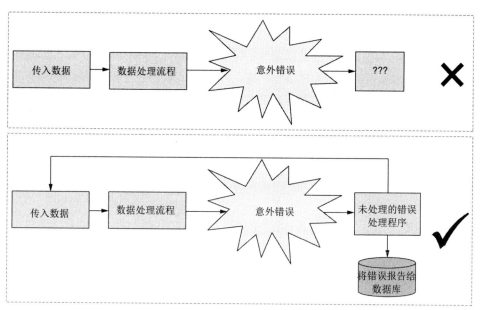

图 14.16　意外错误不应该使应用程序受到影响。应确保应用程序可以最大程度地处理好这些错误并继续运行

如果你让程序终止，正在执行的异步操作会发生什么变化？它们将中止，而这可能会导致数据丢失(可参考 14.5.3 节中的数据处理第一条规则，那就是"不要丢失数据")。我更倾向于显式处理未处理的异常，将错误报告给错误跟踪系统，然后让系统最大限度地恢复正常。我们仍然会看到发生的问题，但我认为我们现在面临数据丢失的风险降低了。

类似地，我们还应该处理未处理的被拒绝 Promise，如代码清单 14.2 所示。这种情况略有不同。无论你想要如何处理未捕获异常，应始终为未处理的 Promise 拒绝设置一个处理程序。如果你不这样做，可能会面临未处理的拒绝进入生产环境的风险，而在生产环境中，你将无法了解到是否在某个位置漏过了错误捕获(在开发阶段，你可以通过读取 Node.js 控制台来了解何时会出现这种情况)。

代码清单 14.2　在 Node.js 中处理未处理的 Promise 拒绝

```
process.on("unhandledRejection", (reason, promise) => {
    // ... 报告错误 ...
});
```

即使你始终记得在 Promise 链的结尾放置一个 catch(捕获)操作(你永远也不会忘记，对吗)，你能保证永远也不会在捕获回调中出现错误吗？错误不过是最终捕获处理程序中的一个异常，而你现在有一个未处理的 Promise 拒绝可能会悄无声息地进入生产环境。上述情况使得这个问题比较隐秘。

错误总是会发生，但你的数据处理流程不应该因为这些错误而停止操作。此外，不要忘了对未捕获异常处理程序进行测试。与其他所有代码一样，此代码也需要进行测试，否则，无法确保系统可以应对这些极为糟糕的情况。

14.5.6　设计处理流程重新启动

对于任何需要长期运行以及成本高昂的流程，例如之前在第 1 章中提到的数据库复制，你应该对流程进行设计，使其可以处理发生中断的情况并恢复运行。

你永远也不知道什么时候某些意外的情况会使你的代码中断。可能是出现的一个错误或者网络中断。有人可能会被线缆绊倒，导致你的工作站断网或断电。为了避免浪费时间，请确保流程可以从中断的位置(或者是附近的某个位置)重新启动。图 14.17 展示了工作原理。

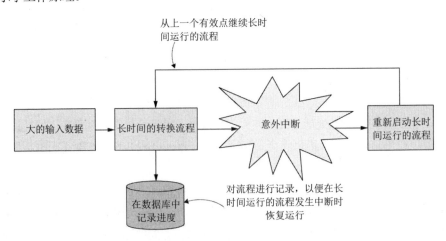

图 14.17　将长时间运行的流程设计为在发生意外中断时重新启动并恢复运行

需要长期运行的流程应该定期提交结果，并以某种方式记录进度。例如，提交和记录到数据库。如果流程需要重新启动，则必须检查数据库并确定从哪里继续操作。

14.5.7 处理不断增大的数据库

对于任何需要长时间运行的应用程序来说，对应的数据库都会不断增大，最终导致内存或磁盘空间用尽。我们必须在问题严重之前决定如何对处理。我们可以组合运用下面的策略来处理这种情况：

- 清除旧数据。可以定期清除数据，但只有旧数据不再相关时，才能清除，否则，这会违反"不要丢失数据"的规则。
- 存档旧数据。如果需要保留旧数据，那么必须定期将其存档到成本较低的存储介质。请务必仔细检查用于存档数据的代码。如果这种代码中存在问题，就会导致数据丢失。
- 清除或存档并汇总。定期清除或存档旧数据，但对其进行聚合汇总，保留旧数据相关详细信息的摘要。

如果在定期清除或存档开始之前就出现空间不足的情况，该怎么办？如果存在这种风险，那么我们需要通过相应的指标来监控这种情况(可参见 14.4 节)，在情况变得非常严重之前自动发出警报，或者让清除或存档过程根据需要自动激活。

14.6 安全性

安全性或多或少地都会成为你需要面对的问题，具体取决于你的数据和系统的价值或敏感程度。我们的预警系统中的数据并不是非常敏感，但我们还是不希望任何人篡改，隐藏紧急情况或触发警报误报。可能更重要的是确保系统的访问安全，从而不能以任何方式使其中断。

我们不指望能够应对所有安全问题，但我们可以采取分层的方法，尽可能充分地做好准备。就像一个兼具城墙和护城河的城堡一样，多层保护会使系统更加安全。

14.6.1 身份验证和授权

第一层安全保护是确保只有允许的人员才能访问我们的数据和系统。通过身份验证，可确认相应的人员与其声明的身份相符。而通过授权，可检查并确认某个人被允许访问特定的系统或数据库。

通常，身份验证所采取的方式是在用户使用系统之前，验证其输入的密码。由于
HTTP 服务是无状态服务，因此，必须以某种方式记住(至少在一段时间内)用户的安全
凭据。存储在服务器或数据库中的一个会话会记住此类详细信息。在客户端，通过浏
览器中的 Cookie 来识别用户，然后服务器会将此 Cookie 与上面所述的会话关联，并
且可以记住经过身份验证的用户。图 14.18 显示了这种情况。

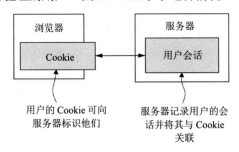

图 14.18　Cookie 可向服务器标识用户，服务器在会话中记住用户的身份验证

在 Node.js 下工作时，我们可以使用事实上的标准 Passport 库来管理身份验证。

我们可能会通过针对每个用户将额外的一些数据记录到数据库中来实现授权。
这些额外的数据会记录用户在系统中的权限级别。例如，他们可能会被标记为普
通用户、管理员用户，或者介于二者之间的用户。然后，可以根据需要从数据库
中读取用户的权限级别，从而了解是应该允许还是拒绝该用户访问敏感的服务器端
数据或操作。

14.6.2　隐私性和机密性

为了降低第三方截取和窥探数据的风险，可对其进行全方位的加密。这虽不是预
警系统需要考虑的问题，因为这些数据本身并不属于机密信息，但在其他安全级别更
高的系统中，你可能需要考虑使用内置的 Node.js Crypto 模块对敏感数据加密。你可
能需要使用 HTTP 对客户端与服务器之间的通信进行加密。

甚至数据库也可以支持加密，从而寻求最终级别的数据保护。

如果你管理的是关于个人用户的数据，则应该考虑对存储的数据进行匿名化处理。
清除每条记录中可以识别特定用户的任何字段，这样，如果数据库因为某种原因丢失，
敏感数据就无法与任何特定的个人发生关联。这有助于减少隐私问题。

对于当前的示例项目来说，更重要的是保护用于管理和存储数据的系统的安全。
需要特别说明的是，数据库应该位于专用网络上并且设置防火墙，使其不能被外面的
用户直接访问，如图 14.19 所示。

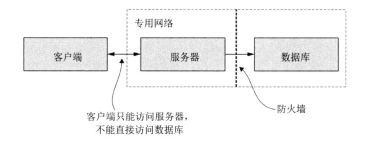

图 14.19　数据库在专用网络上隐藏在防火墙后面。外部用户无法直接访问它，因此更安全

如果拥有敏感的业务逻辑或重要的知识产权需要保护，也可能会在此基础上更进一步，将服务器分成公共部分和专用部分，然后将专用服务器与数据库一起放置在防火墙的后面，如图 14.20 所示。

举例来说，想象一下，你有一种机密算法，用于分析数据以针对预警系统生成每日报告。报告的输出并不是非常机密，只有用于解释数据的公式，你认为这是比较宝贵的知识产权。你可以将用于生成报告的算法移到防火墙的后面，在这里，它不太容易受到外部入侵。

这种划分系统并隔离最敏感部分的做法是创建多层安全性的另一个示例。对于潜在的攻击者来说，如果想要破坏系统最敏感的部分，必须突破多个级别的安全保护。

你肯定已对此有所耳闻，但还要及时更新服务器操作系统和软件，修补最新的已知安全漏洞，这一点也很重要。你还必须了解的是，你的整个系统的安全性只取决于其最薄弱的环节。

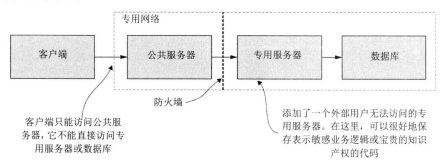

图 14.20　将服务器划分为公共部分和专用部分，然后将专用服务器放置在防火墙的后面。现在，我们有了一个更安全的位置来执行敏感操作和保护知识产权

14.6.3　密钥配置

关于安全性，最后一点需要注意的是，你需要通过一种安全的方式来存储应用程序的密钥。回顾一下，在前面的第 12 章中，我们创建了用于存储应用程序的配置详情的文件，例如，存储电子邮件服务器的登录细节。

这种方法鼓励你通过版本控制来存储配置详情，但是，对于管理敏感配置来说，这是安全性最差的一种方式。我们采用这种方式纯粹是为了操作简便，但是，在生产系统中，我们需要考虑这在安全性方面意味着什么。例如，在这种情况下，我们可能不希望授予源代码库的访问权限的同时也授予对电子邮件服务器的访问权限。

在生产环境中安全处理此问题应采用的方式取决于我们使用的云提供程序，但我们应该使用提供的安全存储或存储柜(或者受信任的第三方提供的存储)，因为对密钥使用你自己的安全存储存在一定的危险。

14.7　扩展

如果在转入生产环境后发现应用程序无法处理所需的工作负载，我们该执行哪些操作？如何增加应用程序的处理量？要能够对应用程序进行扩展。

与本章中讨论的其他主题一样，在规划过程中花些心思考虑扩展问题会给将来的操作带来很大便利。

14.7.1　在优化之前进行测量

在了解并改进系统性能之前，必须先对其进行测量。有很多不同的指标可供选择：数据吞吐量(如每秒字节数)、服务器响应时间(以毫秒为单位)或者应用程序可以提供服务的并发用户数。

要点在于，与其他任何优化过程一样，我们不能指望一直改进性能，直到可以对其进行测量。一旦可以对性能进行测量，即可进行实验并分类显示我们的优化操作是否产生了结果。

可以通过捕捉、记录和分析相应的系统指标来评估系统的性能。你在前面的第 9 章中学到的数据分析技能现在可以派上用场了，你可用来确定指标数据的变化趋势并从中找出相应的模式。有了要测量性能的系统以后，你可以考虑进行扩展以提高应用程序的性能。

14.7.2　纵向扩展

应该考虑的第一种扩展方法称为纵向扩展。这是最简单的扩展方法，通常不需要对应用程序进行更改。如图 14.21 所示，我们增加运行应用程序的计算机的大小。如果是在物理硬件上运行，增加大小会比较困难，但是，如果通过任一主要云服务提供程序在虚拟机(VM)上运行，那么可轻易实现。

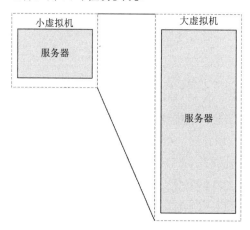

图 14.21　可通过增加承载服务器的虚拟机的大小来扩展服务器

在这里，仅仅是扩展用于运行应用程序的计算机的大小。增加了 CPU、内存和磁盘空间，希望应用程序的处理量也同时提高。不过，这种扩展是有限制的，最终会用尽服务器的全部容量。这种情况下，必须转为横向扩展。

14.7.3　横向扩展

可选的第二种扩展被称为横向扩展。这种扩展最简单的形式就是，将应用程序复制到在云端运行的多个虚拟机(VM)中，并使用负载平衡器在应用程序的各个实例之间分配负载，如图 14.22 所示。

相比于纵向扩展，这种形式的扩展在管理和配置方面更复杂，但是，更具成本效益，因为扩展可以自动完成，即根据需要创建新实例以扩展容量并满足工作负载的需要。

如果多个应用程序实例必须共享一种资源，那么采用这种方法会比较困难。例如，所有实例可能会共享同一个数据库，这就有可能产生性能瓶颈。与之前讨论的安全性类似，应用程序的性能只取决于最薄弱的环节，也就是我们所说的瓶颈。幸运的是，绝大多数现代数据库(如 MongoDB)都可以通过相同的方式进行扩展，并且可以分布在多台计算机上。

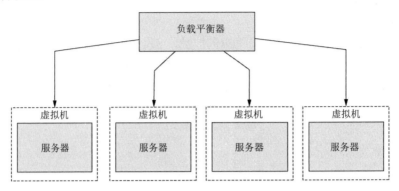

图 14.22 横向扩展将负载分布到应用程序的多个实例

横向扩展还可以带来另一项优势。它提供了冗余性以及另一种处理应用程序故障的方式。如果应用程序出现问题,负载平衡器可以自动重新分配损坏的实例上的负载,将其分配给其他实例来处理,同时对故障服务器进行修复或者重新启动。

如果你在学完本章之后感觉有点不知所措,这并不奇怪。转入生产环境并不是一件容易的事,需要考虑的事情非常多。但是,如果说你应该从本章的学习中获得一点启示或认知,它不应该是生产环境非常复杂(尽管确实如此),也不应该是转入生产环境需要解决很多问题(尽管确实需要)。

如果只能记住一点,那么应该是这一点:转入生产环境时需要解决的问题都是非常有益的问题。为什么这么说呢?这是因为,这些问题都是因为应用程序成功所带来的问题。如果你的应用程序不能成功运行,就不会出现这些问题。

现在,你已经掌握了将数据处理流程转入生产环境所涉及的方方面面。这确实是一个非常庞大且复杂的领域,而当你进入生产环境时,肯定会遇到自己独特的问题,可能与这里介绍的有所不同。如果想要完整、透彻地介绍这一主题,足需要编写一整本书,不过,希望这一章中介绍的内容已经能够满足你现阶段的需求,可以帮助你顺利踏上自己通往生产环境的道路,并完成自己的产品开发(不管具体是什么产品)。祝你在实际操作中一切顺利,同时要不断地学习新的知识。

小结

- 讲述将数据处理流程转入生产环境时需要处理的各种新问题。
- 讨论使用持续交付技术时应用程序的部署可能是什么样的。

- 介绍了能够回滚损坏的部署对于任何部署脚本来说都是一项多么重要的功能。

- 探索了使我们可以检查应用程序是否正常运行且性能良好的监控系统的结构。

- 讲述了改进代码可靠性的各种方式，用于提高系统耐用性，加强对数据的保护，以及顺畅地处理各种意外错误。

- 介绍了实现良好的安全性可以采用多层保护的方法，这种情况下，潜在攻击者必须突破多层保护才能威胁到应用程序的安全。

- 最后，介绍了如何通过纵向扩展和横向扩展提高应用程序的处理能力。

附录 A

JavaScript 备忘录

更新

本备忘录会不断更新和改进，如果你想要获取最新版本，请访问以下网址在线查看：http://jscheatsheet.the-data-wrangler.com。

日志记录

日志记录可以为你提供非常大的帮助。如果你想要检查数据，这是最简单的方法，如下所示：

```
console.log("Your logging here"); // 用于调试的常规文本日志记录

const arr = [1, 2, 3];         // 你的数据
console.log(arr);

console.trace();               // 显示当前函数的调用堆栈
```

对象

```
let o = { A: 1, B: 2 };        // 你的数据

let v1 = o["A"];               // 提取字段值
let v2 = o.A;

o["A"] = 3;                    // 设置字段值
o.A = 3;

delete o["A"];                 // 删除某个字段值
```

```javascript
delete o.A;

let c = Object.assign({}, o);           // 复制某个对象
let ovr = { /* ... */ };
let c = Object.assign({}, o, ovr);      // 复制并覆盖字段
```

数组

```javascript
let a = [1, 2, 3, 4, 5, 6];             // 数据
a.forEach(element => {
    // 访问数组中的每个元素
});

let v = a[5];                           // 获取索引对应的值
a[12] = v;                              // 设置索引对应的值

a.push("new item");                     // 添加到数组的结尾

let last = a.pop();                     // 删除最后一个元素

a.unshift("new item");                  // 添加到数组的开头

let first = a.shift();                  // 删除第一个元素

let a1 = [1, 2, 3];
let a2 = [4, 5, 6];
let a = a1.concat(a2);                  // 连接数组

let e = a.slice(0, 3);                  // 提取前三个元素

let e = a.slice(5, 11);                 // 提取第 5 到第 10 个元素

let e = a.slice(-4, -1);                // 负数索引是相对于数组的结尾
                                        // 算起的

let e = a.slice(-3);                    // 提取最后三个元素

let c = a.slice();                      // 复制数组
```

```
let i = a.indexOf(3);              // 查找数组中某一项的索引
if (i >= 0) {
    let v = a[i];                  // 值存在，提取它
}

a.sort();                          // 按字母顺序升序进行排序

a.sort((a, b) => a - b);      // 使用用户定义的函数
                              // 自定义排序

let f = a.filter(v => predicate(v));    // 过滤数组

let t = a.map(v => transform(v));       // 转换数组

let t = a.reduce((a, b) => a + b, 0)    // 聚合数组
```

正则表达式

```
let re = /search pattern/;              // 定义正则表达式
let re = new RegExp("search pattern");

let re = /case insensitive/ig           // 不区分大小写 + 全局

let source = "your source data";
let match = re.exec(source);            // 查找第一个匹配项

while ((match = re.exec(source)) !== null) {
    // 查找所有匹配项
}
```

读取和写入文本文件(Node.js，同步)

```
const fs = require('fs');

const text = "My text data"; // 要写入的数据

fs.writeFileSync("my-file.txt", text); // 写入文件

const loaded =

    fs.readFileSync("my-file.txt", "utf8"); // 从文件读取
```

```
console.log(loaded);
```

读取和写入 JSON 文件(Node.js，同步)

```
const fs = require('fs');

const data = [

    { item: "1" },
    { item: "2" },
    { item: "3" }

];

const json = JSON.stringify(data); // 序列化为 JSON

fs.writeFileSync("my-file.json", json); // 写入文件

const loaded = fs.readFileSync("my-file.json", "utf8"); // 读取文件

const deserialized = JSON.parse(loaded); // 反序列化 JSON

CONSOLE.log(deserialized);
```

读取和写入 CSV 文件(Node.js，同步)

```
const fs = require('fs');

const Papa = require('papaparse');

const data = [

    { item: "1", val: 100 },
    { item: "2", val: 200 },
    { item: "3", val: 300 }

];

const csv = Papa.unparse(data); // 序列化为 CSV
```

```javascript
fs.writeFileSync("my-file.csv", csv); // 写入文件

const loaded = fs.readFileSync("my-file.csv", "utf8"); // 读取文件

const options = { dynamicTyping: true, header: true };

const deserialized = Papa.parse(loaded, options); // 反序列化 CSV

console.log(deserialized.data);

let source = "your source data";

let match = re.exec(source); // 查找第一个匹配项
```

Data–Forge 备忘录

更新

本备忘录会不断更新和改进，如果你想要获取最新版本，请访问以下网址在线查看：http://dfcheatsheet.the-data-wrangler.com。

将数据加载到 DataFrame 对象

你可以将内存中的数据加载到 Data-Forge DataFrame 对象中，如下所示：

```
let data = [ /* ... 你的数据 ... */ ];
let df = new dataForge.DataFrame(data);
console.log(df.toString());
```

加载 CSV 文件

将数据从 CSV 文件加载到 DataFrame 对象中：

```
let df = dataForge
    .readFileSync("./example.csv", { dynamicTyping: true })
    .parseCSV();
console.log(df.head(5).toString()); // 预览前 5 行
```

加载 JSON 文件

将 JSON 文件加载到 DataFrame 对象中：

```
let df = dataForge
    .readFileSync("./example.json")
    .parseJSON();
console.log(df.tail(5).toString()); // 预览最后 5 行
```

数据转换

使用 select 函数转换或重写数据集：

```
df = df.select(row => transformRow(row));
```

数据过滤

使用 where 函数过滤数据：

```
df = df.where(row => predicate(row));
```

删除一列

使用 dropSeries 函数删除一列数据：

```
df = df.dropSeries("ColumnToRemove");
```

保存 CSV 文件

将修改后的数据保存到 CSV 文件：

```
df.asCSV().writeFileSync("./transformed.csv");
```

保存 JSON 文件

将修改后的数据保存到 JSON 文件：

```
df.asJSON().writeFileSync("./transformed.json");
```

附录 C

Vagrant 快速入门

Vagrant 是一种开源软件产品，用于构建和运行虚拟机。可以使用它来模拟生产环境，或者在各种操作系统上对你的代码进行测试。如果你想在与开发工作站隔离的环境中试用新软件，这也是一种非常好的方式。

更新

本快速入门指南会不断更新和改进，如果你想要获取最新版本，请访问以下网址在线查看：http://vagrant-getting-started.the-data-wrangler.com。

安装 VirtualBox

首先，你必须安装 VirtualBox。这是用于在普通计算机(主机)中运行虚拟机的软件。你可从 VirtualBox 下载页面下载该软件，网址为 https://www.virtualbox.org/wiki/Downloads。

下载并安装适合你的主机操作系统的软件包。请按照 VirtualBox 网页上的说明进行操作。

安装 Vagrant

接下来，你应该安装 Vagrant。这是位于 VirtualBox 之上的脚本层，使你可以通过代码(Ruby 代码)管理虚拟机的设置。你可从 Vagrant 下载页面下载该软件，网址为 https://www.vagrantup.com/downloads.html。

下载并安装适合你的主机操作系统的软件包。请按照 Vagrant 网页上的说明进行操作。

创建虚拟机

安装了 VirtualBox 和 Vagrant 以后，即可开始创建虚拟机。首先，你必须确定要使用哪种操作系统。如果你已经具备了一个生产系统，请选择与该生产系统相同的操作系统。如果没有生产系统，请选择一种将在很长时间内受到支持的"长期支持"(LTS)版本。可访问 https://app.vagrantup.com/boxes/search，在显示的网页上搜索操作系统。

我个人比较喜欢使用 Ubuntu Linux 系统，因此，对于这个示例，将使用 Ubuntu 18.04 LTS (Bionic Beaver)。将安装的 Box(箱)的 Vagrant 名称为 ubuntu/bionic64。

在创建 Vagrant Box(箱)之前，打开命令行并创建一个用于存储 Box(箱)的目录。更改为该目录，然后运行 vagrant init 命令，如下所示：

```
vagrant init ubuntu/bionic64
```

这将在当前目录中创建一个基本的 Vagrant 文件。编辑该文件以更改虚拟机的配置和设置。

现在，启动虚拟机：

```
vagrant up
```

请确保在包含 Vagrant 文件的目录中运行该命令。

这可能需要一定的时间，特别是在你还没有在本地缓存操作系统映像的情况下。请为其留出充足的完成时间。命令运行完成后，你将获得一个全新的 Ubuntu 虚拟机可供使用。

在虚拟机上安装软件

在虚拟机处于运行状态时，你需要在其上安装软件。你可以使用以下命令*通过 Shell* 进入虚拟机：

```
vagrant ssh
```

如果想要更新操作系统并在虚拟机上安装软件，可以使用特定于该操作系统的命令。在这个示例中，我们使用的是 Ubuntu，因此，接下来的三个命令都是特定于 Ubuntu 的。如果你选择了其他操作系统，则需要使用适用于对应操作系统的命令。

对于新的虚拟机，首先要做的就是更新操作系统。在 Ubuntu 中，你可以使用以下命令来执行此操作：

```
sudo apt-get update
```

现在，你可以安装所需的各种软件。例如，我们安装 Git，以方便复制代码：

```
sudo apt-get install git
```

可以按照相同的模式在 Ubuntu 上安装大多数的软件。不过，遗憾的是，获取最新版本的 Node.js 要稍微复杂一些，因为软件包管理器还不支持该版本。对于这种情况，最好的方法是按照 Node.js 文档中的说明进行操作，网址为 https://nodejs.org/en/download/package-manager/。

对于 Ubuntu，可使用以下命令安装 Node.js 版本 8：

```
curl -sL https://deb.nodesource.com/setup_8.x | sudo -E bash -
sudo apt-get install -y nodejs
```

这要比上一个示例更复杂，不过，现在我们安装了最新版本的 Node.js。你也可以按照 Node.js 下载页面(网址为 https://nodejs.org/en/download/)上适用于你所用操作系统的说明来手动安装 Node.js(例如，不使用软件包管理器)。

在虚拟机上运行代码

在虚拟机上安装了 Node.js 以后，即可开始运行代码。在开发工作站中可以轻松地完成此操作，即将代码复制到与 Vagrant 文件相同的目录中。放置在此目录中的文件会自动在虚拟机中的以下目录下可用：

```
/vagrant
```

如果 index.js 文件就在 Vagrant 文件的旁边，则在通过 Shell 进入虚拟机时，可以按照下面所示运行该文件：

```
cd /vagrant
node index.js
```

对于开发人员来说，常见的做法是提交其 Vagrant 文件以进行版本控制。这样，新的开发人员(或者你进入到其他工作站)只需复制代码库并运行 vagrant up，即可构建对应的开发环境。

你甚至还可能在 Vagrant 文件中放置自定义设置和代码，用以在虚拟机中安装依存项并启动应用程序或服务器。你可能还记得，在本书的部分章节中，我曾经提供了用于启动虚拟机、安装数据库然后在其中填充数据的 Vagrant 文件，这样可以创建一种"轻量级"数据库。当虚拟机完成启动时，你就会拥有一个可以使用的系统。

关闭虚拟机

彻底使用完虚拟机以后，你可以使用以下命令将其销毁：

```
vagrant destroy
```

如果你只是暂时完成了虚拟机的使用，稍后还需要继续使用，可以使用以下命令将其挂起：

```
vagrant suspend
```

通过运行 vagrant resume 命令，可以随时恢复使用挂起的虚拟机。

不使用虚拟机时，请一定要记着将其销毁或挂起，否则，它们会不必要地消耗宝贵的系统资源。